ENERGIA E FLUIDOS

Volume 3 – Transferência de calor

Coleção **Energia e Fluidos**

Volume 1
Coleção Energia e Fluidos: Termodinâmica

ISBN: 978-85-212-0945-4
330 páginas

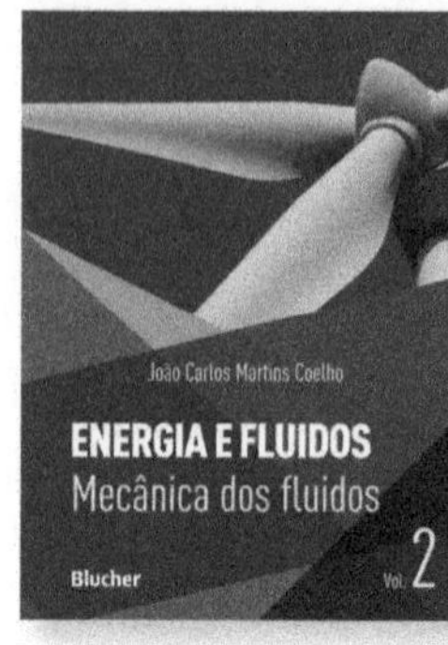

Volume 2
Coleção Energia e Fluidos: Mecânica dos fluidos

ISBN: 978-85-212-0947-8
394 páginas

Volume 3
Coleção Energia e Fluidos: Transferência de calor, 2. ed.

ISBN: 978-85-212-0949-2
292 páginas

Blucher

www.blucher.com.br

João Carlos Martins Coelho

ENERGIA E FLUIDOS

Volume 3 – Transferência de calor

2ª edição

Energia e Fluidos – volume 3: Transferência de calor, 2ª edição

Editora Edgard Blücher Ltda.

1ª edição – 2016
1ª reimpressão – 2021

Blucher

Rua Pedroso Alvarenga, 1245, 4º andar
04531-934 – São Paulo – SP – Brasil
Tel.: 55 11 3078-5366
contato@blucher.com.br
www.blucher.com.br

Segundo o Novo Acordo Ortográfico, conforme 5. ed. do *Vocabulário Ortográfico da Língua Portuguesa*, Academia Brasileira de Letras, março de 2009.

Dados Internacionais de Catalogação na Publicação (CIP)
Angélica Ilacqua CRB-8/7057

Coelho, João Carlos Martins
Energia e fluidos, volume 3 : transferência de calor / João Carlos Martins Coelho. – 2. ed. – São Paulo : Blucher, 2019.
292 p. : il.

Bibliografia
ISBN 978-85-212-1841-8 (impresso)
ISBN 978-85-212-1842-5 (e-book)

1. Engenharia mecânica 2. Engenharia térmica 3. Meios de transferência de calor I. Título

19-1163 CDD 621.402

Índice para catálogo sistemático:
1. Engenharia térmica

Prefácio

Com o passar do tempo, o ensino das disciplinas da área da Engenharia Mecânica, frequentemente denominada Engenharia Térmica, começou a ser realizado utilizando diversas abordagens. Em alguns cursos de engenharia foi mantido o tratamento tradicional desse assunto dividindo-o em três disciplinas clássicas: Termodinâmica, Mecânica dos Fluidos e Transferência de Calor. Em contraposição a essa abordagem, existe o ensino dos tópicos da Engenharia Térmica agrupados em duas disciplinas, sendo uma a Termodinâmica e outra a constituída pela união de mecânica dos fluidos e transmissão de calor, frequentemente denominada Fenômenos de Transporte. Por fim, há casos em que se agrupam todos os tópicos abordados pelas disciplinas clássicas em um único curso que recebe denominações tais como Fenômenos de Transporte, Ciências Térmicas e Engenharia Térmica.

Tendo em vista esse cenário, verificamos a necessidade de criar uma série de livros que permitisse o adequado apoio ao desenvolvimento de cursos que agrupassem diversos tópicos, permitindo ao aluno o trânsito suave através dos diversos assuntos abrangidos pela Engenharia Térmica. Nesse contexto, nos propusemos a iniciar a preparação desta série por meio da publicação de três livros, abordando conhecimentos básicos, com as seguintes características:

- serem organizados de forma a terem capítulos curtos, porém em maior número. Dessa forma cada assunto é tratado de maneira mais compartimentada, facilitando a sua compreensão ou, caso seja desejo do professor, a sua exclusão de um determinado curso;
- terem seus tópicos teóricos explanados de forma precisa, no entanto concisa, premiando a objetividade e buscando a rápida integração entre o aluno e o texto;
- utilizarem uma simbologia uniforme ao longo de todo o texto independentemente do assunto tratado, buscando reduzir as dificuldades do aluno ao transitar, por exemplo, da termodinâmica para a mecânica dos fluidos;
- incluírem nos textos teóricos, sempre que possível, correlações matemáticas equivalentes a correlações gráficas. O objetivo não é eliminar as apresentações gráficas, mas sim apresentar, adicionalmente, correlações que possam ser utilizadas em cálculos computacionais;
- apresentarem uma boa quantidade de exercícios resolvidos com soluções didaticamente detalhadas, de modo que o aluno possa entendê-los com facilidade, sem auxílio de professores; e
- utilizarem apenas o Sistema Internacional de Unidades.

Um dos problemas enfrentados ao se escrever uma série como é a dificuldade de definir quais tópicos devem ou não ser abordados e com qual profundidade eles serão tratados. Diante dessa questão, realizamos algumas opções com o propósito de tornar os livros atraentes para os estudantes, mantendo um padrão de qualidade adequado aos bons cursos de engenharia.

A coleção de exercícios propostos e resolvidos apresentada ao longo de toda a série é fruto do trabalho didático que, naturalmente, foi realizado ao longo dos últimos 15 anos com apoio de outros textos. Assim, é inevitável a ocorrência de semelhanças com exercícios propostos por outros autores, especialmente em se tratando dos exercícios que usualmente denominamos clássicos. Pela eventual e não intencional semelhança, pedimos desculpas desde já.

Uma dificuldade adicional na elaboração de livros-texto está na obtenção de tabelas de propriedades termodinâmicas e de transporte de diferentes substâncias. Optamos por vencer essa dificuldade desenvolvendo uma parcela muito significativa das tabelas apresentadas nesta série utilizando um programa computacional disponível no mercado.

Finalmente, expressamos nossos mais profundos agradecimentos a todos os professores que, com suas valiosas contribuições e com seu estímulo, nos auxiliaram ao longo destes anos na elaboração deste texto. Em particular, agradecemos ao Prof. Dr. Antônio Luiz Pacífico, Prof. Dr. Marco Antônio Soares de Paiva, Prof. Me. Marcelo Otávio dos Santos, Prof. Dr. Maurício Assumpção Trielli, Prof. Dr. Marcello Nitz da Costa e, também, aos muitos alunos da Escola de Engenharia Mauá que, pelas suas observações, críticas e sugestões, contribuíram para o enriquecimento deste texto.

João Carlos Martins Coelho
jcmcoelho@energiaefluidos.com

Conteúdo

Lista dos principais símbolos

Símbolo	Denominação	Unidade
A	Área	m^2
a	Aceleração	m/s^2
c	Calor específico	J/(kg.K)
c_p	Calor específico a pressão constante	J/(kg.K)
c_v	Calor específico a volume constante	J/(kg.K)
d	Diâmetro	m
d_r	Densidade ou densidade relativa	
E	Energia	J
e	Energia específica	J/kg
e	Espessura	m
F	Força	N
G	Irradiação	W/m^2
g	Aceleração da gravidade local	m/s^2
H	Entalpia	J
h	Entalpia específica	J/kg
h	Coeficiente de transferência de calor por convecção	$W/(m^2.K)$
k	Razão entre os calores específicos a pressão constante e a volume constante	
k	Condutibilidade térmica	W/(m.K)
M	Massa molar de uma substância pura	kg/kmol
m	Massa	kg
$\dot{m}$	Vazão mássica	kg/s
P	Perímetro	m
p	Pressão	Pa
Q	Calor	J
q	Calor por unidade de massa	J/kg
$\dot{Q}$	Taxa de calor	W
$\dot{Q}'$	Taxa de calor por unidade de comprimento	W/m
R	Constante particular de um gás tido como ideal	kJ/(kg.K)

Símbolo	Denominação	Unidade
$\bar{R}$	Constante universal dos gases ideais (= 8314,34)	J/(mol.K)
S	Entropia	kJ/K
s	Entropia específica	kJ/(kg.K)
T	Temperatura	K
t	Tempo	s
U	Energia interna	J
u	Energia interna específica	kJ/kg
$\forall$	Volume	m^3
v	Volume específico	m^3/kg
$\dot{\forall}$	Vazão volumétrica	m^3/s
V	Velocidade	m/s
W	Trabalho	kJ
w	Trabalho específico ou por unidade de massa	J/kg
$\dot{W}$	Potência	W
x	Título de uma mistura líquido-vapor	
y	Fração mássica	
$\bar{y}$	Fração molar	
Z	Fator de compressibilidade	
z	Elevação	m
	Símbolos Gregos	
β	Coeficiente de expansão volumétrica	K^{-1}
β	Coeficiente de desempenho	
ϕ	Umidade relativa	
γ	Peso específico	$kg/(m^2.s^2)$
η	Rendimento térmico	
θ	Diferença de temperatura	K
ρ	Massa específica	kg/m^3
σ	Produção de entropia	J/K
$\dot{\sigma}$	Taxa de produção de entropia	W/K
Ω	Velocidade angular	s^{-1}
ω	Umidade absoluta	kg água/kg ar seco

Introdução

O presente livro, Energia e Fluidos – Transferência de Calor, é o terceiro da Série Energia e Fluidos e, para o seu adequado uso, é pressuposto que o aluno já tenha adquirido um conjunto mínimo de conhecimentos anteriormente apresentados nos dois primeiros livros da série, dedicados ao estudo da Termodinâmica e da Mecânica dos Fluidos. Esta série é fruto de muitos anos de trabalho didático voltado ao ensino da engenharia, e nela se pretende apresentar os temas essenciais que constituem a área que se costuma denominar Engenharia Térmica ou Ciências Térmicas.

Este texto foi elaborado utilizando-se o Sistema Internacional de Unidades (SI), e espera-se que o aluno tenha o adequado conhecimento deste sistema.

Na Tabela 1 apresentamos algumas unidades de interesse imediato, mesmo que associadas a grandezas que ainda serão definidas ao longo do texto.

Tabela 1 Algumas unidades

Grandeza	Unidade	Símbolo	Equivalências	
Massa	quilograma	kg	–	–
Comprimento	metro	m	–	–
Tempo	segundo	s	–	–
Tempo	minuto	min	–	–
Tempo	hora	h	–	–
Temperatura	grau Celsius	°C	–	–
Força	newton	N	$kg.m/s^2$	–
Pressão	pascal	Pa	N/m^2	$kg/(m.s^2)$
Energia	joule	J	N.m	$kg.m^2/s^2$
Potência	watt	W	J/s	$kg.m^2/s^3$

Observe que a denominação das unidades se escreve com letras minúsculas, mesmo que elas derivem de nomes de pessoas, como, por exemplo, o newton. A única exceção a esta regra é a unidade de temperatura denominada grau Celsius. Note que os símbolos das unidades cujos nomes são derivados de nomes próprios são sempre escrito com letras maiúsculas, por exemplo: N, J, W etc.

Cuidado: unidades não são grafadas no plural; a quantidade cem metros deve ser grafada como 100 m, dez horas como 10 h, e assim por diante. Recomenda-se que entre o numeral e a sua unidade seja deixado um espaço em branco.

Na Tabela 2 apresentamos prefixos das unidades. Note que o prefixo quilo, k, sempre se escreve com letra minúscula.

Tabela 2 Prefixos

Prefixo	Símbolo	Fator multiplicativo	Prefixo	Símbolo	Fator multiplicativo
tera	T	10^{12}	mili	m	10^{-3}
giga	G	10^{9}	micro	μ	10^{-6}
mega	M	10^{6}	nano	n	10^{-9}
quilo	k	10^{3}	pico	p	10^{-12}

No estudo das ciências térmicas nos deparamos com uma grande quantidade de variáveis, e um problema que se apresenta é o uso do mesmo símbolo para diversas variáveis ou, em certos casos, o uso de diferentes simbologias para a mesma variável em livros distintos. Procurando minorar esse problema, será utilizada ao longo deste livro essencialmente a mesma simbologia utilizada ao longo dos outros livros desta série. Em particular, observamos que optamos por utilizar a letra *V* (vê maiúscula) para simbolizar a *velocidade* e a letra Ɐ (vê maiúscula cortada) para simbolizar a grandeza *volume*. Em decorrência, o símbolo a ser utilizado para a *vazão* será $\dot{Ɐ}$, reservando-se a letra *Q* para simbolizar a grandeza *calor*.

Com propósito introdutório, apresentamos a seguir alguns conceitos fundamentais para o desenvolvimento dos assuntos que trataremos ao longo deste livro.

1 SISTEMA E VOLUME DE CONTROLE

Ao estudar um fenômeno físico, podemos utilizar duas metodologias distintas de observação. A primeira consiste em escolher e identificar uma determinada massa do material objeto de estudo, e observá-la. A segunda consiste em identificar um determinado espaço físico e voltar a atenção para as ocorrências que se dão nesse espaço. Nesse contexto, definimos:

- Sistema: é uma determinada quantidade fixa de massa, previamente escolhida e perfeitamente identificada, que será objeto da atenção do observador.
- Volume de controle: é um espaço, previamente escolhido, que será objeto de atenção do observador, permitindo a análise de fenômenos com ele relacionados.

Ao analisar a definição de sistema, vemos que uma das palavras-chave é "escolhida", porque cabe a quem for analisar o fenômeno escolher a massa que será objeto de estudo. Essa massa é, física ou virtualmente, separada do meio que a circunda por uma superfície denominada fronteira do sistema, a qual pode se deformar com o passar do tempo. Como a massa do sistema é fixa e perfeitamente identificada, não há nenhum tipo de transferência de massa através da sua fronteira. Um sistema pode estar fixo ou em movimento em relação a um determinado referencial.

O volume de controle também deve ser escolhido pelo observador. É delimitado por uma superfície denominada superfície de controle, a qual também pode se deformar com o passar do tempo. Note que o volume de controle, assim como um sistema, pode estar em movimento em relação a um sistema de coordenadas e que, normalmente, através da superfície de controle ocorre transferência de massa.

2 ALGUMAS PROPRIEDADES

Ao trabalhar com propriedades, verificamos que podemos abordar a matéria constituinte de um sistema do ponto de vista macroscópico ou microscópico. A abordagem microscópica não é o propósito deste texto, embora possa se tornar importante em algumas situações. Por outro lado, estamos diretamente interessados no comportamento global do conjunto de partículas que compõem a matéria, o que recomenda o seu tratamento segundo a visão macroscópica. Essa abordagem nos permite adotar a hipótese de que a matéria objeto de estudo está sempre uniformemente distribuída ao longo de uma determinada região tão diminuta quanto se queira e que, por esse motivo, pode ser tratada como infinitamente divisível, ou seja: como um meio contínuo.

As propriedades de uma determinada substância podem depender ou não da sua massa. As que dependem da massa são chamadas extensivas, e as que não dependem são chamadas intensivas. Como exemplo, tem-se: o volume total de uma determinada quantidade de água é uma propriedade extensiva, enquanto que a temperatura em um determinado ponto dessa massa de água é uma propriedade intensiva. Notemos que somente podemos pensar em atribuir propriedades à matéria presente em um ponto sob a hipótese de que o meio é contínuo. Essa visão é fundamental porque nos permite, por exemplo, criar uma expressão matemática que descreva o comportamento da temperatura de uma massa sólida em função da posição e do tempo. Isso é algo que faremos algumas vezes ao longo deste texto.

2.1 Volume específico, massa específica e peso específico

Estas propriedades específicas têm a característica de serem intensivas e, por esse motivo, se aplicam a matéria sob a hipótese de que o meio analisado é contínuo.

Consideremos, inicialmente, a massa específica de uma substância. Essa propriedade é tradicionalmente simbolizada pela letra grega rô, ρ, e é definida como:

$$\rho = \lim_{\forall \to \forall_0} \frac{m}{\forall} \tag{1}$$

Nessa equação, o volume $\forall_0$ é o menor volume para o qual a substância pode ser tratada como um meio contínuo.

A unidade da massa específica no Sistema Internacional de Unidades é kg/m^3.

O volume específico de uma substância, v, é uma propriedade intensiva que pode ser definida como sendo o inverso da massa específica, ou seja:

$$v = \frac{1}{\rho} \tag{2}$$

No Sistema Internacional de Unidades, sua unidade é m^3/kg.

O peso específico é definido como sendo igual ao produto da massa específica pela aceleração da gravidade, ou seja:

$$\gamma = \rho g \tag{3}$$

No Sistema Internacional de Unidades, sua unidade é N/m^3.

Observamos que, para a realização de cálculos, adotamos neste livro o valor 9,81 m/s^2 para a aceleração da gravidade.

2.2 Pressão

Pressão, p, é uma propriedade intensiva definida como:

$$\rho = \lim_{A \to A_0} \frac{F_n}{A} \tag{4}$$

Nessa equação, F_n é a magnitude da componente normal da força F aplicada sobre a área A e A_0 é a menor área para a qual o meio puder ser tratado como sendo contínuo.

No Sistema Internacional de Unidades, sua unidade é o pascal: 1 Pa = 1 N/m^2, sendo com frequência utilizados os seus múltiplos, kPa e MPa. Outras unidades usuais são: o bar (1 bar = 100000 Pa) e a atmosfera (1 atm = 101325 Pa). A unidade pascal foi adotada em homenagem ao físico, matemático e filósofo Blaise Pascal.

O meio mais comum de medição desta propriedade resulta na determinação da diferença entre duas pressões e, nesse caso, a pressão medida é dita relativa. A pressão relativa de uso mais comum consiste naquela determinada utilizando-se instrumentos denominados manômetros, os quais medem, usualmente, a diferença entre a pressão desconhecida e a atmosférica. A pressão assim medida é denominada pressão manométrica ou efetiva, e é, por definição, a diferença entre a pressão absoluta e a pressão atmosférica, ou seja:

$$p_{man} = p_{abs} - p_{atm} \tag{5}$$

onde p_m é a pressão manométrica, p é a pressão absoluta e p_{atm} é a pressão atmosférica local. A Figura 1 esquematiza o relacionamento entre as pressões definido por meio da Equação (5).

A pressão atmosférica é medida utilizando-se um instrumento denominado barômetro e, por esse motivo, é frequentemente denominada pressão barométrica. Dessa forma, a determinação da pressão absoluta, muitas vezes, se dá pela medida da pressão manométrica, à qual é adicionado o valor da pressão atmosférica local.

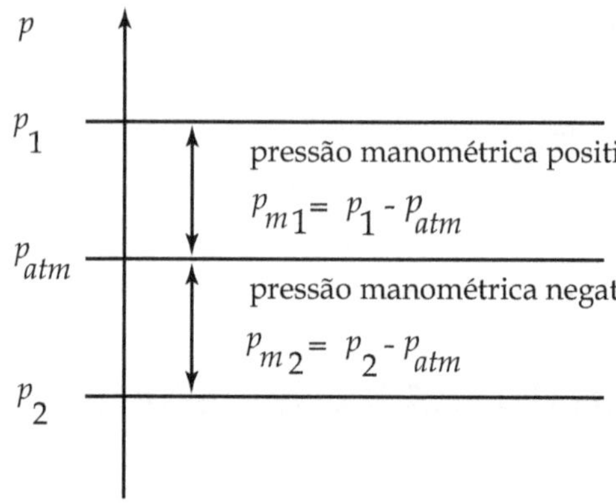

Figura 1 Pressão absoluta e manométrica

2.3 Densidade relativa

A grandeza densidade relativa, também denominada densidade ou gravidade específica, é uma propriedade adimensional definida como sendo a relação entre a massa específica de um fluido e uma de referência, podendo, assim, ser definida para sólidos, líquidos e para gases ou vapores.

Para sólidos e líquidos, esta propriedade é definida como sendo a razão entre a massa específica da substância sob análise e a da água na fase líquida. Opta-se, neste texto, pelo uso de um valor de referência fixo, tendo-se para tal escolhido a massa específica da água a 4°C e 1 bar, que é igual a 1000 kg/m^3, ou seja:

$$d_r = \frac{\rho}{\rho_{\text{água a 4°C e 1 bar}}} \tag{6}$$

3 AVALIAÇÃO DA MASSA ESPECÍFICA DE ALGUNS FLUIDOS

É comum, ao conduzir a solução de problemas de mecânica dos fluidos, ser necessário obter informações sobre propriedades de substâncias.

Não podemos deixar de observar que, em princípio, a massa específica das substâncias depende da sua temperatura e pressão. Consideremos, inicialmente, um gás ideal. Nesse caso podemos determinar a sua massa específica utilizando a equação de estado dos gases ideais, resultando em:

$$\rho = p/(RT) \tag{7}$$

Nessa expressão, p é a pressão absoluta do gás, T é a sua temperatura absoluta e R é a constante do gás. Na Tabela 3 apresentamos valores para constantes de alguns gases ideais.

Tabela 3 Constantes de gases

Gás	Ar seco	Oxigênio	Nitrogênio	Dióxido de carbono	Argônio	Metano	Hélio
Constante (J/(kg.K))	287	260	297	189	208	412	2077

Note que, utilizando-se a constante em J/(kg.K), devemos realizar os cálculos utilizando a pressão em Pa, e a Equação (7) nos proporcionará a massa específica em kg/m^3.

No caso dos sólidos e líquidos, a massa específica varia de forma mais fraca com a pressão. Para ilustrar esse fato, apresentamos na Tabela 4 alguns valores da massa específica da água saturada na fase líquida.

Tabela 4 Massa específica da água na fase líquida

Temperatura (°C)	10	20	30	40	50
Massa específica (kg/m^3)	999,7	998,2	995,6	992,2	988,0

Observamos que os valores constantes da Tabela 4 foram determinados considerando-se a água como líquido saturado.

4 A TRANSFERÊNCIA DE CALOR E A TERMODINÂMICA

Voltemos à termodinâmica, em particular a uma de suas leis. A primeira lei da termodinâmica, que, em essência, consiste no princípio da conservação da energia, pode se apresentar segundo diversas formulações matemáticas. Vamos nos atentar a duas delas. A primeira consiste na formulação na forma de taxa aplicada a um sistema, a saber:

$$\dot{Q} - \dot{W} = \frac{dE}{dt} \tag{8}$$

Nessa equação, $\dot{Q}$ é a taxa de calor que observada entre o sistema e o meio, e $\dot{W}$ é a potência desenvolvida pelo sistema. A derivada dE/dt estabelece como a energia da massa constituinte do sistema varia ao longo do tempo. Observemos a Figura 2. Ela representa um sistema com massa m ao qual é adicionada a taxa de calor $\dot{Q}_a$ e que transfere para o meio a taxa de calor $\dot{Q}_r$. Consideremos que não haja transferência de energia por trabalho entre esse sistema e o meio. Nesse caso, a aplicação da primeira lei da termodinâmica ao fenômeno que estamos observando resulta em:

$$\dot{Q}_a + \dot{Q}_r = \frac{dE}{dt} \tag{9}$$

Ou seja: a taxa de variação da energia da massa da substância constituinte do sistema é igual à soma algébrica das taxas de calor observadas na fronteira do sistema.

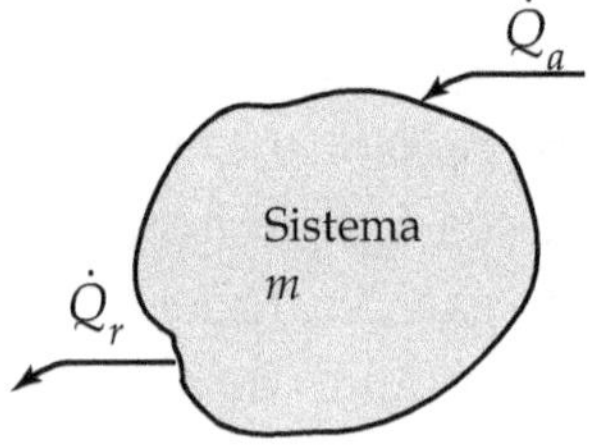

Figura 2 Sistema

A segunda formulação da primeira lei da termodinâmica de interesse é aquela aplicada a um volume de controle que tem um número finito de entradas e de saídas nas quais o escoamento do fluido é uniforme:

$$\dot{Q}_{VC} + \sum \dot{m}_e \left(h_e + \frac{V_e^2}{2} + gz_e \right) = \\ = \frac{\partial E}{\partial t} + \dot{W}_{VC} + \sum \dot{m}_s \left(h_s + \frac{V_s^2}{2} + gz_s \right) \quad (10)$$

Nessa equação, $\dot{Q}_{VC}$ é a taxa de calor observada na superfície de controle, h e V são, respectivamente, a entalpia e a velocidade média do fluido nas seções de entrada e saída e z é cota dessas seções. Complementarmente, $\dot{W}_{VC}$ é a potência mecânica desenvolvida pelo volume de controle e o termo $\partial E/\partial t$ é a derivada parcial da energia da massa contida no volume de controle em relação ao tempo.

Consideremos o volume de controle esquematizado na Figura 3. Ele tem apenas uma entrada e uma saída e, através dele, escoa um fluido. A Equação (10) permite correlacionar os fenômenos que observamos na superfície de controle com a taxa de variação da energia da massa presente no interior do volume de controle com o tempo.

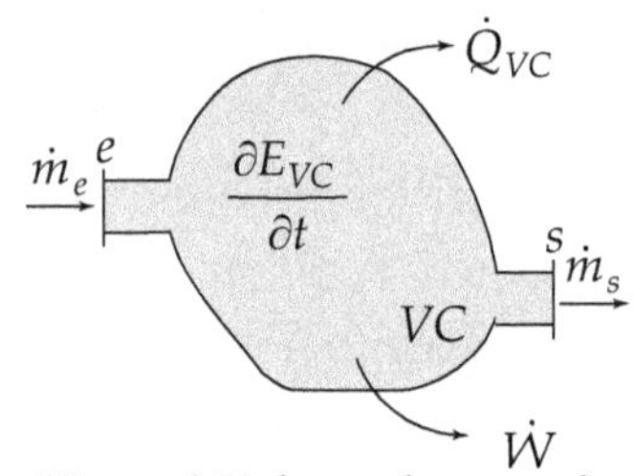

Figura 3 Volume de controle

Ressaltamos, então, que nestas representações matemáticas da primeira lei da termodinâmica existe um termo comum, que é a taxa de calor observada entre o sistema ou volume de controle e o meio. Conhecer esse termo é, em essência, o objetivo da *transferência de calor*.

CAPÍTULO 1

INTRODUÇÃO À TRANSFERÊNCIA DE ENERGIA POR CALOR

A primeira lei da termodinâmica formulada para um sistema na forma de taxa apresenta dois termos básicos de transferência de energia, por trabalho e por calor, aos quais se acrescenta um termo referente à variação da energia do sistema. O estudo do tópico *transferência de energia por calor* terá por objetivo compreender, equacionar, buscar meios e procedimentos para avaliar o termo da primeira lei referente a esse processo de transferência de energia por calor. Devemos também nos ater ao fato de que o termo *transferência de calor*, usualmente utilizado na literatura, não é conceitualmente correto, porque nele está embutida a ideia de que calor é algo que pode ser "tirado" de um local e "transportado" para outro. Essa ideia, subjacente ao termo, é essencialmente conflitante com o fato de que calor é um fenômeno de fronteira, não se identificando essa grandeza em qualquer outro local que não seja uma superfície, a qual pode ser, por exemplo, a de um volume de controle ou aquela que constitui uma fronteira de um sistema. Entretanto, como o uso do termo *transferência de calor* faz parte da cultura da engenharia para denominar os fenômenos que estudaremos, mesmo sendo inadequado, nós o utilizaremos ao longo deste texto.

1.1 CONDUÇÃO

Esta forma de transferência de calor é aquela que ocorre em uma substância estática devido única e exclusivamente a um gradiente de temperatura nela existente. Qualificamos a substância como estática para indicar que esse modo de transferência de calor ocorre sem que haja movimento macroscópico relativo entre as partículas que a constituem. Considere, por exemplo, uma barra de aço que esteja inicialmente na temperatura ambiente. Nós podemos pegá-la com nossas mãos e colocar uma das suas extremidades em contato com um braseiro. Imediatamente, a temperatura dessa extremidade começará a se elevar e, com o tempo, energia será transferida ao restante da barra até que ela atinja uma temperatura que impeça o toque das nossas mãos. O processo de transferência de calor que ocorreu através da matéria constituinte da barra é denominado *condução* e é descrito pela *lei de Fourier*, que na sua forma unidimensional é matematicamente estabelecida como:

$$\dot{Q} = -k\,A\frac{dT}{dx} \qquad (1.1)$$

Nessa equação:

- $\dot{Q}$ é a taxa temporal de transferência de energia por calor, denominada *taxa de calor* ou *taxa de transferência de calor*, J/s ou W. Não nos esqueçamos de que o termo taxa de transferência de calor é largamente utilizado em toda a literatura sobre o assunto;
- A é a área através da qual ocorre a transferência de calor e que denominamos *área de transferência de calor*, m². Os termos *área* de *troca de calor* e *área de troca térmica* também são costumeiramente utilizados;
- T é a temperatura, K. Como diferenças de temperatura na escala kelvin são iguais às na escala Celsius, usamos alternativamente a temperatura em graus Celsius;
- x é a coordenada na direção em que ocorre o processo de transferência de calor, m; e
- k é uma propriedade da substância denominada *condutibilidade* ou *condutividade térmica*, e a sua unidade no Sistema Internacional de Unidades é W/(m.K).

A lei de Fourier, na sua forma unidimensional, também pode ser expressa como:

$$\dot{Q}'' = -k\frac{dT}{dx} \qquad (1.2)$$

Nessa equação, $\dot{Q}''$ é a quantidade de energia transferida por calor por unidade de tempo e por unidade de área, que denominamos *fluxo de calor*, e sua unidade no Sistema Internacional de Unidades é W/m². É uma grandeza local que usualmente varia de ponto para ponto da superfície através da qual identificamos a taxa de calor $\dot{Q}$.

Devemos observar que a condutibilidade térmica dos materiais varia com a temperatura. Na Figura 1.1 observamos o comportamento da condutibilidade térmica em função da temperatura de alguns sólidos.

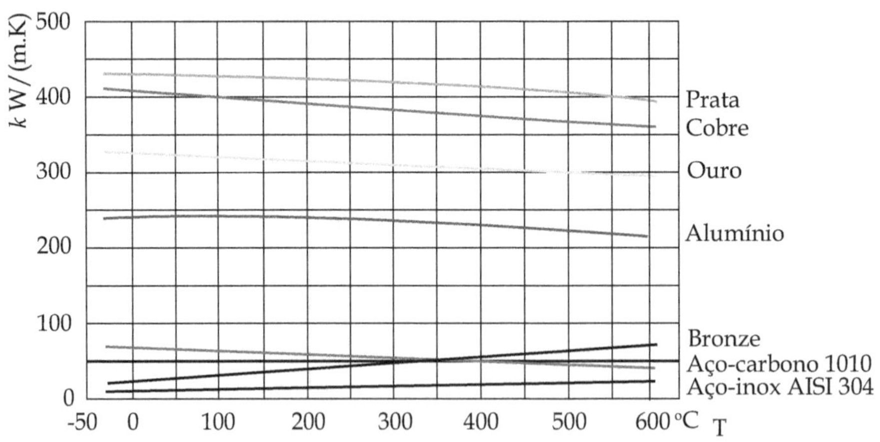

Figura 1.1 Condutibilidade térmica *versus* temperatura

Observe a Figura 1.2. Quando a derivada da temperatura em relação à variável x é negativa, a temperatura estará decrescendo à medida que o valor de x aumenta. Como o fluxo de calor é causado por diferença de temperatura e como ele ocorre de temperaturas maiores para menores, seu sentido será o do eixo x, o que justifica o sinal negativo da Equação (1.2). Naturalmente, se a derivada for positiva, o sentido do fluxo de calor será o inverso.

Materiais que apresentam altas condutibilidades térmicas são chamados bons condutores de calor; nessa categoria, encontram-se os metais. Os materiais que apresentam baixas condutibilidades térmicas são chamados isolantes térmicos, por exemplo: borracha, madeira etc. Observamos que essa propriedade varia com a temperatura, e essa variação pode, dependendo do fenômeno analisado, ser importante ou não. Apresentamos na Tabela 1.1 alguns valores dessa propriedade para alguns materiais de uso comum, que serão utilizados com frequência na solução de exercícios.

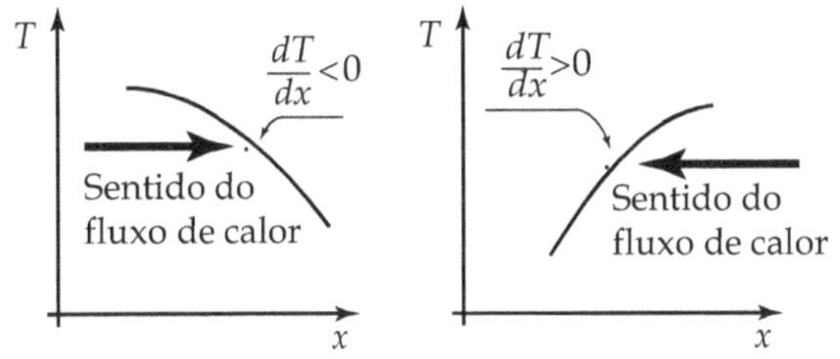

Figura 1.2 Sentido do fluxo de calor

Tabela 1.1 Propriedades de alguns materiais a 20°C

Material	Massa específica ρ (kg/m³)	Calor específico c_p (J/kg.K)	Condutibilidade térmica k (W/m.K)
Aço-carbono – AISI 1010	7855	431	60,7
Aço inoxidável – tipo 304	7902	472	14,7
Alumínio	2703	896	236
Borracha vulcanizada macia	1100	2,01	0,13
Bronze	8530	376	115
Cobre	8936	383	402
Fibra de vidro – manta	24	–	0,0376
Fibra de vidro – manta	48	–	0,0325
Madeira compensada	545	1,22	0,12
Isopor (peças moldadas a partir de prensagem de miniesferas)	16	1210	0,04

A lei de Fourier nos permite, por exemplo, analisar o processo de transferência de calor através de uma placa plana. Embora esse assunto seja rediscutido no próximo capítulo, podemos afirmar que, se o processo de transferência de calor por condução ocorrer de forma unidimensional, sem geração de calor e em estado estacionário, o gradiente de temperatura no interior da placa será linear, conforme ilustrado na Figura 1.3.

Aplicando a lei de Fourier, obtemos:

$$\dot{Q}'' = -k\frac{dT}{dx} = -k\frac{T_2 - T_1}{L} = k\frac{T_1 - T_2}{L}$$

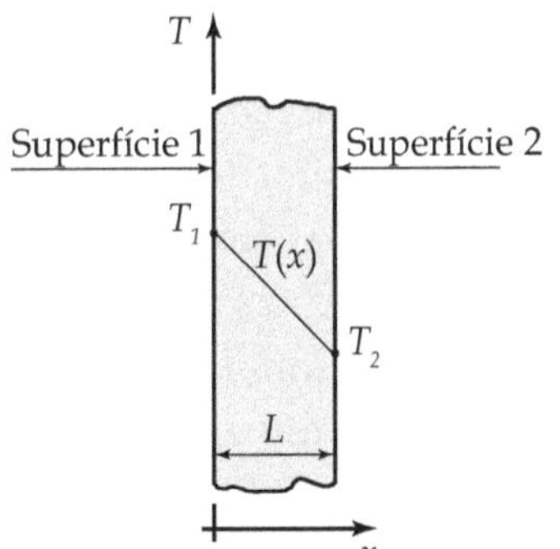

Figura 1.3 Distribuição de temperatura em placa plana

Assim, se as temperaturas das superfícies 1 e 2 forem, respectivamente, 60°C e 20°C, se a placa tiver espessura de 100 mm e se ela for constituída por madeira com condutibilidade térmica igual a 0,15 W/(m.K), o fluxo de calor será:

$$\dot{Q}'' = 0{,}15\ \frac{60-20}{0{,}1} = 60\ \text{W/m}^2$$

Ou seja, através de uma área de 1,0 m², tomada perpendicularmente ao eixo x no interior da placa, ocorrerá uma taxa de transferência de calor igual a 60 J/s. Se a área da parede for igual a 3,0 m², a taxa de calor através dela será:

$$\dot{Q} = \dot{Q}''A = 60 \cdot 3 = 180\ \text{W}$$

1.2 CONVECÇÃO

O processo de transferência de calor por convecção é aquele que ocorre entre uma superfície e um fluido. Como exemplo, podemos considerar a superfície externa da parede vertical de um forno doméstico. Quando o forno está em uso, essa superfície apresenta temperatura mais elevada que a do meio externo. O ar ambiente em contato com a parede é aquecido, sua temperatura aumenta, seu volume específico também aumenta e, consequentemente, sua massa específica é reduzida, o que provoca a movimentação do ar na direção vertical, sentido ascendente, provocando a sua renovação e permitindo o contínuo aquecimento da corrente de ar assim criada. Esse processo de transferência de calor é denominado *convecção natural*. O termo *natural* é devido ao fato de que, neste caso, a movimentação do fluido é causada pelo próprio processo de transferência de calor, não havendo nenhum tipo de ação externa. Consideremos, agora, que a parede do forno seja resfriada por uma corrente de ar criada por um meio não natural, por exemplo, pelo uso de um ventilador. Nesse caso, o processo de transferência de calor é denominado *convecção forçada*.

A taxa de calor por convecção, natural ou forçada, entre um fluido e uma superfície, pode ser quantificada por intermédio da expressão:

$$\dot{Q} = hA\left(T_s - T_\infty\right) \qquad (1.3)$$

Nessa expressão:

- $\dot{Q}$ é a taxa de calor, W;
- A é a área da superfície em contato com o fluido através da qual observamos a transferência de calor por convecção, m²;
- h é o *coeficiente médio de transferência de calor por convecção* na área A, W/(m².K), que usualmente também é denominado *coeficiente convectivo*;
- T_s é a temperatura da superfície, °C;
- T_∞ é a temperatura do fluido, °C, longe da superfície.

Nos processos de convecção, supomos que a temperatura simbolizada por T_∞ é a temperatura do fluido em uma posição suficientemente distante da área de transferência de calor para não ser influenciada pelo processo em si, de forma que ela é constante ao longo do tempo. Naturalmente, há situações nas quais se deseja avaliar taxas de transferência de calor entre uma superfície e um fluido cuja temperatura esteja variando; nesse caso não se utiliza o símbolo T_∞.

A partir da Equação (1.3), podemos obter o fluxo de calor, que é dado por:

$$\dot{Q}'' = \lim_{A \to A_0} \frac{\dot{Q}}{A} = h_x(T_s - T_\infty) \qquad (1.4)$$

Nessa expressão, o termo A_0 é a menor área da superfície na qual observamos a taxa de calor na qual podemos considerar o meio como contínuo e, nesse caso, o coeficiente h_x é uma grandeza local que usualmente varia de ponto para ponto ao longo da superfície A.

A Equação (1.4), que nos fornece o fluxo de calor por convecção, é denominada *lei do resfriamento de Newton*. Note que o fluxo de calor também é uma grandeza local e, dependendo das condições influenciadoras do processo de transferência de calor por convecção, poderá variar de ponto para ponto da superfície.

Consideremos uma superfície horizontal, estática, quente, posicionada em um plano x-z e em contato com um fluido em menor temperatura que escoa paralelamente a ela, conforme esquematizado na Figura 1.4. Certamente ocorrerá transferência de calor por convecção e o fenômeno será governado pela lei do resfriamento de Newton. Lembremo-nos do princípio da aderência. Ele nos garante que as partículas fluidas em contato com a superfície aquecida adquirem a velocidade dessa superfície. Esse fato causa a formação de um perfil de velocidades conforme esquematizado na Figura 1.4. Similarmente, a temperatura das partículas de fluido em contato com a superfície será igual à da superfície, T_s, e distante desta será T_∞, o que nos leva a observar a formação do perfil de temperaturas esquematizado na Figura 1.4. Como as partículas de fluido que estão junto da superfície estão estáticas, podemos aplicar a lei de Fourier e obter o fluxo de calor no fluido para $y = 0$ em uma determinada posição definida pelas coordenadas x e z:

$$\dot{Q}''(x,z) = -k_f \left.\frac{\partial T}{\partial y}\right|_{y=0} \quad (1.5)$$

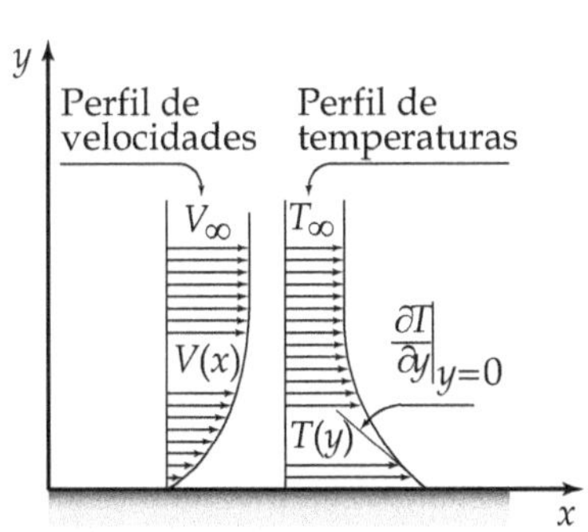

Figura 1.4 Perfis de velocidade e de temperatura

Observe que o índice f indica que a condutibilidade k_f é a do fluido. O fluxo de calor pode estar variando ao longo da superfície. Para o mesmo local para o qual foi aplicada a Equação (1.5), podemos expressar o fluxo utilizando a lei do resfriamento de Newton; considerando que a temperatura da superfície no ponto em que estamos avaliando o fluxo é simbolizada por T_s, obtemos:

$$\dot{Q}''(x,z) = -k_f \left.\frac{\partial T}{\partial y}\right|_{y=0} = h_x\left(T_s - T_\infty\right) \quad (1.6)$$

Isolando o coeficiente convectivo, obtemos:

$$h_x = \frac{-k_f \left.\dfrac{\partial T}{\partial y}\right|_{y=0}}{\left(T_s - T_\infty\right)} \quad (1.7)$$

Essa expressão é válida para qualquer posição (x,z) da superfície estudada e define o coeficiente convectivo nesse local.

Frequentemente, não estamos interessados em avaliações de fluxos de calor em determinados locais, e sim no efeito global em uma determinada área A pré-escolhida. Nesse caso poderemos optar pelo uso do coeficiente convectivo médio, já apresentado na Equação (1.3), dado por:

$$h = \frac{1}{A}\int_A h_x dA \quad (1.8)$$

Já compreendendo um pouco melhor esse processo, surge a questão: a transferência de calor por convecção depende de quais variáveis? Podemos enumerar algumas que envolvem aspectos térmicos, fluidodinâmicos, características próprias do fluido propriamente dito e as condições da superfície.

A primeira variável importante é a diferença entre a temperatura da superfície e a temperatura do fluido longe dessa superfície. Quanto maior essa diferença, maior será o fluxo de calor. Outras variáveis importantes do problema são aquelas que descrevem o escoamento. Por exemplo, se o movimento do fluido se dá de modo forçado por se utilizar, por exemplo, um ventilador, deveremos obter fluxos de calor maiores do que aqueles obtidos por movimentação natural. Se o escoamento for forçado, sua direção também é importante, pois deveremos ter fluxos de calor diferentes para escoamento paralelo, oblíquo ou perpendicular à superfície.

As características do fluido também são importantes, já que a nossa experiência do dia a dia nos mostra que existe uma grande diferença entre resfriar um corpo por convecção utilizando ar ou água na fase líquida. Por fim, não devemos nos esquecer que a geometria da superfície influi sobremaneira no escoamento e que a sua rugosidade pode desempenhar um papel importante no processo de transferência de calor.

Esse conjunto de comentários indica que o processo de transferência de calor por convecção é complexo e envolve um grande número de variáveis. Por outro lado, a lei do resfriamento de Newton é uma expressão bastante simples. Esse fato sugere a seguinte pergunta: como então esta lei aparentemente tão simples pode governar este fenômeno tão complexo? A resposta a essa questão está no fato de que, realmente, o coeficiente convectivo h depende de um grande número de variáveis e, muitas vezes, a sua determinação é complexa. Isso indica que, de maneira geral, a dificuldade encontrada na solução de problemas que envolvem convecção está ligada à determinação de coeficientes convectivos, que são, frequentemente, avaliados por meio do uso de correlações desenvolvidas a partir de trabalho experimental e disponíveis na literatura.

A magnitude do coeficiente convectivo depende de todas as variáveis já comentadas. Faixas típicas são apresentadas na Tabela 1.2.

Processos de transferência de calor por convecção também podem envolver mudança de fase, tal como a que ocorre em um condensador de vapor de uma central termoelétrica ou em um evaporador de um sistema de refrigeração por compressão de vapor.

Tabela 1.2 Faixas típicas de coeficientes convectivos

Fluido – processo	h (W/(m^2.K))
Ar, convecção natural	6-25
Vapor superaquecido ou ar, convecção forçada	25-250
Óleo, convecção forçada	50-1500
Água, convecção forçada	250-20000
Água, ebulição	3000-60000
Vapor, condensação	6000-100000

1.3 RADIAÇÃO

Matéria em temperatura não nula emite energia por um mecanismo que ora pode ser tratado como emissão de ondas eletromagnéticas, ora como a emissão de fótons, a qual é absorvida pela sua vizinhança, e que denominaremos *radiação térmica*. Para efeito puramente didático, trataremos a radiação térmica como ocorrendo por intermédio de ondas eletromagnéticas.

Notamos que a intensidade segundo a qual a energia é emitida pela matéria depende, em essência, da sua temperatura, o que caracteriza a radiação térmica como um processo de transferência de calor do corpo para a sua vizinhança.

Esse fenômeno é facilmente percebido de diversas formas. Podemos notar a sua existência ao tomar sol na praia, e nesse caso estaremos observando um processo em que estamos recebendo energia que chega a nós por meio de radiação térmica. Podemos, também, aquecer uma barra de ferro e notar que, à medida que a sua temperatura se eleva, a sua superfície emite energia térmica de forma crescente, mudando continuamente de cor. Como as superfícies do meio em que vivemos estão em temperatura não nula, elas estão continuamente emitindo energia e, como todas estão emitindo uma em presença da outra, todas estão também recebendo. Não podemos nos esquecer de que meios não sólidos, como os gases e vapores, também emitem e podem participar ativamente, ou não, de processos de transferência de calor por radiação.

Como esse processo se dá por ondas eletromagnéticas, ele não requer um meio material para ocorrer, sendo que, de fato, usualmente os meios materiais contribuem no sentido de dificultar o processo. Por exemplo, quando você está na sombra de uma árvore, ela (o meio material) está limitando a transferência de calor por radiação do sol para seu corpo. Do ponto de vista da transferência de calor, observamos que é importante apenas a chamada radiação térmica, que é constituída por parte do espectro eletromagnético, conforme ilustrado na Figura 1.5. Por esse motivo, dizemos de forma simplista que a transferência de calor por radiação envolve apenas parte do espectro eletromagnético que engloba a faixa do visível.

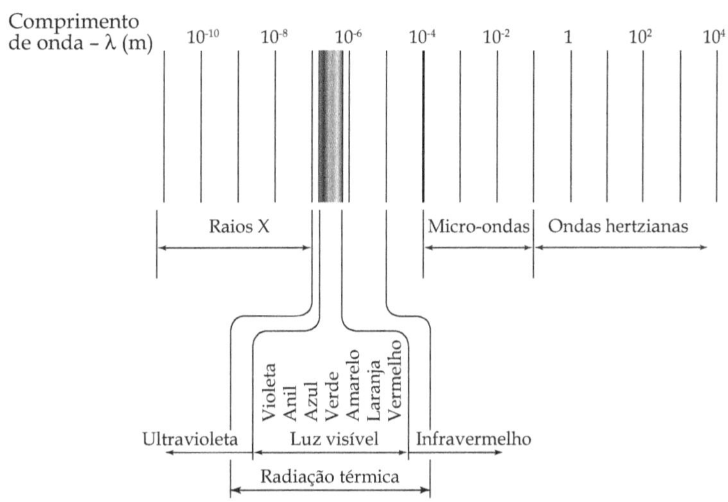

Figura 1.5 Espectro eletromagnético

As características da radiação emitida por um corpo dependem da natureza da sua superfície e da sua temperatura. Assim, se uma barra de ferro aquecida está vermelha, significa que ela está emitindo luz visível predominantemente nos comprimentos de onda que nossos olhos veem como vermelho.

Denominamos um corpo ideal que irradia perfeitamente *corpo negro*, e a taxa de emissão de energia radiante por esse corpo é dada pela expressão:

$$\dot{Q}_n = \sigma A T^4 \qquad (1.5)$$

Nessa equação:

- $\dot{Q}_n$ é a taxa de energia radiante emitida pela superfície do corpo negro, em W;
- σ é uma constante dimensional, *constante de Stefan-Boltzmann*, igual a 5,67 E-8 W/(m².K⁴);
- A é a área por meio da qual a superfície do corpo negro emite energia radiante, em m²; e
- T é a temperatura da superfície emissora medida em escala absoluta, em K.

Devemos observar que a taxa de calor radiante emitida por um corpo negro por unidade de área da superfície emissora é dada por $\dot{Q}''_n = \dot{Q}_n / A$ e coincide com uma grandeza denominada *poder emissivo* do corpo negro, usualmente representado pela letra E_n, ou seja: $\dot{Q}''_n = E_n = \sigma T^4$.

Consideremos, agora, um corpo real. A taxa de emissão de energia radiante desse corpo para a vizinhança é uma fração da taxa que ele emitiria se fosse um corpo negro e, por esse motivo, é dada por:

$$\dot{Q} = \varepsilon\sigma A T^4 = \varepsilon A E_n \quad (1.6)$$

Identificamos nessa equação um novo termo, ε, menor ou igual à unidade, que é uma propriedade da superfície emissora denominada *emissividade* ou *emitância*, que depende das suas características e não é necessariamente a mesma para todos os comprimentos de onda emitidos.

Assim como uma superfície emite, simultaneamente ela pode receber radiação de diversas origens, tais como: solar, emitida por uma chama, por um painel de resistências elétricas radiantes, por lâmpadas, etc. A taxa de energia radiante incidente por unidade de área, nessa superfície, é denominado *irradiação*, sua unidade é W/m² e a simbolizamos pela letra G. Dependendo das características da superfície e da radiação incidente, a irradiação pode ser *absorvida*, *refletida* ou *transmitida* pela superfície. A quantificação do fluxo de energia radiante absorvido por uma superfície pode ser realizada a partir do conhecimento de uma propriedade adimensional da superfície denominada *absortividade*, simbolizada pela letra grega α.

$$\alpha = \frac{G_{abs}}{G} \quad (1.7)$$

Nessa equação, G_{abs} é o fluxo de energia efetivamente absorvido pela superfície, e G, o incidente.

Consideremos uma superfície real. Sua absortividade depende das suas próprias características e das da radiação incidente, além do que a sua magnitude poderá diferir da magnitude da sua emissividade, . Uma superfície que tenha como característica o fato de que a sua emissividade e a sua absortividade independem do comprimento de onda é denominada cinza. Se, além disso, a emissão e a absorção de energia radiante não dependerem do ângulo de emissão ou de incidência, a denominamos difusa. Com o propósito de apresentar formulações simplificadas para os problemas de radiação, costumeiramente se adota uma hipótese adicional, que é a de que a superfície, além de ser cinza e difusa, tem a sua absortividade igual à sua emissividade. Essa hipótese é adotada ao longo de todo este texto.

Até agora, discutimos somente o fato de que uma superfície pode emitir ou absorver radiação. Consideremos, então, dois corpos distintos, em temperaturas diferentes, estando um na presença do outro. Nesse caso, os dois emitem e os dois recebem, de forma que podemos identificar uma transferência líquida de energia radiante entre eles. Um caso particular é aquele de um corpo 1, cuja pequena superfície cinza difusa e na temperatura T_1 esteja completamente envolvida por um corpo 2, cuja superfície interna é também cinza difusa e na temperatura T_2, diferente de T_1, conforme esquematizado na Figura 1.6. Se o processo de transferência de calor estiver ocorrendo em regime permanente, pode ser demonstrado que a taxa líquida de transferência de calor por radiação da superfície 1 para a 2 será dada por:

$$\dot{Q} = \dot{Q}'' A_1 = A_1 \varepsilon\sigma\left(T_1^4 - T_2^4\right) \quad (1.8)$$

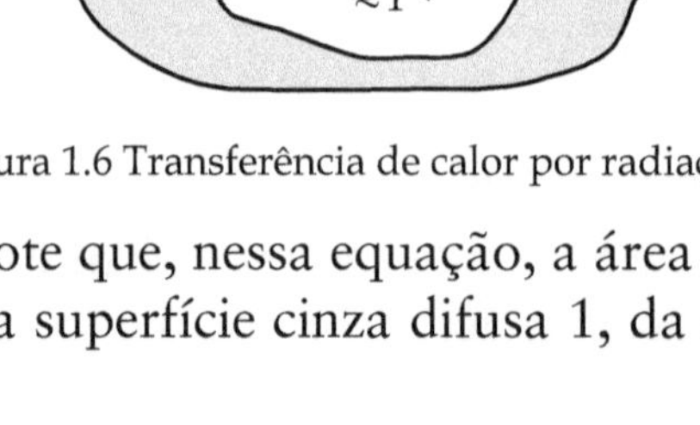

Figura 1.6 Transferência de calor por radiação

Note que, nessa equação, a área A_1 é a área da superfície cinza difusa 1, da qual é transferida a taxa líquida de calor $\dot{Q}$ para a superfície negra 2, e $\dot{Q}''$ é o fluxo líquido de calor que deixa a superfície 1 e atinge a superfície 2. Como estamos trabalhando sob a hipótese de regime permanente, energia deve ser suprida ao corpo 1 mantendo a sua energia interna e, simultaneamente, o corpo 2 deverá permanecer transferindo energia para seu meio externo, de forma a, também, manter constante a sua energia interna. Observe que esse modelo, uma grande superfície cinza difusa envolvendo uma pequena superfície cinza difusa, pode ser aplicado a situações nas quais uma superfície real está imersa em um meio com temperatura aproximadamente uniforme que pode ser tratado como se fosse uma superfície cinza difusa, por exemplo, um trecho de tubulação de transporte de um fluido aquecido em um ambiente industrial. Nesse caso entendemos que a tubulação é um corpo com pequena área superficial totalmente envolto pelo restante da fábrica suposta em uma temperatura uniforme. Assim sendo, o trecho de tubulação seria o corpo 1, sua superfície externa seria a superfície 1 e o ambiente industrial seria o corpo 2 que estaria envolvendo o corpo 1.

A Equação (1.8) pode ser algebricamente manipulada de forma a resultar:

$$\dot{Q}'' = \varepsilon\sigma\left(T_1^4 - T_2^4\right) = \\ = \varepsilon\sigma\left(T_1^2 + T_2^2\right)\left(T_1^2 - T_2^2\right) \tag{1.10}$$

$$\dot{Q}'' = \varepsilon\sigma\left(T_1^2 + T_2^2\right) \\ \left(T_1 + T_2\right)\left(T_1 - T_2\right) \tag{1.11}$$

Podemos, agora, definir um *coeficiente de transferência de calor por radiação* que será dado por:

$$h_{rad} = \varepsilon\sigma\left(T_1^2 + T_2^2\right)\left(T_1 + T_2\right) \tag{1.12}$$

Esse coeficiente depende fortemente das temperaturas T_1 e T_2. Substituindo-o na Equação (1.11), obtemos:

$$\dot{Q}'' = h_{rad}\left(T_1 - T_2\right) \tag{1.13}$$

Essa equação tem a vantagem de ser similar à lei do resfriamento de Newton e, no caso de ocorrerem simultaneamente processos de transferência de calor por radiação e por convecção, podemos equacioná-los, obtendo:

$$\dot{Q}'' = \left(h_{conv} + h_{rad}\right)\left(T_1 - T_2\right) \tag{1.14}$$

1.4 A TRANSFERÊNCIA DE CALOR E A PRIMEIRA LEI DA TERMODINÂMICA

Consideremos, inicialmente, um sistema com massa m conforme o ilustrado na Figura 1.7. A primeira lei da termodinâmica formulada para sistema na forma de taxa nos diz que:

$$\dot{Q} - \dot{W} = \frac{dE}{dt} = \dot{E} \tag{1.15}$$

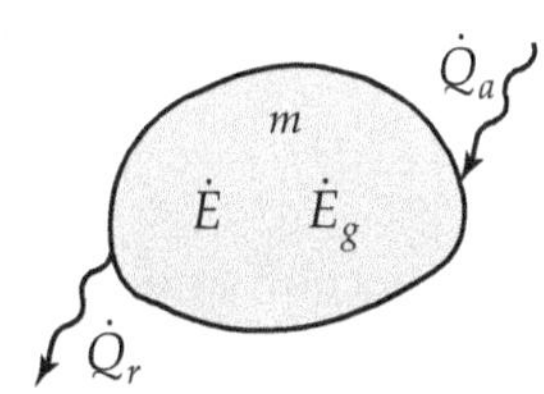

Figura 1.7 Transferência de calor em sistema

Afastemo-nos por instantes da convenção de sinais adotada ao estudar termodinâmica e consideremos que a taxa de calor $\dot{Q}$ seja dada por $\dot{Q} = \dot{Q}_a - \dot{Q}_r$, sendo que $\dot{Q}_a$ é o módulo da taxa de transferência de calor do meio para o sistema e $\dot{Q}_r$ é o módulo da taxa de transferência de calor do sistema para o meio. Note que o índice a indica que energia está sendo adicionada ao sistema e que o índice r indica que energia está sendo rejeitada pelo sistema. Então:

$$\dot{Q}_a - \dot{Q}_r = \dot{E} + \dot{W} \tag{1.16}$$

Com base nas hipóteses adotadas ao estudar termodinâmica, podemos reafirmar que um sistema somente pode interagir com o meio por intermédio de calor e trabalho. Assim, se uma corrente elétrica percorre o sistema provocando um aumento da sua energia interna, tratamos esse fenômeno como um processo de transferência de energia por trabalho. Ao estudar transferência de calor, costumamos substituir o termo $\dot{W}$ por outro que é denominado, inadequadamente, *taxa de geração de energia*, o qual substitui todo e qualquer processo de adição de energia para o sistema que não seja por calor, incluindo, por exemplo, passagem de corrente elétrica, reações nucleares e químicas. O novo símbolo para esse termo é $\dot{E}_g$, que, substituído na Equação (1.16), resulta em:

$$\dot{E} = \dot{Q}_a - \dot{Q}_r + \dot{E}_g \tag{1.17}$$

Em determinadas situações, nas quais podemos supor que a taxa de geração de calor é proporcional ao volume, é conveniente definir uma *taxa volumétrica de geração de calor*:

$$\dot{Q}''' = \frac{\dot{E}_g}{\forall} \tag{1.18}$$

Devemos observar que, dado um sistema, nosso propósito ao estudar transferência de calor será, usualmente, determinar $\dot{Q}_a$ e $\dot{Q}_r$.

1.5 BALANÇO DE ENERGIA EM SUPERFÍCIES

Voltemos ao caso de transferência de calor sem geração e em regime permanente através de uma placa. Podemos supor que ela está imersa em um meio fluido, por exemplo, ar, conforme ilustrado na Figura 1.8. O ar em contato com a superfície 1 da placa está, longe da placa, na temperatura $T_{\infty 1}$, mais elevada do que a temperatura T_1. Por esse motivo ocorre a transferência de calor por convecção do ar para a placa observada na superfície 1. Similarmente, o ar em contato com a superfície 2 está, longe da placa, na temperatura $T_{\infty 2}$, que é mais baixa do que a temperatura T_2. E, por haver essa diferença, ocorre a transferência de calor por convecção da placa para o ar observada na superfície 2. Além disso, podemos considerar que simultaneamente ocorre transferência de calor por radiação entre a placa e o meio que a cerca.

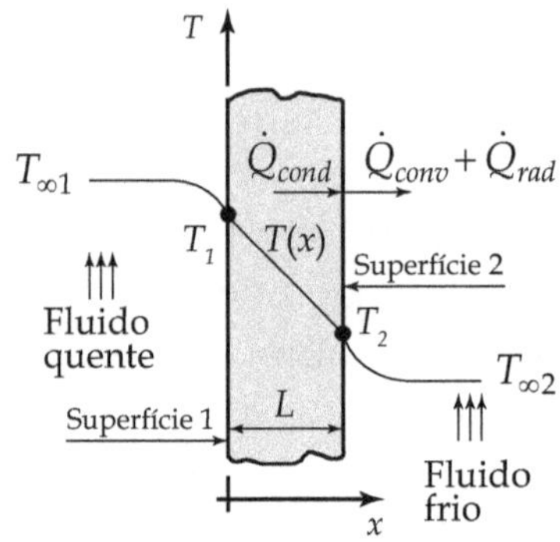

Figura 1.8 Taxa de calor em placa

Vamos analisar a transferência de calor através da superfície 2. Ela recebe a taxa $\dot{Q}_{cond}$, que é a taxa de calor por condução através da placa, e transfere calor para o ar em parte por convecção, $\dot{Q}_{conv}$, e em parte por radiação, $\dot{Q}_{rad}$. Aplicando a primeira lei da termodinâmica para o sistema constituído pela superfície 2, obtemos:

$$\dot{E} = \dot{Q}_{cond} - \dot{Q}_{conv} - \dot{Q}_{rad} + \dot{E}_g \tag{1.19}$$

Como consideramos que não há geração, $\dot{E}_g = 0$. Como a massa do sistema é nula, ele é incapaz de armazenar energia, de forma que $\dot{E} = 0$, o que nos leva a:

$$\dot{Q}_{cond} = \dot{Q}_{conv} + \dot{Q}_{rad} \tag{1.20}$$

Esse resultado foi obtido considerando a transferência de calor através de uma superfície na qual identificamos os modos condução, convecção e radiação. Similarmente, podemos conduzir uma análise para uma superfície que constitui a interface entre duas placas conforme esquematizado na Figura 1.9 e, como resultado, obteremos:

$$\dot{Q}_{cond1} = \dot{Q}_{cond2} \qquad (1.21)$$

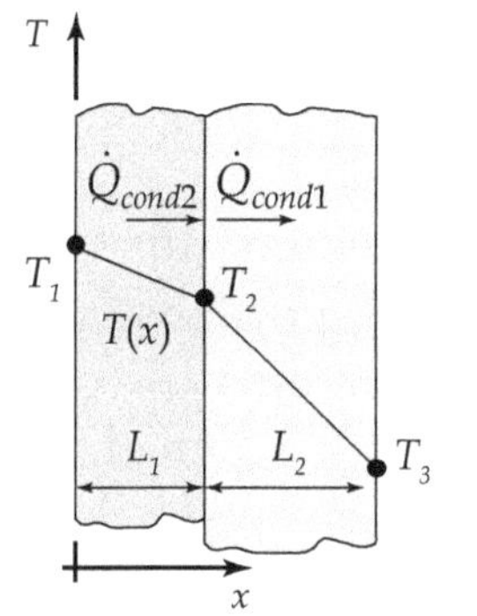

Figura 1.9 Taxa de calor entre placas

Esses dois resultados são muito importantes e serão utilizados com frequência em análises de processos de transferência de calor.

1.6 EXERCÍCIOS RESOLVIDOS

Er1.1 Uma parede plana com espessura $L = 20$ cm apresenta um perfil de temperaturas parabólico, conforme ilustrado na Figura Er1.1. Sabendo que a parede tem condutibilidade térmica igual a 0,5 W/(m.K), que a superfície 1 é adiabática, que em determinado instante as temperaturas nas superfícies 1 e 2 são, respectivamente, 100°C e 40°C, pede-se para determinar o fluxo de calor na superfície perpendicular ao eixo x localizada em $x = L/2$.

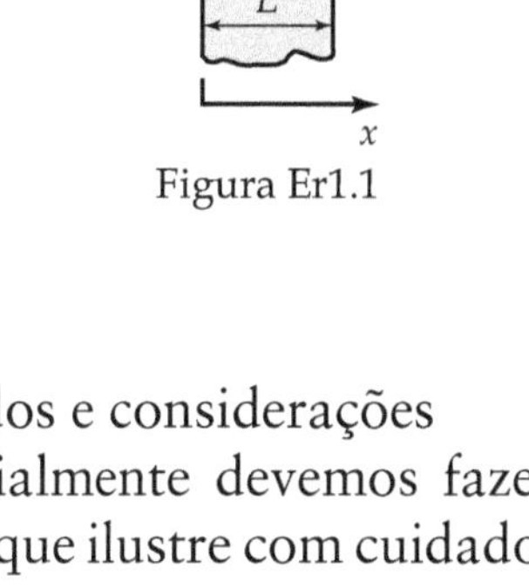

Figura Er1.1

Solução

a) Dados e considerações

Inicialmente devemos fazer um croqui que ilustre com cuidado a questão a ser solucionada e fazer considerações, estabelecer hipóteses e registrar dados importantes para a solução da questão. Neste caso, o croqui já é dado – veja a Figura Er1.1. Passamos, então, ao registro das considerações, hipóteses e dados:

- São dadas as seguintes informações: $L = 0{,}20$ m, $k = 0{,}5$ W/(m.K).
- São conhecidas as condições de contorno: $T_1 = 100$°C, $T_2 = 40$°C, e o perfil de temperatura é parabólico, ou seja, $T(x) = a + bx + cx^2$.
- A superfície 1 é adiabática e o processo de transferência de calor é por condução e unidimensional, o que significa que, por hipótese, ele ocorre apenas na direção x.

b) Análise e cálculos

O primeiro passo é determinar a função $T(x) = a + bx + cx^2$, e, para tal, utilizaremos as condições de contorno dadas.

- Uso da primeira condição de contorno

Como a superfície 1 é adiabática, o fluxo de calor através dela é nulo. Nesse caso, a lei de Fourier nos garante que:

$$\dot{Q}'' = -k\left.\frac{\partial T}{\partial x}\right|_{x=0} = 0 \Rightarrow$$

$$\Rightarrow -k\frac{\partial}{\partial x}\left.\left(a + bx + cx^2\right)\right|_{x=0} = 0 \Rightarrow$$

$$\Rightarrow \left.\left(b + 2cx\right)\right|_{x=0} = 0$$

Ou seja: $b = 0$, logo: $T(x) = a + cx^2$.

- Uso da segunda condição de contorno

Na posição $x = 0$, $T(x) = T_1$.

Então: $T_1 = a + b(0)^2 \Rightarrow a = T_1$;
logo: $T(x) = T_1 + cx^2$.

- Uso da terceira condição de contorno

Na posição $x = L$, $T(x) = T_2$.

Então: $T_2 = T_1 + cL^2 \Rightarrow c = \dfrac{T_2 - T_1}{L^2}$.

Finalmente, obtemos o perfil de temperaturas: $T(x) = T_1 - \dfrac{T_1 - T_2}{L^2}x^2$.

Podemos, agora, determinar o fluxo de calor em $x = L/2$ utilizando a lei de Fourier:

$$\dot{Q}''(L/2) = -k\left.\frac{\partial T}{\partial x}\right|_{x=L/2} =$$

$$= -k\left.\left(-2x\frac{T_1 - T_2}{L^2}\right)\right|_{x=L/2}$$

$$\dot{Q}''(L/2) = -0,5\left.\left(-2\frac{0,20}{2}\frac{100-40}{0,20^2}\right)\right| =$$

$$= 150\ \text{W/m}^2$$

Er1.2 A parede de uma residência tem 10 m de largura, 2,6 m de altura e espessura igual a 15 cm. Se as temperaturas das superfícies externa e interna dessa parede forem constantes, aproximadamente uniformes e iguais, respectivamente, a 40°C e 25°C e se a sua condutibilidade térmica for igual a 0,5 W/(m.K), qual será o fluxo de calor e a taxa de transferência de calor por condução através dessa parede?

Solução

a) Dados e considerações

Inicialmente devemos fazer um croqui que ilustre com cuidado a questão a ser solucionada e fazer considerações, estabelecer hipóteses e registrar dados importantes para a solução da questão. O croqui é apresentado na Figura Er1.2. Para preparar esse croqui tivemos os seguintes cuidados:

- Definir os aspectos geométricos importantes e os símbolos utilizados para definir as dimensões, L, H e b.
- Identificar as faces da parede sabendo-se exatamente qual é a externa, a interna e quais serão os símbolos utilizados para as suas temperaturas.
- Escolher uma direção e um sentido para a ordenada x.
- Escolher uma direção e um sentido para a ordenada T.
- Identificar o tipo de perfil de temperaturas.

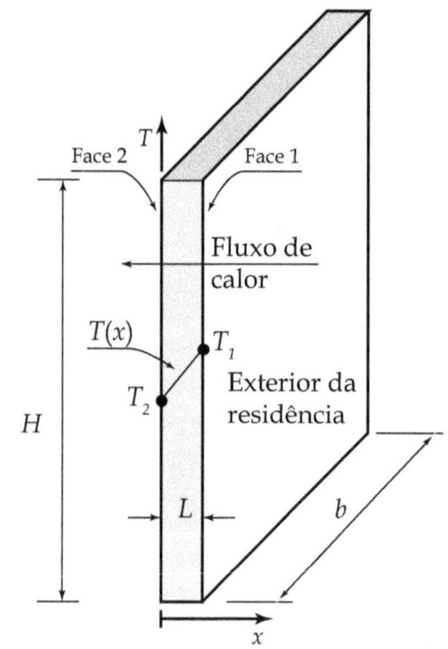

Figura Er1.2

Passamos, então, ao registro das considerações, hipóteses e dados:

- O processo de transferência de calor é unidimensional, ocorre em regime permanente, sem geração de calor, e o perfil de temperaturas é linear.
- Dimensões importantes: espessura, $L = 15$ cm $= 0,15$ m; altura, $H = 2,6$ m; e largura da parede, b = 10 m.
- $T_1 = 40$°C, $T_2 = 25$°C, e a condutibilidade térmica do material é $k = 0,5$ W/(m.K).

b) Análise e cálculos

Aplicando a lei de Fourier, obtemos:

$\dot{Q}'' = -k\dfrac{dT}{dx} = -k\dfrac{T_1 - T_2}{L}$, e o fluxo de calor será:

$$\dot{Q}'' = -0,5\frac{40-25}{0,15} = -50 \text{ W/m}^2.$$

O sinal negativo do fluxo de calor indica que ele ocorre no sentido negativo do eixo x.

A taxa de transferência de energia por calor através da parede será:

$$\dot{Q} = \dot{Q}''A = -50 \cdot 2,6 \cdot 10,0 = -1300 \text{ W}$$

Novamente observamos que o sinal negativo indica que a transferência de energia ocorre no sentido negativo do eixo x. Devemos notar que poderíamos ter escolhido a orientação inversa do eixo x e teríamos obtido resultados positivos.

Observamos também que, neste caso, tanto o fluxo quanto a taxa de calor serão os mesmos em qualquer superfície interna da placa perpendicular ao eixo x.

Er1.3 A parede de uma residência tem 10 m de largura, 2,6 m de altura e espessura igual a 15 cm. Sabe-se que a temperatura da face interna da parede é igual a 25°C, que a taxa de calor através da parede é 1300 W e que o coeficiente convectivo observado entre o ar presente no interior da residência e a parede é igual a 10 W/(m².K). Estime a temperatura média do ar presente no interior da residência.

Solução

a) Dados e considerações

Observamos que este exercício é complementar ao Er1.2. Repetindo o procedimento do exercício anterior, devemos fazer uns croquis que ilustre com cuidado a questão a ser solucionada e fazer considerações, estabelecer hipóteses e registrar dados importantes para a solução da questão. O croqui é apresentado na Figura Er1.3. Para prepará-lo, tivemos os seguintes cuidados:

- Definir os aspectos geométricos importantes e os símbolos utilizados para definir as dimensões, L, H e b.
- Identificar as faces da parede sabendo-se exatamente qual é a externa, a interna e quais serão os símbolos utilizados para as suas temperaturas e para a temperatura do ar no interior da residência.
- Escolher uma direção e um sentido para a coordenada x; observamos que, neste exercício, optamos por mudar o sentido desse eixo em relação ao Er1.2.
- Escolher uma direção e um sentido para a ordenada T.
- Identificar o tipo de perfil de temperaturas.

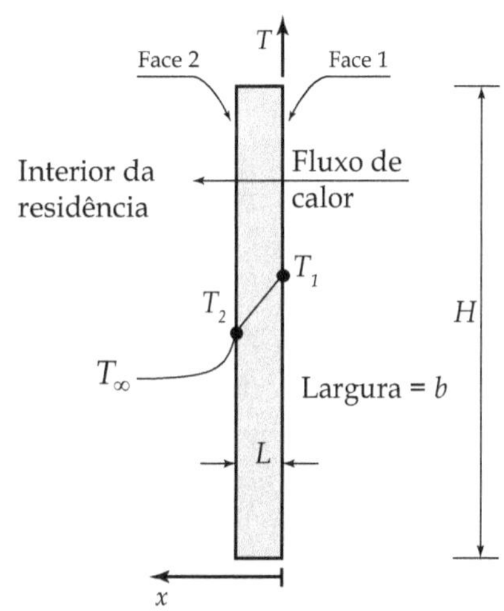

Figura Er1.3

Passamos, então, ao registro das considerações, hipóteses e dados:

- O processo de transferência de calor ocorre em regime permanente, por convecção, com h = 10 W/(m².K), produzindo um perfil de temperaturas conforme esquematizado na Figura Er1.3.
- Dimensões importantes: altura, H = 2,6 m; largura da parede, b = 10 m.
- T_2 = 25°C e $\dot{Q}$ = 1300 W.

b) Análise e cálculos

Aplicando a lei do resfriamento de Newton, obtemos: $\dot{Q} = Ah(T_2 - T_\infty)$.

Nessa equação, T_∞ é a temperatura

do ar no interior da residência e *A* é a área da superfície na qual identificamos a transferência de calor por convecção da parede para o ar. Essa área é a da superfície interna da parede.

Utilizando os dados disponíveis, obtemos:

$$T_\infty = T_2 - \frac{\dot{Q}}{Ah} =$$

$$= 25 - \frac{1300}{10 \cdot 2{,}6 \cdot 10} = 20°C$$

Er1.4 O isolamento térmico de uma tubulação de transporte de vapor d'água tem diâmetro interno igual a 60,4 mm e espessura igual a 38,0 mm. Sabendo-se que a temperatura da sua superfície externa é igual a 40°C, que o coeficiente médio de transferência de calor por convecção entre o isolante e o meio ambiente é dado por h = 12 W/(m².K) e que a temperatura ambiente é igual a 20°C, pede-se para calcular a taxa de calor por metro de tubo e o fluxo de calor na superfície interna e na externa do isolante.

Solução

a) Dados e considerações

O croqui ilustrativo da questão é apresentado na Figura Er1.4 e deve ser utilizado para o correto registro dos dados fornecidos no enunciado.

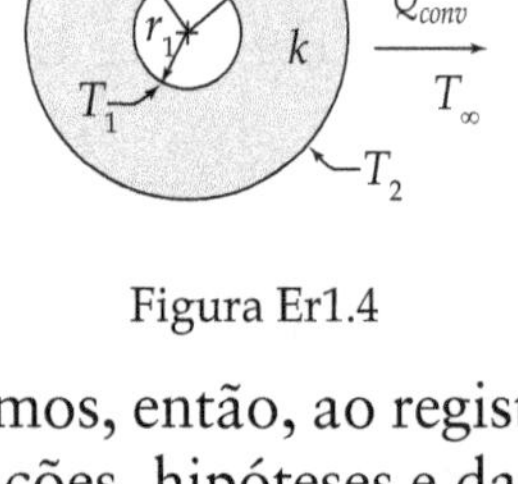

Figura Er1.4

Passamos, então, ao registro das considerações, hipóteses e dados:

- O processo de transferência de calor ocorre por condução através do isolante em regime permanente e por convecção entre a superfície externa do isolante e o meio ambiente.
- Dimensões importantes: r_1 = 60,4/2 = 30,2 mm; r_2 = 30,2 + 38,0 = 68,2 mm.
- T_2 = 40°C, T_∞ = 20°C; h = 12 W/(m².K).

b) Análise e cálculos

Aplicando a lei do resfriamento de Newton, obtemos: $\dot{Q} = Ah(T_2 - T_\infty)$.

Nessa equação, T_∞ é a temperatura do ar ambiente e *A* é a área da superfície na qual identificamos a transferência de calor por convecção do isolante para o ar.

Utilizando os dados disponíveis, obtemos:

$$\frac{\dot{Q}}{L} = \dot{Q}' = \frac{A_{externa}}{L} h(T_2 - T_\infty) =$$

$$= 102{,}8 \text{ W/m}$$

O fluxo de calor na superfície externa é dado por:

$$\dot{Q}''_{ext} = \frac{\dot{Q}}{A_{externa}} = h(T_2 - T_\infty) = 240 \text{ W/m}^2.$$

O fluxo de calor na superfície interna é dado por:

$$\dot{Q}''_{int} = \frac{\dot{Q}}{A_{interna}} = \frac{2\pi r_2 L}{2\pi r_1 L} h(T_2 - T_\infty) =$$

$$= 542 \text{ W/m}^2$$

Er1.5 O isolamento térmico de uma tubulação de transporte de vapor d'água tem diâmetro interno igual a 60,4 mm e espessura igual a 38,0 mm. Sabendo-se que a temperatura da sua superfície externa é igual a 40°C, o coeficiente médio de transferência de calor por convecção entre o isolante e o meio ambiente é dado por h = 12 W/(m².K), a temperatura ambiente é igual a 20°C e que a emissividade da superfície externa do isolamento é igual a 0,7, pede-se para calcular a taxa de calor por metro de tubo.

Solução

a) Dados e considerações

Este problema é similar ao Er1.4, tendo sido adicionada apenas a necessidade de avaliar a transferência de calor por radiação. O croqui ilustrativo da questão é apresentado na Figura Er1.5 e deve ser utilizado para o correto registro dos dados fornecidos no enunciado.

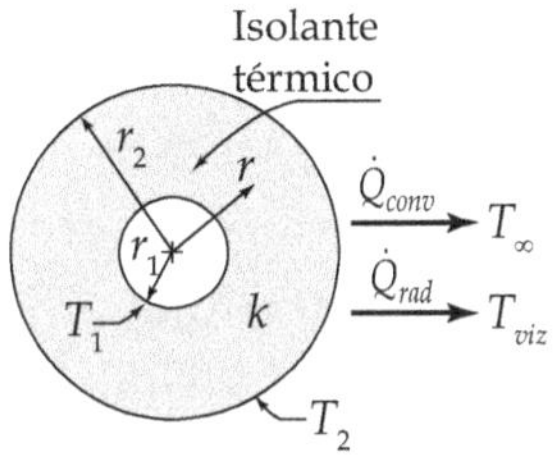

Figura Er1.5

Passamos, então, ao registro das considerações, hipóteses e dados:

- O processo de transferência de calor ocorre por condução através do isolante em regime permanente, e por convecção e por radiação entre a superfície externa do isolante e o meio ambiente.
- Dimensões importantes:

  $r_1 = 60{,}4/2 = 30{,}2$ mm;

  $r_2 = 30{,}2 + 38{,}0 = 68{,}2$ mm.
- $T_2 = 40°C = 313{,}15$ K;

  $T_\infty = T_{viz} = 20°C = 293{,}15$ K;

  $h = 12$ W/(m².K); $\varepsilon = 0{,}7$;

  e $\sigma = 5{,}67$ E-8 W/(m².K⁴).

b) Análise e cálculos

A taxa de calor por convecção é dada por: $\dot{Q}_{conv} = Ah(T_2 - T_\infty)$.

Substituindo os dados disponíveis, obtemos:

$$\frac{\dot{Q}_{conv}}{L} = \dot{Q}'_{conv} = \frac{A_{externa}}{L} h(T_2 - T_\infty) =$$

$= 102{,}8$ W/m.

A taxa de calor por radiação é dada por: $\dot{Q}_{rad} = \varepsilon\sigma A(T_2^4 - T_{viz}^4)$.

Substituindo os dados disponíveis, obtemos:

$$\frac{\dot{Q}_{rad}}{L} = \dot{Q}'_{rad} = \frac{A_{externa}}{L}\varepsilon\sigma\left(T_2^4 - T_{viz}^4\right) =$$

$$= \varepsilon\sigma 2\pi r_2\left(T_2^4 - T_{viz}^4\right) = 37{,}9 \text{ W/m}$$

E a taxa de transferência de calor por metro de tubo será:

$$\dot{Q}' = \dot{Q}'_{rad} + \dot{Q}'_{conv} = 140{,}7 \text{ W/m.}$$

Er1.6 Uma das paredes verticais de uma estufa de uso clínico tem 600 mm de largura, 800 mm de altura e é constituída por duas chapas metálicas, uma interna e outra externa, e por um isolante térmico existente entre elas que tem espessura de 4 cm. A temperatura da sua superfície externa é constante, aproximadamente uniforme e igual a 45°C. Considere que o coeficiente convectivo observado entre a face externa da parede e o ar ambiente é igual a 15 W/(m².K), a emissividade da superfície é igual a 0,75 e que a temperatura do meio ambiente é igual a 20°C. Considerando também que a resistência térmica à transferência de calor por condução nas chapas metálicas constituintes da parede é desprezível, avalie a taxa de calor entre a superfície e o meio ambiente e a condutibilidade térmica do isolante.

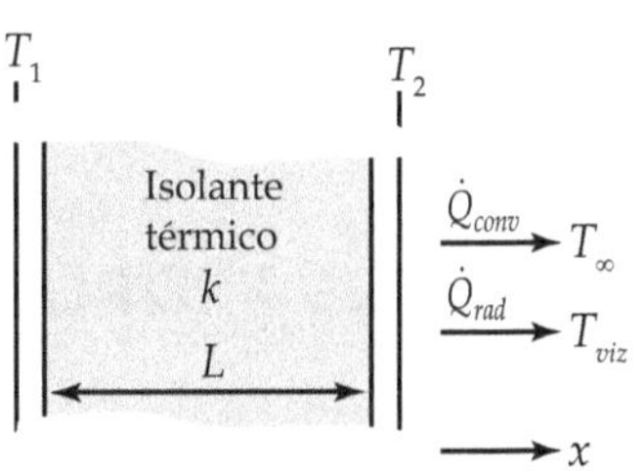

Figura Er1.6

Solução

a) Dados e considerações

O croqui ilustrativo da questão é

apresentado na Figura Er1.6 e deve ser utilizado para o correto registro dos dados fornecidos no enunciado.

Passamos, então, ao registro das considerações, hipóteses e dados:

- O processo de transferência de calor ocorre por condução através do isolante em estado estacionário, por convecção e por radiação entre a superfície externa da parede e o meio ambiente.
- Dimensões importantes: largura = W = 600 mm; altura = H = 800 mm; L = 4 cm.
- T_2 = 45°C = 318,15 K, $T_\infty = T_{viz}$ = 20°C = 293,15 K; h = 15 W/(m².K).
- ε = 0,75 e σ = 5,67 E-8 W/(m².K⁴).

b) Análise e cálculos

A taxa de transferência de calor por convecção é dada por: $\dot{Q}_{conv} = Ah(T_2 - T_\infty)$.

Substituindo os dados disponíveis, obtemos: $\dot{Q}_{conv} = Ah(T_2 - T_\infty)$ = 180 W.

A taxa de transferência de calor por radiação é dada por: $\dot{Q}_{rad} = \varepsilon\sigma A(T_2^4 - T_{viz}^4)$.

Substituindo os dados disponíveis, obtemos:

$\dot{Q}_{rad} = A\varepsilon\sigma(T_2^4 - T_{viz}^4) = 0{,}6 \cdot 0{,}8 \cdot 0{,}75 \cdot 5{,}67\text{ E-8 } (318{,}15^4 - 293{,}15^4) = 58{,}4$ W

E a taxa de calor entre a superfície e o meio ambiente será:

$$\dot{Q} = \dot{Q}_{rad} + \dot{Q}_{conv} = 238{,}4 \text{ W}$$

1.7 EXERCÍCIOS PROPOSTOS

Ep1.1 Uma manta de fibra de vidro, k = 0,038 W/(m.K), com espessura de 2 cm, altura de 50 cm e comprimento de 1 m, é utilizada para isolar um equipamento. A temperatura da sua face interna é uniforme e igual a 80°C e a temperatura da sua face externa (face em contato com o ar ambiente) é igual a 40°C. Determine o fluxo de calor e a taxa de calor através da placa.

Resp.: 76 W/m²; 38 W.

Ep1.2 Um cabo elétrico é isolado eletricamente com uma camada de PVC, k = 0,09 W/(m.K). O diâmetro externo do cabo é igual a 3,2 mm e o diâmetro do fio de cobre é igual a 2 mm. O perfil de distribuição temperaturas no isolante em função do raio é dado pela expressão: $T = T_1 + \left[(T_2 - T_1)/\ln(r_2/r_1)\right]\ln(r/r_1)$. Devido à passagem de corrente elétrica pelo cabo, tem-se T_1 = 24°C, e, devido ao contato com o ar ambiente, T_2 = 22°C. Determine o fluxo de calor na superfície do fio de cobre e na superfície externa da camada de PVC e a taxa de calor por metro de cabo para o meio ambiente.

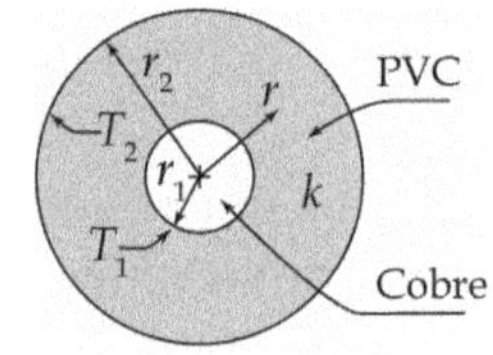

Fig. Ep1.2

Resp.: 383 W/m²; 239 W/m²; 2,41 W/m.

Ep1.3 Uma estufa cuja temperatura interna é igual a 120°C deve ser isolada com manta de fibra de vidro, k = 0,038 W/(m.K). Sabendo que a temperatura da superfície externa da estufa deve ser igual a, no máximo, 40°C quando a temperatura ambiente for igual a 20°C e que o coeficiente convectivo observado entre a superfície externa e o meio ambiente é igual a 10 W/(m².K), pede-se para determinar a espessura desejada do isolamento térmico. Despreze os efeitos da radiação.

Resp.: 15,2 mm.

Ep1.4 Um pequeno forno de uso laboratorial é internamente aquecido com resistências elétricas instaladas nas suas paredes verticais. Sabendo que se deseja ter a temperatura média da sua superfície externa igual a 45°C quando a temperatura média da sua superfície interna for igual a 216°C, pede-se para avaliar o fluxo de calor através das suas paredes se elas forem construídas com tijolos isolantes com condutividade térmica igual a 0,4 W/(m.K) e espessura igual a 228 mm.

Resp.: 300 W/m^2.

Ep1.5 Uma parede com 30 cm de espessura tem área superficial igual a 60 m^2. A superfície interna da parede está a 30°C e a externa está a 0°C. Considerando que a taxa de calor através da parede é igual a 3000 W, determine a condutividade térmica do material constituinte da parede.

Resp.: 0,5 W/(m.K).

Ep1.6 Uma parede plana com 150 mm de espessura tem área superficial igual a 120 m^2. A superfície interna da parede está a 400°C e a externa está a 50°C. Sabendo que a condutibilidade térmica do material constituinte da parede é igual a 0,2 W/(m.K), determine a taxa de transferência de calor através da parede. Desprezando os efeitos de transferência de calor por radiação, avalie o coeficiente de transferência de calor por convecção entre a superfície externa e o meio ambiente sabendo que a temperatura do ar ambiente é igual a 20°C.

Resp.: 56,0 kW; 15,6 W/(m^2.K).

Ep1.7 Uma parede plana com 150 mm de espessura tem área superficial igual a 120 m^2. A superfície interna da parede está a 400°C e a externa está a 50°C. Sabe-se que a condutibilidade térmica do material constituinte da parede é igual a 0,1 W/(m.K) e que a emissividade da sua superfície é igual a 0,65. Avalie o coeficiente de transferência de calor por convecção entre a superfície externa e o meio ambiente sabendo que a temperatura do ar ambiente é igual a 20°C e que a temperatura da vizinhança é igual a 30°C. Qual é o fluxo líquido de calor transferido por radiação dela para o meio ambiente?

Resp.: 4,76 W/(m^2.K); 90,6 W/m^2.

Ep1.8 Uma placa plana com 200 mm de espessura tem as suas superfícies interna e externa, respectivamente, a 350°C e 50°C. Sabe-se que a condutibilidade térmica do material constituinte da parede é igual a 0,05 W/(m.K), e que o coeficiente convectivo observado entre a face da placa a 50°C e o ar ambiente a 20°C é igual a 2 W/(m^2.K). Pede-se para determinar o fluxo de calor através da placa, o fluxo de calor por radiação entre a face da placa a 50°C e o meio ambiente e a emissividade dessa superfície sabendo-se que a temperatura da vizinhança é igual a 30°C.

Resp.: 75 W/m^2; 15 W/m^2; 0,108.

Ep1.9 Uma parede plana apresenta temperatura superficial média igual a 50°C e emissividade igual a 0,7. Se o coeficiente convectivo observado entre essa parede o meio ambiente for igual a 18 W/(m^2.K) e se o ambiente estiver a 20°C, qual deverá ser fluxo de calor líquido entre essa parede e o meio ambiente?

Resp.: 679,7 W/m^2.

Ep1.10 A temperatura média da superfície externa de uma parede vertical com área total de 12 m^2 é igual a 35°C. Sabendo que ela está exposta ao ar ambiente a 22°C e que o coeficiente convectivo observado entre a parede e o ar é igual a 14 W/(m^2.K), pede-se para determinar o fluxo médio de calor e a taxa de calor por convecção da parede para o ar.

Resp.: 182 W/m^2; 2184 W.

Ep1.11 Um pequeno forno de uso laboratorial é internamente aquecido com resistências elétricas instaladas nas suas paredes verticais. Sabendo que a temperatura ambiente é igual a 20°C, que o coeficiente de transferência de calor por convecção entre a superfície externa do forno e o ar ambiente é igual a 12 W/(m².K) e que a temperatura média da sua superfície externa é igual a 50°C, pede-se para determinar o fluxo de calor por convecção entre o forno e o meio ambiente. Se a área externa do forno exposta ao ar for igual a 4 m², qual será a taxa de transferência de calor por convecção para o meio ambiente?

Resp.: 360 W/m²; 1440 W.

Ep1.12 Uma placa plana com espessura de 20 mm e com condutividade térmica igual a 0,1 W/(m.K) tem uma das suas faces a 50°C e a outra em uma temperatura mais elevada. Sua superfície fria pode ser considerada cinza difusa com absortividade igual a 0,80 e está exposta ao meio ambiente a 25°C, e o coeficiente de transferência de calor por convecção entre essa superfície e o ar ambiente é igual a 25 W/(m².K). Pede-se para calcular o fluxo de calor por condução através da parede, os fluxos de calor por convecção e por radiação na sua superfície fria e a temperatura da face quente.

Resp.: 761 W/m²; 625 W/m²; 136 W; 202°C.

Ep1.13 Uma esfera com diâmetro igual a 200 mm é continuamente aquecida internamente por uma resistência elétrica cuja potência é igual a 50 W. A esfera transfere calor por convecção em regime permanente para o ar ambiente, que está a 20°C. Avalie o coeficiente de transferência de calor por convecção se a diferença de temperatura entre a superfície da esfera e o meio ambiente for igual a 50°C. Em sua opinião, a transferência de calor estaria se dando por convecção natural ou forçada? Justifique.

Resp.: 7,96 W/(m².K); possívelmente natural, porque *h* é bastante baixo!

Ep1.14 Em um dia ensolarado observamos a incidência de sol sobre uma vidraça. Ao colocar a mão sobre o vidro, notamos que ele está em temperatura maior do que a ambiente. Explique o motivo. Faça um esquema indicando todos os processos de transferência de calor entre o vidro e sua vizinhança.

Ep1.15 Uma placa metálica delgada é isolada em sua superfície posterior e exposta ao sol na superfície anterior. A superfície anterior absorve o fluxo de radiação solar de 800 W/m² e a transfere por convecção livre para o ar ambiente a 20°C. Se o coeficiente de transferência de calor por convecção entre a placa e o ar for igual a 20 W/(m².K), qual será a temperatura da superfície da placa exposta ao sol?

Resp.: 60°C.

Ep1.16 A temperatura média da superfície de um equipamento com área total de 26,0 m² é igual 40°C. Sabendo que ela está exposta a um ambiente a 20°C, que o coeficiente de transferência de calor por convecção entre a superfície e o ambiente é igual a 10,0 W/(m².K) e que a emissividade da superfície é igual a 0,6, pede-se para determinar as taxas de transferência de calor por convecção e por radiação entre a superfície e o ambiente que a envolve.

Resp.: 5,2 kW; 1,97 kW.

Ep1.17 Uma placa metálica delgada é isolada em sua superfície posterior e exposta ao sol na superfície anterior. A superfície anterior absorve o fluxo de radiação solar de 800 W/m² e a transfere por convecção livre para o ar ambiente a 20°C. Se o coeficiente convectivo observado entre a placa e o ar for igual a 20 W/(m².K), e se a emissividade da superfície for igual a 0,8, qual deverá ser a temperatura da superfície da placa exposta ao sol?

Resp.: 51,5°C.

Ep1.18 Uma esfera com diâmetro igual a 250 mm é continuamente aquecida internamente por uma resistência elétrica cuja potência é igual a 100 W. A esfera transfere calor por convecção em regime permanente para o ar ambiente, que está a 20°C. Supondo que a temperatura média da superfície da esfera é igual a 80°C e que a sua emissividade é igual a 0,8, pede-se para avaliar as taxas de calor por radiação e por convecção entre a esfera e o meio ambiente e o coeficiente de transferência de calor por convecção.

Resp.: 72,8 W; 27,3 W; 2,31 W/(m².K).

Ep1.19 Um pequeno forno de uso laboratorial é internamente aquecido com resistências elétricas instaladas nas suas paredes verticais. Sabendo que a temperatura ambiente é igual a 20°C, que o coeficiente de transferência de calor por convecção entre a superfície externa do forno e o ar ambiente é igual a 12 W/(m².K), que a temperatura média da sua superfície externa é igual a 50°C e que a sua emissividade é igual a 0,8, pede-se para determinar o fluxo de calor por convecção e o fluxo por radiação entre o forno e o meio ambiente. Se a área externa do forno exposta ao ar for igual a 4 m², qual será a taxa de calor para o meio ambiente?

Resp.: 360 W/m²; 160 W/m²; 2,08 kW.

Ep1.20 Uma lâmpada de filamento de 100 W tem eficiência de cerca de 50%, ou seja: 50% da potência transferida ao filamento é convertida em energia luminosa e o restante é transferido ao meio ambiente por calor. Considerando que a área da sua superfície externa é equivalente à de uma esfera com raio igual a 3 cm, que o ambiente está a 20°C, que o coeficiente médio de transferência de calor por convecção entre a lâmpada e o meio ambiente é igual a 12 W/(m².K) e que a transferência de energia para o meio por radiação térmica pode ser desprezada, estime a temperatura média da superfície da lâmpada.

Resp.: 388°C.

Ep1.21 Um tubo metálico com diâmetro externo igual a 60 mm que conduz um óleo aquecido é recoberto com uma espessura de 25 mm de isolante térmico com condutibilidade térmica igual a 0,05 W/(m.K). Sabendo que o coeficiente convectivo observado entre o material isolante e o meio ambiente é igual a 10 W/(m².K), a emissividade da superfície externa desse material é igual a 0,4, o ar ambiente está a 20°C e que a temperatura da superfície externa do isolante é igual a 40°C, pede-se para calcular a taxa de transferência de calor por convecção, por metro de tubo, entre o isolamento térmico e o meio ambiente e, também, a taxa de transferência de calor por radiação, por metro de tubo, entre o isolamento térmico e o meio ambiente.

Resp.: 69,1 W/m; 17,5 W/m.

Ep1.22 Uma esfera com diâmetro igual a 300 mm é aquecida internamente por um aquecedor elétrico de 300 W. A esfera transfere calor por convecção da superfície externa para o ar ambiente. Calcule o coeficiente de transferência de calor por convecção se a diferença de temperatura entre a superfície da esfera e o meio ambiente for igual a 50°C. Despreze os efeitos de radiação.

Resp.: 21,2 W/(m².K).

Ep1.23 Um bloco de gelo com comprimento de 1 m e altura e largura iguais a 20 cm está posicionado na horizontal, sobre dois cavaletes, em uma grande sala cuja temperatura é aproximadamente uniforme e igual a 30°C. Considerando que a emissividade do gelo é igual a 0,97, que o bloco está derretendo e que o coeficiente convectivo entre o bloco e ar ambiente é igual a 14 W/(m².K), avalie:

a) a taxa de calor líquida entre o bloco de gelo e o meio ambiente;
b) o tempo necessário para ocorrer o derretimento de uma camada de gelo de 1 mm sabendo que a sua entalpia de fusão é igual a 334 kJ/kg e que a sua massa específica é igual a 920 kg/m³.

Resp.: 509 W; 531 s.

Ep1.24 A superfície de uma casca esférica com diâmetro igual a 250 mm apresenta temperatura média igual a 200°C e emissividade igual a 0,75. Considere que essa esfera esteja em uma ambiente a 20°C e que ar escoa sobre a esfera com temperatura média também igual a 20°C. Se a taxa total de calor observada entre a esfera e o meio for igual a 710 W, determine:

a) a taxa líquida de calor transferido por radiação entre a esfera e o meio ambiente;
b) o coeficiente convectivo observado entre a esfera e o ar ambiente.

Resp.: 357 W; 10 W/(m².K).

Ep1.25 A superfície externa de uma estufa de esterilização de instrumentos odontológicos está na temperatura média de 40°C. Considere que o coeficiente médio de transferência de calor por convecção entre essa superfície e o meio seja igual a 10 W/(m².K), que a temperatura do ar ambiente é igual a 20°C e que a estufa é cúbica com aresta igual a 60 cm. Desprezando os efeitos de radiação térmica, determine o fluxo de calor observado na superfície da estufa e a taxa de transferência de calor entre a estufa e o meio ambiente.

Ep1.26 A superfície externa de uma estufa de esterilização de instrumentos odontológicos está na temperatura média de 40°C. Considere que o coeficiente médio de transferência de calor por convecção entre essa superfície e o meio seja igual a 12 W/(m².K), que a temperatura do ar ambiente é igual a 20°C e que a estufa é cúbica com aresta igual a 80 cm. Sabendo que a emissividade da superfície da estufa é igual a 0,7, determine o fluxo de calor por convecção observado na superfície da estufa e a taxa de transferência de calor entre a estufa e o meio ambiente.

Resp.: 240 W/m²; 1,31 kW.

CAPÍTULO 2

CONDUÇÃO UNIDIMENSIONAL ESTACIONÁRIA

Já sabemos que a transferência de calor por condução é governada pela lei de Fourier, e que essa lei nos permite, partindo do conhecimento do perfil de distribuição de temperaturas em um corpo, determinar fluxos ou taxas de calor, que são as informações que usualmente desejamos. Tendo em vista que, para aplicar essa lei, necessitamos conhecer a distribuição de temperaturas, a questão que se coloca é: como determinar essa distribuição? A resposta a essa questão resume-se no fato de que ela pode ser determinada a partir da solução da *equação da condução* que apresentaremos a seguir.

2.1 A EQUAÇÃO DA CONDUÇÃO

Para desenvolver a equação da condução, consideraremos um corpo através do qual está ocorrendo transporte de energia por condução e que, por esse motivo, deve estar sujeito a um perfil desconhecido de distribuição de temperaturas. Para analisar o fenômeno, destacaremos nesse corpo um elemento de volume com arestas dx, dy e dz, conforme esquematizado na Figura 2.1, que, para efeito da aplicação da primeira lei da termodinâmica, será o sistema a ser analisado e, em consequência, o restante do corpo será tratado como o meio que envolve o sistema.

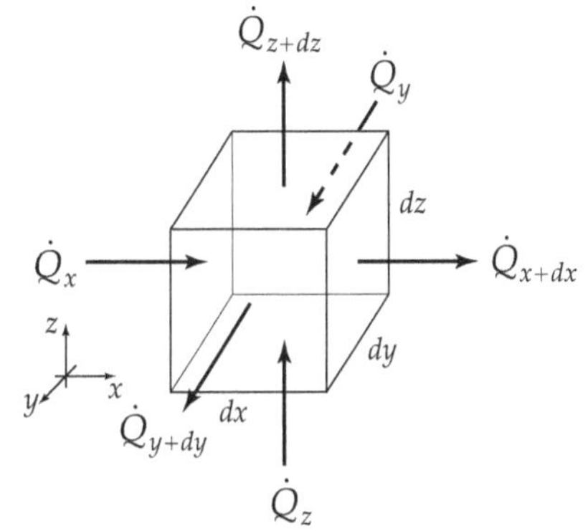

Figura 2.1 Volume de controle diferencial

Aplicando a primeira lei, obtemos:

$$\dot{E} = \dot{Q}_e - \dot{Q}_s + \dot{E}_g \tag{2.1}$$

Nessa equação:

- $\dot{E}$ é a taxa de variação da energia da massa que constitui o sistema sob análise;

- $\dot{Q}_e$ e $\dot{Q}_s$ são, respectivamente, os módulos das taxas de transferência de calor do meio para o sistema e do sistema para o meio;
- $\dot{E}_g$ é a taxa de geração de calor observada no sistema.

Para desenvolver a formulação da equação da condução, avaliaremos cada um desses termos e, em seguida, substituiremos na Equação (2.1) os resultados obtidos.

Assim sendo, observemos as superfícies desse elemento de volume. Através delas identificamos as seguintes taxas de transferência de calor do meio para o sistema:

- $\dot{Q}_x$: taxa na direção x.
- $\dot{Q}_y$: taxa na direção y.
- $\dot{Q}_z$: taxa na direção z.

Podemos, então, afirmar que:

$$\dot{Q}_e = \dot{Q}_x + \dot{Q}_y + \dot{Q}_z \tag{2.2}$$

Simultaneamente, observamos a existência de três taxas de transferência de calor do sistema para o meio, a saber:

- $\dot{Q}_{x+dx}$: taxa na direção x.
- $\dot{Q}_{y+dy}$: taxa na direção y.
- $\dot{Q}_{z+dz}$: taxa na direção z.

Essas taxas podem ser escritas como uma expansão em série de Taylor desprezando os termos de ordem superior, resultando em:

$$\dot{Q}_{x+dx} = \dot{Q}_x + \frac{\partial \dot{Q}_x}{\partial x} dx \tag{2.3}$$

$$\dot{Q}_{y+dy} = \dot{Q}_y + \frac{\partial \dot{Q}_y}{\partial y} dy \tag{2.4}$$

$$\dot{Q}_{z+dz} = \dot{Q}_z + \frac{\partial \dot{Q}_z}{\partial z} dz \tag{2.5}$$

Podemos, então, afirmar que:

$$\dot{Q}_s = \dot{Q}_{x+dx} + \dot{Q}_{y+dy} + \dot{Q}_{z+dz} = \\ = \dot{Q}_x + \frac{\partial \dot{Q}_x}{\partial x} dx + \dot{Q}_y + \frac{\partial \dot{Q}_y}{\partial y} dy + \\ + \dot{Q}_z + \frac{\partial \dot{Q}_z}{\partial z} dz \tag{2.6}$$

Substituindo a Equação (2.2) na Equação (2.6), obtemos:

$$\dot{Q}_e - \dot{Q}_s = -\frac{\partial \dot{Q}_x}{\partial x} dx - \\ -\frac{\partial \dot{Q}_y}{\partial y} dy - \frac{\partial \dot{Q}_z}{\partial z} dz \tag{2.7}$$

E, assim, avaliamos dois termos da equação da energia. Vamos agora avaliar o terceiro, que é a taxa de geração de calor. Ela pode ser expressa como:

$$\dot{E}_g = \dot{Q}''' dxdydz \tag{2.8}$$

Nessa equação, $\dot{Q}'''$ é a *taxa volumétrica de geração de calor*, cuja unidade é W/m³. O último termo a ser avaliado é a *taxa de variação de energia do sistema*, $\dot{E}$. Considerando que a matéria constituinte do sistema não muda de fase, verificamos que essa taxa está associada à variação de temperatura:

$$\dot{E} = \rho c_p \frac{\partial T}{\partial t} dxdydz \tag{2.9}$$

Substituindo as Equações (2.7), (2.8) e (2.9) na (2.1), obtemos:

$$-\frac{\partial \dot{Q}_x}{\partial x} dx - \frac{\partial \dot{Q}_y}{\partial y} dy - \frac{\partial \dot{Q}_z}{\partial z} dz + \\ + \dot{Q}''' dxdydz = \rho c_p \frac{\partial T}{\partial t} dxdydz \tag{2.10}$$

Podemos avaliar as taxas de transferência de calor aplicando a lei de Fourier. Supondo que o material seja isotrópico e que, por esse motivo, a sua condutibilidade térmica não varie segundo a direção na qual ela é avaliada, obtemos:

$$\dot{Q}_x = -k \frac{\partial T}{\partial x} dydz \tag{2.11}$$

$$\dot{Q}_y = -k \frac{\partial T}{\partial y} dxdz \tag{2.12}$$

$$\dot{Q}_z = -k \frac{\partial T}{\partial z} dydx \tag{2.13}$$

Substituindo as Equações (2.11), (2.12) e (2.13) na Equação (2.10) e dividindo todos os termos por $dxdydz$, obtemos:

$$\frac{\partial}{\partial x}\left(k\frac{\partial T}{\partial x}\right)+\frac{\partial}{\partial y}\left(k\frac{\partial T}{\partial y}\right)+ \\ +\frac{\partial}{\partial z}\left(k\frac{\partial T}{\partial z}\right)+\dot{Q}'''=\rho c_p\frac{\partial T}{\partial t} \qquad (2.14)$$

Essa é a *equação da condução* expressa em coordenadas cartesianas, e a sua solução resulta no conhecimento da distribuição de temperaturas, $T(x,y,z,t)$, ao longo do corpo material em estudo.

Em uma série bastante ampla de situações, pode-se considerar que a condutibilidade térmica do material não varia com a temperatura, permitindo simplificar essa equação de forma a obter:

$$\frac{\partial^2 T}{\partial x^2}+\frac{\partial^2 T}{\partial y^2}+\frac{\partial^2 T}{\partial z^2}+\frac{\dot{Q}'''}{k}=\frac{1}{\alpha}\frac{\partial T}{\partial t} \qquad (2.15)$$

Nessa equação, $\alpha = k/\rho c_p$ é uma propriedade do material denominada *difusividade térmica.*

Se o processo a ser analisado ocorrer em regime permanente, essa equação será reduzida a:

$$\frac{\partial^2 T}{\partial x^2}+\frac{\partial^2 T}{\partial y^2}+\frac{\partial^2 T}{\partial z^2}+\frac{\dot{Q}'''}{k}=0 \qquad (2.16)$$

Se, além de ocorrer em regime permanente, não ocorrer a geração de calor, temos:

$$\frac{\partial^2 T}{\partial x^2}+\frac{\partial^2 T}{\partial y^2}+\frac{\partial^2 T}{\partial z^2}=0 \qquad (2.17)$$

E, por fim, se o processo de transferência de calor por condução também for unidimensional, termos:

$$\frac{\partial^2 T}{\partial x^2}=0 \qquad (2.18)$$

Dependendo da geometria do corpo a ser analisado, a equação da condução tomada em coordenadas cartesianas pode ser inadequada, tornando-se interessante o uso de outros sistemas de coordenadas. Ela pode ser desenvolvida em coordenadas cilíndricas, ilustradas na Figura 2.2, obtendo-se:

$$\frac{1}{r}\frac{\partial}{\partial r}\left(kr\frac{\partial T}{\partial r}\right)+\frac{1}{r^2}\frac{\partial}{\partial \varphi}\left(k\frac{\partial T}{\partial \varphi}\right)+ \\ +\frac{\partial}{\partial z}\left(k\frac{\partial T}{\partial z}\right)+\dot{Q}'''=\rho c_p\frac{\partial T}{\partial t} \qquad (2.19)$$

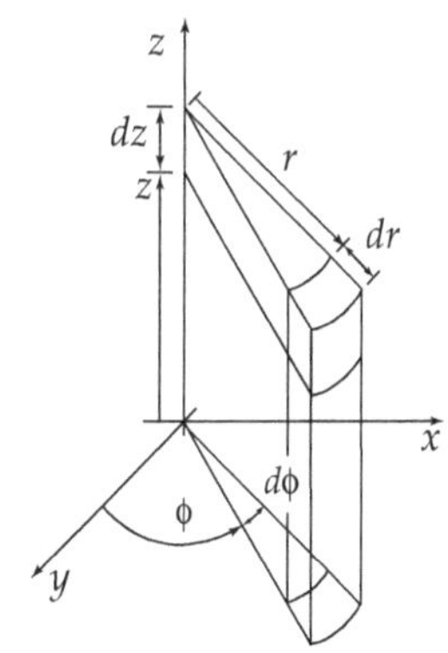

Figura 2.2 Sistema de coordenadas cilíndricas

Em coordenadas esféricas, ilustradas na Figura 2.3, a equação da condução toma a forma:

$$\frac{1}{r^2}\frac{\partial}{\partial r}\left(kr^2\frac{\partial T}{\partial r}\right)+ \\ +\frac{1}{r^2 sen^2\theta}\frac{\partial}{\partial \varphi}\left(k\frac{\partial T}{\partial \varphi}\right)+ \\ +\frac{1}{r^2 sen\theta}\frac{\partial}{\partial \theta}\left(ksen\theta\frac{\partial T}{\partial \theta}\right)+ \\ +\dot{Q}'''=\rho c_p\frac{\partial T}{\partial t} \qquad (2.20)$$

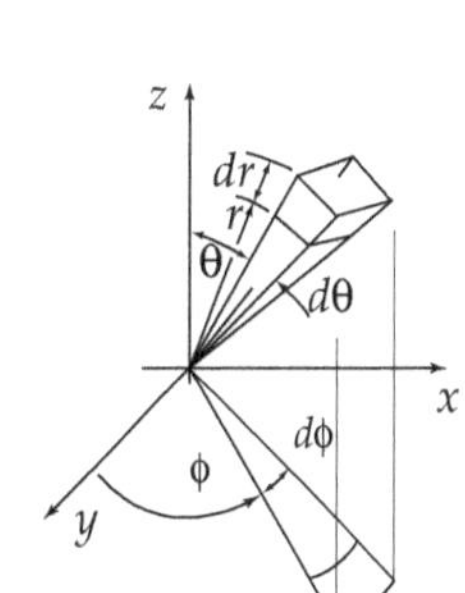

Figura 2.3 Sistema de coordenadas esféricas

Similarmente ao apresentado para a equação desenvolvida em coordenadas cartesianas, essas equações em coordenadas cilíndricas e esféricas, dependendo das condições objetivas segundo as quais o processo de transferência de calor ocorre, também poderão ser simplificadas. A equação da condução foi desenvolvida com o propósito de determinar o perfil de distribuição de temperaturas em um corpo que é função das coordenadas *x*, *y*, *z* e *t*, e seu conhecimento permitirá a quantificação de fluxos e de taxas de calor. Da termodinâmica, sabemos que taxas de calor são identificadas em superfícies e, por esse motivo, o perfil de temperatura a ser obtido deverá depender dos fenômenos que estiverem ocorrendo nas fronteiras do sistema analisado, o que é matematicamente estabelecido na forma de condições de contorno. Além disso, o perfil de temperaturas também poderá depender das condições termodinâmicas iniciais da matéria constituinte do sistema, e essa dependência deve ser matematicamente estabelecida na forma de condições iniciais.

A seguir apresentamos algumas condições de contorno utilizadas com maior frequência, sendo que todas elas originam-se da aplicação da primeira lei da termodinâmica à superfície do corpo em análise.

- Temperatura de superfície constante e uniforme

Esta condição de contorno, esquematizada na Figura 2.4, é estabelecida como:

$$T(0,t) = T_s \tag{2.21}$$

que deve ser lida como: *a temperatura na superfície definida pela posição x = 0 é invariável ao longo do tempo, conhecida, e é igual a T_s.*

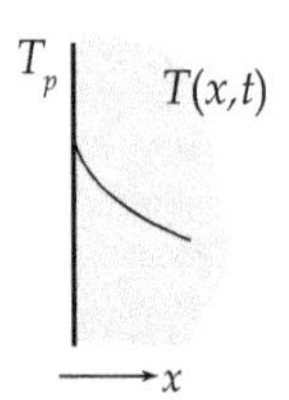

Figura 2.4 Temperatura uniforme

- Fluxo de calor conhecido constante não nulo

Esta condição de contorno, esquematizada na Figura 2.5, é estabelecida como:

$$-k\left.\frac{\partial T}{\partial x}\right|_{x=0} = \dot{Q}_s'' \tag{2.22}$$

que deve ser lida como: *o fluxo de calor na superfície definida pela posição x = 0 é invariável ao longo do tempo, conhecido, e é igual a $\dot{Q}_s''$.*

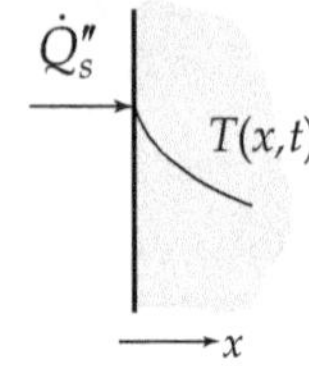

Figura 2.5 Fluxo de calor constante

- Fluxo de calor conhecido constante nulo

Esta condição de contorno corresponde a se ter uma superfície adiabática ou uma convenientemente isolada a ponto de se poder tratá-la como se fosse adiabática. Está ilustrada na Figura 2.6 e é matematicamente definida por meio da expressão:

$$\left.\frac{\partial T}{\partial x}\right|_{x=0} = 0 \tag{2.23}$$

que deve ser lida como: *o fluxo de calor na superfície definida pela posição x = 0 é nulo em todo e qualquer instante.*

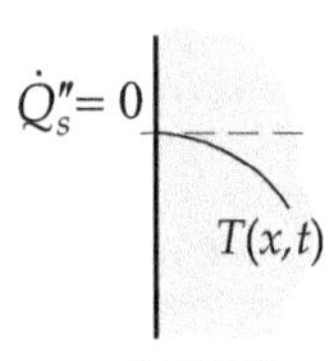

Figura 2.6 Superfície adiabática

- Convecção na superfície

Esta condição de contorno corresponde a se ter um processo de transferência de calor por convecção na superfície. Está ilustrada na Figura 2.7 e é matematicamente definida por meio da expressão:

$$-k\left.\frac{\partial T}{\partial x}\right|_{x=0} = h\left[T_\infty - T(0,t)\right] = \dot{Q}_s'' \tag{2.24}$$

Essa expressão deve ser lida como: *o fluxo de calor transferido por convecção para a superfície definida por x = 0 é igual ao fluxo de calor transferido dessa superfície por condução.*

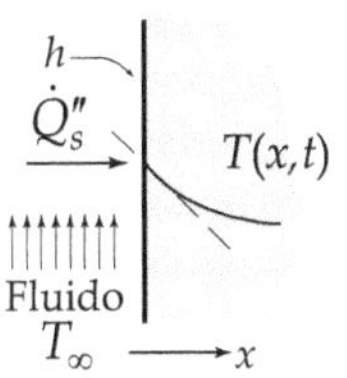

Figura 2.7 Convenção em superfície

- Condução em interface entre sólidos

Esta condição de contorno corresponde a se ter um processo de transferência de calor por condução observado na superfície constituinte da interface entre os sólidos. Veja a Figura 2.8. Como uma superfície não armazena energia devido ao fato de ter massa nula, concluímos que, neste caso:

$$\dot{Q}''_A = -k_A \frac{\partial T_A}{\partial x} = -k_B \frac{\partial T_B}{\partial x} = \dot{Q}''_B \qquad (2.25)$$

Esta condição deve ser lida como: *o fluxo de calor transferido por condução do corpo A para a interface entre os corpos A e B é igual ao fluxo de calor transferido por condução desta interface para o corpo B.*

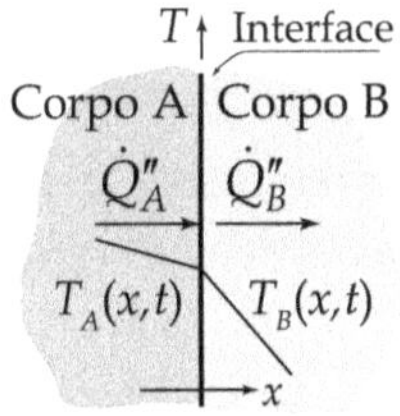

Figura 2.8 Interface entre sólidos

- Radiação

Esta condição de contorno corresponde a se ter um processo de transferência de calor por radiação na superfície. Está ilustrada na Figura 2.9 e é matematicamente definida por meio da expressão:

$$-k\frac{\partial T}{\partial x} = \dot{Q}_{rad} \qquad (2.26)$$

Esta condição deve ser lida como: *o fluxo de calor transferido por radiação para a superfície é igual ao fluxo de calor transferido por condução da superfície para o corpo.*

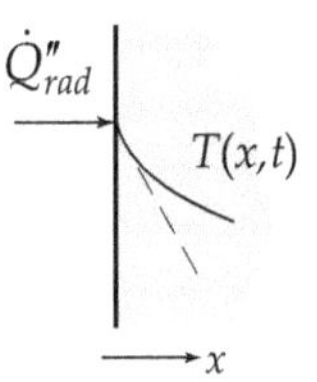

Figura 2.9 Taxa de calor por radiação

2.2 CONDUÇÃO ATRAVÉS DE PLACAS PLANAS SEM GERAÇÃO

Analisaremos a seguir o processo de transferência de calor por condução unidimensional em regime permanente em placa plana na ausência de geração de calor. O caso mais simples é o esquematizado na Figura 2.10 e será o primeiro a ser estudado.

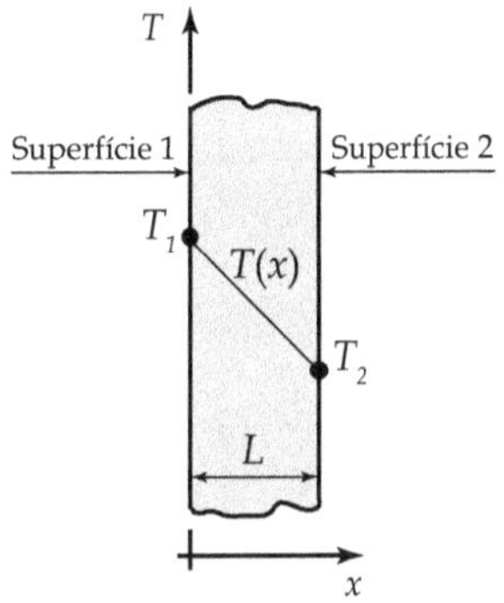

Figura 2.10 Condução em placa plana

Quando estudamos condução, buscamos conhecer o perfil de temperaturas no meio condutor, temperaturas em pontos específicos, fluxos de calor ou ainda taxas de transferência de calor. Seja qual for o objetivo do estudo, conforme já comentado, a solução a ser obtida deverá depender das condições de contorno que forem adotadas. Assim, para ilustrar essa situação, nós iniciaremos nosso trabalho analisando duas situações distintas. A primeira será aquela na qual nós consideraremos que as temperaturas das superfícies 1 e 2 são conhecidas; na outra, consideraremos que na superfície 2 ocorre um processo de transferência de calor por convecção. Nos dois casos, as hipóteses básicas a serem consideradas são: a condutibilidade térmica do material é constante, o processo é unidimensional, sem geração de calor e ocorre em regime permanente.

2.2.1 Temperaturas conhecidas

Com base nas hipóteses estabelecidas, a equação da condução em coordenadas cartesianas é reduzida a:

$$\frac{\partial^2 T}{\partial x^2} = 0$$

Como, neste caso, a temperatura varia apenas com a coordenada x, podemos escrevê-la como:

$$\frac{d^2 T}{dx^2} = 0 \quad (2.27)$$

Integrando essa equação uma vez, obtemos:

$$\frac{dT}{dx} = A \quad (2.28)$$

Integrando novamente, obtemos:

$$T = C_1 x + C_2 \quad (2.29)$$

Essa equação nos informa que o perfil de temperatura na placa é linear, conforme já sugerido no Capítulo 1, e que, para obter a função $T = f(x)$, precisamos determinar os valores das constantes de integração C_1 e C_2, que dependerão das condições de contorno a serem estabelecidas. Consideraremos que as temperaturas nas superfícies 1 e 2 são conhecidas e iguais a T_1 e T_2, ou seja:

- Para $x = 0$, $T = T_1$.
- Para $x = L$, $T = T_2$.

Utilizando a primeira, obtemos: $C_2 = T_1$.

Utilizando a segunda, obtemos:

$$C_1 = (T_2 - T_1)/L$$

Substituindo os valores das constantes C_1 e C_2 na Equação (2.29), obtemos o perfil de temperaturas na placa:

$$T = T_1 - \frac{T_1 - T_2}{L} x \quad (2.30)$$

Conhecendo o perfil de temperaturas na placa, podemos, aplicando a lei de Fourier, obter o fluxo de calor e a taxa de transferência de calor por condução:

$$\dot{Q}'' = -k\frac{dT}{dx} = k\frac{T_1 - T_2}{L} \quad (2.31)$$

Observe que o fluxo de calor encontrado não depende da coordenada x, ou seja: ele é constante e não depende da posição x no qual é avaliado.

$$\dot{Q} = \dot{Q}''A = kA\frac{T_1 - T_2}{L} = \frac{T_1 - T_2}{(L/kA)} \quad (2.32)$$

Ou seja:

$$\dot{Q} = \frac{T_1 - T_2}{\frac{L}{kA}} \quad (2.33)$$

E observamos também que, assim como o fluxo de calor, a taxa de calor em uma placa não depende da posição x.

2.2.2 Convecção em uma das faces

Neste caso, além de considerar que a condutibilidade térmica do material é constante, e que o processo é unidimensional, sem geração de calor e ocorre em regime permanente, consideraremos que as condições de contorno aplicáveis são:

- A temperatura da superfície 1, T_1, é conhecida, ou seja: para $x = 0$, $T = T_1$.
- O fluxo de calor recebido pela superfície 2 por condução é igual ao fluxo que esta superfície transfere ao meio por convecção, ou seja:

$$\text{para } x = L, \; -k\left.\frac{\partial T}{\partial x}\right|_{x=L} = h(T_2 - T_\infty) = \dot{Q}_2''.$$

Não podemos esquecer que a segunda condição de contorno advém da aplicação da primeira lei da termodinâmica à superfície 2.

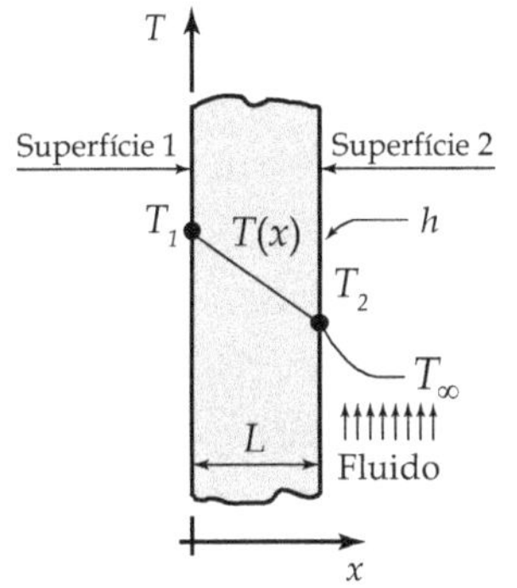

Figura 2.11 Convenção em uma face

Já sabemos que a equação da condução, devido às hipóteses inicialmente adotadas, é reduzida a:

$$\frac{d^2T}{dx^2}=0 \tag{2.34}$$

e que a sua solução geral é:

$$T=C_1x+C_2 \tag{2.35}$$

Devemos, agora, determinar os valores das constantes de integração C_1 e C_2 e, para tal, usaremos as condições de contorno.

Observando que $T=T_1$ para $x=0$, obtemos: $C_2=T_1$.

Derivando a Equação (2.35) e aplicando a segunda condição de contorno, obtemos:

$$\begin{aligned}&-k\left.\frac{\partial T}{\partial x}\right|_{x=L}=-kC_1\Rightarrow\\&\Rightarrow -kC_1=h\left(T_2-T_\infty\right)\end{aligned} \tag{2.36}$$

Como a distribuição de temperatura na placa é linear, verificamos que:

$$C_1=\left(T_2-T_1\right)/L \tag{2.37}$$

Com algum trabalho algébrico, obtemos das Equações (2.36) e (2.37) a constante C_1:

$$C_1=-\frac{1}{k}\frac{T_1-T_\infty}{\left(\frac{L}{k}+\frac{1}{h}\right)} \tag{2.38}$$

E o perfil de distribuição de temperaturas ao longo da placa será:

$$T=T_1-\frac{1}{k}\cdot\frac{T_1-T_\infty}{\left(\frac{L}{k}+\frac{1}{h}\right)}x \tag{2.39}$$

Consequentemente:

$$T_2=T_1-\frac{L}{k}\cdot\frac{T_1-T_\infty}{\left(\frac{L}{k}+\frac{1}{h}\right)} \tag{2.40}$$

Tendo obtido o perfil de distribuição de temperaturas, podemos, aplicando a lei de Fourier, obter o fluxo de calor em uma posição x qualquer da placa, que será igual a:

$$\dot{Q}''=\frac{T_1-T_\infty}{\frac{L}{k}+\frac{1}{h}} \tag{2.41}$$

Para uma área A de transferência de calor por condução, teremos:

$$\dot{Q}=\dot{Q}''A=\frac{T_1-T_\infty}{\frac{L}{kA}+\frac{1}{hA}} \tag{2.42}$$

Observe que, neste caso, tanto o fluxo quanto a taxa de calor são influenciados pelo coeficiente h, o que deveria ser esperado, porque o processo de transferência de calor na placa depende dos fenômenos térmicos que estão acontecendo nas suas superfícies e que são inclusos na obtenção do perfil de temperaturas pela imposição de condições de contorno adequadas.

2.2.3 O conceito de resistência térmica

A determinação da taxa de transferência de calor através da placa na qual uma das suas superfícies está sujeita à convecção pode ser realizada a partir da lei do resfriamento de Newton. Observando novamente a Figura 2.11, verificamos que:

$$\dot{Q}=hA\left(T_2-T_\infty\right)\Rightarrow\dot{Q}=\frac{T_2-T_\infty}{\frac{1}{hA}} \tag{2.43}$$

Recordemos os resultados obtidos ao analisar a transferência de calor por condução através de uma placa. No caso de se conhecer as temperaturas nas superfícies, obtivemos:

$$\dot{Q} = \frac{T_1 - T_2}{\dfrac{L}{kA}} \tag{2.44}$$

No caso de haver convecção em uma das superfícies, obtivemos:

$$\dot{Q} = \frac{T_1 - T_\infty}{\dfrac{L}{kA} + \dfrac{1}{hA}} \tag{2.45}$$

Combinando essas três equações, obtemos:

$$\dot{Q} = \frac{T_1 - T_\infty}{\dfrac{L}{kA} + \dfrac{1}{hA}} = \frac{T_1 - T_2}{\dfrac{L}{kA}} = \frac{T_2 - T_\infty}{\dfrac{1}{hA}} \tag{2.46}$$

Os resultados acima têm uma característica comum importante, que é o fato de que a taxa de transferência de calor por condução unidimensional em regime permanente é igual a uma diferença de temperaturas, que é o agente promotor do fenômeno, dividida por um termo que depende da área de transferência e da condutibilidade térmica e/ou do coeficiente convectivo. Essa estrutura é similar à da lei de Ohm, que estabelece que a corrente elétrica é igual a uma diferença de potencial dividida pela resistência elétrica do meio. Essa similaridade permite que se estabeleça a seguinte analogia:

- Corrente elétrica ↔ Taxa de calor
- Diferença de potencial ↔ Diferença de temperaturas
- Resistência elétrica ↔ Resistência térmica

A resistência térmica dependerá da natureza do fenômeno. Da Equação (2.46) podemos inferir, respeitando-se as hipóteses iniciais, que:

- A resistência térmica à condução através de uma placa plana é dada por: L/kA.
- A resistência térmica à convecção é dada por: $1/hA$.
- A resistência térmica em série em uma placa plana devida à condução e à convecção é dada por: $(L/kA)+(1/hA)$.

Conhecendo-se resistências térmicas, podemos estabelecer circuitos térmicos equivalentes e, assim, resolver questões de transferência de calor, muitas vezes, de forma menos trabalhosa. Por exemplo, a condução de calor através de uma placa plana poderá ser simulada por diferentes circuitos elétricos dependendo das condições de contorno aplicáveis, conforme ilustrado na Figura 2.12. Para cada circuito, identificamos cada uma das suas resistências e, analogamente aos procedimentos para trabalhar com circuitos elétricos, determinamos a resistência elétrica equivalente e, a seguir, a taxa de transferência de calor – Equações (2.47), (2.48) e (2.49). Por fim, se necessário, obtemos o fluxo de calor pela divisão da taxa de transferência pela área através da qual essa transferência ocorre – Equações (2.50), (2.51) e (2.52).

2.2.4 Placas planas em série

Em muitas aplicações industriais, para atender requisitos de projeto, precisamos montar paredes isolantes compostas por mais do que um tipo de material. Consideremos, por exemplo, um forno no qual a temperatura das faces internas das suas paredes é, para efeito de projeto, considerada igual a 1400°C, e que tenha sua temperatura externa limitada em cerca de 50°C, para o qual desejamos fazer o projeto térmico das suas paredes isolantes considerando que o processo de transferência de calor através delas possa ser tratado como unidimensional em regime permanente. Ao buscar no mercado materiais isolantes aplicáveis à solução do problema, verificamos que existem materiais refratários adequados para trabalhar a 1400°C mas que,

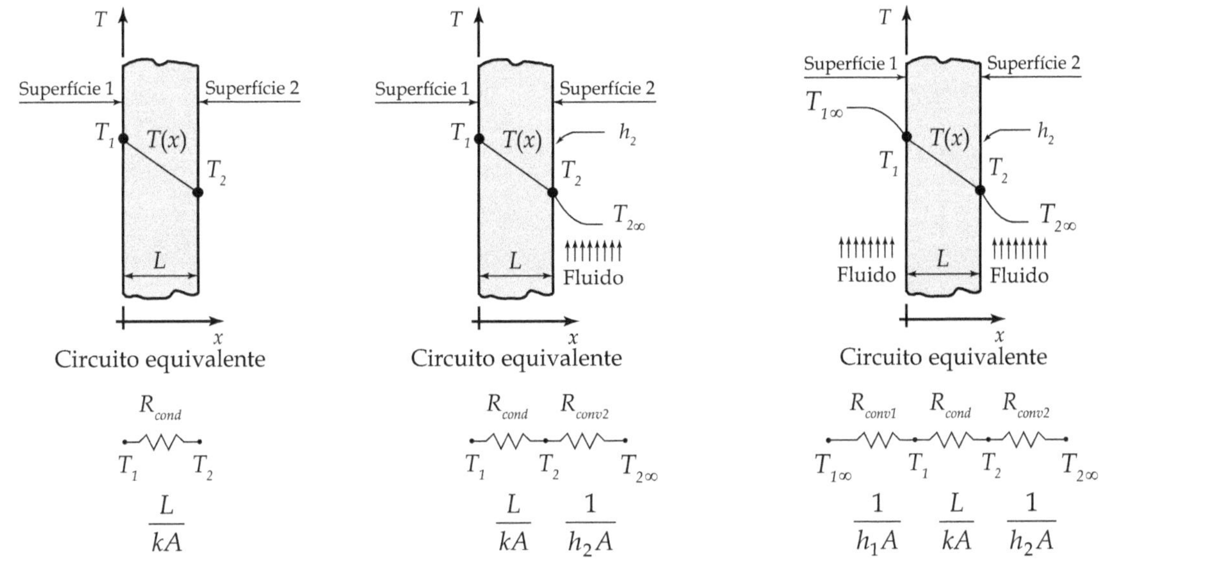

$$R_{eq} = \frac{L}{kA} \qquad R_{eq} = \frac{L}{kA} + \frac{1}{h_2 A} \qquad R_{eq} = \frac{1}{h_1 A} + \frac{L}{kA} + \frac{1}{h_2 A}$$

$$\dot{Q} = \frac{T_1 - T_2}{Req} = \frac{T_1 - T_2}{\frac{L}{kA}} \quad (2.47)$$

$$\dot{Q}'' = \frac{T_1 - T_2}{A \cdot Req} = \frac{T_1 - T_2}{\frac{L}{k}} \quad (2.48)$$

$$\dot{Q} = \frac{T_1 - T_{2\infty}}{Req} = \frac{T_1 - T_{2\infty}}{\frac{L}{kA} + \frac{1}{h_2 A}} \quad (2.49)$$

$$\dot{Q}'' = \frac{T_1 - T_{2\infty}}{A \cdot Req} = \frac{T_1 - T_{2\infty}}{\frac{L}{k} + \frac{1}{h_2}} \quad (2.50)$$

$$\dot{Q} = \frac{T_{1\infty} - T_{2\infty}}{Req} = \frac{T_{1\infty} - T_{2\infty}}{\frac{1}{h_1 A} + \frac{L}{kA} + \frac{1}{h_2 A}} \quad (2.51)$$

$$\dot{Q}'' = \frac{T_{1\infty} - T_{2\infty}}{A * R_{eq}} = \frac{T_{1\infty} - T_{2\infty}}{\frac{1}{h_1} + \frac{L}{k} + \frac{1}{h_2}} \quad (2.52)$$

Figura 2.12 Taxas e fluxos de calor em placas planas

embora possam cumprir a função de isolantes térmicos, são relativamente caros e apresentam condutibilidade térmica relativamente alta; por outro lado, encontramos excelentes isolantes térmicos que têm um custo inferior aos dos materiais refratários mas que são adequados para trabalhar com temperaturas máximas iguais, por exemplo, a 1100°C. Como proceder? A resposta é: criar uma parede isolante constituída por camadas de diferentes materiais, de forma a obter o efeito isolante desejado com o menor investimento possível.

Uma possível solução para essa questão seria compor uma parede com três placas constituídas por materiais distintos, um refratário e dois isolantes, conforme esquematizado na Figura 2.13. A determinação da espessura adequada de cada um dos materiais exige que tenhamos a capacidade de determinar o perfil de distribuição de temperaturas ao longo dessa parede e, para tal, nos propomos a utilizar o conceito de resistência térmica.

Inicialmente, devemos montar o circuito térmico equivalente a partir da identificação de todas as resistências térmicas relevantes. As resistências à transferência de calor por condução através do material refratário e dos materiais isolantes 1 e 2 podem ser representadas por três resistências em série, R_1, R_2 e R_3, que, conforme já sabemos, são dadas por:

$$R_1 = \frac{L_1}{k_1 A} \quad (2.53)$$

$$R_2 = \frac{L_2}{k_2 A} \quad (2.54)$$

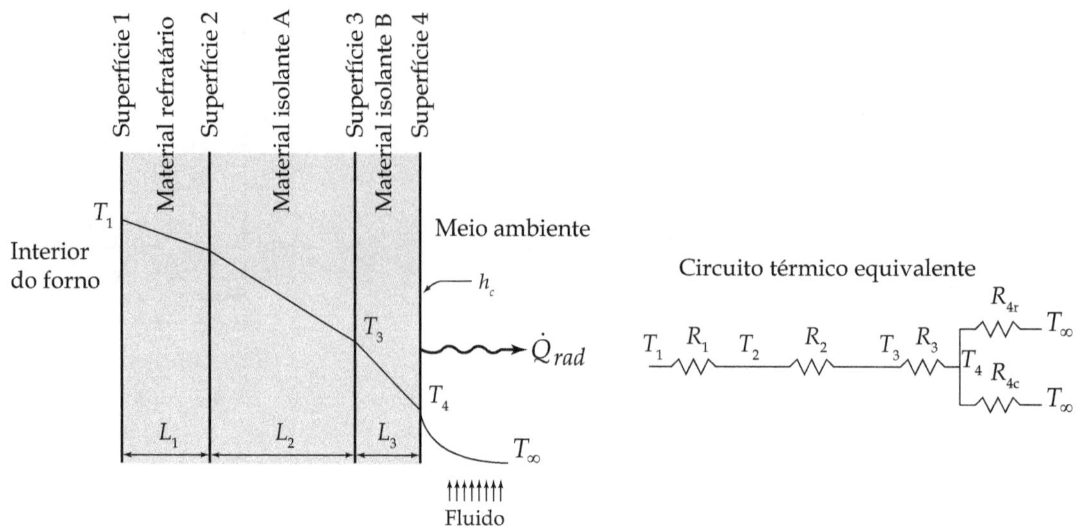

Figura 2.13 Placas planas em série

$$R_3 = \frac{L_3}{k_3 A} \tag{2.55}$$

A resistência à transferência de calor da parede para o meio ambiente se dá por dois mecanismos que ocorrem em paralelo; um é a convecção e o outro é a radiação, que são representados por duas resistências térmicas em paralelo, quais sejam:

$$R_{4c} = \frac{1}{h_c A} \tag{2.56}$$

$$R_{4r} = \frac{1}{h_r A} \tag{2.57}$$

Na Equação (2.57), o coeficiente de transferência de calor por radiação, h_r, é aquele dado pela Equação (1.12).

Utilizando a analogia com a lei de Ohm, podemos avaliar a resistência térmica equivalente desse circuito, obtendo:

$$R_{eq} = R_1 + R_2 + R_3 + \frac{1}{\dfrac{1}{R_{4c}} + \dfrac{1}{R_{4r}}} = R_1 + R_2 + R_3 + \frac{R_{4c} R_{4r}}{R_{4c} + R_{4r}} \tag{2.58}$$

Substituindo os valores conhecidos das resistências térmicas, a Equação (2.58) reduz-se a:

$$R_{eq} = \frac{L_1}{k_1 A} + \frac{L_2}{k_2 A} + \frac{L_3}{k_3 A} + \frac{1}{(h_c + h_r) A}$$

A taxa de calor através da parede será dada por:

$$\dot{Q} = \frac{T_1 - T_\infty}{R_{eq}} = \frac{T_1 - T_\infty}{R_1 + R_2 + R_3 + \dfrac{R_{4c} R_{4r}}{R_{4c} + R_{4r}}} = \frac{T_1 - T_\infty}{\dfrac{L_1}{k_1 A} + \dfrac{L_2}{k_2 A} + \dfrac{L_3}{k_3 A} + \dfrac{1}{(h_c + h_r) A}} \tag{2.59}$$

E o fluxo de calor será dado por:

$$\dot{Q}'' = \frac{\dot{Q}}{A} = \frac{T_1 - T_\infty}{R_{eq} A} = \frac{T_1 - T_\infty}{\left(\dfrac{L_1}{k_1 A} + \dfrac{L_2}{k_2 A} + \dfrac{L_3}{k_3 A} + \dfrac{1}{(h_c + h_r) A}\right) A} = \frac{T_1 - T_\infty}{\left(\dfrac{L_1}{k_1} + \dfrac{L_2}{k_2} + \dfrac{L_3}{k_3} + \dfrac{1}{(h_c + h_r)}\right)} \tag{2.60}$$

Note que a taxa de calor também será dada por:

$$\dot{Q} = \frac{T_1 - T_2}{L_1/k_1A} = \frac{T_2 - T_3}{L_2/k_2A} = \\ = \frac{T_3 - T_4}{L_3/k_3A} = \frac{T_4 - T_\infty}{1/h_cA} + \frac{T_4 - T_\infty}{1/h_{rad}A} \tag{2.61}$$

Analogamente, o fluxo de calor também será dado por:

$$\dot{Q}'' = \frac{T_1 - T_2}{L_1/k_1} = \frac{T_2 - T_3}{L_2/k_2} = \\ = \frac{T_3 - T_4}{L_3/k_3} = \frac{T_4 - T_\infty}{1/h_c} + \frac{T_4 - T_\infty}{1/h_{rad}} \tag{2.62}$$

O estudo que fizemos nos permite afirmar que, para um circuito térmico qualquer, podemos expressar a taxa de transferência de calor como a razão entre a diferença de temperaturas e a resistência térmica equivalente observada entre essa diferença. Esse fato nos auxilia a definir o *coeficiente global de transferência de calor*, U, por meio da expressão:

$$\dot{Q} = \frac{\Delta T}{R_{eq}} = UA\Delta T \tag{2.63}$$

Assim, teremos:

$$U = \frac{1}{R_{eq}A} = \frac{L_1}{k_1} + \frac{L_2}{k_2} + \frac{L_3}{k_3} + \frac{1}{(h_c + h_r)} \tag{2.64}$$

que, no caso de associação placas planas paralelas, não depende da área de transferência de calor.

2.2.5 Resistência térmica de contato

Precisamos observar que, quando analisamos o processo condução através de dois sólidos em contato, supusemos que o contato entre eles era perfeito. Entretanto, na realidade as superfícies dos sólidos não são absolutamente lisas, e sim rugosas; por esse motivo, quando se tem duas superfícies sólidas em contato, observamos que ocorre contato físico em regiões pequenas e a existência de regiões nas quais o contato físico entre os sólidos não é observado. Veja a Figura 2.14. Nessa figura temos duas placas planas infinitas em contato. Note que, devido à resistência causada pela imperfeição do contato, o perfil de temperatura em uma região próxima da interface entre os materiais deixa de ser linear.

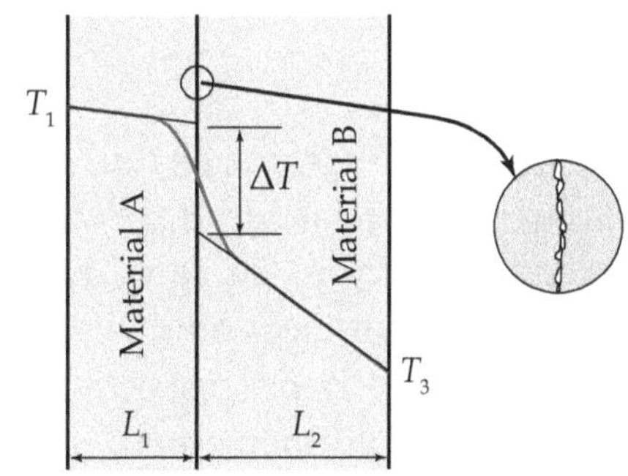

Figura 2.14 Resistência térmica de contato

A resistência de contato é frequentemente definida como:

$$R_{cont} = \frac{\Delta T}{\dot{Q}/A} \tag{2.65}$$

Observe que, nessa expressão, a área A é a área de contato entre as superfícies, ΔT é a queda de temperatura através da superfície avaliada conforme indicado na Figura 2.14 e $\dot{Q}$ é a taxa de calor observada.

Note que a unidade de resistência térmica de contato é m^2.K/W.

2.2.6 Placas compostas

Consideremos a placa composta por quatro materiais distintos esquematizada na Figura 2.15. Utilizando o conceito de resistência térmica equivalente e considerando os processos unidimensionais em regime permanente, podemos determinar a taxa de calor através dela por meio de dois circuitos térmicos distintos denominados, na Figura 2.15, *circuito 1* e *circuito 2*.

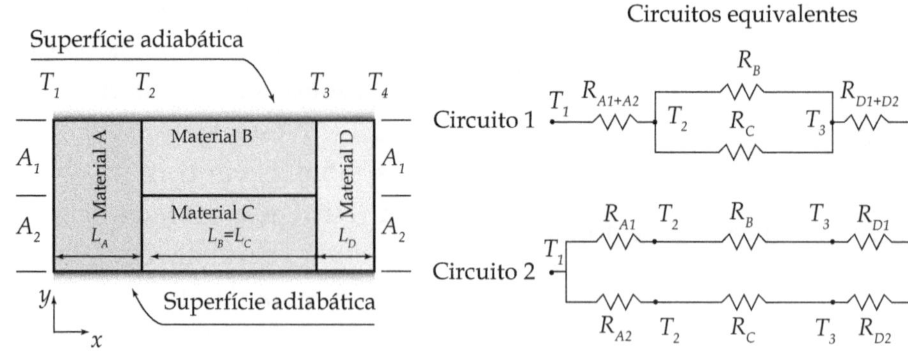

Figura 2.15 Placas compostas

Devemos observar que os dois circuitos apresentam resistências térmicas equivalentes diferentes, porque, de fato, tanto um como o outro foram concebidos com base na hipótese de que o processo de transferência de calor é unidimensional, o que não corresponde à realidade. No caso do circuito 1, consideramos que todas as superfícies perpendiculares ao eixo x são isotérmicas e, no caso do circuito 2, consideramos que todas as superfícies paralelas à direção x são adiabáticas. Note que, à medida que as condutibilidades térmicas dos materiais B e C se distanciarem, a hipótese de transferência de calor por condução unidimensional torna-se menos consistente.

2.3 CONDUÇÃO ATRAVÉS DE CASCAS CILÍNDRICAS

Uma solução de larga aplicação industrial é o estudo de condução unidimensional, sem geração, em regime permanente através de cascas cilíndricas, já que a solução obtida é adequada ao dimensionamento de isolamento térmico, por exemplo, de tubulações, de fornos e de fornalhas cilíndricas. Similarmente ao estudo de placas, apresentaremos inicialmente a solução para uma única casca e depois para conjuntos de placas concêntricas.

2.3.1 Condução através de casca cilíndrica com temperaturas de superfície conhecidas

Vamos analisar, agora, o processo de transferência de calor por condução unidimensional em regime permanente através de uma casca cilíndrica (cilindro oco), com comprimento L, constituído por um material com condutibilidade térmica constante. Veja a Figura 2.16. Considerando que o transporte de energia ocorre apenas na direção r, não havendo geração de calor, a equação da condução toma a seguinte forma:

$$\frac{1}{r}\frac{\partial}{\partial r}\left(kr\frac{\partial T}{\partial r}\right)=0 \qquad (2.66)$$

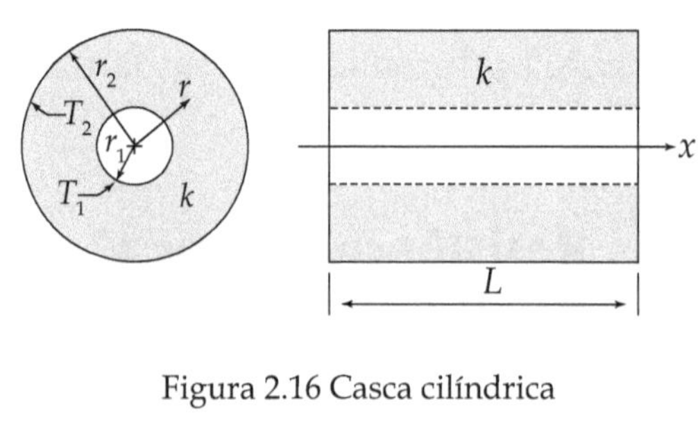

Figura 2.16 Casca cilíndrica

Partindo do princípio de que conhecemos as temperaturas das superfícies interna e externa (T_1 e T_2) da casca cilíndrica, estabelecemos as seguintes condições de contorno:

Para $r = r_1$, $T = T_1$.

Para $r = r_2$, $T = T_2$.

Naturalmente, poderíamos ter optado por outras condições de contorno, entretanto essa é a nossa momentânea escolha. Considerando que a condutibilidade térmica é constante e integrando a Equação (2.64), obtemos:

$$T = C_1 \, ln\, r + C_2 \tag{2.67}$$

Utilizando as condições de contorno adotadas, determinamos as constantes de integração:

$$C_1 = \frac{T_1 - T_2}{ln(r_1/r_2)}$$

$$C_2 = T_1 - \frac{T_1 - T_2}{ln(r_1/r_2)} ln\, r_1$$

Substituindo as constantes obtidas na Equação (2.67), resulta:

$$T = \frac{T_2 - T_1}{ln(r_2/r_1)} ln\left(\frac{r}{r_1}\right) + T_1 \tag{2.68}$$

Tendo o perfil de distribuição de temperaturas ao longo do material constituinte da casca esférica oca, podemos obter a taxa de calor:

$$\dot{Q} = \frac{T_1 - T_2}{\dfrac{ln(r_2/r_1)}{2\pi L k}} \tag{2.69}$$

E a resistência térmica será dada por:

$$R = \frac{ln(r_2/r_1)}{2\pi L k} \tag{2.70}$$

Avaliemos o fluxo de calor. Ele será igual à taxa de calor dividida por uma área através da qual observamos o fluxo de calor, a qual é arbitrariamente escolhida, podendo ser, por exemplo, qualquer uma definida por um raio r tal que r_1 " r" r_2, ou seja:

$$\dot{Q}''(r) = \frac{\dot{Q}}{2\pi r L} = \frac{T_2 - T_1}{\dfrac{r}{k} ln\left(\dfrac{r_2}{r_1}\right)} \tag{2.71}$$

Assim, obtivemos uma função distribuição de fluxo de calor unidimensional, em regime permanente, na direção radial em uma casca cilíndrica.

2.3.2 Condução através de uma casca cilíndrica com convecção em suas superfícies

Podemos, já que agora conhecemos a resistência térmica ao processo de condução através de uma casca cilíndrica, apresentar uma solução para o problema de transferência de calor através de um tubo no qual há convecção interna e externa, conforme esquematizado na Figura 2.17.

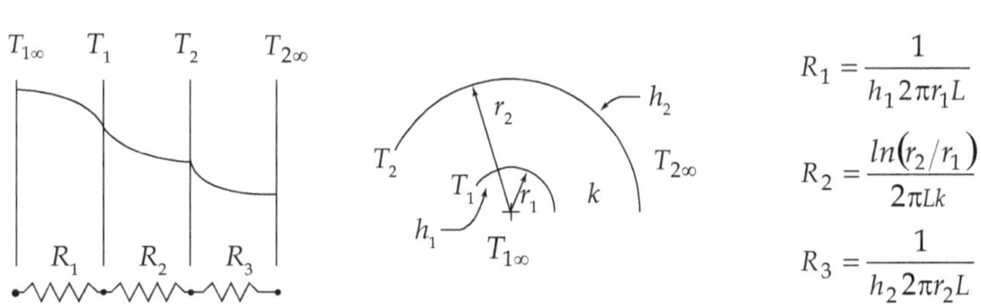

Figura 2.17 Resistências térmicas em cascas cilíndricas

Consideremos, agora, a transferência de calor unidimensional, em regime permanente, que ocorre na direção radial de uma casca cilíndrica, conforme indicado na Figura 2.17. Supondo que a face interna e a externa do tubo estão sujeitas à convecção e que conhecemos as temperaturas T_{1° e T_{2°, podemos, utilizando o conceito de resistência térmica, avaliar a taxa de calor observada entre os fluidos que escoam internamente e externamente, que é dada por:

$$\dot{Q} = \frac{\Delta T}{R_{eq}} = \frac{T_{1\infty} - T_{3\infty}}{R_1 + R_2 + R_3} = \frac{T_{1\infty} - T_{2\infty}}{\left(1/h_1 2\pi r_1 L\right) + \left(ln\left(r_2/r_1\right)/2\pi L k\right) + \left(1/h_2 2\pi r_2 L\right)} \quad (2.72)$$

Note que, nessa equação, L é o comprimento da casca cilíndrica.

O fluxo de calor através da superfície externa da casca é dado por:

$$\dot{Q}_2'' = \frac{1}{A_2}\frac{\Delta T}{R_{eq}} = \frac{T_{1\infty} - T_{2\infty}}{\left(r_2/h_1 r_1\right) + \left(r_2\, ln\left(r_2/r_1\right)/k\right) + \left(1/h_2\right)} \quad (2.73)$$

Note que optamos por avaliar o fluxo de calor através da área A_2. No entanto, poderíamos tê-lo avaliado, por exemplo, através da área A_1.

2.3.3 Condução através de cascas cilíndricas concêntricas

Consideremos, agora, a transferência de calor unidimensional, em regime permanente, que ocorre na direção radial de um conjunto de cascas cilíndricas concêntricas, conforme indicado na Figura 2.18. Essa é, por exemplo, a situação que ocorre em uma tubulação com isolamento térmico que transporta um fluido quente. Supondo que a face interna e a externa do tubo estão sujeitas à convecção e que conhecemos as temperaturas T_{1° e T_{3°, podemos, utilizando o conceito de resistência térmica, avaliar a taxa de calor entre os fluidos que escoam internamente e externamente, que é dada por:

$$\dot{Q} = \frac{\Delta T}{R_{eq}} = \frac{T_{1\infty} - T_{2\infty}}{R_1 + R_2 + R_3 + R_4} = \frac{T_{1\infty} - T_{3\infty}}{\frac{1}{h_1 2\pi r_1 L} + \frac{ln\left(r_2/r_1\right)}{2\pi L k_1} + \frac{ln\left(r_3/r_2\right)}{2\pi L k_2} + \frac{1}{h_3 2\pi r_3 L}} \quad (2.74)$$

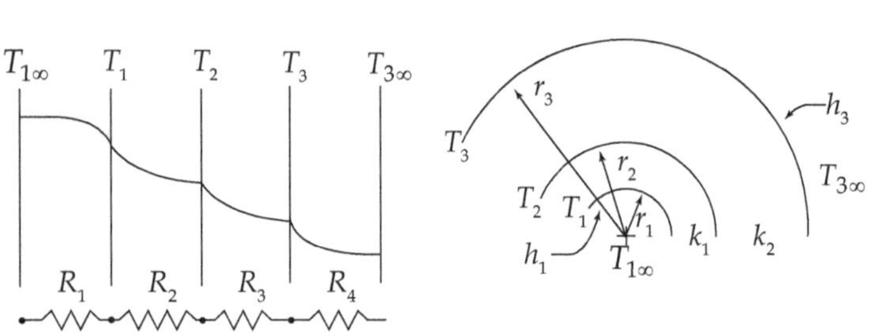

$$R_1 = \frac{1}{h_1 2\pi r_1 L} \qquad R_2 = \frac{ln(r_2/r_1)}{2\pi L k_1} \qquad R_3 = \frac{ln(r_3/r_2)}{2\pi L k_2} \qquad R_4 = \frac{1}{h_3 2\pi r_3 L}$$

Figura 2.18 Casas cilíndricas concêntricas

Na Expressão (2.74), L é o comprimento do conjunto de cascas.

E o fluxo de calor através da superfície externa da casca externa é dado por:

$$\dot{Q}_3'' = \frac{1}{A_3}\frac{\Delta T}{R_{eq}} = \frac{T_{1\infty} - T_{3\infty}}{\left(r_3/h_1 r_1\right) + \left(r_3\, ln\left(r_2/r_1\right)/k_1\right) + \left(r_3\, ln\left(r_3/r_2\right)/k_2\right) + \left(1/h_3\right)} \quad (2.75)$$

2.3.4 Raio crítico de isolamento

Considere que um tubo metálico que conduz um fluido quente deva ser isolado. A questão é: na medida em que a espessura de isolamento aumenta, a taxa de calor observada através desse isolamento sempre diminui?

A resposta dessa questão está relacionada com a Equação (2.69). Considere que, nessa equação, r_1 seja o raio interno e r_2 seja o raio externo do isolamento. Se fizermos um gráfico da taxa de calor em função de r_2, verificaremos que a função observada passa por um máximo. Veja a Figura 2.19.

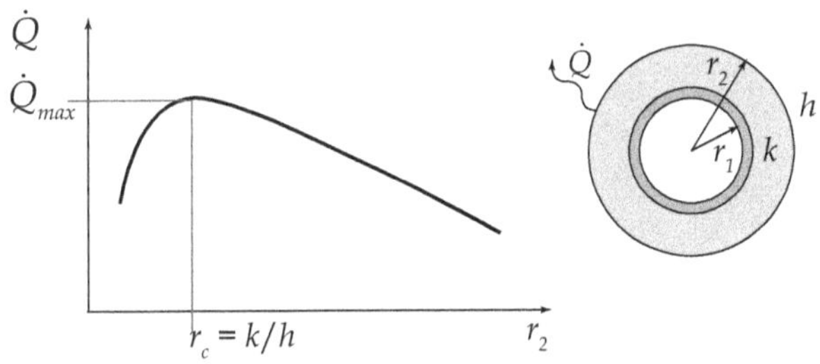

Figura 2.19 Raio crítico

O valor do raio r_2 para o qual a taxa de calor é máxima é denominado raio crítico. O valor do raio crítico, r_c, pode ser avaliado impondo que a derivada da taxa de calor em relação à r_2 é nula. Obteremos, assim: $r_c = k/h$.

2.4 CONDUÇÃO ATRAVÉS DE CASCAS ESFÉRICAS

A equação da condução em coordenadas esféricas permite a análise do processo de transferência de calor por condução unidimensional, sem geração, em regime permanente através de cascas esféricas. Similarmente ao estudo de placas, apresentaremos inicialmente a solução para uma única casca e depois para conjuntos de placas concêntricas.

2.4.1 Condução através de uma casca esférica com temperaturas de superfície conhecidas

Vamos analisar, agora, o processo de transferência de calor por condução unidimensional em regime permanente através de uma casca esférica constituída por um material com condutibilidade térmica constante, conforme esquematizado na Figura 2.20.

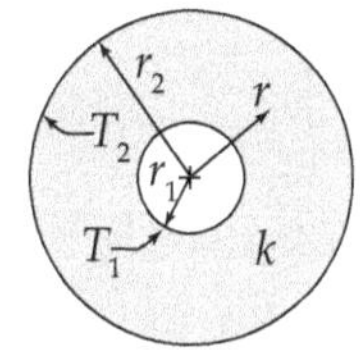

Figura 2.20 Casca esférica

Considerando que o transporte de energia ocorre na direção r e que não há geração de calor, a equação da condução toma a seguinte forma:

$$\frac{1}{r^2}\frac{\partial}{\partial r}\left(kr^2\frac{\partial T}{\partial r}\right) = 0 \qquad (2.76)$$

Partindo do princípio de que conhecemos as temperaturas das superfícies interna e externa (T_1 e T_2) da casca esférica, estabelecemos as seguintes condições de contorno:

- Para $r = r_1$, $T = T_1$.
- Para $r = r_2$, $T = T_2$.

Integrando a Equação (2.76) e utilizando as condições de contorno, obtemos:

$$T = C_2 - \frac{C_1}{kr} \qquad (2.77)$$

$$C_1 = \frac{T_1 - T_2}{(1/k)\left[(1/r_1) - (1/r_2)\right]} \qquad (2.78)$$

$$C_2 = T_1 + \frac{T_1 - T_2}{r_1\left[(1/r_1) - (1/r_2)\right]} \qquad (2.79)$$

$$T = T_1 - \frac{T_1 - T_2}{\left[(1/r_1) - (1/r_2)\right]}\left(\frac{1}{r} - \frac{1}{r_1}\right) \qquad (2.80)$$

Tendo o perfil de distribuição de temperaturas ao longo do material constituinte da casca esférica, podemos obter a taxa de transferência de calor:

$$\dot{Q} = \frac{4\pi k (T_1 - T_2)}{(1/r_1) - (1/r_2)} \tag{2.81}$$

E a resistência térmica será dada por:

$$R = \frac{1}{4\pi k}\left(\frac{1}{r_1} - \frac{1}{r_2}\right) \tag{2.82}$$

Avaliemos o fluxo de calor. Neste caso, ele será igual à taxa de calor dividida por uma área através da qual o observamos, a qual é arbitrariamente escolhida, podendo ser, por exemplo, a área de qualquer superfície esférica definida por um raio r tal que r_1 " r" r_2, ou seja:

$$\dot{Q}''(r) = \frac{k(T_1 - T_2)}{r^2\left[(1/r_1) - (1/r_2)\right]} \tag{2.83}$$

Assim, obtivemos uma função distribuição de fluxo de calor unidimensional, em regime permanente, na direção radial em uma casca esférica.

2.4.2 Condução através de uma casca esférica com convecção em sua superfície externa

Conhecendo a resistência térmica ao processo de condução através de uma casca esférica, podemos apresentar uma solução para o problema de transferência de calor através de uma casca esférica na qual há convecção e externa, conforme esquematizado na Figura 2.21.

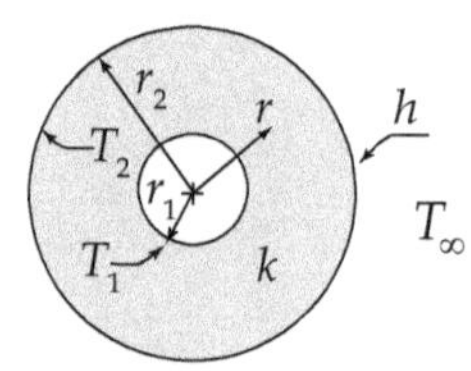

Figura 2.21 Casca esférica com convecção externa

Consideremos a transferência de calor unidimensional, em regime permanente, que ocorre na direção radial de uma casca esférica esquematizada na Figura 2.22.

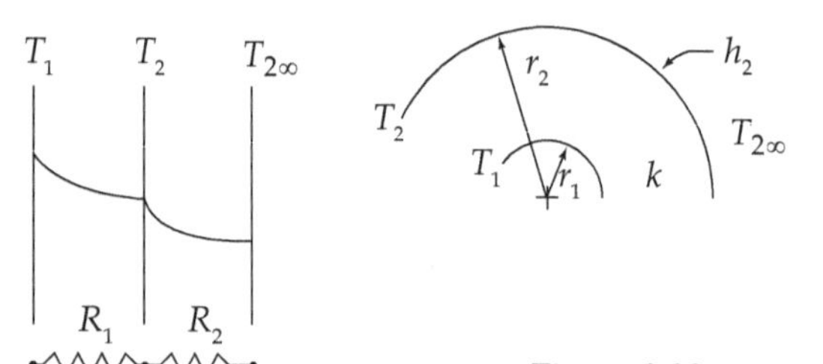

$$R_1 = \frac{1}{4\pi k}\left(\frac{1}{r_1} - \frac{1}{r_2}\right)$$

$$R_2 = \frac{1}{h_2 4\pi r_2^2}$$

Figura 2.22

Supondo que a temperatura da face interna da casca é conhecida e igual a T_1, que a externa está sujeita à convecção e que conhecemos a temperatura $T_{2\circ}$, podemos, utilizando o conceito de resistência térmica, avaliar a taxa de calor observada entre a superfície interna da casca e o fluido que escoa externamente. Considerando que a condutibilidade térmica do material é constante, temos:

$$\dot{Q} = \frac{\Delta T}{R_{eq}} = \frac{T_1 - T_{2\infty}}{R_1 + R_2} = \frac{T_1 - T_{2\infty}}{\frac{1}{4\pi k}\left(\frac{1}{r_1} - \frac{1}{r_2}\right) + \frac{1}{h_2 4\pi r_2^2}} \tag{2.84}$$

E o fluxo de calor através da superfície externa da casca é dado por:

$$\dot{Q}_2'' = \frac{1}{A_2}\frac{\Delta T}{R_{eq}} = \frac{T_1 - T_{2\infty}}{\frac{r_2^2}{k}\left(\frac{1}{r_1} - \frac{1}{r_2}\right) + \frac{1}{h_2}} \tag{2.85}$$

2.4.3 Condução através de cascas esféricas concêntricas

Consideremos, agora, a transferência de calor unidimensional, em regime permanente, que ocorre na direção radial de um conjunto de cascas esféricas concêntricas, conforme esquematizado na Figura 2.23. Supondo que a face externa está sujeita à convecção, que conhecemos a temperatura T_1 e que as condutibilidades térmicas k_1 e k_2 dos materiais constituintes das cascas são constantes, podemos, utilizando o conceito de resistência térmica, avaliar a taxa de transferência de calor através da casca:

$$\dot{Q} = \frac{\Delta T}{R_{eq}} = \frac{T_1 - T_{2\infty}}{R_1 + R_2 + R_3} = \frac{T_1 - T_{3\infty}}{\frac{1}{4\pi k_1}\left(\frac{1}{r_1} - \frac{1}{r_2}\right) + \frac{1}{4\pi k_2}\left(\frac{1}{r_2} - \frac{1}{r_3}\right) + \frac{1}{h_3 4\pi r_3^2}} \quad (2.86)$$

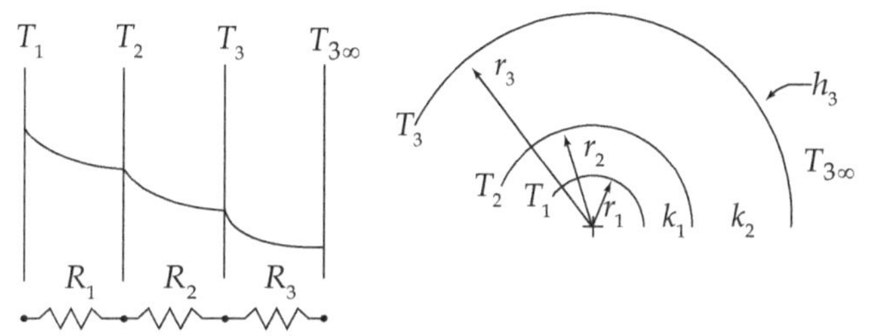

$$R_1 = \frac{1}{4\pi k_1}\left(\frac{1}{r_1} - \frac{1}{r_2}\right)$$

$$R_2 = \frac{1}{4\pi k_2}\left(\frac{1}{r_2} - \frac{1}{r_3}\right)$$

$$R_3 = \frac{1}{h_3 4\pi r_3^2}$$

Figura 2.23 Resistência térmica em associação de cascas esféricas

E o fluxo de calor através da superfície externa da casca externa é dado por:

$$\dot{Q}_3'' = \frac{\Delta T}{A_3 R_{eq}} = \frac{T_1 - T_{3\infty}}{\frac{r_3^2}{k_1}\left(\frac{1}{r_1} - \frac{1}{r_2}\right) + \frac{r_3^2}{k_2}\left(\frac{1}{r_2} - \frac{1}{r_3}\right) + \frac{1}{h_3}} \quad (2.87)$$

2.5 CONDUÇÃO COM GERAÇÃO

Se observarmos novamente a equação da condução, (2.15), notaremos que existe um termo que denominamos taxa de geração, $\dot{Q}'''$, que consiste na taxa de geração de calor por unidade de tempo e por unidade de volume e que representa o efeito da conversão de algum tipo de energia em energia térmica no interior do corpo, causando a elevação da sua temperatura interna. Se a energia convertida for a elétrica e se a conversão se der por efeito Joule, a taxa de geração de calor será dada por :

$$\dot{Q}''' = R_e I^2 / \forall \quad (2.88)$$

Nessa expressão, I é a corrente, R_e é a resistência elétrica e $\forall$ é o volume do corpo.

Como, de maneira geral, o efeito da geração interna depende da taxa de geração, do fato de ela ser uniforme ao longo do corpo ou não, da geometria do corpo e de outros fatores, nos limitaremos a estudar dois casos clássicos: placa plana e cilindro, que são a seguir discutidos.

2.5.1 Parede plana

Consideremos a parede plana ilustrada na Figura 2.24, na qual observamos uma taxa de geração de calor por unidade de volume uniforme ao longo de toda a placa.

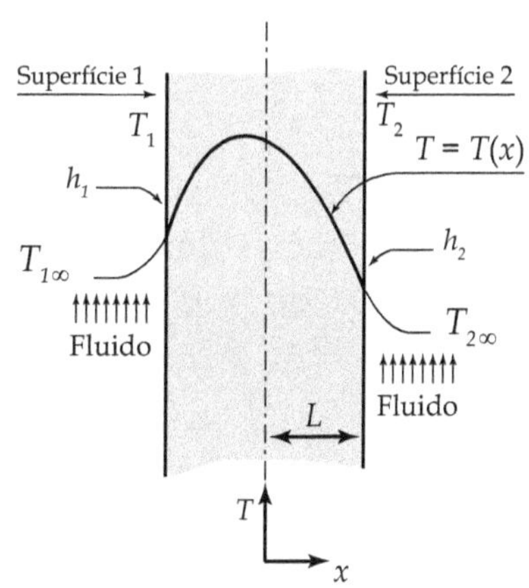

Figura 2.24 Placa plana com geração

Para analisar a condução nessa placa, suporemos que o processo ocorre em regime permanente, que as suas temperaturas superficiais são uniformes, constantes ao longo do tempo e conhecidas.

Supondo que a condutibilidade térmica do material constituinte da placa seja constante, a equação da condução em coordenadas cartesianas, (2.15), se reduz a:

$$\frac{d^2T}{dx^2} + \frac{\dot{Q}'''}{k} = 0 \qquad (2.89)$$

Integrando-a, obtemos uma função que descreve a distribuição de temperatura parabólica:

$$T = -\frac{\dot{Q}'''}{2k}x^2 + C_1 x + C_2 \qquad (2.90)$$

Devemos, então, determinar os valores das constantes de integração C_1 e C_2. Lembrando que as temperaturas superficiais são conhecidas, obtemos:

$$C_1 = \frac{T_2 - T_1}{2L} \qquad (2.91)$$

$$C_2 = \frac{\dot{Q}'''}{2k}L^2 + \frac{T_1 + T_2}{2} \qquad (2.92)$$

Consequentemente, a distribuição de temperaturas ao longo da placa será dada por:

$$T = \frac{\dot{Q}'''L^2}{2k}\left(1 - \frac{x^2}{L^2}\right) + \\ + \frac{T_2 - T_1}{2}\frac{x}{L} + \frac{T_1 + T_2}{2} \qquad (2.93)$$

Lembrando que o fluxo de calor em uma posição x é dado por:

$$\dot{Q}'' = -k\frac{dT}{dx} \qquad (2.94)$$

obtemos:

$$\dot{Q}'' = \dot{Q}'''x - k\frac{T_1 - T_2}{2L} \qquad (2.95)$$

que é uma função linear de x, ou seja: neste caso o fluxo de calor *depende* de x.

Há um caso particular interessante que é identificado quando impomos a condição de temperaturas iguais ($T_1 = T_2 = T_s$) nas duas faces da placa:

$$T = \frac{\dot{Q}'''L^2}{2k}\left(1 - \frac{x^2}{L^2}\right) + T_s \qquad (2.96)$$

Note que essa função apresenta valor máximo quando $x = 0$:

$$T_{\max} = \frac{\dot{Q}'''L^2}{2k} + T_s \qquad (2.97)$$

Assim, podemos concluir que, para o caso particular em análise, o fluxo de calor em $x = 0$ é nulo e, por conseguinte, a superfície vertical que passa pelo ponto $x = 0$ é adiabática! Essa condição é ilustrada na Figura 2.25.

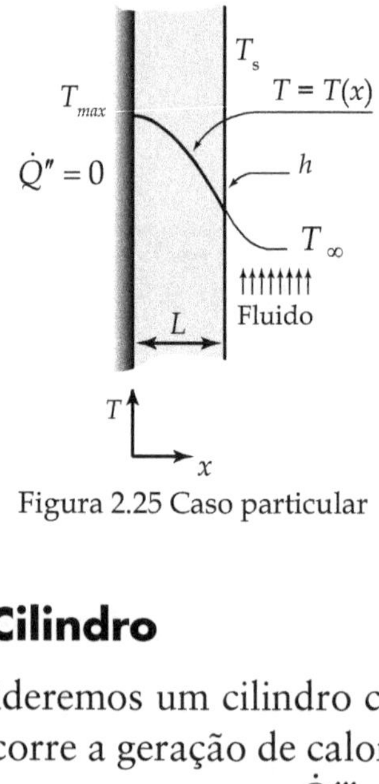

Figura 2.25 Caso particular

2.5.2 Cilindro

Consideremos um cilindro com raio R no qual ocorre a geração de calor uniforme e constante com o tempo $\dot{Q}'''$ e que seja suficientemente longo para que possamos considerar que o processo de condução que nele ocorre possa ser tratado como unidimensional, conforme ilustrado na Figura 2.26. Adicionalmente, consideremos que a quantidade total de calor gerado no interior do cilindro seja transferida para o meio por convecção, de forma que nós possamos supor que o processo ocorre em regime permanente e, em consequência, que a temperatura superficial do cilindro possa ser considerada constante e uniforme.

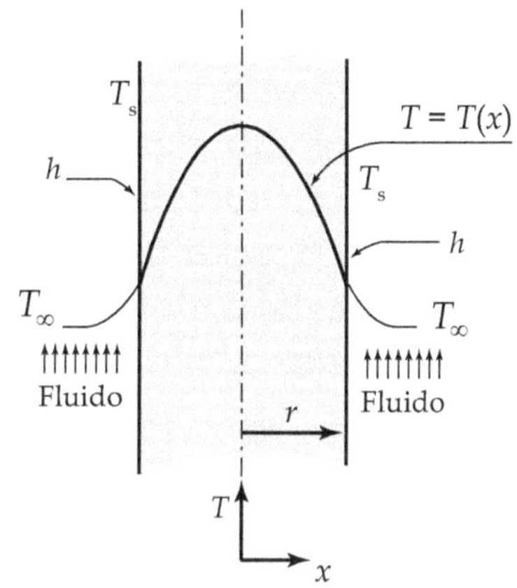

Figura 2.26 Cilindro com geração

O perfil de distribuição de temperatura no cilindro é obtido a partir da equação (2.19), que representa a condução expressa e coordenadas cilíndricas. Simplificando essa equação pela aplicação das hipóteses adotadas, obtemos:

$$\frac{1}{r}\frac{d}{dr}\left(r\frac{dT}{dr}\right)+\frac{\dot{Q}'''}{k}=0 \tag{2.98}$$

Integrando essa equação, obtemos:

$$r\frac{dT}{dr}=-\frac{\dot{Q}'''}{2k}r^2+C_1 \tag{2.99}$$

$$T(r)=-\frac{\dot{Q}'''}{4k}r^2+C_1\ln r+C_2 \tag{2.100}$$

As condições de contorno a serem utilizadas para a determinação das constantes de integração são as seguintes:

- A temperatura da superfície externa do cilindro é conhecida e igual a T_s; ou seja: $T(R) = T_s$;
- A temperatura atinge valor máximo no eixo do cilindro; assim sendo, podemos afirmar que a derivada da temperatura em relação a r em $r = 0$ é nula; ou seja: $\partial T/\partial r|_{r=0} = 0$.

Utilizando essas duas condições de contorno, concluímos que a constante C_1 é nula e que a constante C_2 é dada por:

$$C_2=\frac{\dot{Q}'''}{4k}R^2+T_s \tag{2.101}$$

Assim, a distribuição de temperatura será dada por:

$$T(r)=\frac{\dot{Q}'''R^2}{4k}\left(1-\frac{r^2}{R^2}\right)+T_s \tag{2.102}$$

Verificamos, assim, que a distribuição de temperaturas nesse caso também é parabólica.

2.6 SUPERFÍCIES ESTENDIDAS – ALETAS

Consideremos que desejamos promover a transferência de calor em regime permanente entre dois meios fluidos separados por uma placa metálica com condutibilidade térmica constante k, conforme esquematizado na Figura 2.27. A taxa de calor será igual a:

$$\dot{Q}=\frac{T_{1\infty}-T_{2\infty}}{(1/h_1A)+(L/kA)+(1/h_2A)} \tag{2.103}$$

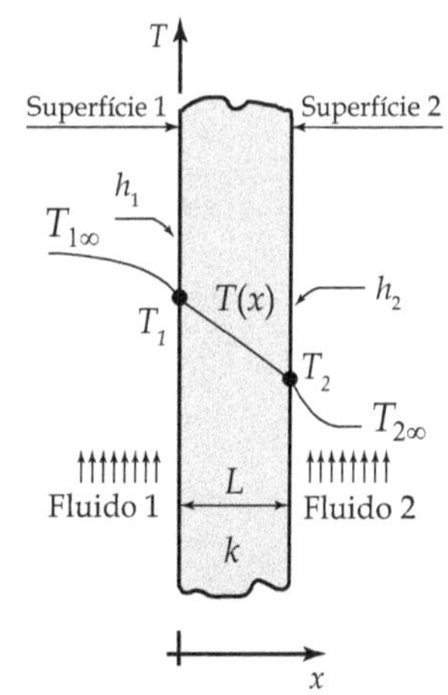

Figura 2.27 Placa plana não aletada

De maneira geral, como os metais têm condutibilidade térmica alta, a resistência à transferência de calor por condução é muito menor do que qualquer uma das resistências à convecção, o que a torna desprezível. Nesse caso, podemos afirmar que:

$$\dot{Q} = \frac{T_{1\infty} - T_{2\infty}}{(1/h_1 A) + (1/h_2 A)} \qquad (2.104)$$

Consideremos que o fluido 1 seja água na fase líquida e que a transferência por convecção do fluido 1 para a superfície 1 ocorra por convecção forçada. Suponhamos que o fluido 2 seja ar nas condições ambientes e que o processo de transferência de calor da superfície 2 para o fluido 2 seja por convecção livre. Naturalmente, nesse caso, teremos $h_1 >> h_2$, e como desejamos promover o processo de transferência de calor entre os fluidos, observaremos que ele será quantitativamente limitado pelo processo de convecção que ocorre entre a parede 2 e o fluido 2. Na impossibilidade de promover alterações que resultem no aumento de h_2, a solução do problema é promover o aumento da área de transferência de calor entre a parede 2 e o fluido 2 pela inserção de protuberâncias que denominamos *aletas*. Na Figura 2.28 apresentamos algumas superfícies com aletas com diferentes geometrias.

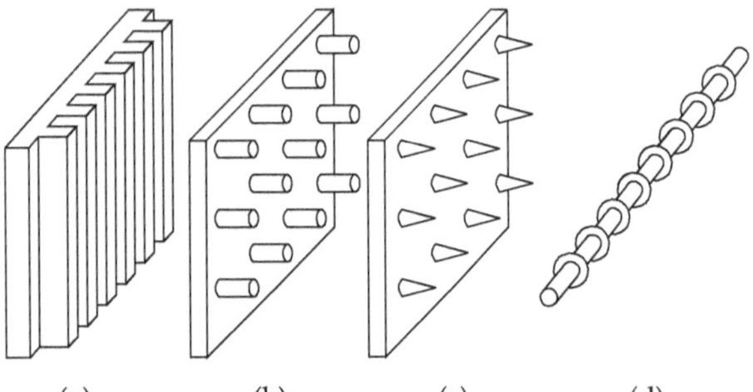

Figura 2.28 Superfícies aletadas

A Figura 2.28 (a) consiste em uma peça usualmente utilizada para rejeição de calor de componentes eletrônicos para o meio ambiente, fabricada em alumínio, e conhecida como *dissipador*; a Figura 2.28 (b) é uma superfície com aletas piniformes com seção transversal constante; a Figura 2.28 (c) é uma superfície aletada por pinos cônicos; e a Figura 2.28 (d) ilustra um tubo externamente com aletas formadas por coroas circulares que são soldadas ao tubo. Devemos observar que a diversidade geométrica das aletas é ampla e que, por esse motivo, não se tem disponível um equacionamento único voltado à avaliação da sua contribuição ao processo de transferência de calor. A seguir apresentamos um equacionamento destinado a aletas por material com condutibilidade térmica invariável.

2.6.1 Equacionamento do processo de transferência de calor em aletas

Apresentaremos o equacionamento do processo de transferência calor de uma aleta com área de seção transversal constante A para um meio fluido na temperatura T_∞ no qual ela está imersa, conforme esquematizado na Figura 2.29.

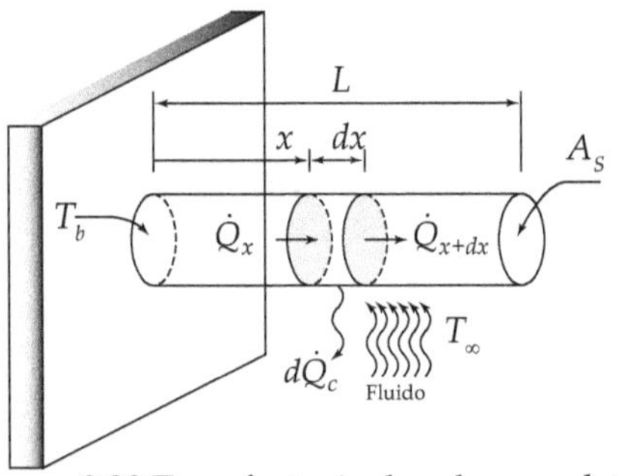

Figura 2.29 Transferência de calor em aletas

Consideraremos que a aleta é constituída por um material com condutibilidade térmica constante, que sua base está na temperatura T_b, que supomos ser igual à temperatura da superfície do corpo aletado, porém, maior do que a temperatura do meio fluido no qual ela está imersa. Devido a essa diferença de temperatura, ocorre a transferência de calor por convecção da aleta para o meio com coeficiente médio de transferência de calor por convecção, h, considerado conhecido.

Seja o elemento de volume infinitesimal com espessura dx e área de seção transversal A_S localizado na posição x. Considerando que o processo ocorre em regime permanente, ao realizar um balanço de energia nesse elemento de volume, verificamos que lhe é adicionada a taxa de calor $\dot{Q}_x$ através da superfície com área A_S posicionada em x. Verificamos, também, que ele rejeita a taxa $\dot{Q}_{x+dx}$ para o material da aleta em menor temperatura através da superfície com área A_S posicionada em $x + dx$ e que ele transfere $d\dot{Q}_c$ para o fluido através da área superficial Pdx, sendo P o perímetro da seção transversal da aleta, também considerado constante por hipótese. Assim, obtemos:

$$\dot{Q}_x = \dot{Q}_{x+dx} + d\dot{Q}_c \tag{2.105}$$

Expandindo $\dot{Q}_x$ em série de Taylor e desprezando os termos de maior ordem, obtemos:

$$\dot{Q}_x = \dot{Q}_{x+dx} + \frac{d\dot{Q}_x}{dx}dx \tag{2.106}$$

Substituindo a Equação (2.106) na (2.105), obtemos:

$$\frac{d\dot{Q}_x}{dx}dx = d\dot{Q}_c \tag{2.107}$$

Aplicando a lei de Fourier, resulta:

$$\frac{d}{dx}\left(-kA_S\frac{dT}{dx}\right)dx = hPdx\left(T - T_\infty\right) \tag{2.108}$$

Como a condutibilidade térmica do material constituinte da aleta é considerada constante, obtemos:

$$\frac{d^2T}{dx^2} = \frac{hP}{kA_S}\left(T - T_\infty\right) \tag{2.109}$$

Seja $\theta = T - T_\infty$ o *excesso de temperatura da aleta acima da ambiente* e $m^2 = hP/kA_S$. Substituindo esses valores na Equação (2.109), resulta:

$$\frac{d^2\theta}{dx^2} - m^2\theta = 0 \tag{2.110}$$

Essa equação diferencial de segunda ordem, linear e homogênea com coeficientes constantes tem solução geral da forma:

$$\theta(x) = C_1e^{mx} + C_2e^{-mx} \tag{2.111}$$

Para obter a soluções particulares dessa equação, devemos impor condições de contorno que caracterizem matematicamente o problema em estudo. A primeira condição de contorno resulta de se considerar que a temperatura na base da aleta T_b é conhecida e igual à temperatura da superfície aletada. Assim, temos:

Para $x = 0$, $T(0) = T_b$, ou seja:

$\theta(0) = T_b - T_\infty = \theta_b$.

Para definir a condição de contorno restante, devemos analisar quatro possibilidades que são, usualmente, tratadas como quatro casos distintos, cujos perfis de distribuição de temperaturas são esquematizados na Figura 2.30.

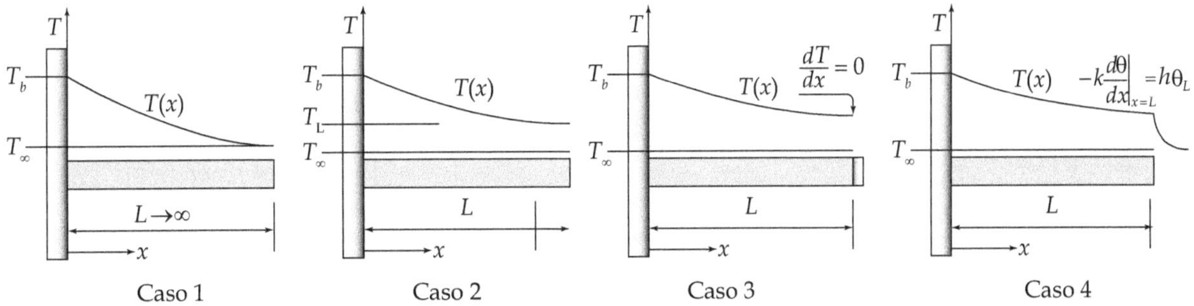

Figura 2.30 Distribuição de temperatura em aletas

- Caso 1: aleta infinita

  Quando o comprimento da aleta é muito grande, a temperatura da extremidade da aleta $T(L)$ tende a igualar-se à temperatura do fluido T_∞, o que é descrito pela seguinte condição de contorno:

  $\theta(L) = T(L) - T_\infty = 0$ em $x \to \infty$

- Caso 2: temperatura fixa conhecida da extremidade da aleta

  Neste caso a condição de contorno aplicável será:

  $\theta(L) = T(L) - T_\infty = \theta_L$ em $x = L$

- Caso 3: extremidade da aleta isolada

  $\dfrac{d\theta}{dx} = 0$ em $x = L$

- Caso 4: ocorre transferência de calor por convecção na extremidade da aleta

  $-k\left.\dfrac{d\theta}{dx}\right|_{x=L} = h\theta_L$

O uso desse conjunto de condições de contorno nos permite resolver quatro vezes, uma para cada caso, a Equação (2.110) e, assim, obtemos as distribuições de temperatura nas aletas. De posse da função distribuição de temperaturas, podemos, aplicando a lei de Fourier, obter a taxa de calor por condução da base da aleta, a qual simbolizamos por $\dot{Q}_{al}$. Os resultados assim obtidos estão sumarizados na Tabela 2.1.

Para o caso em que se aplica a hipótese de convecção na extremidade da aleta, é possível optar por uma solução alternativa, que é a de tratar a aleta como se tivesse a sua extremidade adiabática, porém com seu comprimento ampliado de forma a manter a área superficial total original da aleta. Veja o exercício Er2.10.

Tabela 2.1 Distribuições de temperatura e taxas de calor na aleta

Caso	Condição da extremidade	Perfil de distribuição de temperaturas θ/θ_b		Taxa de calor na base da aleta $\dot{Q}_{al}$	
1	Aleta infinita: $\theta(L) = 0$ em $x \to \infty$	e^{-mx}	(2.112)	$M = \sqrt{hPkA_S}\,\theta_b$	(2.113)
2	Temperatura fixa conhecida: $\theta = \theta_L$ em $x = L$	$\dfrac{(\theta_L/\theta_b)(senh(mx)) + senh(m(L-x))}{(senh(mL))}$	(2.114)	$\dfrac{(cosh(mL)) - (\theta_L/\theta_b)}{senh(mL)}$	(2.115)
3	Extremidade da aleta isolada: $\dfrac{d\theta}{dx} = 0$ em $x = L$	$\dfrac{cosh\,(m(L-x))}{cosh\,(mL)}$	(2.116)	$Mtgh\,(mL)$	(2.117)
4	Convecção na extremidade da aleta: $-k\left.\dfrac{d\theta}{dx}\right\|_{x=L} = h\theta_L$	$\dfrac{cosh\;m(L-x) + (h/mk)senh\;m(L-x)}{cosh\;mL + (h/mk)senh\;mL}$	(2.118)	$M\dfrac{senh(mL) + (h/mk)cosh\,(mL)}{cosh(mL) + (h/mk)senh\,(mL)}$	(2.119)

$\theta = T - T_\infty$; $\theta(0) = T_b - T_\infty = \theta_b$; $m^2 = hP/kA_S$; $M = \sqrt{hPkA_S}\,\theta_b$; $cosh\,x = (e^x + e^{-x})/2$; $senh\,x = (e^x - e^{-x})/2$.

2.6.2 Efetividade das aletas

Sempre utilizamos aletas com o propósito de aumentar a taxa de calor por convecção observada entre uma superfície e um fluido. Ao selecionar um tipo geométrico de aleta e ao definir suas dimensões, estaremos sempre preocupados em saber se o nosso propósito está sendo atingido, ou seja, se estamos promovendo o processo de transferência de calor de forma eficaz.

Para resolver quantitativamente esse problema, definimos a *efetividade aleta*, ε_a, como sendo a relação entre a taxa de calor através da base da aleta e a taxa de calor que existiria no mesmo local não existindo a aleta:

$$\varepsilon_a = \frac{\dot{Q}_{al}}{hA_b\theta_b} \tag{2.120}$$

Note que a área da base da aleta, A_b, será igual à área da seção transversal da aleta, A_S, somente quando esta for invariável ao longo do comprimento da aleta.

2.6.3 Eficiência das aletas

Sabemos que a temperatura da superfície de uma aleta varia ao longo do seu comprimento. Buscando facilitar tanto o projeto de superfícies aletadas quanto a avaliação da taxa de calor através da superfície das aletas, define-se uma figura de mérito denominada *eficiência de uma aleta*, η_{al}, a saber:

$$\eta_{al} = \frac{\dot{Q}_{\text{aleta}}}{\dot{Q}_{\substack{\text{superfície externa da aleta}\\ \text{na temperatura da base}}}} \tag{2.121}$$

Existe disponível na literatura uma quantidade bastante extensa de correlações obtidas analiticamente destinadas à determinação de eficiências de aletas. Na Tabela 2.2 apresentamos algumas dessas soluções.

Tabela 2.2 Eficiência de algumas aletas

Características das aletas	Eficiência	Geometria
Aleta com seção transversal triangular $m = \sqrt{2h/ke}$ $A = 2w\sqrt{L^2 + (e/2)^2}$	$\eta_{al} = \frac{1}{mL}\frac{I_1(2\,mL)}{I_0(2\,mL)}$ (2.122)	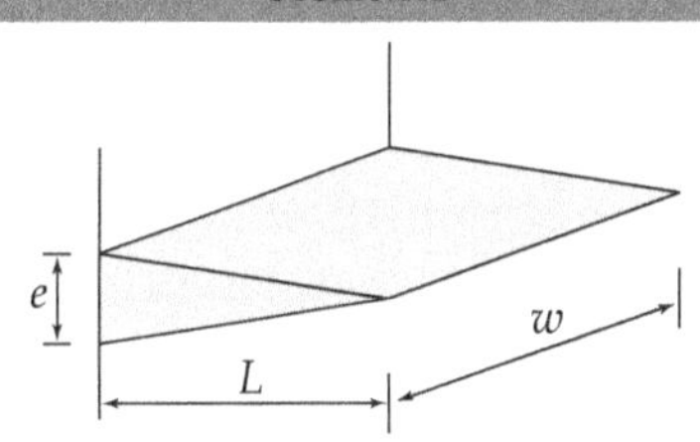
Coroa circular com espessura constante $m = \sqrt{2h/ke}$ $r_{2c} = r_2 + e/2$ $A = 2\pi(r_{2c}^2 - r_1^2)$	$\eta_{al} = \frac{2r_1/m}{r_{2c}^2 - r_1^2}\frac{K_1(mr_1)I_1(mr_{2c}) - I_1(mr_1)K_1(mr_{2c})}{I_0(mr_1)K_1(mr_{2c}) + K_0(mr_1)I_1(mr_{2c})}$ (2.123)	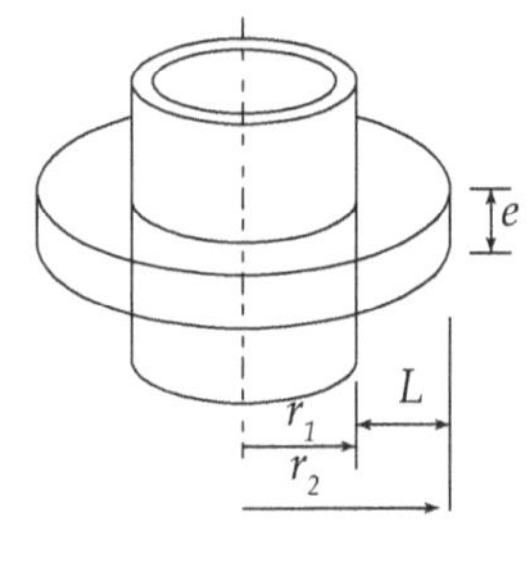
Pino cônico $m = \sqrt{4h/kD}$ $A = \frac{\pi D}{2}\sqrt{L^2 + (D/2)^2}$	$\eta_{al} = \frac{2}{mL}\frac{I_2(2\,mL)}{I_1(2\,mL)}$ (2.124)	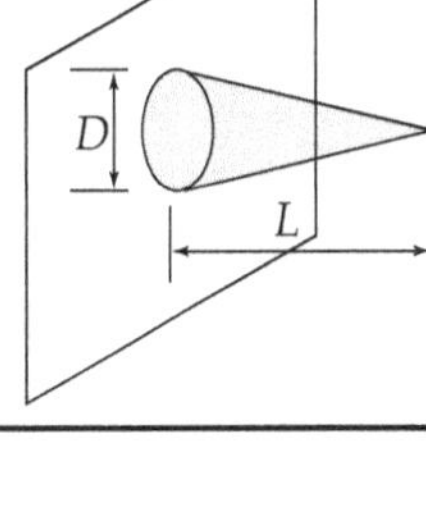

2.7 EXERCÍCIOS RESOLVIDOS

Er2.1 A parede plana lateral vertical de um forno industrial tem espessura igual a 342 mm e a sua área superficial é igual a 5 m². Consideremos que a temperatura das suas superfícies interna e externa são constantes, aproximadamente uniformes e iguais a, respectivamente, 800°C e 45°C. Sabendo que a condutibilidade térmica do material constituinte da parede é igual 0,15 W/(m.K), pede-se para determinar o fluxo médio e a taxa de calor através da parede.

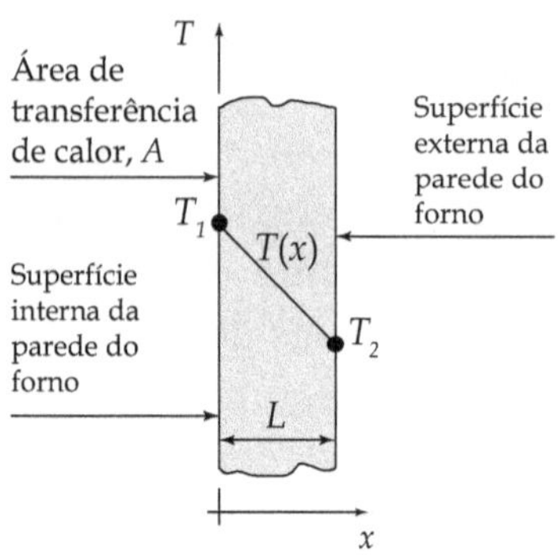

Figura Er2.1

Solução

a) Dados e considerações

Inicialmente devemos fazer um croqui que ilustre com cuidado a questão a ser solucionada e fazer considerações, estabelecer hipóteses e registrar dados importantes para a solução da questão. O croqui é apresentado na Figura Er2.1. Para preparar esse croqui, tivemos os seguintes cuidados:

- Definir os aspectos geométricos importantes e os símbolos utilizados para definir as dimensões. No caso, a espessura da parede, *L*, e a área de transferência de calor, *A*.
- Identificar as faces da parede sabendo-se exatamente qual é a externa, a interna e quais serão os símbolos utilizados para as suas temperaturas.
- Escolher uma direção e um sentido para a coordenada *x*.
- Escolher uma direção e um sentido para a coordenada *T*.
- Identificar o tipo de perfil de temperaturas.

Devemos, então, registrar considerações, hipóteses e dados:

- O processo de transferência de calor é unidimensional, ocorre em regime permanente, sem geração de calor. e o perfil de temperaturas é linear.
- Dimensões importantes: espessura, $L = 342$ mm $= 0{,}342$ m, $A = 5$ m².
- $T_1 = 800°C$ e $T_2 = 45°C$.
- A condutibilidade térmica do material é $k = 0{,}15$ W/(m.K).

b) Análise e cálculos

Aplicando a lei de Fourier, obtemos:

$\dot{Q}'' = -k\dfrac{dT}{dx} = k\dfrac{T_1 - T_2}{L}$, e o fluxo de calor será: $\dot{Q}'' = = 331{,}1$ W/m².

O sinal positivo do fluxo de calor indica que ele ocorre no sentido positivo do eixo *x*.

A taxa de calor através da parede é:

$$\dot{Q} = \dot{Q}''A = 331{,}1 \cdot 5 = 1656 \text{ W}$$

Novamente observamos que o sinal positivo indica que a transferência de calor ocorre no sentido positivo do eixo *x*.

Er2.2 Considere que a parede plana lateral vertical de um forno industrial, o mesmo do Exercício Er2.1, tenha espessura igual a 342 mm e a sua área superficial seja igual a 5 m². Consideremos que as temperaturas das suas superfícies interna e externa sejam constantes, aproximadamente uniformes e que a temperatura da superfície interna seja igual a 800°C. Sabe-se que a condutibilidade térmica do material constituinte da parede é igual 0,15 W/(m.K), que a temperatura do meio ambiente é igual a 25°C e que a transferência de calor entre a superfície externa do forno e o meio ambiente ocorre por convecção natural, com coeficiente h = 10 W/(m².K). Desconsiderando a transferência de calor por radiação entre a parede e o meio ambiente, pede-se para determinar o fluxo médio, a taxa de calor através da parede e a temperatura da sua superfície externa.

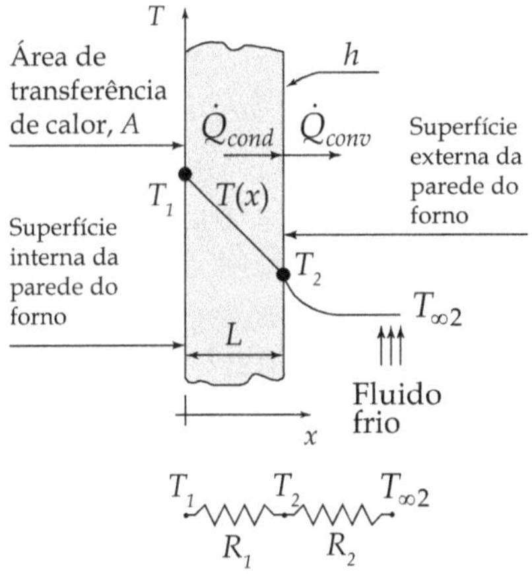

Figura Er 2.2

Solução

a) Dados e considerações

Similarmente ao realizado no Exercício Er2.1, devemos fazer um croqui que ilustre com cuidado a questão a ser solucionada e fazer considerações, estabelecer hipóteses e registrar dados importantes para a solução da questão. O croqui é apresentado na Figura Er2.2. Para prepará-lo, tivemos os seguintes cuidados:

- Definir os aspectos geométricos importantes e os símbolos utilizados para definir as dimensões. No caso, a espessura da parede, L, e a área de transferência de calor, A.
- Identificar as faces da parede sabendo-se exatamente qual é a externa, a interna e quais serão os símbolos utilizados para as suas temperaturas.
- Escolher uma direção e um sentido para a coordenada x.
- Escolher uma direção e um sentido para a coordenada T.
- Identificar o tipo de perfil de temperaturas.
- E, neste caso, consideramos conveniente registrar o circuito térmico equivalente.

Estamos aptos, agora, a registrar considerações, hipóteses e dados:

- O processo de transferência de calor é unidimensional, ocorre em regime permanente, sem geração de calor, e o perfil de temperaturas é linear.
- Dimensões importantes: espessura, L = 342 mm = 0,342 m, A = 5 m².
- T_1 = 800°C, $T_{\infty 2}$ = 25°C.
- A condutibilidade térmica do material é k = 0,15 W/(m.K).
- O coeficiente de transferência de calor por convecção entre a face externa e o meio ambiente é h = 10 W/(m²/K).

b) Análise e cálculos

- Avaliação do fluxo de calor

A resistência térmica total é dada pela soma das resistências à condução e à convecção:

$$R = R_1 + R_2 = \frac{L}{kA} + \frac{1}{hA}$$

E o fluxo é dado por: $\dot{Q}'' = \frac{1}{A}\frac{T_1 - T_\infty}{R}$.

Substituindo os valores conhecidos e realizando os cálculos, obtemos: $\dot{Q}''$ = 325,6 W/m².

- Avaliação da taxa de calor

A taxa de calor através da parede será:

$$\dot{Q} = \dot{Q}''A = 325{,}6 \cdot 5 = 1628{,}2 \text{ W}$$

Observamos que essa taxa é igual à taxa de transferência por condução através da parede, $\dot{Q}_{cond}$, e também é igual à taxa de transferência por convecção, $\dot{Q}_{conv}$.

- Avaliação da temperatura da superfície externa da parede

Aplicando a lei do resfriamento de Newton, obtemos:

$$\dot{Q}_{conv} = hA\left(T_2 - T_\infty\right) \Rightarrow T_2 = \frac{\dot{Q}_{conv}}{hA} + T_\infty$$

Logo: $T_2 = 57{,}6°C$.

Er2.3 Considere que a parede plana lateral vertical de um forno industrial, o mesmo do Er2.2, tenha espessura igual a 342 mm e que a sua área superficial seja igual a 5,0 m². Considere também que as temperaturas das suas superfícies interna e externa sejam constantes, aproximadamente uniformes, e que a temperatura da superfície interna seja igual a 800°C. Sabe-se que a condutibilidade térmica do material constituinte da parede é igual 0,15 W/(m.K), que a temperatura do meio ambiente é igual a 25°C e que a transferência de calor entre a superfície externa do forno e o meio ambiente ocorre por convecção natural, com coeficiente h = 10 W/(m².K), e também por radiação para a vizinhança, cuja temperatura também pode ser considerada igual a 25°C.

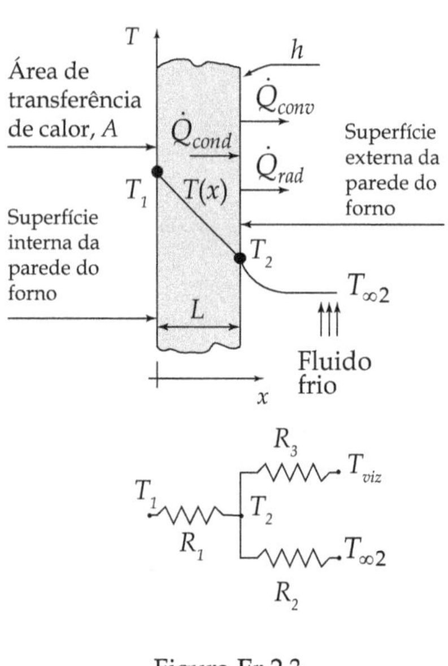

Figura Er 2.3

Considerando que a emissividade da face externa dessa parede é igual a 0,7, pede-se para determinar o fluxo médio, a taxa de calor através da parede e a temperatura da sua superfície externa.

Solução

a) Dados e considerações

Inicialmente devemos fazer um croqui que ilustre com cuidado a questão a ser solucionada e fazer considerações, estabelecer hipóteses e registrar dados importantes para a solução da questão. O croqui é apresentado na Figura Er2.3. Para preparar esse croqui, tivemos os seguintes cuidados:

- Definir os aspectos geométricos importantes e os símbolos utilizados para definir as dimensões. No caso, a espessura da parede, L, e a área de transferência de calor, A.
- Identificar as faces da parede sabendo-se exatamente qual é a externa, a interna e quais serão os símbolos utilizados para as suas temperaturas.
- Escolher uma direção e um sentido para a coordenada x.
- Escolher uma direção e um sentido para a coordenada T.
- Identificar o tipo de perfil de temperaturas.
- E, neste caso, consideramos conveniente registrar o circuito térmico equivalente.

Passamos, agora, a registrar os dados e as considerações necessárias à solução da questão:

- O processo de transferência de calor por condução é unidimensional, ocorre em regime permanente, sem geração de calor, e o perfil de temperaturas é linear.
- Dimensões importantes: espessura, L = 342 mm = 0,342 m, A = 5 m².
- $T_1 = 800°C = 1073{,}15$ K, $T_{viz} = T_{\infty,2} = 25°C = 298{,}15$ K.

- A condutibilidade térmica do material é $k = 0{,}15$ W/(m.K).
- A constante de Stefan-Boltzmann é: $\sigma = 5{,}67$ E-8 W/(m².K⁴).
- O coeficiente de transferência de calor por convecção entre a face externa e o meio ambiente é $h = 10$ W/(m²/K) e a emissividade da superfície é $\varepsilon = 0{,}7$.

b) Análise e cálculos

- Avaliação de T_2

Realizando um balanço de energia na superfície externa da parede, obtemos:

$$\dot{Q}_{cond} = \dot{Q}_{conv} + \dot{Q}_{rad}$$

Logo:

$$kA\frac{T_1 - T_2}{L} = hA\left(T_2 - T_{\infty,2}\right) + \\ + \varepsilon\sigma A\left(T_2^4 - T_{viz}^4\right)$$

Nessa equação desconhecemos apenas a temperatura T_2, o que resulta na seguinte equação de quarto grau:

$$\varepsilon\sigma A T_2^4 + hAT_2 + \frac{kA}{L}T_2 - \varepsilon\sigma A T_{viz}^4 - \\ - hAT_{\infty,2} - \frac{kA}{L}T_1 = 0$$

Substituindo-se os valores conhecidos e utilizando valores de temperatura avaliados na escala kelvin, resulta:

$T_2 = 320{,}7$ K $= 47{,}6$°C.

- Avaliação do fluxo

O fluxo é dado por: $\dot{Q}'' = \frac{1}{A}\frac{T_1 - T_2}{R_{cond}}$.

Sabemos que a resistência à transferência de calor por condução através da parede é: $R_{cond} = \frac{L}{kA}$.

Substituindo os valores conhecidos, obtemos:

$$\dot{Q}'' = k\frac{T_1 - T_2}{L} = 0{,}15 \cdot \frac{800 - 47{,}6}{0{,}342} =$$

$= 330$ W/m²

- Avaliação da taxa de calor

A taxa de calor através da parede será:

$$\dot{Q} = \dot{Q}''A = 330 \,.\, 5 = 1650 \text{ W}$$

Er2.4 O teto de uma câmara frigorífica, com área de 25 m², é constituído por uma placa de PVC com 6 mm de espessura e condutibilidade térmica $k_p = 0{,}09$ W/(m.K), uma placa de isolante térmico com espessura de 50 mm e com condutibilidade $k_i = 0{,}035$ W/(m.K) e por um revestimento externo de madeira com espessura de 10 mm e condutibilidade térmica $k_m = 0{,}13$ W/(m.K). Sabe-se que a temperatura da superfície interna do teto é igual a –20°C, a temperatura do meio ambiente é +30°C, o coeficiente de transferência de calor por convecção entre o teto e o meio ambiente é $h = 12$ W/(m².K) e que a emissividade da superfície da madeira é igual a 0,7. Determine a taxa de calor através do teto e a temperatura da sua superfície externa.

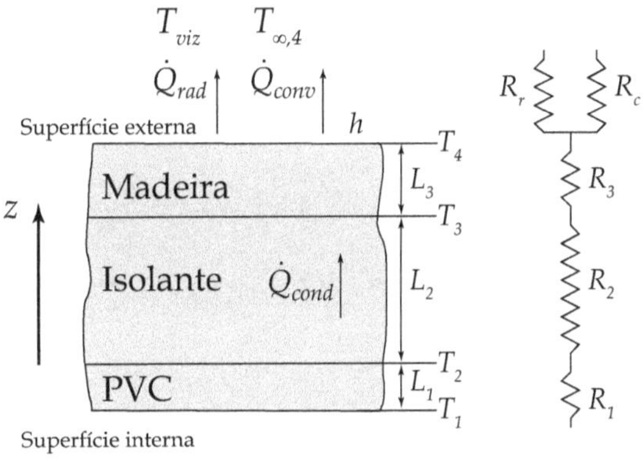

Figura Er 2.4

Solução

a) Dados e considerações

Seguindo o mesmo procedimento utilizado na solução dos exercícios anteriores, apresentamos um croqui ilustrativo da questão a ser solucionada.

Passamos, agora, a registrar os dados e as considerações necessárias à solução da questão:

- O processo de transferência de calor por condução é unidimensional, ocorre em regime permanente, sem geração de calor, e o perfil de temperaturas é linear.

- Dimensões importantes: espessura, L_1 = 6 mm, L_2 = 50 mm, L_3 = 10 mm, A = 25 m².
- T_1 = –20°C, $T_{viz} = T_{\infty,2}$ = 30°C = = 298,15 K.
- As condutibilidades térmicas dos materiais são conhecidas, k_p = 0,09 W/(m.K), k_i = 0,035 W/(m.K), k_m = = 0,13 W/(m.K).
- A constante de Stefan-Boltzmann é: σ = 5,67 E-8 W/(m².K⁴).
- O coeficiente de transferência de calor por convecção entre a face externa e o meio ambiente é h = 12 W/(m²/K) e a emissividade da superfície é ε = 0,7.

b) Análise e cálculos

Realizando um balanço de energia na superfície externa da parede, obtemos:

$$\dot{Q}_{cond} = \dot{Q}_{conv} + \dot{Q}_{rad}$$

Logo:

$$k_p A \frac{T_1 - T_2}{L} = k_i A \frac{T_2 - T_3}{L} = k_m A \frac{T_3 - T_4}{L} = hA\left(T_4 - T_{\infty,4}\right) + \varepsilon\sigma A\left(T_4^4 - T_{viz}^4\right)$$

$$\frac{T_1 - T_4}{R_1 + R_2 + R_3} = hA\left(T_4 - T_{\infty,4}\right) + \varepsilon\sigma A\left(T_4^4 - T_{viz}^4\right)$$

Onde:

$$R_1 + R_2 + R_3 = \frac{L_1}{k_p A} + \frac{L_2}{k_i A} + \frac{L_3}{k_m A}.$$

Nessa equação desconhecemos apenas a temperatura T_4, o que resulta em uma equação de quarto grau. Substituindo-se os valores conhecidos e utilizando valores de temperatura avaliados na escala Kelvin, resulta:

$$T_4 = 301{,}3 \text{ K} = 28{,}2°\text{C}$$

- Avaliação da taxa de calor

A taxa de calor através da parede será:

$$\dot{Q} = \frac{T_4 - T_1}{R_1 + R_2 + R_3} = 765 \text{ W}.$$

Er2.5 A parede de um imóvel é constituída por quatro tipos de material, conforme indicado na Figura Er2.5. Sabendo que k_A = 1 W/(m.K), k_B = 0,05 W/(m.K), k_C = 0,2 W/(m.K), k_D = 0,5 W/(m.K), T_1 = 20° C, T_4 = 45°C, $L_A = L_D$ = 5 cm, $L_B = L_C$ = 10 cm e $A_1 = A_2$ = 6 cm, pede-se para calcular o fluxo de calor médio através dessa parede.

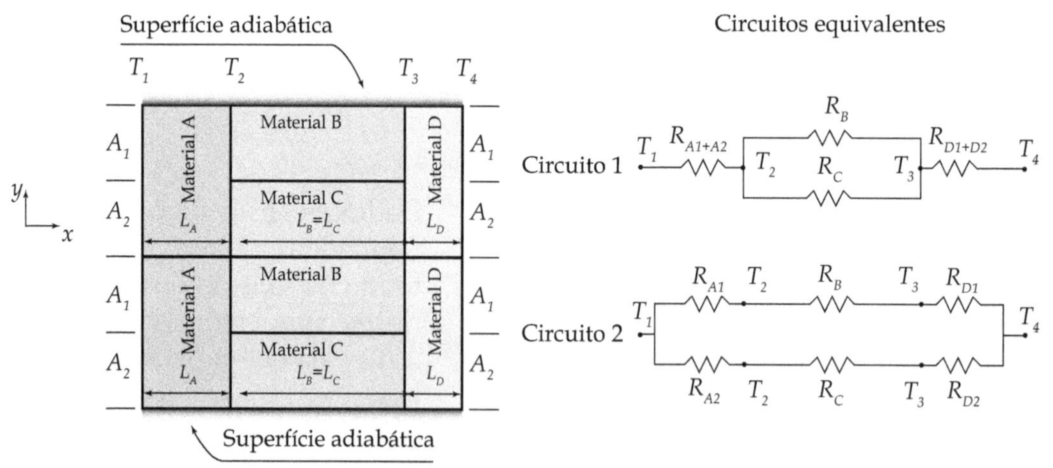

Figura Er2.5

Solução

a) Dados e considerações

- O croqui que ilustra o problema é o da Figura Er2.5.
- O processo de transferência de calor por condução é unidimensional, ocorre em regime permanente, sem geração de calor, e o perfil de temperaturas é linear em cada um dos meios sólidos que compõem a parede.
- A parede é composta por uma grande quantidade de conjuntos constituídos por quatro materiais, *A*, *B*, *C* e *D*, conforme ilustrado na Figura Er2.5.
- O fluxo médio em um conjunto de quatro materiais é considerado igual ao fluxo médio através da parede.
- O enunciado fornece: $k_A = 1$ W/(m.K), $k_B = 0{,}05$ W/(m.K), $k_C = 0{,}2$ W/(m.K), $k_D = 0{,}5$ W/(m.K), $T_1 = 20°$ C, $T_4 = 45°$C, $L_A = L_D = 5$ cm, $L_B = L_C = 10$ cm e $A_1 = A_2 = 6$ cm.

b) Análise e cálculos

Há dois circuitos equivalentes possíveis, e adotaremos o circuito 1.

A resistência equivalente é dada por:

$$R_{eq} = R_{A_1+A_2} + \frac{R_B R_C}{R_B + R_C} + R_{D_1+D_2}$$

A resistência a transferência de calor por condução unidimensional é: *L*/*kA*.

Como conhecemos os comprimentos, as condutibilidades térmicas e as alturas A_1 e A_2, podemos adotar um comprimento arbitrário *w* e calcular a resistência equivalente e obtemos:

$R_{eq} = 7{,}917/w$

$$\dot{Q}'' = \frac{\dot{Q}}{A} = \frac{\dot{Q}}{(A_1 + A_2)w} = \frac{1}{(A_1 + A_2)w} \cdot \frac{T_1 - T_4}{R_{eq}} \Rightarrow \dot{Q}'' = 26{,}32 \text{ W/m}^2.$$

Er2.6 Um tubo metálico, $k_1 = 43$ W/(m.K), que conduz óleo aquecido tem raio externo $r_2 = 30$ mm e espessura de parede igual a 5 mm e foi isolado termicamente com meias calhas de silicato de cálcio, $k_2 = 0{,}08$ W/(m.K), com espessura igual a 25,4 mm. Considere que a superfície interna do tubo está à temperatura de 120°C, que a superfície externa do isolamento térmico está exposta a um ambiente a 30°C e que o coeficiente de transferência de calor por convecção entre o isolamento térmico e o meio ambiente é $h_3 = 20$ W/(m².K). Supondo que a taxa de transferência de calor por radiação pode ser desprezada, pede-se para determinar a temperatura na superfície externa do isolante térmico e a taxa de transferência de calor por metro de tubo para o meio.

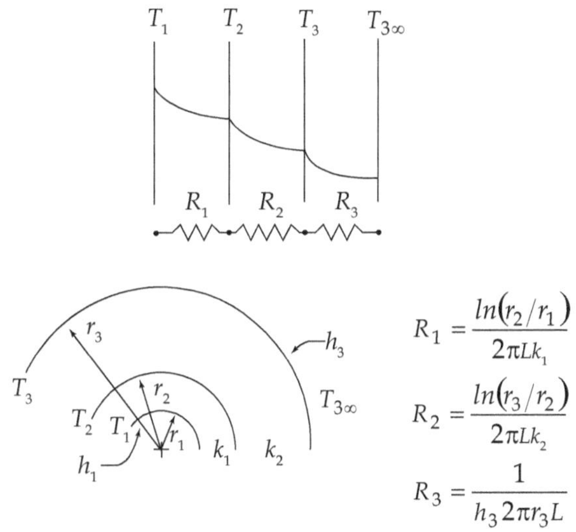

Figura Er 2.6

Solução

a) Dados e considerações

- O conjunto formado pelo tubo metálico com o seu isolamento térmico é simulado como duas cascas cilíndricas concêntricas – veja a Figura Er2.6.
- O processo de transferência de calor por condução é unidimensional, ocorre em regime permanente, sem geração de calor.

- O enunciado fornece:
  $k_1 = 43$ W/(m.K), $k_2 = 0{,}08$ W/(m.K),
  $T_1 = 120°$ C, $T_{3\infty} = 30°$C,
  $r_2 = 30$ mm e $h_3 = 20$ W/(m².K).

b) Análise e cálculos

$r_2 = 30$ mm $\Rightarrow r_1 = r_2 - 5 = 25$ mm;
$r_3 = r_2 + 25{,}4 = 55{,}4$ mm

A resistência equivalente é dada por:

$$R_{eq} = R_1 + R_2 + R_3$$

Usando as expressões para as resistências apresentadas na Figura Er2.6, obtemos:

$$R_{eq} = R_1 + R_2 + R_3 = \frac{ln(r_2/r_1)}{2\pi L k_1} + \frac{ln(r_3/r_2)}{2\pi L k_2} + \frac{1}{h_3 2\pi r_3 L}$$

$$R_{eq}L = \frac{ln(r_2/r_1)}{2\pi k_1} + \frac{ln(r_3/r_2)}{2\pi k_2} + \frac{1}{h_3 2\pi r_3}$$

Substituindo os valores conhecidos, obtemos: $R_{eq}L = 1{,}365$ (m.K)/W.

$$\dot{Q} = \frac{\Delta T}{R_{eq}} \Rightarrow \frac{\dot{Q}}{L} = \frac{T_1 - T_{3\infty}}{LR_{eq}} = \frac{120 - 30}{1{,}365} = 66 \text{ W/m}$$

Para determinar a temperatura T_3, devemos observar que:

$$\frac{\dot{Q}}{L} = \frac{T_3 - T_{3\infty}}{LR_3} \Rightarrow T_3 = LR_3 \cdot \frac{\dot{Q}}{L} + T_{3\infty}$$

Sabendo que $R_3L = \dfrac{1}{h_3 2\pi r_3} = 0{,}1436$ m.K/W, obtemos:

$T_3 = 39{,}5°$C.

Er2.7 Em uma petroquímica, uma tubulação de aço-carbono, $k_1 = 43$ W/(m.K), que conduz vapor d'água saturado a 12 bar tem diâmetros interno e externo iguais a, respectivamente, 51,2 mm e 57,2 mm e foi isolada termicamente com meias calhas de fibra de vidro resinada, $k_2 = 0{,}04$ W/(m.K), com espessura igual a 50 mm. Considere que a temperatura da superfície interna da tubulação é igual à do vapor, que a superfície externa do isolamento térmico está exposta a um ambiente a 20°C, que o coeficiente de transferência de calor por convecção entre o isolamento térmico e o meio ambiente é igual a 15 W/(m².K) e que a emissividade da superfície externa do isolamento térmico é igual a 0,75. Pede-se para determinar a temperatura na superfície externa do isolante térmico e a taxa de transferência de calor por metro de tubo para o meio.

Solução

a) Dados e considerações

- O conjunto formado pelo tubo metálico com o seu isolamento térmico é simulado como duas cascas cilíndricas concêntricas – veja a Figura Er2.7.

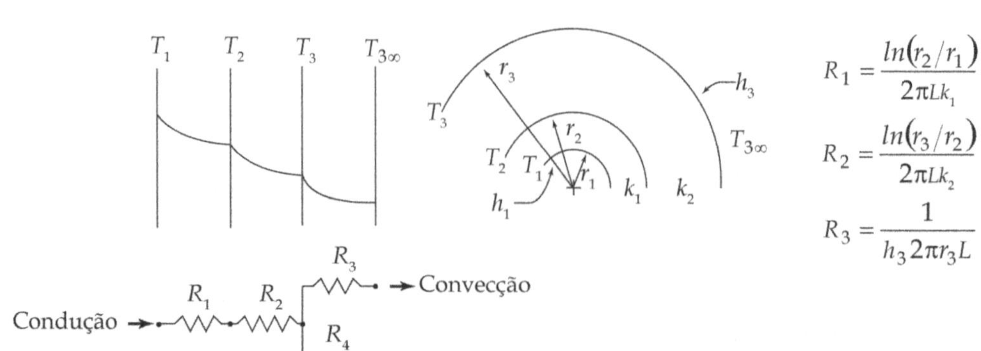

Figura Er2.7

- O processo de transferência de calor por condução é unidimensional, ocorre em regime permanente, sem geração de calor.
- O tubo tem raios 51,2 mm e 57,2 mm.
- Isolamento com espessura igual a 50 mm, logo r_3 = 107,2 mm.
- O enunciado fornece:
  k_1 = 43 W/(m.K),
  k_2 = 0,04 W/(m.K),
  $T_{3\infty}$ = 20°C e h_3 = 15 W/(m².K).
- O vapor d'água é saturado a 12 bar. Das tabelas de propriedades termodinâmicas da água, obtemos: T_1 = 188°C.
- σ = 5,67 E-8 W/(m².K⁴).

b) Análise e cálculos

Usando as expressões para as resistências apresentadas na Figura Er2.6, obtemos:

R_1 = 0,0004102 K/W ; R_2 = 2,499 K/W; R_3 = 0,09898 K/W.

$$\dot{Q}_{cond} = \frac{(T_1 - T_3)}{R_1 + R_2} \quad \text{(Equação A)}$$

$$\dot{Q}_{conv} = \frac{(T_3 - T_\infty)}{R_3} \quad \text{(Equação B)}$$

$$\dot{Q}_{rad} = \sigma 2\pi r_3 L\varepsilon \begin{pmatrix} (T_3 + 273{,}15)^4 - \\ -(T_\infty + 273{,}15)^4 \end{pmatrix} \quad \text{(Equação C)}$$

$$\dot{Q}_{cond} = \dot{Q}_{conv} + \dot{Q}_{rad} \quad \text{(Equação D)}$$

As Equações A, B C e D podem ser reduzidas a:

$$\frac{(T_1 - T_3)}{R_1 + R_2} = \frac{(T_3 - T_\infty)}{R_3} + \sigma 2\pi r_3 L\varepsilon \begin{pmatrix} (T_3 + 273{,}15)^4 - \\ (T_\infty + 273{,}15)^4 \end{pmatrix}$$

Essa equação pode ser resolvida por um processo iterativo ou utilizando-se um programa computacional adequado. Resolvendo-a, obtemos T_3 = 25°C. Utilizando esse resultado, obtemos por meio das equações A, B e C:

$$\dot{Q}_{cond} = 65{,}2\,\text{W/m}; \; \dot{Q}_{conv} = 49{,}84\,\text{W/m}$$

e

$$\dot{Q}_{rad} = 15{,}4\,\text{W/m}.$$

Er2.8 Um tubo metálico conduz vapor d'água e, por esse motivo, tem a sua superfície externa na temperatura de 120°C. Esse tubo tem raio externo igual a 30 mm, é termicamente isolado com um material com condutibilidade térmica igual a 0,04 W/(m.K) e está em um ambiente no qual a temperatura do ar adjacente é igual a 20°C. Pergunta-se: existe uma espessura ótima de isolante térmico para essa tubulação?

Solução

a) Dados e considerações

Uma questão importante é: sempre que aumentarmos a espessura do isolamento térmico, estaremos reduzindo a taxa de calor? Se raciocinarmos em termos de placas planas, a resposta certamente será sim, porque, na medida em que aumentarmos a espessura do isolamento, manteremos a área de transferência de calor inalterada e, assim, o resultado que obtemos sempre será o de aumentar a resistência térmica à transferência de calor. No entanto, se estivermos estudando o isolamento térmico de um cilindro aquecido, observaremos que, ao aumentar a espessura do isolamento térmico, estaremos aumentando a resistência à condução, mas, como estamos simultaneamente aumentando a área da superfície externa do isolamento, também estaremos reduzindo a resistência à convecção, e esses dois fenômenos são antagônicos, o que justifica a questão colocada pelo problema.

Para responder esta questão, consideraremos que:

- O conjunto formado pelo tubo metálico com o seu isolamento térmico é simulado como duas cascas cilíndricas concêntricas – veja a Figura Er2.6.
- O processo de transferência de calor por condução é unidimensional, ocorre em regime permanente, sem geração de calor.
- A temperatura da superfície interna do isolamento é igual à temperatura da face externa do tubo.

A Figura Er2.8 ilustra o problema.

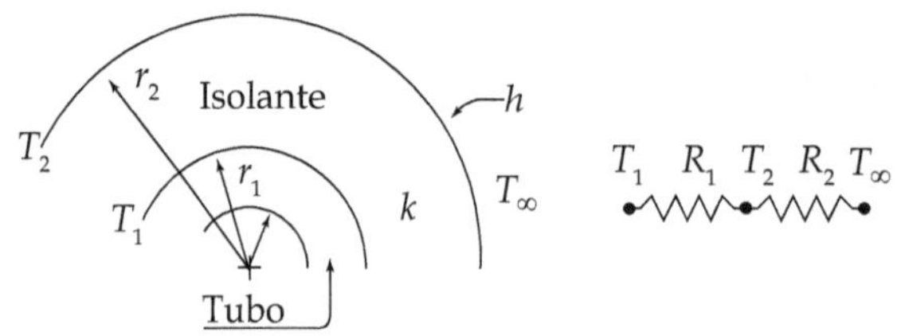

$$R_1 = \frac{ln(r_2/r_1)}{2\pi L k_1}$$

$$R_2 = \frac{1}{h\,2\pi r_2 L}$$

Figura Er2.8

b) Análise e cálculos

A questão é: existe espessura ótima de isolamento térmico? Para respondê-la, consideraremos que a espessura ótima de isolamento térmico é aquela que causa a menor taxa de calor possível entre a superfície externa do tubo e o meio ambiente.

A resistência equivalente é dada por:

$$R = R_1 + R_2 = \frac{ln(r_2/r_1)}{2\pi L k} + \frac{1}{h 2\pi r_2 L}$$

O isolamento será ótimo quando a resistência for máxima. Considerando-se que k, T_1, T_∞ e r_1 são constantes, observamos que a resistência equivalente varia com r_2. Para identificar o valor de r_2 que torna a função $R = f(r_2)$ máxima ou mínima a derivamos e exigimos que a sua derivada seja nula:

$$\frac{dR}{dr_2} = \frac{d}{dr_2}\left(\frac{ln(r_2/r_1)}{2\pi L k} + \frac{1}{h 2\pi r_2 L}\right) = 0$$

Assim sendo, obtemos:

$$\frac{1}{2\pi k r_2 L} - \frac{1}{2\pi r_2^2 h L} = 0 \Rightarrow r_2 = \frac{k}{h}.$$

Para confirmar que esse resultado corresponde ao máximo da função, devemos determinar o valor da sua segunda derivada.

$$\frac{d^2R}{dr_2^2} = -\frac{1}{2\pi k r_2^2 L} + \frac{1}{\pi r_2^3 h L}$$

Para $r_2 = k/h$, obtemos:

$$\frac{d^2R}{dr_2^2} = \frac{1}{2\pi k^3 L/h^2} > 0,$$

o que nos garante que o resultado obtido é um mínimo, ou seja, **não existe uma espessura ótima** de isolamento! De fato, existe uma espessura para a qual a resistência é mínima, denominada *espessura crítica de isolamento*. A espessura crítica de isolamento é aquela que causa a maior taxa de calor, respeitadas as hipóteses adotadas.

Er2.9 Uma aleta de seção quadrada com lado igual a 10 mm e comprimento 30 mm está fixada em uma placa metálica cuja temperatura superficial é igual a 80°C. Suponha que a aleta seja constituída por material com condutibilidade térmica igual a 30 W/(m.K), que ela esteja imersa em ar a 20°C e que o coeficiente de transmissão de calor por convecção entre a aleta e o ar seja igual a 15 W/(m².K). Adotando a hipótese de que é aceitável a aplicação do modelo matemático no qual se considera que a aleta tem comprimento infinito, determine a temperatura na sua extremidade e no seu ponto médio e a taxa de calor observada entre a aleta e o ar.

Solução

a) Dados e considerações
- A Figura Er2.9 ilustra o problema.
- A aleta pode ser tratada como sendo infinita.
- T_b = 80°C; T_∞ = 20°C; k = 30 W/(m.K).
- h = 15 W/(m².K); L = 30 mm; A_s = 100 mm².
- O processo de transferência de calor por condução na aleta é unidimensional, ocorre em regime permanente, sem geração de calor, e a geometria da seção transversal da aleta é invariável.

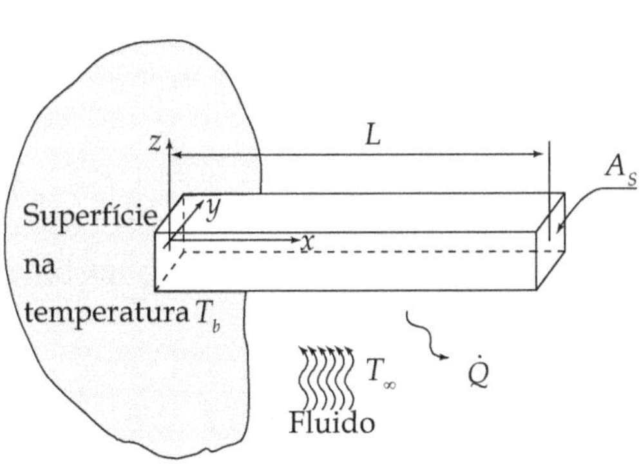

Figura Er2.9

b) Análise e cálculos

Como a aleta pode ser tratada como sendo infinita, valem as equações:

$$\frac{\theta}{\theta_b} = \frac{T - T_\infty}{T_b - T_\infty} = e^{-mx} = e^{-\sqrt{hP/kA_S}\;x}$$

$$\dot{Q}_{al} = M = \sqrt{hPkA_S}\;\theta_b$$

Lembremos que, nessas equações, P = perímetro, A_s = área da seção transversal da aleta, $\dot{Q}_{al}$ = taxa de calor na base da aleta, que é a taxa de calor observada entre a aleta e o meio.

- Cálculo da temperatura na extremidade da aleta

$$\frac{T_L - T_\infty}{T_b - T_\infty} = e^{-mL} = e^{-\sqrt{hP/kA_S}\;L}$$

Substituindo-se os valores conhecidos, obtemos: T_L = 59,3°C.

- Cálculo da temperatura no ponto médio da aleta, em $L/2$

$$\frac{T_{L/2} - T_\infty}{T_b - T_\infty} = e^{-mL/2} = e^{-\sqrt{hP/kA_S}\;(L/2)}$$

Substituindo os valores conhecidos, obtemos: $T_{L/2}$ = 68,5°C.

- Cálculo da taxa de calor na base da aleta

$$\dot{Q}_{al} = \sqrt{hPkA_S}\;\theta_b =$$
$$= \sqrt{hPkA_S}\;(T_b - T_\infty) = 2{,}55\ \text{W}$$

Observe que, se a aleta não existisse, a taxa de calor observada na área que seria ocupada pela base da aleta seria:

$$\dot{Q}_{sem\ aleta} = hA_S(T_b - T_\infty) = 0{,}090\ \text{W}$$

Er2.10 Refaça o Exercício Er2.9 adotando a hipótese de que ocorre transferência de calor por convecção na extremidade da aleta e que é aceitável o uso do conceito de comprimento estendido.

Solução

Note que esta solução utiliza um modelo matemático mais preciso.

a) Dados e considerações

- A Figura Er2.10 ilustra o problema.
- Ocorre convecção na extremidade da aleta. Utilizando o conceito de comprimento estendido, analisamos uma aleta com comprimento $L + e$ com extremidade adiabática. O comprimento adicional e é tal que a área adicional da superfície externa causada pelo aumento e, deve ser igual a A_s. Neste caso, como a seção é quadrada, temos: $e = A_r/4$, onde A_r é a dimensão da aresta da aleta, 10 mm.
- $T_b = 80°C$; $T_\infty = 20°C$; $k = 30$ W/(m.K).
- $h = 15$ W/(m².K); $L = 30$ mm; $A = 100$ mm².
- O processo de transferência de calor por condução na aleta é unidimensional, ocorre em regime permanente, sem geração de calor, e a geometria da seção transversal da aleta é invariável.

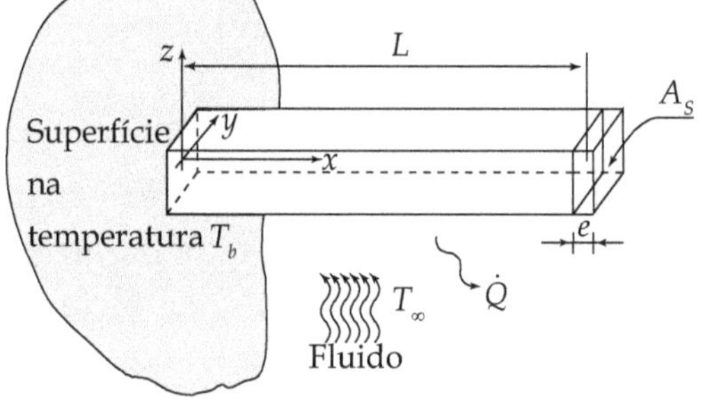

Figura Er2.10

b) Análise e cálculos

Como a aleta pode ser tratada como uma unidade com comprimento estendido $L_e = L + e$ com extremidade adiabática, valem as equações:

$$\frac{\theta}{\theta_b} = \frac{cosh\ (m(L_e - x))}{cosh\ mL_e}$$

$$\dot{Q}_{al} = Mtgh(mL_e) =$$

$$= \sqrt{hPkA_S}\ (T_b - T_\infty)tgh(mL_e)$$

$$m = \sqrt{hP/kA_s}$$

Nessas equações, P = perímetro, A_s = área da seção transversal da aleta, L_e = comprimento estendido da aleta, $\dot{Q}_{al}$ = taxa de calor na base da aleta, que é igual à taxa de calor observada entre a aleta e o meio.

- Cálculo da temperatura na extremidade da aleta

$$T_{extr} - T_\infty = \frac{cosh\ (m(L_e - L))}{cosh\ (mL)}(T_b - T_\infty)$$

Substituindo-se os valores conhecidos, obtemos: $T_{extr} = 74{,}2°C$.

- Cálculo da temperatura no ponto médio da aleta, em $L/2$

$$T_{med} - T_\infty =$$

$$= \frac{cosh\ (m(L_e - L/2))}{cosh\ (m(L/2))}(T_b - T_\infty)$$

Substituindo-se os valores conhecidos, obtemos: $T_L = 80{,}5°C$.

- Cálculo da taxa de calor na base da aleta

$$\dot{Q}_{al} = \sqrt{hPkA_S}\ (T_b - T_\infty)tgh(mL_e) =$$

$$= 1{,}09\ W$$

Observe que, se a aleta não existisse, a taxa de calor observada na área que seria ocupada pela base da aleta seria:

$$\dot{Q}_{sem\ aleta} = hA_S(T_b - T_\infty) = 0{,}090\ W$$

Ao comparar os resultados obtidos neste exercício com aqueles obtidos na solução do exercício Er2.09, verificamos que o uso do modelo de aleta infinita é inadequado e, na situação analisada, leva a resultados irreais.

2.8 EXERCÍCIOS PROPOSTOS

Ep2.1 Uma parede com 40 cm de espessura tem área superficial igual a 60 m^2. A superfície interna da parede está a 30°C e a externa está a 0°C. Determine a condutividade térmica do material da parede considerando que a taxa de transferência de calor através da parede é igual a 3000 W.

Resp.: 0,67 W/(m.K).

Ep2.2 Uma parede de concreto com 30 cm de espessura tem área superficial igual a 50 m^2. A superfície interna da parede está a 25°C e a externa está a 0°C. Determine a taxa de calor através da parede considerando que a condutividade térmica do concreto é igual a 0,75 W/(m.K).

Resp.: 3125 W.

Ep2.3 Calcule o fluxo de calor através de uma parede de um imóvel que é constituída por 5 cm de concreto, k_c = 1,4 W/(m.K), e revestida externamente com 10 cm de tijolos comuns, k_t = 0,72 W/(m.K). Admita que a temperatura da face interna da parede é igual a 20°C e que a temperatura da face externa da parede é igual a 30°C. Qual é a temperatura da interface concreto-tijolo?

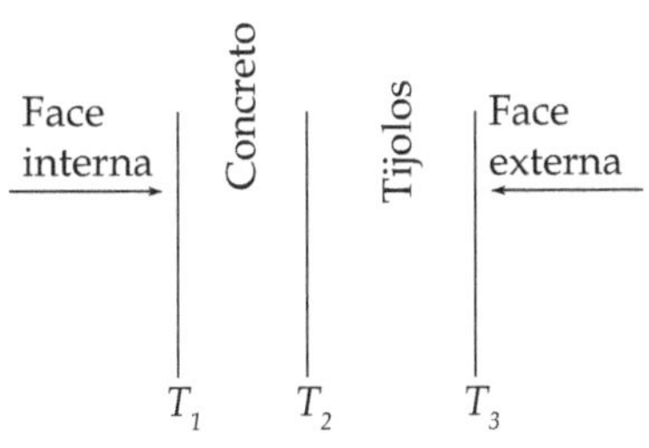

Figura Ep2.3

Resp.: 57,3 W/m^2; 22°C.

Ep2.4 As paredes verticais de um forno industrial são constituídas por duas camadas, sendo cada uma composta por um material diferente. A primeira camada é composta por tijolos refratários comuns, k_r = 1 W/(m.K), com espessura igual a 114 mm, e a segunda é composta por tijolos isolantes, k_i = 0,05 W/(m.K), com espessura igual a 228 mm. Sabe-se que a temperatura da face interna da parede do forno é igual a 1100°C, que a temperatura do meio ambiente é igual a 20°C e que o coeficiente de transferência de calor por convecção entre a superfície externa do forno e o meio ambiente é igual a 12 W/(m^2.K). Considerando desprezível a taxa de transferência de calor por radiação para o meio ambiente, pede-se para calcular o fluxo de calor através das paredes e a temperatura média da face externa do forno. Se a área total das paredes do forno exposta ao meio ambiente for igual a 40 m^2, qual será a taxa de transferência de calor para o meio ambiente?

Resp.: 227 W/m^2; 38,9°C; 9,08 kW.

Ep2.5 Considere o exercício Ep2.4. Pretendendo-se reduzir as perdas de energia através das paredes do forno, sugeriu-se aumentar a espessura da camada de material isolante. No caso de se pretender reduzir as perdas em 20%, qual deveria ser a espessura adicional de isolante a ser utilizada?

Resp.: 60 mm.

Ep2.6 A parede de um forno industrial é constituída por uma camada de material refratário, k_r = 2 W/(m.K), com espessura de 114 mm, e por uma camada de isolante, k_i = 0,2 W/(m.K), com espessura de 228 mm. A temperatura no interior do forno, que pode ser considerada igual à da parede, é

T_1 = 1000°C, e a temperatura ambiente é T_∞ = 20°C. O coeficiente de transferência de calor entre o isolante e o ambiente é h = 10 W/(m².K). Considerando a transferência de calor por radiação da face externa do forno para o meio ambiente desprezível, determine:

a) o fluxo de calor através dessa parede;
b) a temperatura da face externa do isolante, T_3.
c) Mantida a temperatura T_1 = 1000°C, se a espessura do isolante for aumentada em 50%, qual será o novo valor da temperatura T_3?

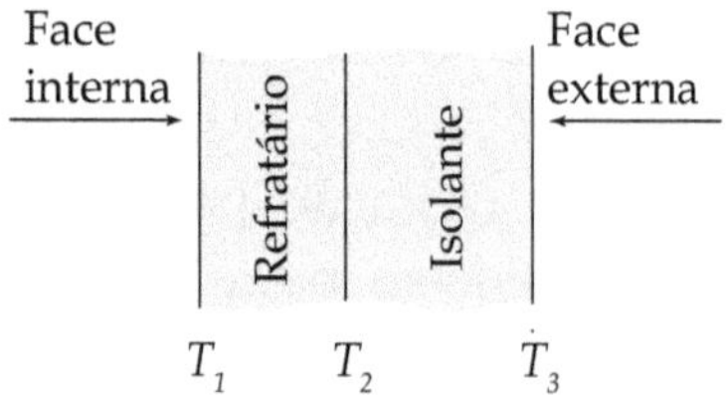

Figura Ep2.6

Resp.: 755,6 W/m²; 95,6°C; 72,5°C.

Ep2.7 A parede constituinte da carroceria de um caminhão de transporte de produtos refrigerados é composta por uma camada interna de um material plástico com espessura de 4 mm, por uma camada de isolante térmico com espessura de 120 mm e por uma camada externa de alumínio com espessura de 1 mm. Sabe-se que as condutibilidades térmicas do plástico, do isolante e do alumínio são iguais a, respectivamente, 0,10 W/(m.K), 0,04 W/(m.K) e 160 W/(m.K). Considerando que em um dia ensolarado a temperatura média da face externa da carroceria é igual a 30°C e que a interna é igual a –20°C, pede-se para calcular o fluxo médio de calor através da carroceria e a taxa de transferência de calor se a área superficial total da carroceria for igual a 60 m².

Resp.: 16,5 W/m²; 987 W.

Ep2.8 Uma fornalha vertical com diâmetro interno igual a 4 m é utilizada para queimar cavacos de madeira. Veja a Figura Ep2.8. A parede da fornalhaFigura é constituída por uma camada de tijolos refratários, k_{ref} = 1,3 W/(m.K), por uma camada de tijolos isolantes, k_{isol} = 0,5 W/(m.K), e por uma chapa de aço-carbono, $k_{aço}$ = 60 W/(m.K). A fornalha foi dimensionada para operar com temperatura da face interna do refratário, T_1, igual a 1200°C e com temperatura da superfície externa da chapa metálica, T_4, igual a 50°C. Sabe-se que a espessura da camada de tijolos refratários é igual a 228 mm, a da camada de tijolos isolantes é 342 mm e que a espessura da chapa de aço-carbono é igual a 9 mm.

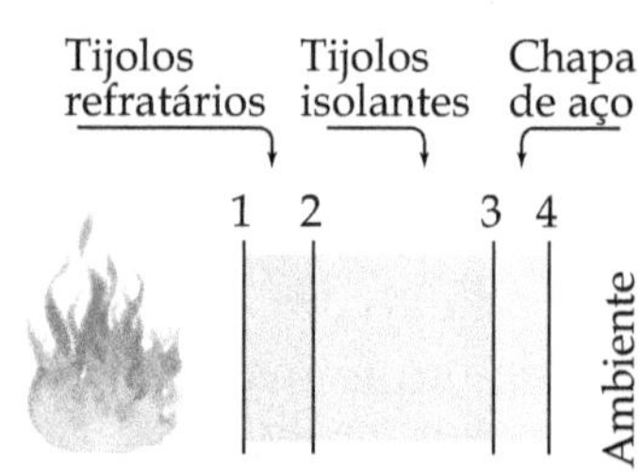

Figura Ep2.8

Desprezando a transferência de calor por radiação para o meio ambiente, determine o fluxo de calor através da superfície externa da fornalha, a temperatura da interface entre os tijolos refratários e os isolantes e o coeficiente convectivo observado entre a superfície externa da fornalha e o meio ambiente que está a 20°C.

Resp.: 1,21 kW/m²; 941°C; 40,3 W/(m².K).

Ep2.9 Considere o conjunto de placas ilustrado na Figura Ep2.9. Sabe-se que L_1 = 5 cm, L_2 = 10 cm e L_3 = 4 cm, k_A = 0,8 W/(m.K), k_B = 0,04 W/(m.K) e k_C = 0,01 W/(m.K), T_1 = 150°C e T_4 = 30°C. Pede-se para determinar T_2, T_3 e o fluxo de calor através do conjunto de placas.

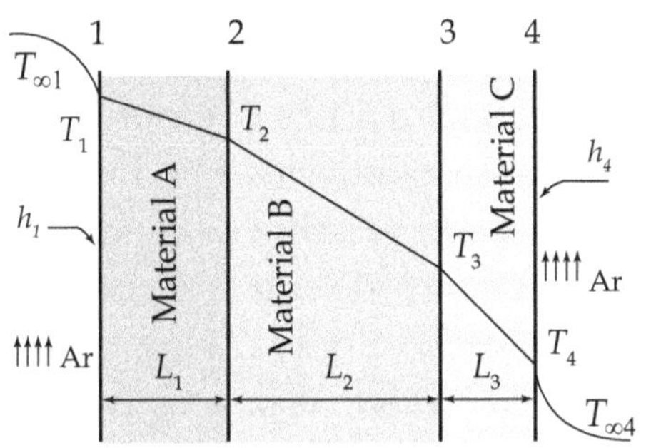

Figura Ep2.9

Ep2.10 Um conjunto de três placas planas, todas com espessura igual a 30 mm, está sujeito a transferência de calor por convecção em suas faces expostas ao ar, conforme ilustrado na Figura Ep2.9. Sabe-se que h_1 = 10 W/(m².K), os materiais A, B e C têm, respectivamente, condutibilidades térmicas 0,5 W/(m.K), 0,1 W/(m.K) e 0,05 W/(m.K), que h_4 = 20 W (m².K), $T_{\infty 1}$ = 200°C e $T_{\infty 4}$ = 30°C. Pede-se para determinar a o fluxo térmico através do conjunto de placas e as temperaturas nas superfícies expostas ao ar.

Resp.: 153 W/m²; 185°C; 37,7 °C.

Ep2.11 Uma fornalha industrial tem paredes verticais constituídas por uma camada de tijolos refratários, k_R = 1,0 W/(m.K), com espessura igual a 254 mm, e por uma camada de tijolos isolantes, k_I = 0,05 W/(m.K), com espessura igual 102 mm. Considere que a temperatura da face interna da camada de refratário seja igual a 1200°C e que, nessa condição, a temperatura da face externa da camada isolante seja igual a 80°C. Buscando reduzir o consumo de combustível da fornalha, um engenheiro sugere duplicar a espessura da camada isolante.

a) Determine o fluxo de calor através da parede da fornalha nas condições iniciais.
b) Determine o fluxo de calor através da parede da fornalha após o aumento de espessura da camada isolante (suponha que as temperaturas da face externa do isolante e da face interna do refratário permaneçam iguais às inicialmente fornecidas).
c) Considere que a temperatura máxima admissível do isolante é igual a 1100°C. Você aumentaria a espessura da sua camada?
d) A hipótese adotada no item b, "suponha que as temperaturas da face externa do isolante e da face interna do refratário permaneçam iguais às inicialmente fornecidas", é aceitável? Justifique.

Resp.: 488,2 W/m²; 258,4 W; não; não.

Ep2.12 Em uma indústria cerâmica, há um forno de produção de piso no interior do qual é queimado gás natural. Uma das suas paredes verticais é constituída por uma camada de tijolos refratários, k_r = 2 W/(m.K), por uma camada de tijolos isolantes, k_i = 0,7 W/(m.K), e por uma placa isolante, k_p = 0,05 W/(m.K). O forno foi dimensionado para operar com temperatura da face interna do refratário igual a 1250°C e com temperatura da superfície externa da placa isolante igual a 50°C. Sabe-se que a espessura da camada de tijolos refratários é igual a 171 mm, a da camada de tijolos isolantes é 228 mm e a espessura da placa isolante é igual a 20 mm. Determine o fluxo da calor através da parede do forno e a temperatura da interface entre os tijolos refratários e os isolantes. Se for desejável uma redução de 20% no fluxo de calor existente, mantidas as temperaturas da face interna do refratário e da face externa da placa isolante e as espessuras dos demais materiais, qual deveria ser a nova espessura da parede de tijolos isolantes?

Resp.: 1,48 kW/m²; 1123°C; 370 mm.

Ep2.13 Um isolamento térmico é constituído por um conjunto de duas placas paralelas com condutibilidades k_1 = 0,1 W/(m.K) e k_2 = 0,05 W/(m.K) cujas espessuras são L_1 = 10 cm e L_2 = 5 cm. Veja a Figura Ep2.13. Sabendo que T_1 = 800°C, $T_{\infty 3}$ = 20°C, h_3 = 15 W/(m².K) e que a emissividade da superfície 3 é igual a 0,7 pede-se para calcular T_2, T_3, e o fluxo de calor na superfície 3.

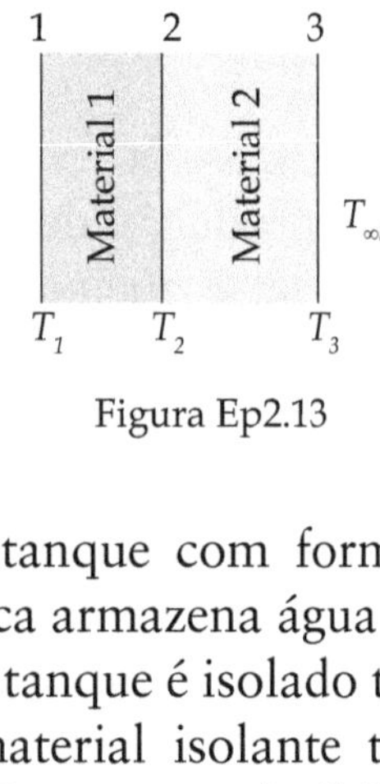

Figura Ep2.13

Ep2.14 Um tanque com forma paralelepipédica armazena água gelada a 5°C. Esse tanque é isolado termicamente. O material isolante tem espessura de 25 mm e condutibilidade térmica igual a 0,04 W/(m.K). Sabe-se que o meio ambiente está a 30°C, que ocorre transferência de calor por convecção entre o ar ambiente e a superfície externa do isolamento do tanque com h = 12 W/(m².K) e que a emissividade da superfície externa do isolante térmico é igual a 0,75. Considerando que a temperatura da superfície interna do tanque é igual à da água, pede-se para determinar o fluxo de calor através das paredes do tanque e a sua temperatura externa.

Resp.: 36,5 W/m²; 28,0°C.

Ep2.15 Água na fase líquida escoa no interior de um tubo de aço, k_1 = 50 W/(m.K), que tem diâmetro externo igual a 40 mm e interno igual a 30 mm. O tubo é revestido com uma camada de 25 mm de um material isolante cuja condutibilidade térmica é k_2 = 0,1 W/(m.K). Veja a Figura Ep2.15. Sabe-se que a temperatura da face interna do tubo é igual a 120°C e que a temperatura da face externa do isolante é igual a 40°C.

a) Determine a temperatura na interface entre o aço e o isolante térmico.

b) Determine a taxa de transferência de calor através do isolante térmico por metro de tubo.

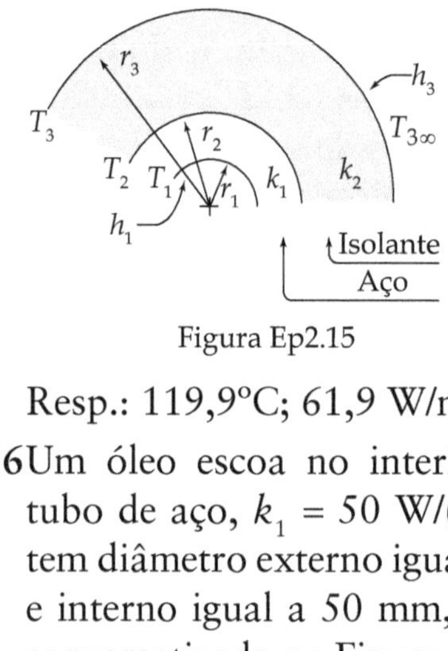

Figura Ep2.15

Resp.: 119,9°C; 61,9 W/m.

Ep2.16 Um óleo escoa no interior de um tubo de aço, k_1 = 50 W/(m.K), que tem diâmetro externo igual a 60 mm e interno igual a 50 mm, conforme esquematizado na Figura Ep2.15. O tubo é revestido com uma camada de 50 mm de um material isolante cuja condutibilidade térmica é k_2 = 0,1 W/(m.K). Sabe-se que a temperatura da face interna do tubo é igual a 220°C, que a temperatura do ambiente no qual o tubo se encontra é igual a 20°C e que o coeficiente de transferência de calor entre o isolante e o ar ambiente é igual a 8 W/(m^2.K). Desprezando a transferência de calor por radiação, determine:

a) a taxa de transferência de calor através do isolante térmico por metro de tubo;
b) a temperatura da face externa da camada isolante.

Resp.: 110,5 W/m; 47,5°C.

Ep2.17 Um cabo elétrico de cobre tem diâmetro igual a 6 mm e é isolado com um elastômero que apresenta condutibilidade térmica igual a 0,03 W/(m.K). Sabe-se que a espessura da camada de isolante é igual a 0,5 mm, a temperatura ambiente é igual a 20°C, o coeficiente convectivo observado entre o isolamento e o ar ambiente é igual a 6 W/(m^2.K) e que a taxa de calor entre o cabo e o meio ambiente é igual a 4 W por metro de comprimento de cabo. Determine a temperatura da superfície do cobre constituinte do cabo.

Resp.: 53,6°C.

Ep2.18 Um cabo elétrico de cobre tem diâmetro igual a 3 mm e é isolado com um elastômero que apresenta condutibilidade térmica igual a 0,03 W/(m.K). Sabendo que a superfície do cobre está na temperatura média de 50°C, que a espessura da camada de isolante é igual a 0,5 mm e que a temperatura ambiente é igual a 20°C, determine a taxa de calor por metro de cabo. O coeficiente convectivo observado entre o isolamento e o ar ambiente é igual a 6 W/(m^2.K).

Resp.: 2 W/m.

Ep2.19 Em um secador de areia, o agente de secagem (produtos de combustão misturados com ar) a 750°C é transportado através de uma tubulação fabricada com chapas de aço-carbono, k_a = 55 W/(m.K), com espessura de 3/8", com diâmetro externo igual a 800 mm e internamente revestida com 240 mm de concreto isolante, k_i = 0,2 W/(m.K). Considerando que a superfície interna do isolante está na temperatura do agente de secagem e que o coeficiente de transferência de calor por convecção entre o tubo e o meio ambiente é igual a 12 W/(m^2.K) e que a temperatura ambiente é igual a 25°C, pede-se para determinar a temperatura da superfície externa da tubulação e a taxa de transferência de calor para o meio ambiente por metro de tubo. Despreze os efeitos de transferência de calor por radiação.

Resp.: 55,4°C; 915 W/m.

Ep2.20 Um tubo de condução de vapor, com raio externo igual a 30 mm, foi isolado termicamente com meias calhas de silicato de cálcio, k = 0,08 W/(m.K), com espessura igual a 25,4 mm. Considerando que a superfície externa do tubo está à temperatura de 350°C e que a superfície externa do isolamento térmico está exposta a um ambiente a 30°C com coeficiente convectivo h = 30 W/(m^2.K), pede-se para determinar a temperatura na superfície externa do isolante térmico e a taxa de transferência de calor por metro de tubo para o meio.

Resp.: 245,7 W/m; 53,7°C.

Ep2.21 Um tubo com diâmetros interno e externo iguais a, respectivamente, 50 mm e 90 mm tem as temperaturas das suas faces interna e externa iguais a, respectivamente, 150°C e 40°C. Sabendo que a temperatura ambiente é igual a 20°C, que a condutibilidade térmica do material do tubo é igual a 0,08 W/(m.K) e que a transferência de calor por radiação pode ser desprezada, pede-se para calcular a taxa de calor por metro de tubo, o fluxo de calor nas suas superfícies interna e externa e o coeficiente de transferência de calor por convecção entre a sua superfície externa e o meio ambiente.

Resp.: 94,1 W/m; 599 W/m^2; 333 W/m^2; 16,6 W/(m^2.K)

Ep2.22 Um tubo com diâmetros interno e externo iguais a, respectivamente, 50 mm e 90 mm tem as temperaturas das suas faces interna e externa iguais a, respectivamente, 150°C e 40°C. Sabendo que a temperatura ambiente é igual a 20°C, que a condutibilidade térmica do material do tubo é igual a 0,08 W/(m.K) e que a emissividade da superfície externa do tubo é 0,7, pede-se para calcular a taxa de calor por metro de tubo, a taxa de calor por metro de tubo por convecção, a taxa de calor por metro de tubo por radiação e o coeficiente de transferência de calor por convecção entre a sua superfície externa e o meio ambiente.

Resp.: 94,1 W/m; 69,0 W/m; 25,1 W/m; 12,2 W/(m^2.K).

Ep2.23 Em uma fábrica há uma tubulação de aço-carbono, k_a = 55,0 W/(m.K), com diâmetros interno e externo iguais a 44,6 mm e 60,3 mm, que transporta vapor d'água a 150°C. Considere que a temperatura da face interna da parede do tubo é igual à temperatura do vapor, que essa tubulação é revestida externamente com uma manta, com espessura de 25 mm, de fibra de vidro, k_f = 0,04 W/(m.K), que o coeficiente de transferência de calor por convecção entre a superfície externa do isolamento térmico e o ar ambiente é igual a 20 W/(m^2.K) e que a temperatura do ar ambiente é igual a 20°C. Buscando racionalizar o consumo de energia, foi proposta a substituição dessa manta por outra do mesmo material, porém com espessura igual a 38 mm. Para cada uma das situações acima, determine a temperatura externa da manta isolante. Determine a redução da taxa de calor por metro de tubo para o meio ambiente propiciada pelo aumento da espessura de isolamento térmico.

Resp.: 27,4°C; 24,5°C; 12,4 W/m.

Ep2.24 Uma esfera oca tem raio interno igual a 50 mm e raio externo igual a 75 mm. Sabendo que a temperatura da sua superfície interna é constante e igual a 100°C e que a da externa também é constante e é igual a 40°C, que a condutibilidade térmica do material da esfera é igual a 0,1 W/(m.K), que a temperatura do ar ambiente é igual a 20°C e que os efeitos de transferência de calor por radiação podem ser desprezados, pede-se para calcular o coeficiente convectivo a taxa de calor entre a esfera e o meio.

Resp.: 8,0 W/(m^2.K); 11,3 W.

Ep2.25 Uma esfera oca tem raio interno igual a 100 mm e raio externo igual a 125 mm. Sabendo que a temperatura da sua superfície interna é igual a 100°C e que a da externa é igual a 40°C, a condutibilidade térmica do material da esfera é igual a 0,1 W/(m.K), a temperatura do ar ambiente é igual a 20°C e que a emissividade da superfície externa da esfera é igual a 0,75, pede-se para calcular o coeficiente de transferência de calor por convecção, a taxa de calor entre a esfera e o meio e o fluxo de calor na superfície interna da esfera.

Resp.: 4,86 W(m^2.K); 37,7 W; 300 W/m^2.

Ep2.26 Uma resistência elétrica com comprimento de 500 mm está inserida em um tubo de material isolante térmico e elétrico com diâmetro interno de 3 mm e externo de 5 mm. Esse tubo isolante é recoberto com um segundo tubo em aço inoxidável com espessura de parede igual a 0,5 mm. Sabe-se que as condutibilidades térmicas do material isolante e do aço inoxidável são, respectivamente, 0,035 W/(m.K) e 13,5 W/(m.K). Sabe-se também que essa resistência destina-se ao aquecimento de um fluido de 20°C a 60°C, sendo previsto que o coeficiente de transferência de calor por convecção entre a superfície externa do tubo de aço inoxidável e o fluido seja igual a 200 W/(m².K). Nessa situação, sabendo que a temperatura máxima admissível da resistência é igual a 300°C, que a temperatura da resistência pode ser considerada igual à da superfície interna do isolante, pede-se para determinar a resistência térmica equivalente, a potência máxima da resistência e a temperatura máxima que a superfície externa do tubo de aço atingirá.

Ep2.27 Em um edifício há uma tubulação de cobre, k_1 = 380 W/(m.K), com diâmetro externo de 50 mm e interno de 48 mm, que transporta água na fase líquida a 90°C. Considere que a temperatura da face interna da parede do tubo é igual à temperatura da água quente, que essa tubulação é revestida externamente com calhas de fibra de vidro, com espessura de 25 mm, k_2 = 0,04 W/(m.K), que o coeficiente convectivo observado entre a superfície externa do isolamento térmico e o ar ambiente é igual a 12 W/(m².K) e que a temperatura do ar ambiente é igual a 20°C. Buscando racionalizar o consumo de energia, foi proposta a substituição desse isolamento térmico por outro do mesmo material, porém com espessura igual a 38 mm. Para a situação inicial, considerando a transferência de calor por radiação desprezível, determine, para o comprimento de 1 m de tubo, a resistência térmica total e a taxa de transferência de calor entre a face interna do tubo e o meio ambiente. Determine também, para o comprimento de 1 m de tubo, a redução da taxa de calor para o meio ambiente propiciada pelo aumento da espessura de isolamento térmico.

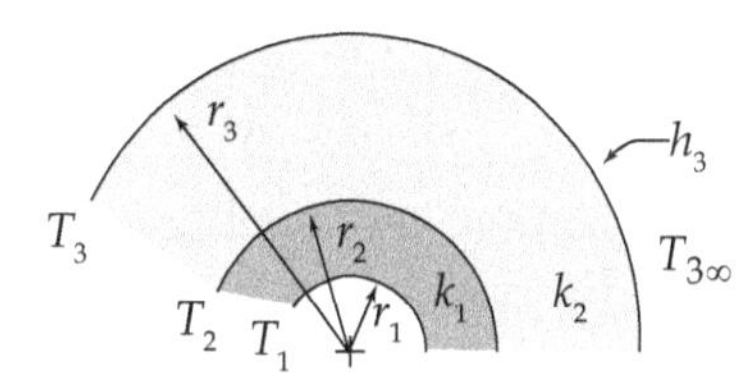

Figura Ep2.27

Resp.: 3,02 K/W; 23,2 W; 5,2 W.

Ep2.28 Um tanque esférico de aço-carbono com diâmetro externo igual a 12 m e espessura de parede igual a 50 mm armazena GLP. Devido à retirada de parte desse combustível para utilização industrial, a sua temperatura é reduzida de forma que a temperatura média da superfície interna do tanque atinge 15°C quando a temperatura ambiente se torna igual a 25°C. Desprezando a transferência de calor por radiação entre o tanque e o meio ambiente, sabendo que o coeficiente médio de transferência de calor por convecção entre o tanque e o meio é igual a 18 W/(m².K) e que a condutibilidade térmica do aço é igual a 50 W/(m.K), pede-se para calcular a taxa de calor entre o meio ambiente e o GLP, o fluxo de calor na superfície externa do tanque, o fluxo de calor na sua superfície interna e a temperatura da sua superfície externa.

Resp.: 80,0 kW; 176,8 W/m²; 179,8 W/m²; 15,18°C.

Ep2.29 Refaça o Exercício Ep2.28 considerando que a emissividade da superfície externa do tanque é 0,7.

Resp.: 97,4 kW; 215 W/m²; 219 W/m²; 15,22°C.

Ep2.30 Uma esfera com diâmetro igual a 200 mm é aquecida internamente por uma resistência elétrica com potência de 200 W. A esfera transfere calor por convecção da superfície externa para o ar ambiente. Desprezando a transferência de calor por radiação, calcule o coeficiente de transferência de calor por convecção se a diferença entre a temperatura média da superfície da esfera e a do meio ambiente for igual a 50°C.

Resp.: 31,8 W/(m².K)

Ep2.31 Um forno industrial tem abóbada esférica conforme esquematizado na Figura Ep2.31. A camada de tijolos refratários, k_r = 1,5 W/(m.K), tem espessura de 228 mm, e a camada de tijolos isolantes, k_i = 0,5 W/(m.K), tem espessura de 342 mm. Considere que a temperatura média da sua superfície externa é igual a 60°C, que o raio r_1 é igual a 1,5 m e que a temperatura da superfície interna do forno é igual a 1200°C.

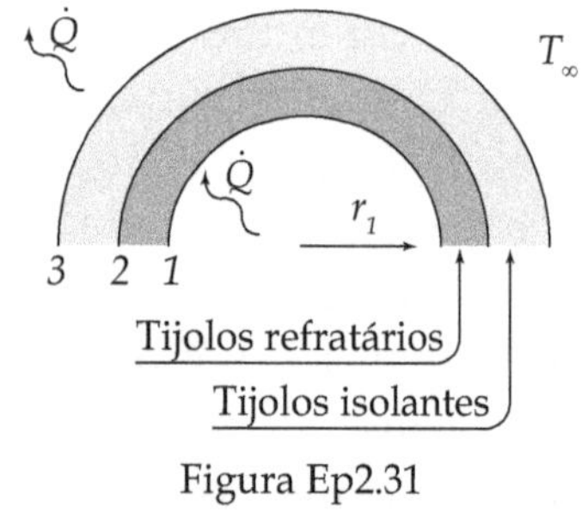

Figura Ep2.31

Determine a taxa de calor através da abóbada e a temperatura da interface entre o material refratário e o isolante.

Resp.: 28,7 kW; 932°C.

Ep2.32 Um forno industrial tem abóbada esférica conforme esquematizado na Figura Ep2.31. A camada de tijolos refratários, k_r = 1,5 W/(m.K), tem espessura de 228 mm, e a camada de tijolos isolantes, k_i = 0,2 W/(m.K), tem espessura de 342 mm. Considere que o raio r_1 é igual a 1,5 m e que a temperatura da superfície interna do forno é igual a 1200°C. Sabe-se que o coeficiente de transferência de calor por convecção entre a abóbada e o meio ambiente é igual a 15 W/(m².K), que a temperatura do meio ambiente é igual a 20°C e que os efeitos de transferência de calor por radiação são desprezíveis. Determine a taxa de calor através da abóbada, a temperatura da interface entre o material refratário e o isolante e a temperatura da superfície externa da abóbada.

Resp.: 13,4 kW; 1075°C; 53,2°C.

Ep2.33 Um forno industrial tem abóbada esférica conforme esquematizado na Figura Ep2.31. A camada de tijolos refratários, k_r = 1,5 W/(m.K), tem espessura de 228 mm, e a camada de tijolos isolantes, k_i = 0,5 W/(m.K), tem espessura de 342 mm. Considere que o raio r_1 é igual a 1,5 m, que a temperatura da superfície interna do forno é igual a 1200°C e que o coeficiente convectivo observado entre a superfície externa da abóbada do forno e o meio ambiente é igual a 15 W/(m².K), que a temperatura do meio ambiente é igual a 20°C e que a emissividade da sua superfície externa é igual a 0,6. Determine a taxa de calor através da abóbada, a temperatura da interface entre o material refratário e o isolante e a temperatura da superfície externa da abóbada.

Resp.: 28,3 kW; 936 °C; 74°C.

Ep2.34 Uma esfera com diâmetro igual a 200 mm é aquecida internamente por uma resistência elétrica com potência de 200 W. A esfera transfere calor por convecção e por radiação da superfície externa para o ar ambiente. Sabe-se que a temperatura da superfície externa da esfera é igual a 70°C, que a do meio ambiente é igual a 20°C e que a emissividade da superfície da esfera é igual a 0,65. Supondo que a temperatura da vizinhança da esfera seja igual à do meio ambiente, determine as taxas de calor transferidas pela esfera para o meio por convecção e por radiação e o coeficiente convectivo observado entre a superfície esférica e o meio ambiente.

Resp.: 170 W; 30,0 W; 27,1 W/(m².K).

Ep2.35 A parte condutora de um cabo elétrico de cobre tem diâmetro igual a 5 mm. Devido ao efeito joule, em determinada situação, a superfície do cobre atinge a temperatura de 30°C. O isolamento elétrico do cabo é de PVC, que também age como isolamento térmico, com condutibilidade térmica igual a 0,1 W/(m.K). Sabendo que esse cabo está instalado em um ambiente a 15°C e que o coeficiente de transmissão de calor por convecção entre o PVC e o ar ambiente é igual a 8 W/(m².K), pede-se para determinar a espessura crítica desse isolamento elétrico e térmico. Pede-se, também, para calcular a taxa de calor observada entre o PVC e o meio ambiente por metro de cabo e a temperatura externa do PVC quando a espessura desse isolante for igual à crítica.

Ep2.36 Um engenheiro, pretendendo melhorar o isolamento térmico de uma tubulação de transporte de vapor d'água, resolveu aumentar a espessura desse isolamento. Considere que o tubo tenha diâmetro externo igual a 400 mm, que a sua superfície externa esteja a 400°C, que o isolamento tenha forma de casca cilíndrica e que seja formado por duas camadas de material. O material isolante adjacente ao tubo tem espessura de 25 mm e condutibilidade térmica igual a 0,08 W/(m.K), e o segundo material isolante, que está exposto ao ar ambiente, tem, inicialmente, espessura igual a 40 mm e condutibilidade térmica igual a 0,05 W/(m.K). Sabe-se que o ar ambiente está a 20°C e que o coeficiente de transmissão de calor por convecção entre o isolamento e o ar é igual a 10 W/(m².K). Considerando-se que os efeitos da radiação podem ser desprezados, pergunta-se:

a) Qual é a taxa de calor por metro de tubo entre o vapor e o tubo com o isolamento térmico original?
b) Qual é a temperatura da face externa do isolante térmico original?
c) Considerando-se que o engenheiro pretende aumentar a espessura do material isolante exposto ao ar para 50 mm, pergunta-se: qual deve ser a nova temperatura da face externa do isolante?
d) Qual é a redução esperada, em W/m, da taxa de calor com o novo isolamento térmico?

Resp.: 466 W/m; 48,0°C; 43,6°C; 57,9 W/m.

Ep2.37 Um tubo capilar de um sistema de refrigeração por compressão de vapor tem diâmetro externo igual a 3,2 mm e, em condição de operação normal, sua temperatura externa é igual a –28°C. Esse tubo capilar é isolado com uma casca cilíndrica constituída por um material cuja condutibilidade térmica é igual a 0,025 W/(m.K). Buscando obter a melhor capacidade de refrigeração possível, o engenheiro responsável pelo projeto optou pela aplicação de isolante com espessura de 1,5 cm. Sabendo que o ar ambiente está a 35°C e que o coeficiente de transmissão de calor por convecção entre o isolamento e o ar é igual a 12 W/(m^2.K), pergunta-se: qual é a temperatura da superfície externa do isolamento?

Resp.: 31,8°C.

Ep2.38 Uma aleta piniforme com diâmetro igual a 6 mm e comprimento de 30 mm está fixada em uma placa metálica cuja temperatura superficial é igual a 70°C. Suponha que ela seja constituída por material com condutibilidade térmica igual a 50 W/(m.K), que esteja imersa em ar a 20°C e que o coeficiente de transmissão de calor por convecção entre a aleta e o ar seja igual a 10 W/(m^2.K). Adotando a hipótese de que essa aleta pode ser considerada infinita, determine a temperatura na sua extremidade, a no seu ponto médio e a taxa de calor observada entre a aleta e o ar.

Resp.: 55,4°C; 62,1°C; 0,816 W.

Ep2.39 Uma aleta piniforme com diâmetro igual a 6 mm e comprimento 30 mm está fixada em uma placa metálica cuja temperatura superficial é igual a 70°C. Suponha que ela seja constituída por material com condutibilidade térmica igual a 50 W/(m.K), que esteja imersa em ar a 20°C e que o coeficiente de transmissão de calor por convecção entre a aleta e o ar seja igual a 10 W/(m^2.K). Adotando a hipótese de que a extremidade dessa aleta está sujeita a transferência de calor convectiva, determine a temperatura na sua extremidade, a no seu ponto médio e a taxa de calor observada entre a aleta e o ar.

Resp.: 67,1°C; 67,9°C; 0,284 W.

Ep2.40 Uma aleta piniforme com diâmetro igual a 6 mm e comprimento de 30 mm está fixada em uma placa metálica cuja temperatura superficial é igual a 70°C. Suponha que ela seja constituída por material com condutibilidade térmica igual a 50 W/(m.K), que esteja imersa em ar a 20°C e que o coeficiente de transmissão de calor por convecção entre a aleta e o ar seja igual a 10 W/(m^2.K). Adotando a hipótese de que a extremidade dessa aleta está termicamente isolada, determine a temperatura na sua extremidade, a no seu ponto médio e a taxa de calor observada entre a aleta e o ar.

Resp.: 67,1°C; 67,9°C; 0,272 W.

Ep2.41 Uma aleta piniforme com diâmetro igual a 6 mm e comprimento de 30 mm está fixada em uma placa metálica cuja temperatura superficial é igual a 70°C. Suponha que ela seja constituída por material com condutibilidade térmica igual a 50 W/(m.K), que o coeficiente convectivo observado entre a aleta e o ar seja igual a 10 W/(m^2.K) e que ela esteja imersa em ar a 20°C. Sabendo que a temperatura da sua extremidade é igual a 30°C, pede-se para determinar a taxa de calor através da aleta.

Ep2.42 Em um equipamento industrial, uma barra de aço (k = 45 W/(m.K)) de seção quadrada de lado igual a 40 mm e com comprimento igual a 50 cm é utilizada como travamento mecânico horizontal entre duas placas paralelas verticais, estando uma a 140°C e a outra a 50°C. Suponha que a barra esteja imersa em ar a 20°C e que o coeficiente convectivo observado entre a barra e o ar seja igual a 10 W/(m².K). Nessas condições, determine a temperatura no ponto médio da barra e a taxa de calor observada entre a barra e o meio ambiente.

Ep2.43 Um conjunto de três placas planas, todas com espessura igual a 30 mm, está sujeito a transferência de calor por convecção em suas faces expostas ao ar conforme ilustrado na Figura Ep2.9. Sabe-se que h_1 = 10 W/(m².K), os materiais A, B e C têm, respectivamente, condutibilidades térmicas 0,05 W/(m.K), 0,1 W/(m.K) e 1,0 W/(m.K), e que h_4 = 20 W/(m².K), $T_{\infty 1}$ = 200°C e $T_{\infty 4}$ = 20°C. Considerando que a área da superfície das placas é igual a 1,4 m², pede-se para determinar a taxa de calor e o fluxo térmico através das placas e as temperaturas nas superfícies expostas ao ar.

Resp.: 233 W; 167 W/m²; 183°C; 28,3°C.

Ep2.44 Um fio metálico utilizado na fabricação de resistências elétricas é capaz de prover a potência de aquecimento de 2,0 kW por metro de fio. Sabe-se que a sua condutibilidade térmica é igual a 20 W/(m.K) e que o seu diâmetro é igual a 3,0 mm. Considerando que a temperatura máxima admissível no seu centro é igual a 250°C, pede-se para determinar a máxima temperatura admissível da sua superfície.

Resp.: 242°C.

Ep2.45 No elemento de combustível de um reator nuclear, a taxa de geração de calor é causada pela fissão de átomos de urânio e deve ser controlada de forma a garantir que uma determinada potência elétrica seja produzida. Considere que em um determinado instante seja gerada uniformemente a taxa de 100 MW/m³. Sabendo que o elemento combustível tem diâmetro igual a 1,6 cm, que a temperatura da sua superfície é igual a 550°C, e que tem condutibilidade térmica aproximadamente igual a 2 W/(m.K), pede-se para determinar a temperatura na sua linha de centro estando ele operando em estado estacionário.

Resp.: 1350°C.

Ep2.46 Com o propósito de promover aquecimento, submergiu-se em água líquida a 20°C um cabo metálico no qual se observa a passagem de corrente elétrica de 30 A. Sabe-se que o cabo metálico com 5 mm de diâmetro tem condutibilidade térmica igual a 3,5 W/(m.K), resistividade elétrica igual a 0,000044 Ω.m e comprimento igual a 2,0 m. Considerando que a taxa de transferência de calor por convecção entre o cabo e a água é igual a 1500 W/(m².K), pede-se para determinar a taxa de geração no cabo e a temperatura no centro do cabo.

Ep2.47 Um forno industrial esférico tem diâmetro interno igual a 50 cm, sendo que seu isolamento térmico é constituído por três cascas esféricas, conforme esquematizado na Figura Ep2.47. A casca interna tem espessura de 12,5 cm e é constituída por material com condutibilidade térmica igual a 1,5 W/(m.K), a casca intermediária tem espessura de 25 cm e é constituída por um material com condutibilidade térmica igual a 0,2 W/(m.K) e a casca externa tem espessura de 10 cm e é constituída por material com condutibilidade térmica igual a 0,04 W/(m.K). Sabe-se que a temperatura da superfície interna do forno é igual a 1200°C, que o coeficiente convectivo observado entre a superfície externa do forno e o meio ambiente é igual a 8 W/(m².K) e que o meio ambiente está a 20°C. Determine a taxa de calor observada entre o interior do forno e o meio ambiente, a temperatura da superfície externa do forno e o fluxo de calor observado na superfície interna do forno.

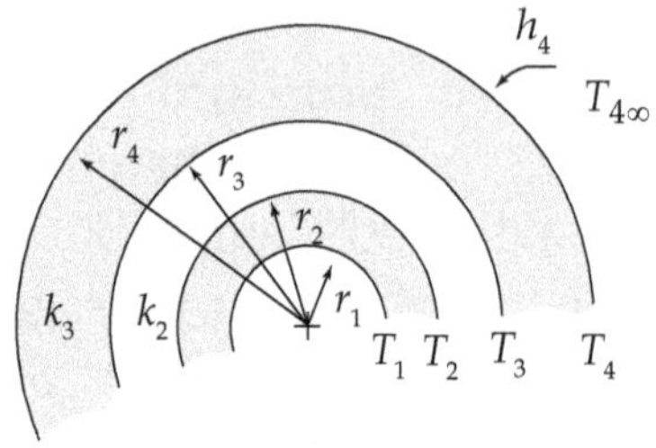

Figura Ep2.47

Ep2.48 Com o propósito de promover aquecimento, submergiu-se em água líquida a 20°C um cabo metálico no qual se observa a passagem de corrente elétrica. Sabe-se que o cabo metálico com 5 mm de diâmetro tem condutibilidade térmica igual a 3,5 W/(m.K), resistividade elétrica igual a 0,000044 Ω.m e comprimento igual a 2,0 m. Considerando que o coeficiente convectivo observado entre o cabo e a água é igual a 1500 W/(m².K) e que a temperatura máxima admissível do cabo é igual a 150°C, pede-se para determinar a taxa máxima admissível de geração no cabo.

Resp.: 1,02 E+8 W/m³.

Ep2.49 No elemento de combustível de um reator nuclear, a taxa de geração de calor é causada pela fissão de átomos de urânio e deve ser controlada de forma a garantir que a temperatura máxima na linha de centro do elemento combustível seja igual a 1300°C. Sabendo que o elemento combustível tem diâmetro igual a 1,8 cm, a temperatura da sua superfície é igual a 550°C e que a sua condutibilidade térmica é aproximadamente igual a 2 W/(m.K), pede-se para avaliar a taxa de geração máxima admissível para esse elemento combustível estando ele operando em estado estacionário.

Resp.: 74,1 MW/m³.

Ep2.50 Um engenheiro, pretendendo melhorar o isolamento térmico de uma tubulação de transporte de vapor d'água, resolveu aumentar a espessura desse isolamento. Considere que o tubo tenha diâmetro externo igual a 350 mm, que a superfície externa desse tubo esteja a 450°C, que o isolamento tenha inicialmente espessura igual a 50 mm e que o isolamento térmico tenha forma de casca cilíndrica com condutibilidade térmica igual a 0,05 W/(m.K). Sabe-se que o ar ambiente está a 20°C e que o coeficiente de transmissão de calor por convecção entre o isolamento e o ar é igual a 10 W/(m².K). Considerando-se que os efeitos da radiação podem ser desprezados, pergunta-se:

a) Qual é a temperatura da face externa do isolante térmico com o isolamento térmico original?
b) Qual é a taxa de calor por metro de tubo entre o vapor e o tubo com o isolamento térmico original?
c) Considerando-se que o engenheiro deseja reduzir a taxa de calor em 20%, qual deve ser a nova espessura de isolante?

d) Qual é a nova temperatura da superfície externa do isolante?

Resp.: 54,9°C; 494 W/m; 66,3 mm; 46,1°C.

Ep2.51 Um engenheiro, pretendendo melhorar o isolamento térmico de uma tubulação de transporte de vapor d'água, resolveu aumentar a espessura desse isolamento. Considere que o tubo tenha diâmetro externo igual a 300 mm, que o isolamento tenha inicialmente espessura igual a 50 mm, que a superfície externa do tubo esteja a 400°C e que o isolamento térmico tenha forma de casca cilíndrica e condutibilidade térmica igual a 0,05 W/(m.K). Sabe-se que o ar ambiente está a 20°C e que o coeficiente de transmissão de calor por convecção entre o isolamento e o ar é igual a 10 W/(m².K). Considerando-se que os efeitos da radiação podem ser desprezados, pergunta-se:

a) Qual é a temperatura da face externa do isolante térmico?

b) Qual é a taxa de calor por metro de tubo entre o vapor e o tubo?

c) Considerando-se que o engenheiro deseja reduzir a temperatura da face externa do isolante para 40°C, qual deve ser a nova espessura de isolante?

d) Qual é a nova taxa de calor por metro de tubo?

Resp.: 50,4°C; 318,1 W/m; 74 mm; 281,6 W/m.

Ep2.52 A parede de um imóvel é constituída por quatro tipos de material, conforme indicado na Figura Ep2.52. Sabendo que k_A = 1 W/(m.K), k_B = 0,05 W/(m.K), k_C = 0,2 W/(m.K), k_D = 0,5 W/(m.K), T_1 = 20°C, T_4 = 45°C, L_A = L_D = 5 cm, L_B = L_C = 10 cm e A_1 = A_2 = 6 cm, pede-se para calcular o fluxo de calor médio através dessa parede utilizando o circuito equivalente da figura. O resultado obtido é igual ao do Exercício Er2.5? Por qual motivo?

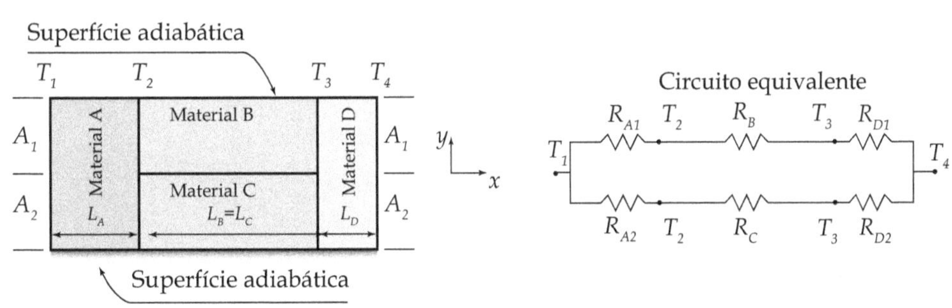

Figura Ep2.52

Ep2.53 Pretende-se refrigerar um elemento eletrônico pela instalação de um dissipador retangular de 25 mm por 35 mm constituído por pinos de seção quadrada de lado 1 mm e altura 10 mm. A distância entre centros dos pinos é igual a 2,0 mm tanto no sentido da largura quanto no do comprimento do dissipador. Na pior condição de operação, a temperatura da base do dissipador é igual a 40°C, enquanto a temperatura ambiente é igual a 25°C. Sabendo que o coeficiente convectivo observado entre a superfície do dissipador e o meio ambiente é igual a 5 W/(m².K) e que a condutibilidade térmica da liga de alumínio constituinte do dissipador é 220 W/(m.K), pede-se para determinar a máxima taxa de calor transferida pelo dissipador para o meio e a temperatura na extremidade das aletas.

Resp.: 0,676 W; 39,9°C.

Ep2.54 Em uma residência foi instalado um aquecedor solar. Para transportar água quente proveniente do painel de aquecimento para o reservatório de água quente, é utilizado tubo de CPVC (PVC Clorado ou Policloreto de Polivinila Clorado) cuja condutibilidade térmica é igual a 0,16 W/(m.K). Considerando que se deseja reduzir ao máximo a taxa de calor através dessa tubulação, um engenheiro propôs isolá-la com meias calhas de fibra de vidro com condutibilidade térmica igual a 0,04 W/(m.K) e com espessura de 20 mm. Considere que o diâmetro externo do tubo é igual a 28,1 mm, a espessura da sua parede é igual a 2,5 mm, a temperatura da face interna do tubo é igual a 80°C e que os coeficientes convectivos observados entre o isolamento térmico e ar ambiente e entre o tubo não isolado e o meio ambiente são iguais a 12 W/(m².K). Desprezando os efeitos da transferência de calor por radiação e sabendo que o meio ambiente está a 20°C, pede-se para determinar:

a) a taxa de calor por metro de tubo não isolado;
b) a taxa de calor por metro de tubo isolado;

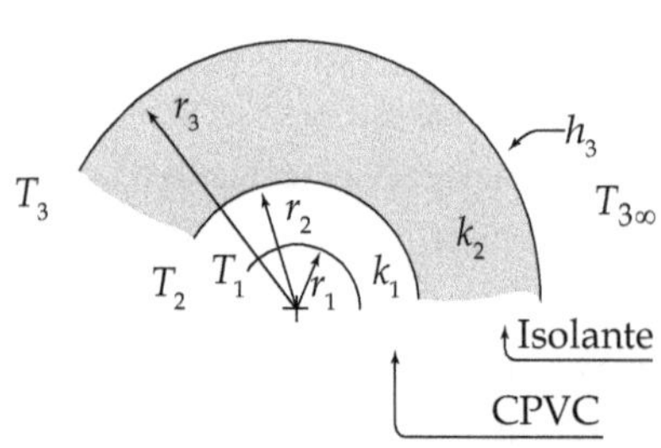

Figura Ep2.54

c) a temperatura da superfície externa do isolamento térmico.

Resp.: 52,7 W/m; 14,6 W/m; 25,7°C.

Ep2.55 A parede de uma residência foi construída com blocos de 19 cm por 9 cm, por 29 cm assentados com cimento e rebocados com argamassa, conforme ilustrado na Figura Ep2.55. Considere que a espessura de cimento é igual a 1,0 cm, que a da argamassa é igual a 1,5 cm, que a espessura do material do bloco é igual a 2,0 cm e que as condutibilidades térmicas do material do bloco, do cimento e da argamassa sejam iguais a, respectivamente, 1,8 W/(m.K), 1,5 W/(m.K) e 1,2 W/(m.K). Desprezando os efeitos de radiação e supondo que o espaço livre no interior do bloco apresente uma condutibilidade térmica equivalente igual a 0,7 W/(m.K), que a temperatura da face interna da parede é igual a 20°C, que a face externa da parede está sujeita à convecção com coeficiente convectivo igual a 12 W/(m².K) e que o meio ambiente externo está a 30°C, determine:

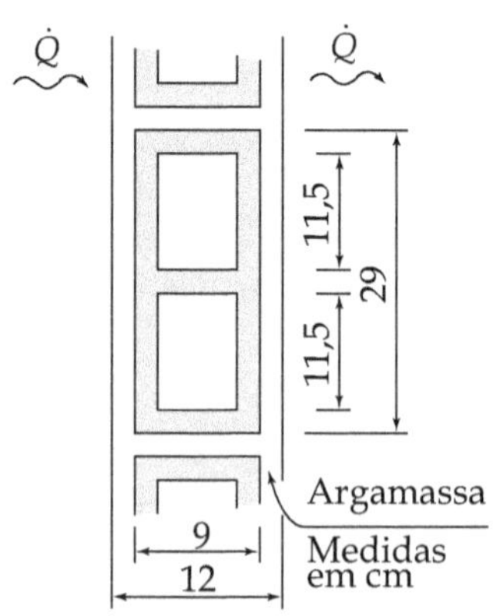

Figura Ep2.55

a) a resistência térmica equivalente de uma unidade representativa da parede constituída por um bloco, pela espessura do cimento necessário ao seu assentamento e pela argamassa;

b) a taxa de calor através de uma unidade representativa da parede;
c) o fluxo de calor médio através de uma unidade representativa da parede;
d) a temperatura da face externa da parede;
e) a taxa de calor através de uma parede com área total igual a 30 m².

Ep2.56 A parede de uma cozinha industrial foi construída com tijolos maciços (10 cm x 6 cm x 21 cm) assentados com argamassa, rebocada externamente também com argamassa e azulejada internamente, conforme ilustrado na Figura Ep2.56. Considere que os azulejos têm espessura igual a 4 mm e condutibilidade térmica igual a 1,4 W/(m.K), que os tijolos têm condutibilidade térmica igual a 1,8 W/(m.K), e a argamassa, 1,2 W/(m.K). Desprezando os efeitos de radiação e supondo que a temperatura da face externa da parede (face 3) seja igual a 30°C, que a face interna da parede esteja sujeita à convecção com coeficiente convectivo igual a 10 W/(m².K) e que o ambiente interno esteja a 20°C, determine:

a) a resistência térmica equivalente da parede;
b) o coeficiente global de transferência de calor através da parede;
c) o fluxo de calor médio através de uma unidade representativa da parede;
d) a temperatura da face interna da parede;
e) a taxa de calor através de uma parede com área total igual a 30 m².

Resp.: 3,44 K/W; 5,80 W/(m².K); 58 W; 25,8°C; 1,74 kW.

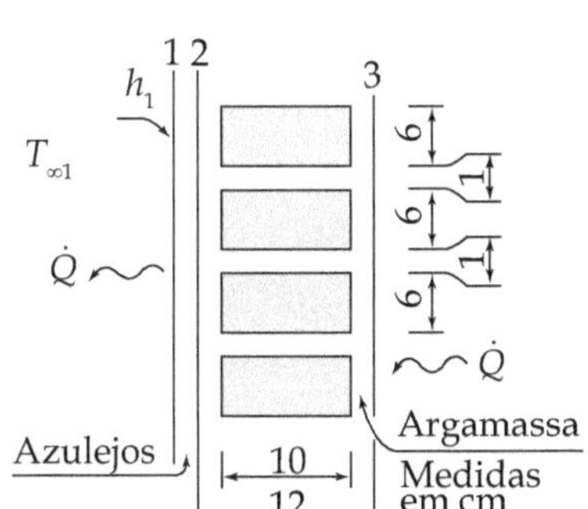

Figura Ep2.56

Ep2.57 Pretende-se resfriar um componente eletrônico pela instalação de um dissipador retangular de 14 mm por 14 mm constituído por pinos de seção circular com diâmetro D = 1,0 mm e comprimento L = 4 mm. A distância entre centros dos pinos é A = 2,0 mm tanto no sentido da largura quanto no do comprimento do dissipador, de forma que no dissipador observam-se 36 pinos. Em condição normal de operação, a temperatura da base do dissipador é igual a 50°C, enquanto a temperatura ambiente é igual a 20°C. Sabendo-se que o coeficiente convectivo entre a superfície do dissipador e o meio ambiente é h = 12 W/(m².K) e que o dissipador foi fabricado com uma liga de alumínio que apresenta condutibilidade térmica igual a 220 W/(m.K) e que as aletas podem ser simuladas como se tivessem suas extremidades isoladas, pede-se para determinar a taxa de calor observada entre uma aleta e o meio e a taxa de calor observada entre o dissipador e o meio.

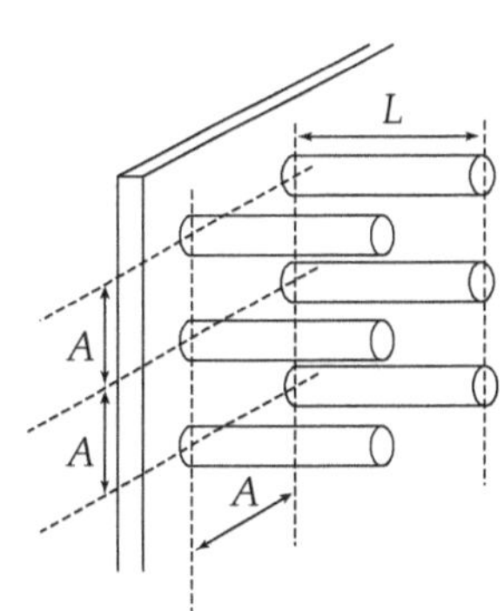

Figura Ep2.57

Resp.: 4,52 mW; 0,223 W.

Ep2.58 Em um reator químico esférico fabricado em aço inoxidável AISI 304 ocorre uma reação exotérmica que aquece o aço inoxidável, fazendo com que a sua temperatura externa atinja 200°C. O reator é isolado com uma camada de manta de fibra de vidro, $k = 0{,}04$ W/(m.K), com espessura de 50 mm. Sabe-se que o coeficiente convectivo externo é igual a 15 W/(m^2.K), que o meio ambiente está a 20°C e que o diâmetro externo do reator não isolado é igual a 1,2 m.

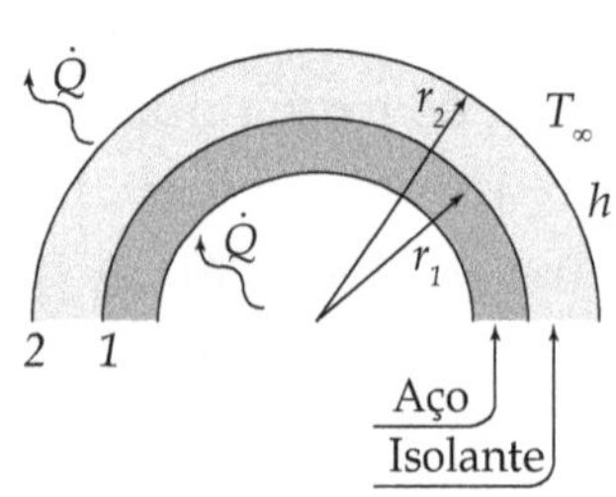

Figura Ep2.58

Desconsiderando-se os efeitos da transferência de calor por radiação, pede-se para determinar: a taxa de calor transferida para o meio ambiente, a temperatura da superfície externa do isolamento térmico e o fluxo de calor na superfície externa do isolamento térmico.

Resp.: 673 W; 28,5°C; 127 W/m^2.

Ep2.59 Em um reator químico esférico fabricado em aço inoxidável AISI 304 ocorre uma reação exotérmica que aquece o aço inoxidável, fazendo com que a sua temperatura externa atinja 200°C. O reator é isolado com uma camada de manta de fibra de vidro, $k = 0{,}04$ W/(m.K), com espessura de 50 mm. Sabe-se que o coeficiente convectivo externo é igual a 15 W/(m^2.K), que o meio ambiente está a 20°C e que o diâmetro externo do reator não isolado é igual a 1,2 m. Considerando que os efeitos da transferência de calor por radiação são importantes e que a emissividade da superfície externa do isolante é igual a 0,75, pede-se para determinar: a taxa de calor transferida para o meio ambiente, a temperatura da superfície externa do isolamento térmico e o fluxo de calor na superfície externa do isolamento térmico. Suponha que a temperatura da vizinhança seja igual a 30°C.

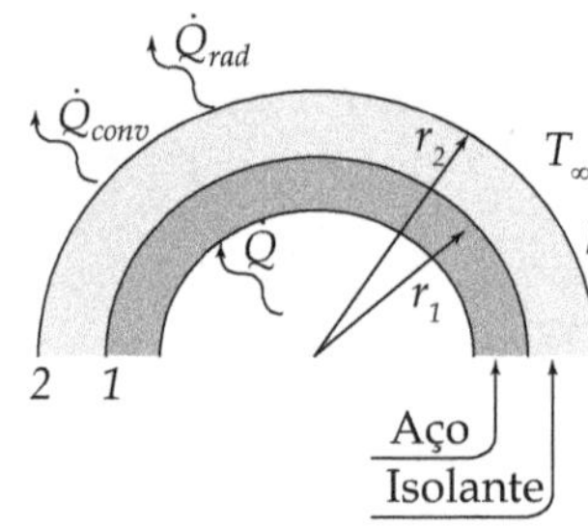

Figura Ep2.59

Resp.: 870 W; 31,5°C; 123 W/m^2.

Ep2.60 Em um reator químico esférico fabricado em aço inoxidável AISI 304 ocorre uma reação exotérmica que aquece o aço inoxidável, fazendo com que a sua temperatura externa atinja 200°C. Veja a Figura Ep2.60. Pretende-se isolar esse reator com manta de fibra de vidro, $k = 0{,}035$ W/(m.K), de forma que a temperatura da superfície externa do isolamento torne-se igual a 40°C. Sabe-se que o coeficiente convectivo externo é igual a 8 W/(m^2.K), que o meio ambiente está a 20°C e que o diâmetro externo do reator não isolado é igual a 1,2 m. Desconsiderando-se os efeitos da transferência de calor por radiação, pede-se para determinar: a espessura da camada desejável de manta isolante, a taxa de calor através do isolamento térmico e o fluxo de calor na superfície externa do isolamento térmico.

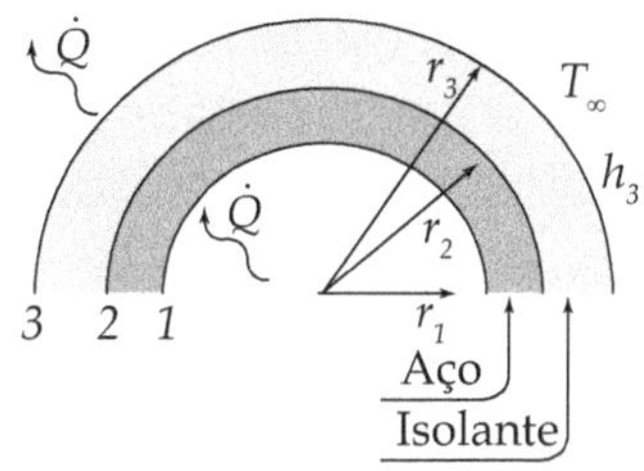

Figura Ep2.60

Ep2.61 Em um reator químico esférico fabricado em aço inoxidável AISI 304 ocorre uma reação exotérmica que aquece o aço inoxidável, fazendo com que a sua temperatura externa atinja 200°C. Veja a Figura Ep2.60. Pretende-se isolar esse reator com manta de fibra de vidro, k = 0,035 W/(m.K), de forma que a temperatura da superfície externa do isolamento torne-se igual a 40°C. Sabe-se que o coeficiente convectivo externo é igual a 8 W/(m².K), que o meio ambiente está a 20°C e que o diâmetro externo do reator não isolado é igual a 1,2 m. Considerando-se que os efeitos da transferência de calor por radiação são importantes e que a emissividade da superfície externa do isolante térmico é igual a 0,7, pede-se para determinar a espessura da camada desejável de manta isolante, a taxa de calor através do isolamento térmico e o fluxo de calor na superfície externa do isolamento térmico. Suponha que a temperatura da vizinhança seja igual a 30°C.

Resp.: 26 mm; 1,02 kW; 207 W/m².

Ep2.62 A parede de uma residência foi construída com tijolos maciços (10 cm x 6 cm x 21 cm) assentados com argamassa e rebocada interna e externamente também com argamassa, conforme ilustrado na Figura Ep2.62. Considere que os tijolos têm condutibilidade térmica igual a 1,8 W/(m.K), e a argamassa, 1,2 W/(m.K). Desprezando os efeitos de radiação e supondo que, em um dia ensolarado, a temperatura da face externa da parede é igual a 35°C, que a face interna da parede está sujeita à convecção com coeficiente convectivo igual a 10 W/(m².K) e que o ambiente interno está a 20°C, determine:

a) a resistência térmica equivalente da parede (tijolo mais argamassa);
b) a temperatura da face interna da parede;
c) a taxa de calor através de uma parede com área total igual a 30 m².

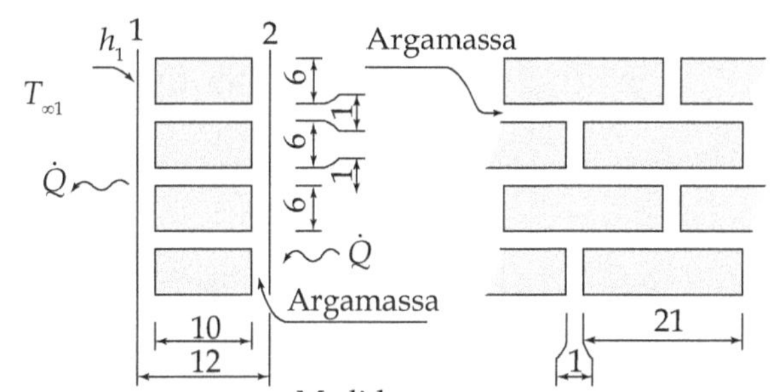

Figura Ep2.62

Resp.: 4,94 K/W; 28,5°C; 2,56 kW.

Ep2.63 Um isolamento térmico é constituído por um conjunto de duas placas paralelas com condutibilidades k_1 = 0,1 W/(m.K) e k_2 = 0,05 W/(m.K), cujas espessuras são L_1 = 10 cm e L_2 = 5 cm. Veja a Figura Ep2.13. Sabendo que T_3 = 40°C , $T_{\infty 3}$ = 20°C, h_3 = 15 W/(m².K) e que a emissividade da superfície 3 é igual a 0,7, pede-se para estimar: o fluxo de calor por radiação na superfície 3; o fluxo de calor por convecção na superfície 3; T_1 e T_2.

Resp.: 88,6 W/m²; 300 W/m²; 817°C; 429°C.

Ep2.64 A parede de uma residência foi construída com blocos de 19 cm por 9 cm por 29 cm, assentados com cimento, conforme ilustrado na Figura Ep2.64. Considere que a parede é de blocos à vista, que a espessura de cimento é igual a 1 cm, que a espessura do material do bloco é igual a 2 cm e que as condutibilidades térmicas do material do bloco e do cimento sejam iguais a, respectivamente, 1,8 W/(m.K) e 1,2 W/(m.K). Desprezando os efeitos de radiação e supondo que o espaço livre no interior do bloco apresente uma condutibilidade térmica equivalente igual a 0,7 (W/m.K), que a temperatura da face interna da parede é igual a 20°C, que a face externa da parede está sujeita à convecção com coeficiente convectivo igual a 12 W/(m².K) e que o meio ambiente externo está a 30°C, determine:

a) a resistência térmica equivalente à transferência de calor por condução através de uma unidade representativa da parede, a qual é constituída por um bloco e pela espessura do cimento (lateral e inferior) necessária ao seu assentamento;
b) a taxa de calor através de uma unidade representativa da parede;
c) o fluxo de calor médio através de uma unidade representativa da parede;
d) a temperatura da face externa da parede;
e) a taxa de calor através de uma parede com área total igual a 30 m².

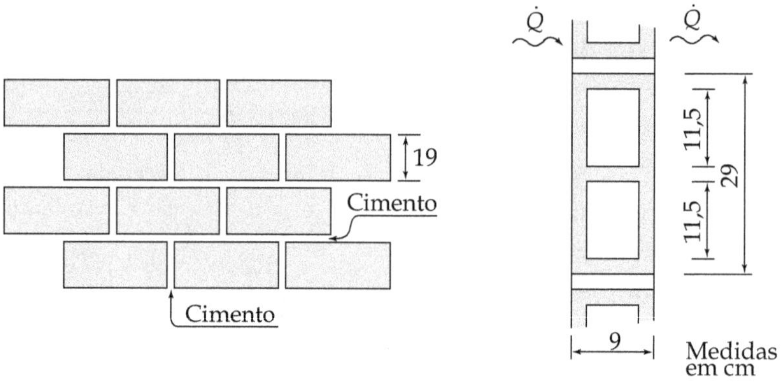

Figura Ep2.64

Resp.: 1,32 K/W; 3,70 W; 61,6 W/m²; 24,9°C; 1,85 kW.

Ep2.65 A distribuição de água quente em um edifício é realizada utilizando-se tubos de CPVC (PVC Clorado ou Policloreto de Polivinila Clorado) cuja condutibilidade térmica é igual a 0,16 W/(m.K). Considerando que se deseja reduzir ao máximo a taxa de calor através dessa tubulação, um engenheiro propôs isolá-la com meias calhas de fibra de vidro com condutibilidade térmica igual a 0,04 W/(m.K) e com espessura de 25 mm. Considere que o diâmetro externo do tubo seja igual a 54 mm, a espessura da sua parede seja igual a 4,9 mm, a temperatura da face interna do tubo seja uniforme e igual a 80°C e que o coeficiente convectivo observado entre o isolamento térmico e ar ambiente seja igual a 14 W/(m².K). Sabendo que o meio ambiente está a 20°C e desprezando-se os efeitos da radiação, pede-se para determinar:

a) a taxa de calor por metro de tubo não isolado;
b) a taxa de calor por metro de tubo isolado;
c) a temperatura da superfície externa do isolamento térmico.

Resp.: 96,7 W/m; 19,8 W/m; 24,3°C.

Ep2.66 Pretende-se resfriar um componente eletrônico pela instalação de um dissipador base quadrada de 14 mm por 14 mm constituído por pinos de seção circular com diâmetro $D = 1$ mm e comprimento $L = 6$ mm. A distância entre centros dos pinos é $A = 2$ mm tanto no sentido da largura quanto no do comprimento do dissipador, de forma que nele observam-se 36 pinos. Veja a Figura Ep2.57. Em condição normal de operação, a temperatura da base do dissipador é igual a 60°C, enquanto a temperatura ambiente é igual a 20°C. Sabe-se que o coeficiente convectivo entre a superfície do dissipador e o meio ambiente é $h = 10$ W/(m².K) e que o dissipador foi fabricado com uma liga metálica que apresenta condutibilidade térmica igual a 200 W/(m.K). Considerando, por hipótese, que as aletas podem ser modeladas como se fossem infinitas, pede-se para determinar:

a) a taxa de calor observada entre uma aleta e o meio ambiente;
b) a temperatura em uma seção da aleta distante 4 mm da base;
c) a taxa de calor observada entre o dissipador e o meio ambiente.

Resp: 0,089 W; 37,8°C; 3,27 W.

Ep2.67 Para aquecer água, é proposta a fabricação de um recipiente isolado termicamente cujo fundo é constituído por uma placa metálica com espessura de 10 mm, largura de 25 cm e comprimento igual a 50 cm na qual é observada a taxa de geração de calor de 800 kW/m³. Considerando que a temperatura da água longe da placa é igual a 50°C, que o coeficiente convectivo observado entre a placa e a água é igual a 40 W/(m².K) e que a condutibilidade térmica do metal constituinte da placa é igual a 13 W/(m.K), pede-se para determinar a taxa de calor observada entre a placa e a água, a temperatura máxima da placa e a temperatura da sua superfície exposta à água. Despreze os efeitos das extremidades da placa.

Resp.: 1,0 kW; 253,1°C; 250°C.

Ep2.68 Uma parede de um imóvel com espessura igual a 21 cm, altura igual a 3,0 m e largura igual a 4,2 m é constituída por tijolos compostos por dois materiais diferentes, conforme ilustrado na Figura Ep2.68. A temperatura interna do imóvel é tal que a temperatura média da face interna da parede é igual a 22°C e a temperatura do ambiente externo é igual a 30°C. Sabe-se que a condutibilidade térmica do material 1 é igual a 1,8 W/(m.K) e que a do material 2 é igual a 0,8 W/(m.K). Considerando que em dado momento os efeitos de radiação podem ser desprezados e que o coeficiente convectivo observado entre a face externa da parede e o ar externo é igual a 12 W/(m².K), pede-se para estimar:

a) a taxa de calor através de um tijolo;
b) a temperatura da face externa da parede;
c) a taxa de calor através da parede.

Resp.: 2,73 W; 27,5°C; 382 W.

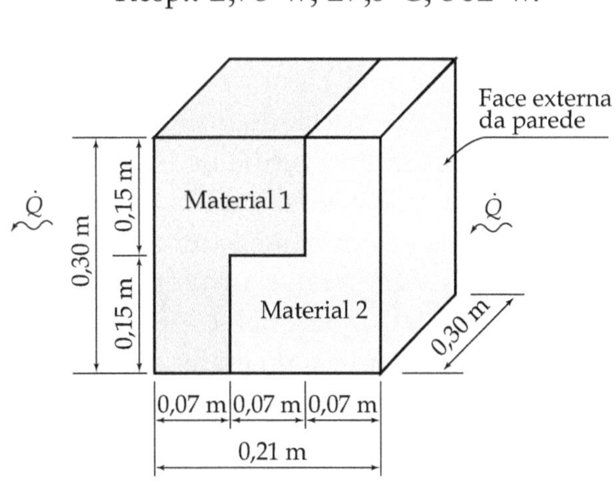

Figura Ep2.68

Ep2.69 Uma parede de um imóvel com espessura igual a 21 cm, altura igual a 3,0 m e largura igual a 4,2 m é constituída por tijolos compostos por dois materiais diferentes, conforme ilustrado na Figura Ep2.68. Sabe-se que a condutibilidade térmica do material 1 é igual a 1,8 W/(m.K) e que a do material 2 é igual a 0,8 W/(m.K). A temperatura da face interna do imóvel é igual a 20°C, enquanto que a temperatura do ar ambiente externo é igual 30°C. Considere que, devido à ação do sol, se possa considerar que a temperatura da vizinhança com a qual a parede troca calor por radiação é igual a 40°C e que a emissividade da face externa da parede seja igual a 0,7. Considerando também que em dado momento o coeficiente convectivo observado entre a face externa da parede e o ar externo é igual a 10 W/(m².K), pede-se para estimar:

a) o fluxo de calor através de um tijolo;
b) a temperatura da face externa da parede;
c) a taxa de calor através da parede.

Ep2.70 Uma parede de um imóvel com espessura igual a 21 cm, altura igual a 3,0 m e largura igual a 4,2 m é constituída por tijolos compostos por três materiais diferentes, conforme ilustrado na Figura Ep2.70. A temperatura interna do imóvel é tal que a temperatura média da face interna da parede é igual a 22°C e a temperatura do ambiente externo é igual a 32°C. Sabe-se que a condutibilidade térmica do material 1 é igual a 1,8 W/(m.K), que a do material 2 é igual a 0,8 W/(m.K) e que a região central do tijolo é constituída por uma material com condutibilidade igual a 0,2 W/(m.K).

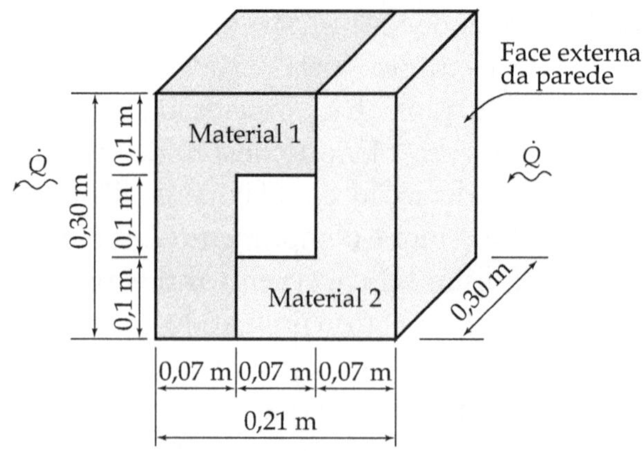

Figura Ep2.70

Considerando que em dado momento os efeitos de radiação podem ser desprezados e que o coeficiente convectivo observado entre a face externa da parede e o ar externo é igual a 12 W/(m².K), pede-se para estimar:

a) a taxa de calor através de um tijolo;
b) temperatura da face externa da parede;
c) a taxa de calor através da parede.

Resp.: 3,16 W; 29,1°C; 442,5 W.

Ep2.71 Uma placa plana posicionada verticalmente tem espessura igual a 5 cm e comprimento e altura iguais a 1 m. Essa placa, constituída por um material cuja condutibilidade térmica é igual a 14 W/(m.K), está sujeita a um fenômeno que resulta na ocorrência em seu interior de uma taxa volumétrica de geração de calor igual a 4E5 W/m³, a qual é uniforme em toda a extensão da placa. Sabe-se que as temperaturas médias das faces 1 e 2 são, respectivamente, 75°C e 60°C, que a face 2 está em contato com água a 20°C, que a face 1 está em contato com ar a 20°C. Considerando que o processo é unidimensional e que ocorre em estado estacionário, pede-se para determinar:

a) a taxa de calor na face 1;
b) a taxa de calor na face 2;
c) o coeficiente convectivo na face 1;
d) o coeficiente convectivo na face 2;

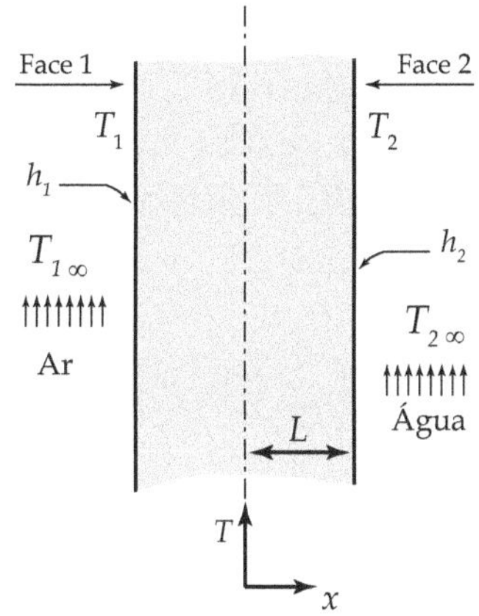

Figura Ep2.71

e) a posição do plano vertical no qual a temperatura da placa é máxima;
f) a temperatura máxima na placa.

Resp.: 5800 W; 14200 W; 105,5 W/(m².K); 355 W/(m².K); –1,05 cm; 78°C.

Ep2.72 Em um laboratório de uma escola de engenharia química, encontra-se armazenada uma mistura de gelo picado e água em um recipiente esférico isolado com diâmetro interno igual a 400 mm. Sabe-se que o recipiente foi construído com um material metálico com condutibilidade térmica de 50 W/(m.K) e espessura de 10 mm e que se encontra isolado com uma camada de isolante com espessura de 25 mm e condutibilidade térmica igual a 0,05 W/(m.K). Medidas realizadas indicam que a temperatura do ambiente no qual o recipiente se encontra é igual a 20°C. Sabendo que os efeitos da transmissão de calor por radiação podem ser desprezados, o coeficiente convectivo observado entre a mistura de gelo picado e a superfície interna do recipiente é igual a 85 W/(m².K), o coeficiente convectivo observado entre a superfície externa do isolante do recipiente e o meio ambiente é igual a 15 W/(m².K), determine:

a) o coeficiente global de transferência de calor observado entre a mistura de gelo picado e o meio ambiente, baseado na área externa do isolante térmico;
b) a taxa de calor observada entre o recipiente e o meio ambiente;

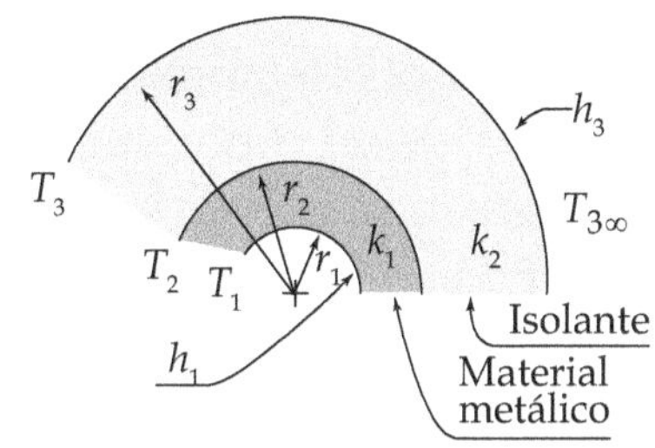

Figura Ep2.72

c) a temperatura da superfície externa do isolante térmico;
d) quantos quilogramas de gelo derretem por minuto (o calor de fusão do gelo é aproximadamente igual a 334 kJ/kg).

Resp.: 1,56 W/(m².K); 21,6 W; 17,9°C, 3,88 g/min.

Ep2.73 Em um laboratório de uma escola de engenharia química, encontra-se armazenada uma mistura de gelo picado e água em um recipiente esférico isolado com diâmetro interno igual a 400 mm. Sabe-se que o recipiente foi construído com um material metálico de condutibilidade térmica igual a 15 W/(m.K) e espessura de 10 mm e que se encontra isolado com uma camada de isolante com espessura de 25 mm e condutibilidade térmica igual a 0,05 W/(m.K). Medidas realizadas indicam que a temperatura do ambiente no qual o recipiente se encontra é igual a 20°C. Sabendo que a emissividade da superfície externa do isolante é igual a 0,7, o coeficiente convectivo observado entre a mistura de gelo picado e a superfície interna do recipiente é igual a 85 W/(m².K) e o coeficiente convectivo observado entre a superfície externa do isolante e o meio ambiente é igual a 15 W/(m².K), determine:

a) o coeficiente global de transferência de calor observado entre a mistura de gelo picado e o meio ambiente, baseado na área externa do isolante térmico;
b) a taxa de calor observada entre o recipiente e o meio ambiente;
c) a temperatura da superfície externa do isolante térmico.
d) quantos quilogramas de gelo derretem por minuto (o calor de fusão do gelo é aproximadamente igual a 334 kJ/kg).

Ep2.74 Um equipamento é termicamente isolado por meio do uso de duas placas isolantes paralelas adjacentes, conforme ilustrado na Figura Ep2.74. A placa constituída pelo material 1 tem espessura igual a 40 mm, k_1 = 0,1 W/(m.K), e a placa constituída pelo material 2 tem espessura igual a 75 mm, k_2 = 0,05 W/(m.K). Sabe-se que T_3 = 40°C, $T_{\infty 3}$ = 20°C, T_{viz} = 30°C, h_3 = 12 W/(m².K) e que a emissividade da superfície 3 é igual a 0,7. Pede-se para calcular: o fluxo de calor por radiação na superfície 3; o fluxo de calor por convecção na superfície 3; e a temperatura T_1.

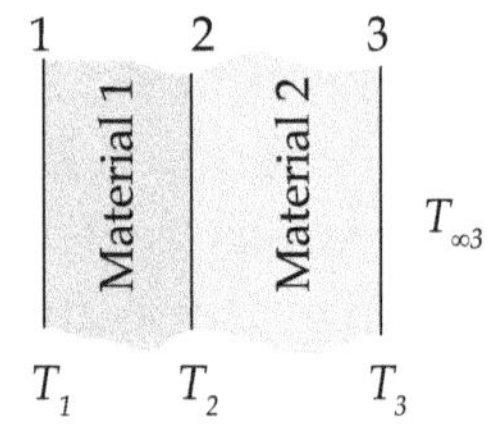

Figura Ep2.74

Resp.: 46,5 W/m²; 240 W/m²; 584°C.

Ep2.75 A parede de uma residência pode ser simulada pela composição de três placas planas adjacentes, conforme ilustrado na Figura Ep2.75. Sabe-se que a argamassa tem espessura igual a 1,5 cm, condutibilidade térmica igual a 1,2 W/m.K e que os tijolos têm espessura igual a 10 cm com condutibilidade térmica igual a 1,8 W/m.K.

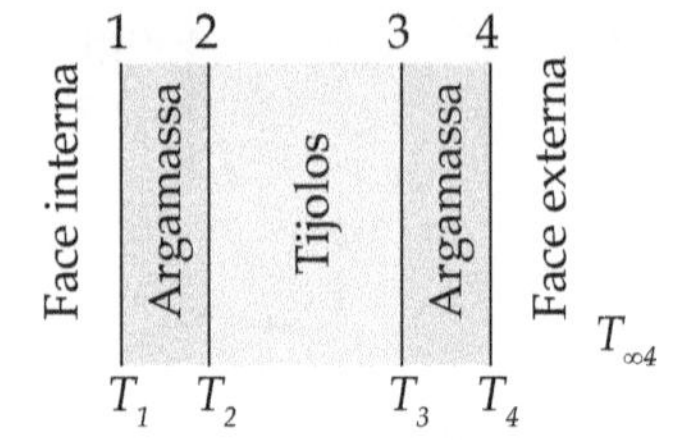

Figura Ep2.75

Sabe-se também que a temperatura da superfície interna da parede é igual a 20°C, enquanto a temperatura da face externa é igual a 40°C. Determine o fluxo de calor através da parede e a temperatura da interface entre a argamassa interna e os tijolos.

Resp.: 248 W/m²; 23,1°C.

Ep2.76 Uma fornalha vertical com diâmetro interno igual a 4 m é utilizada para queimar cavacos de madeira. Veja a Figura Ep2.8. A parede da fornalhaFigura é constituída por uma camada de tijolos refratários, k_{ref} = 1,3 W/(m.K), por uma camada de tijolos isolantes, k_{isol} = 0,5 W/(m.K), e por uma chapa de aço-carbono, $k_{aço}$ = 60 W/(m.K). A fornalha foi dimensionada para operar com temperatura da face interna do refratário, T_1, igual a 1200°C e com temperatura da superfície externa da chapa metálica, T_4, igual a 50°C. Sabe-se que a espessura da camada de tijolos refratários é igual a 228 mm, a da camada de tijolos isolantes é 342 mm e que a espessura da chapa de aço-carbono é igual a 9 mm. Sabendo que a emissividade da superfície externa da fornalha é igual a 0,7 e que a temperatura ambiente e a da vizinhança são iguais a 20°C, determine o fluxo de calor através da superfície externa da fornalha, a temperatura da interface entre os tijolos refratários e os isolantes e o coeficiente convectivo observado entre a superfície externa da fornalha e o meio ambiente.

Resp.: 1,21 W/m²; 941°C; 35,7 W/(m².K).

Ep2.77 Uma placa plana posicionada verticalmente tem espessura igual a 6 cm e comprimento e altura iguais a 2 m. Essa placa, constituída por um material cuja condutibilidade térmica é igual a 20 W/(m.K), está sujeita a um fenômeno que resulta na ocorrência em seu interior de uma taxa volumétrica de geração de calor igual a 8E5 W/m³, a qual é uniforme em toda a extensão da placa. Sabe-se que as temperaturas médias das faces 1 e 2 são iguais a 60°C, que a face 2 está em contato com água a 20°C, que a face 1 está em contato com água a 40°C. Considerando que o processo é unidimensional e que ocorre em estado estacionário, pede-se para determinar:

a) a taxa de calor na face 1;
b) a taxa de calor na face 2;
c) o coeficiente convectivo na face 1;
d) o coeficiente convectivo na face 2;
e) a posição do plano vertical no qual a temperatura da placa é máxima;
f) a temperatura máxima na placa.

Resp.: 192 kW; 192 kW; 1200 W/(m².K); 600 W/(m².K); $x = 0$; 78°C.

Ep2.78 Um óleo escoa no interior de um tubo com diâmetro externo de 50 mm e interno de 40 mm de aço-carbono com condutibilidade térmica igual a 12 W/(m.K). Esse tubo é isolado com um isolante térmico com condutibilidade térmica igual a 0,04 W/(m.K) e com espessura igual a 38 mm. Entre o tubo e o isolante há uma resistência elétrica com espessura desprezível cuja potência é desconhecida. Veja a Figura Ep2.78. Considere que a temperatura da superfície interna do tubo é igual a 180°C, que a temperatura da resistência é uniforme e igual a 182°C, que a temperatura ambiente é igual a 25°C e que o coeficiente convectivo observado entre a superfície externa do isolante e o ar ambiente é igual a 8 W/(m².K). Pede-se para avaliar:

a) a taxa de calor para o óleo por metro de tubo;
b) a taxa de calor para o meio ambiente por metro de tubo;
c) a temperatura da superfície externa do isolante térmico;
d) a potência da resistência elétrica.

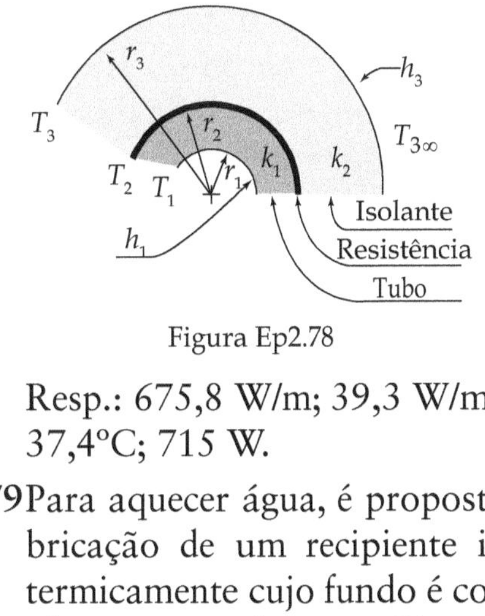

Figura Ep2.78

Resp.: 675,8 W/m; 39,3 W/m; 37,4°C; 715 W.

Ep2.79 Para aquecer água, é proposta a fabricação de um recipiente isolado termicamente cujo fundo é constituído por uma placa metálica com espessura de 10 mm e largura e comprimento iguais a 50 cm, na qual é observada a taxa de geração de calor de 800 kW/m³. O coeficiente convectivo observado entre a placa e a água é igual a 45 W/(m².K) e a condutibilidade térmica do metal constituinte da placa é igual a 13 W/

(m.K). Despreze os efeitos das extremidades da placa e considere que a temperatura da superfície da placa exposta à água é igual a 255°C. Pede-se para determinar a taxa de calor observada entre a placa e a água, a temperatura máxima da placa e a temperatura esperada da água longe da placa.

Resp: 2,0 kW; 258,1°C; 77,2°C.

Ep2.80 Em um reator químico esférico fabricado em aço inoxidável com condutibilidade térmica igual a 50 W/(m.K), ocorre uma reação exotérmica que aquece o aço inoxidável, fazendo com que a sua temperatura interna atinja 230°C. O reator é isolado com um isolante térmico com condutibilidade térmica igual a 0,02 W/(m.K), tendo espessura de 50 mm. Sabe-se que o coeficiente convectivo externo é igual a 12 W/(m^2.K), que o meio ambiente está a 20°C, que a espessura do aço inoxidável que constitui o corpo do reator é igual a 9,5 mm e que o diâmetro externo do reator não isolado é igual a 1,6 m. Desconsiderando-se os efeitos da transferência de calor por radiação, pede-se para determinar a taxa de calor transferida para o meio ambiente, a temperatura da superfície externa do isolamento térmico e o fluxo de calor na superfície externa do isolamento térmico.

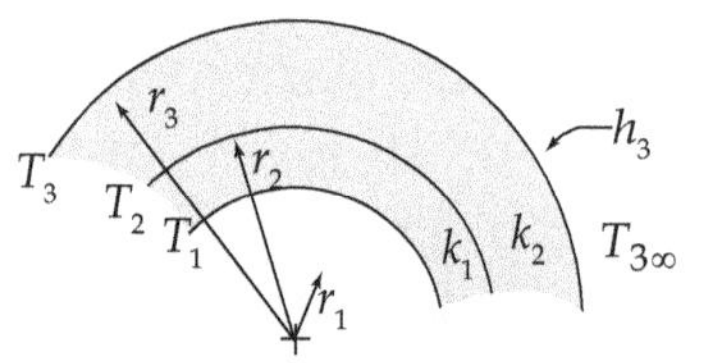

Figura Ep2.80

Resp.: 696 W; 26,4°C; 76,7 W/m.K.

Ep2.81 Em uma cidade do Rio Grande do Sul, para minimizar o efeito das baixas temperaturas no inverno e o do alto nível de ruído produzido por uma serralheria instalada na sua vizinhança, o proprietário de um imóvel optou por instalar janelas com vidros duplos. Veja a Figura Ep2.81. Considere que os vidros têm espessura igual a 3 mm, a distância entre os vidros é igual a 74 mm, a área da janela é igual a 1,2 m^2, a condutibilidade térmica do vidro é de cerca de 0,8 W/(m.K) e a do ar é igual a 0,025 W/(m.K). Suponha que o ar permanece estagnado e que, por esse motivo, o processo de transferência de calor através do ar se dá apenas por condução. Considerando que o coeficiente convectivo externo da janela é igual a 8 W/(m^{2}K) e que o interno é igual a 4 W/(m^{2}K), determine a temperatura das superfícies externa e interna da janela e a taxa de calor através da janela em um dia frio no qual a temperatura externa é igual a 2°C e no qual a temperatura interna do imóvel é mantida igual a 22°C

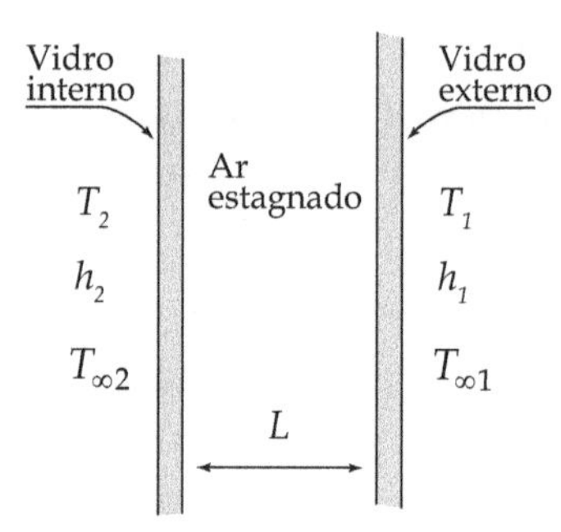

Figura Ep2.81

Resp.: 2,75°C; 20,5°C; 7,18 W.

Ep2.82 Uma tubulação transporta vapor d'água saturado. Essa tubulação tem diâmetro externo e interno iguais a, respectivamente, 274 mm e 254 mm, a sua condutibilidade térmica é igual a 50 W/(m.K), e ela é isolada com um material com condutibilidade térmica igual a 0,05 W/

(m.K) e espessura igual a 50 mm. Sabe-se que a temperatura da superfície interna do tubo é igual à temperatura do vapor, que a temperatura da superfície externa do isolante é igual a 40°C, que a temperatura do ar ambiente é igual a 20°C e que a temperatura da vizinhança da tubulação é igual a 30°C. Considerando que o coeficiente convectivo observado entre a superfície externa do isolante e o ar ambiente é igual a 3 W/(m².K) e que a emissividade da superfície do isolante é igual a 0,6, pede-se para determinar:

a) a taxa de calor transferida ao ambiente por convecção por metro de tubo;
b) a taxa de calor transferida ao ambiente por radiação por metro de tubo;
c) a temperatura do vapor.

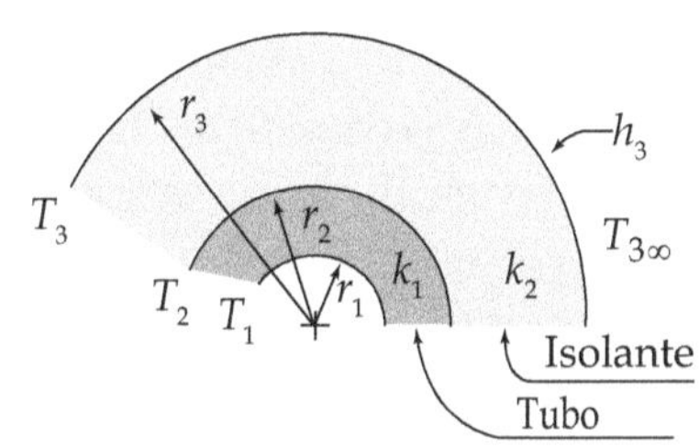

Figura Ep2.82

Resp.: 70,5 W/m; 46,8 W/m; 156°C.

Ep2.83 Sejam duas placas de material cerâmico, k = 1,6 W/(m.K), quadradas, com lado igual a 20 cm e espessura igual a 2 cm. Consideremos que essas placas estejam posicionadas na vertical, tenham uma das suas faces na temperatura de 200°C e a outra exposta ao ar a 20°C. Veja a Figura Ep2.83. Considere que existem, na peça aletada, 6 aletas com espessura igual a 5 mm e distanciadas entre si de 30 mm. Sabendo que os coeficientes convectivos observados nas faces expostas ao ar das duas placas são iguais a 18 W/(m².K), determine a temperatura da face exposta ao ar e a taxa de calor observada na peça não aletada.

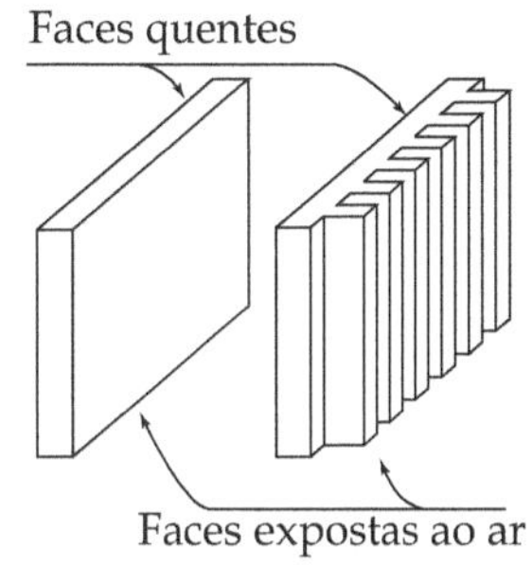

Placa lisa Placa aletada
Figura Ep2.83

Determine também a taxa de calor através da peça aletada, supondo que a superfície da face exposta ao ar não coberta pelas aletas está na mesma temperatura da superfície exposta ao ar da peça não aletada e que há convecção na extremidade das aletas.

Ep2.84 Em um equipamento industrial, uma barra metálica com condutibilidade térmica igual a 14 W/(m.K), de seção cilíndrica com diâmetro igual a 50 mm e com comprimento igual a 50 cm, é utilizada como travamento mecânico horizontal entre duas placas paralelas verticais que estão a 150°C. Suponha que a barra esteja imersa em ar a 20°C e que o coeficiente de transmissão de calor por convecção entre a barra e o ar seja igual a 20 W/(m².K). Nessas condições, desprezando os efeitos da transferência de calor por radiação, determine:

a) a taxa de calor observada entre a barra e o ar;
b) a temperatura mínima da barra.

Resp.: 75,7 W; 37,9°C.

Ep2.85 Em um processo produtivo, uma barra metálica com diâmetro igual a 40 mm e comprimento igual a 500 mm é aquecida em sua região central por indução eletromagnética, fazendo com que, na região aquecida, a temperatura da barra seja uniforme, constante e igual a 400°C. Veja a Figura Ep2.85. Sabe-se que b = 100 mm, a = c = 200 mm, as extremidades da barra metálica podem ser consideradas adiabáticas, o coeficiente convectivo observado entre a barra e o meio ambiente é igual a 20 W/(m².K), o meio ambiente está a 20°C e que a condutibilidade térmica do material da barra é igual a 18 W/(m.K). Determine a potência térmica transferida do elemento de aquecimento para a barra metálica no processo de aquecimento e a temperatura da seção transversal da barra a 100 mm da sua extremidade.

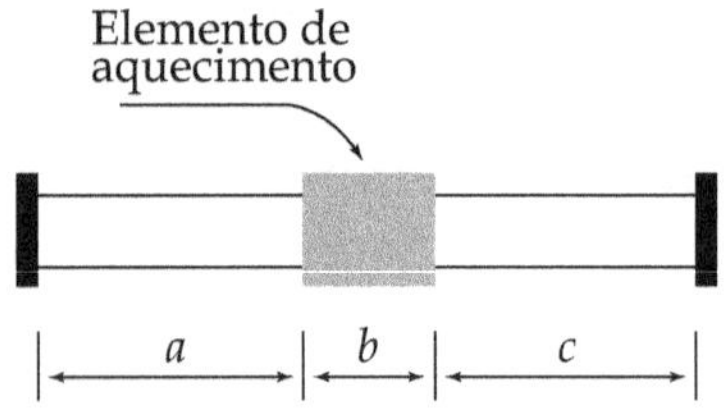

Figura Ep2.85

Resp.: 176 W; 146,4°C.

Ep2.86 Em um processo produtivo, uma barra metálica com diâmetro igual a 50 mm e comprimento igual a 600 mm é aquecida por indução eletromagnética, fazendo com que, na região aquecida, a temperatura da barra atinja 500°C em condição de estado estacionário. Veja a Figura Ep2.85. Sabe-se que b = 100 mm, a = c = 250 mm, que toda a barra metálica, inclusive as suas extremidades, está exposta ao ar ambiente que está a 20°C, que o coeficiente convectivo observado entre a barra e o meio ambiente é igual a 20 W/(m².K) e que a condutibilidade térmica do material da barra é igual a 14 W/(m.K). Determine a potência térmica transferida do elemento de aquecimento para a barra metálica e a temperatura da seção transversal da barra a 100 mm da sua extremidade.

Resp.: 280 W; 144,5°C.

Ep2.87 Em um processo produtivo, uma barra metálica com diâmetro igual a 45 mm e comprimento igual a 600 mm é aquecida por indução eletromagnética, fazendo com que, na região aquecida, a temperatura da barra atinja 400°C em condição de estado estacionário. Veja a Figura Ep2.85. Sabe-se que a = 200 mm, b = 100 mm, c = 300 mm, que as extremidades da barra estão expostas ao ar ambiente que está a 20°C e que o coeficiente convectivo observado entre a barra e o meio ambiente é igual a 22 W/(m².K). Determine a potência térmica transferida do elemento de aquecimento para a barra metálica nesse processo e a temperatura da seção transversal da barra a 100 mm de cada uma das suas extremidades.

Resp.: 199 W; 144°C; 137°C.

Ep2.88 Um tubo metálico com diâmetro externo igual a 60 mm, que conduz um óleo aquecido, é recoberto com uma espessura de 25 mm de isolante térmico com condutibilidade térmica igual a 0,05 W/(m.K). Sabendo que o coeficiente de transferência de calor entre o material isolante e o meio ambiente é igual a 10 W/(m².K), a emissividade da superfície externa desse material é igual a 0,4, o ar ambiente está a 20°C e que a temperatura da superfície externa do isolante é igual a 40°C, pede-se para calcular: a taxa de transferência de calor por convecção, por metro de tubo, entre o isolamento térmico e o meio ambiente; a taxa de transferência de calor por radiação, por metro de tubo, entre o isolamento térmico e o meio ambiente; e a temperatura da face externa do tubo metálico.

Resp.: 69,1 W/m; 17,5 W/m; 207°C.

Ep2.89 Uma parede de um restaurante é constituída por tijolos e argamassa. Para produzir um efeito interno agradável e melhorar o conforto térmico, um designer sugeriu que a face interna da parede fosse recoberta por madeira. Veja a Figura Ep2.89. Sabe-se que os tijolos, a argamassa e a madeira têm as seguintes condutibilidades térmicas: 1,8 W/(m.K), 0,8 W/(m.K) e 0,12 W/(m.K), respectivamente. As espessuras dos tijolos, argamassa e madeira são iguais a, respectivamente, 10 cm, 1,2 cm e 1 cm. Sabendo que o coeficiente convectivo interno é igual a 4,0 W/(m².K), que a temperatura do ar no interior do restaurante é igual a 22°C e que a temperatura da face externa da parede é igual a 35°C, pede-se para determinar:

a) o fluxo de calor através da parede;
b) a temperatura da face interna da parede;
c) o fluxo de calor através da parede e a temperatura da face interna da parede no caso de se optar por não recobrir a parede com madeira.

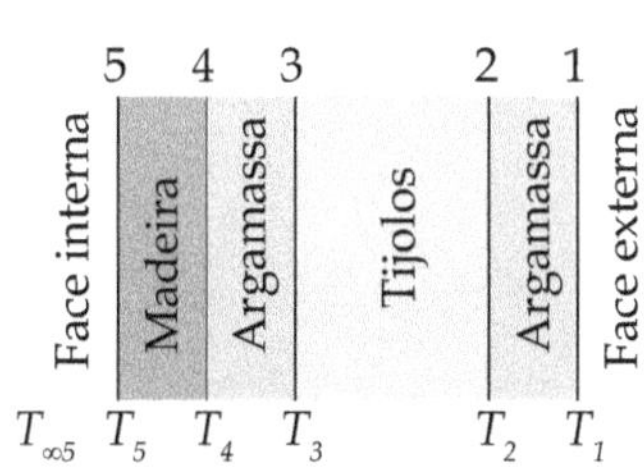

Figura Ep2.89

Resp.: 31,0 W/m²; 29,8°C; 38,7 W/m²; 31,7°C.

Ep2.90 A temperatura da face interna de um tubo isolado é igual a 120°C e a temperatura do ar ambiente no qual ele se encontra é igual a 20°C. Sabe-se que o diâmetro interno do tubo é igual a 30 mm, o diâmetro externo é igual a 40 mm e a condutibilidade térmica do material do tubo é igual a 45 W/(m.K). A espessura do isolante térmico é igual a 20 mm, sua condutibilidade térmica é igual a 0,03 W/(m.K) e o coeficiente convectivo observado entre o isolante e o ar é igual a 10 W/(m².K). Considerando que o comprimento do tubo é igual a 4 m, pede-se para calcular:

a) a taxa de calor transferido para o meio ambiente;
b) a temperatura da superfície externa do isolante térmico;
c) o fluxo de calor na face interna do tubo.
d) Por motivos econômicos, pretende-se reduzir à metade a taxa de calor transferida para o meio ambiente substituindo-se o isolante térmico por outro mais eficaz. Mantidas as demais condições, qual deve ser a nova condutibilidade térmica do material isolante a ser utilizado?

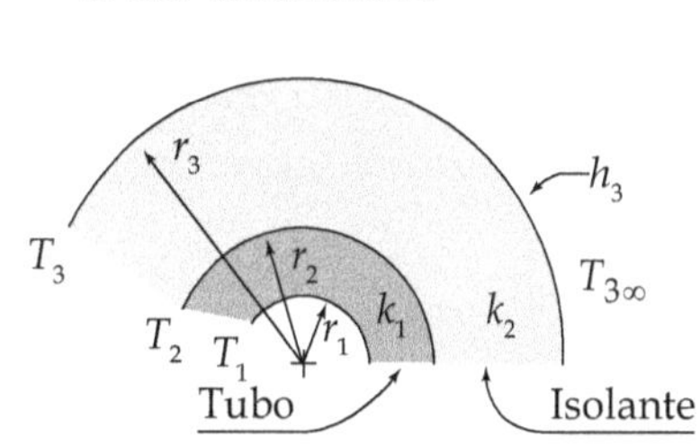

Figura Ep2.90

Resp.: 98,1 W; 29,8°C; 260 W/m²; 0,142 W/(m.K).

Ep2.91 Uma placa plana de material cerâmico, k = 1,6 W/(m.K), quadrada, com lado igual a 30 cm e espessura igual a 2 cm, está posicionada com suas faces maiores na vertical. Consideremos que uma dessas faces esteja na temperatura de 400°C e a outra, com emissividade igual a 0,7, esteja exposta ao ar ambiente a 20°C. Sabendo que o coeficiente convectivo observado na face exposta ao ar é igual a 15 W/(m^2.K), determine a temperatura dessa face e a taxa de calor observada entre ela e o meio ambiente. Considere que a temperatura da vizinhança seja igual à do ar ambiente.

Ep2.92 Uma placa plana de material cerâmico, k = 1,6 W/(m.K), quadrada, com lado igual a 30 cm e espessura igual a 2 cm, está posicionada com suas faces maiores na vertical. Consideremos que uma dessas faces, com emissividade igual a 0,6, esteja exposta ao ar na temperatura de 400°C e a outra, com emissividade igual a 0,7, esteja exposta ao ar ambiente a 20°C. Sabe-se que o coeficiente convectivo observado na face exposta ao ar quente é igual a 20 W/(m^2.K) e que o observado na face exposta ao ar ambiente é igual a 10 W/(m^2.K). Considerando que as temperaturas das vizinhanças sejam iguais às do ar, determine as temperaturas das faces maiores da placa e a taxa de calor observada através dela.

Resp.: 331°C; 212°C; 344 W.

Ep2.93 Um tubo é constituído por três cascas cilíndricas justapostas, conforme ilustrado na Figura Ep2.93. Sabe-se que o coeficiente convectivo externo é igual a 10 W/(m^2.K) e que as condutibilidades térmicas dos materiais constituintes do tubo são k_1 = 1 W/(m.K), k_2 = 0,1 W/(m.K), k_3 = 0,01 W/(m.K). Os raios das cascas cilíndricas são r_1 = 2 cm, r_2 = 8 cm, r_3 = 12 cm e r_4 = 14 cm. Em determinado momento, a temperatura T_1 é igual a 200°C e a T_4 é igual a 30°C. Nessa condição, pede-se para determinar as temperaturas T_2 e T_3 e o fluxo de calor na superfície externa do tubo.

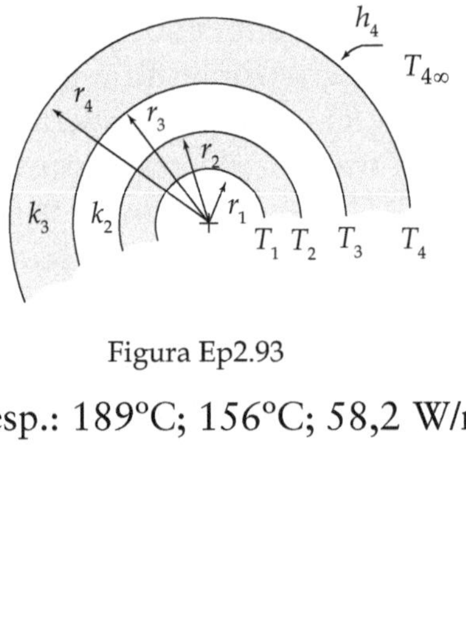

Figura Ep2.93

Resp.: 189°C; 156°C; 58,2 W/m^2.

3 CAPÍTULO

CONDUÇÃO BIDIMENSIONAL ESTACIONÁRIA

No Capítulo 2, estudamos o processo de transferência de calor por condução, em regime estacionário, tratando o fenômeno como sendo unidimensional. De fato, em muitas situações, esse fenômeno se apresenta como sendo bidimensional e deve ser tratado como tal. Tendo em vista a complexidade dos problemas bidimensionais, um caminho aplicável é o uso de métodos numéricos que são introduzidos no Capítulo 5 e que estão, usualmente, inseridos em códigos computacionais comercialmente disponíveis. O segundo caminho, que se revela de uso simples, é o por *fatores de forma de condução*, disponíveis na literatura para uma série de situações que se apresentam no dia a dia.

Os fatores de forma de condução se aplicam sob as seguintes hipóteses:

a) O processo de transferência de calor ocorre em estado estacionário e sem geração de calor.
b) O material é homogêneo, isotrópico e a sua condutibilidade térmica é constante.

Embora de aplicação relativamente limitada, os fatores de forma de condução constituem uma ferramenta bastante útil e de simples aplicação, e por esse motivo os apresentamos neste capítulo.

3.1 FATOR DE FORMA DE CONDUÇÃO

Com o propósito de conceituar este tipo de fator de forma, consideremos o processo de transferência de calor em estado estacionário, sem geração de calor, em um material homogêneo, isotrópico com condutibilidade térmica constante. Se a transferência de calor ocorre entre duas superfícies isotérmicas 1 e 2 que estão nas temperaturas T_1 e T_2, podemos afirmar que:

$$\dot{Q} = Sk(T_1 - T_2) \tag{3.1}$$

Nessa equação, k é a condutibilidade térmica do material no qual se observa o processo de condução e S é o fator de forma de condução, cuja unidade no Sistema

Internacional é o metro, m.

Isolando o fator de forma, obtemos:

$$S = \frac{\dot{Q}}{k(T_1 - T_2)} \tag{3.2}$$

Como exemplo, consideremos a transferência de calor unidimensional, sem geração, em uma placa plana. Veja a Figura 3.1. Conforme já visto anteriormente, temos para esta situação:

$$\dot{Q} = \frac{kA(T_1 - T_2)}{L} \tag{3.3}$$

Neste caso, podemos afirmar que o fator de forma é dado por $S = A/L$.

Esse conceito foi expandido por vários autores para diversas geometrias, como, por exemplo, Sunderland e Johnson [39] e Andrews [40]. Mesmo existindo na literatura uma quantidade razoável de resultados disponíveis, a realidade impõe o fato de que o uso de fatores de forma de condução é limitado, porque nós os temos disponíveis apenas para um conjunto de geometrias específicas.

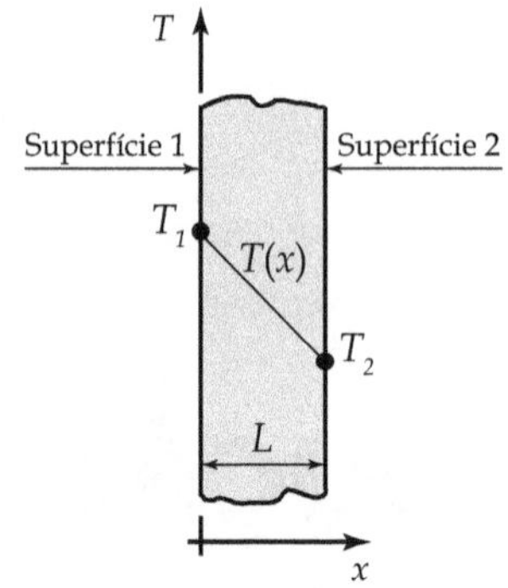

Figura 3.1 Transferência de calor em placa plana

Na Tabela 3.1 apresentamos um conjunto de fatores de forma para condução encontrados na literatura.

Devemos observar que na literatura há uma variedade maior de fatores de forma disponível.

Tabela 3.1 Fatores de forma de condução

Sistema	Croqui	Restrições	Fator de forma
Esfera isotérmica enterrada em meio semi-infinito	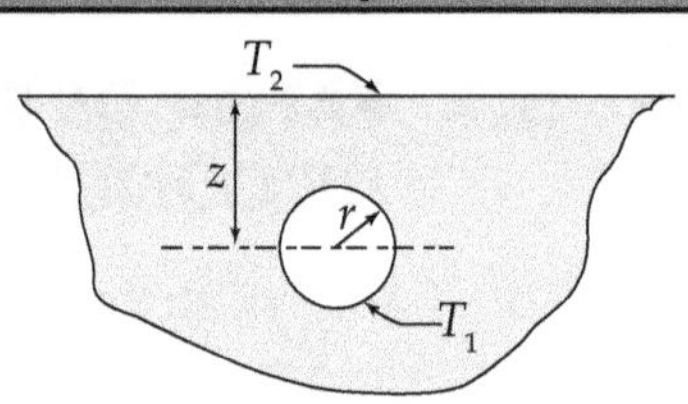	$z > r$	$\frac{4\pi r}{1-(r/2z)}$
Cilindro isotérmico horizontal enterrado em meio semi-infinito	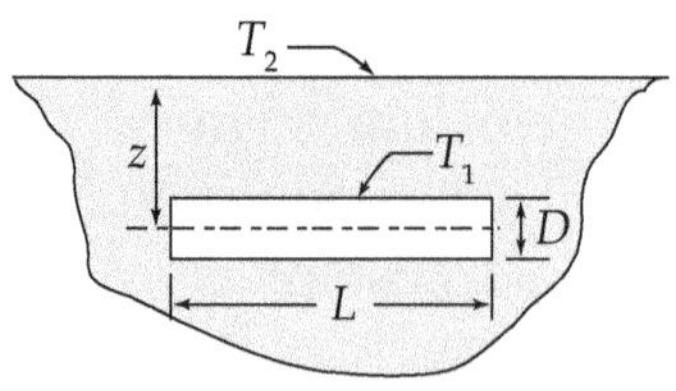	L >> D D << z	$\frac{2\pi L}{cosh^{-1}(2z/D)}$ $\frac{2\pi L}{ln(4z/D)}$ (solução aproximada)
Cilindro isotérmico horizontal com comprimento L entre dois planos isotérmicos e infinitos	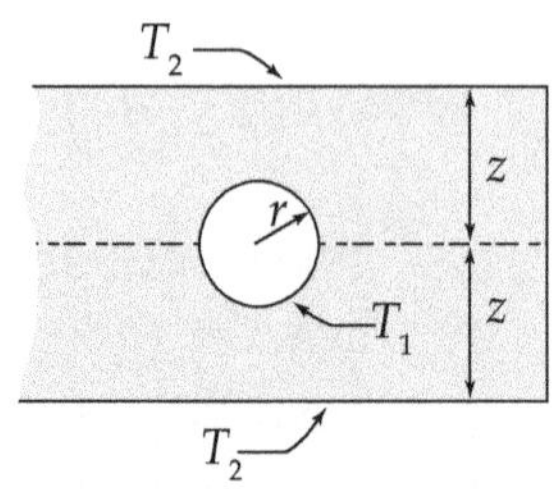	$z > r$	$\frac{2\pi L}{ln(4z/\pi r)}$

Sistema	Croqui	Restrições	Fator de forma
Condução entre dois cilindros isotérmicos com comprimento L enterrados em um meio infinito	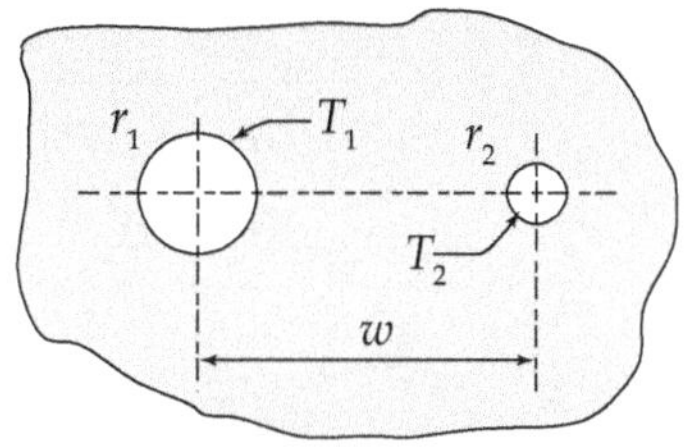	$L >> r_1$ $L >> r_2$ $L >> w$	$\dfrac{2\pi L}{\cosh^{-1}\left(\dfrac{w^2 - r_1^2 - r_2^2}{2r_1r_2}\right)}$
Condução entre duas cascas cilíndricas isotérmicas, infinitas, concêntricas	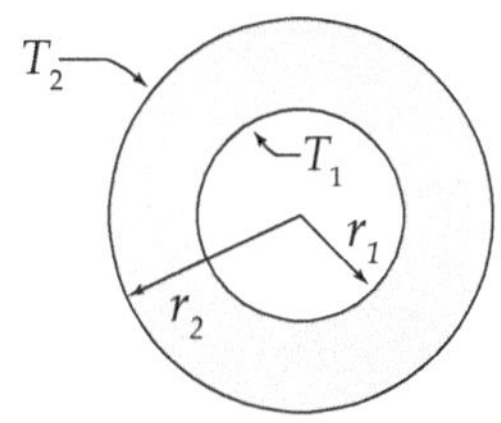	$L >> r_1$ $L >> r_2$	$\dfrac{2\pi L}{\ln(r_2/r_1)}$
Condução entre duas cascas cilíndricas, isotérmicas, com comprimento L, não concêntricas	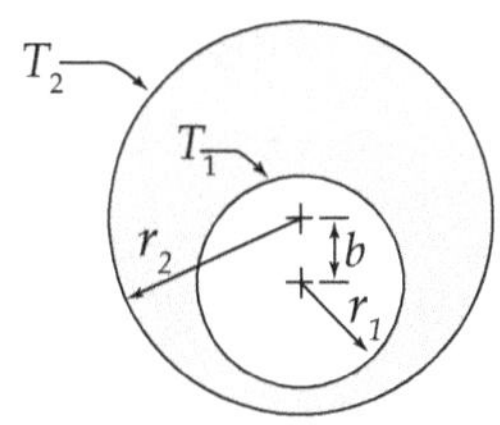	$L >> r_1$ $L >> r_2$	$\dfrac{2\pi L}{\cosh^{-1}\left(\dfrac{r_1^2 + r_2^2 - b^2}{2r_1r_2}\right)}$
Cilindro isotérmico vertical enterrado em meio semi-infinito	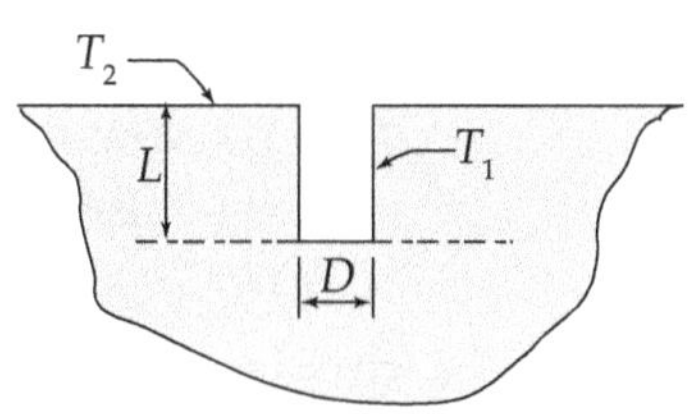	$L >> D$	$\dfrac{2\pi L}{\ln(4L/D)}$
Condução na aresta de duas paredes adjacentes	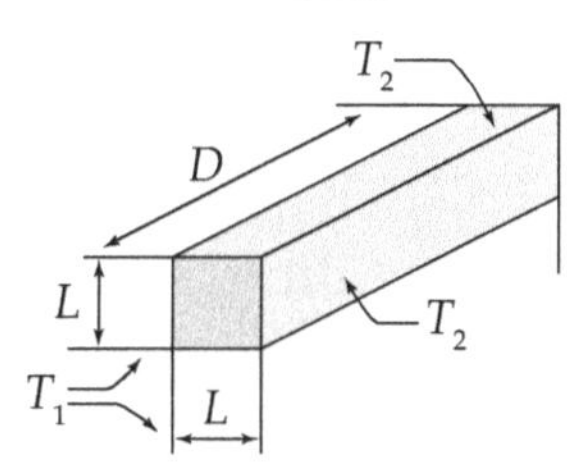	$D > 5L$	$0{,}54D$
Condução no vértice de três paredes adjacentes com diferença de temperaturas $\Delta T = T_1 - T_2$ nas três paredes	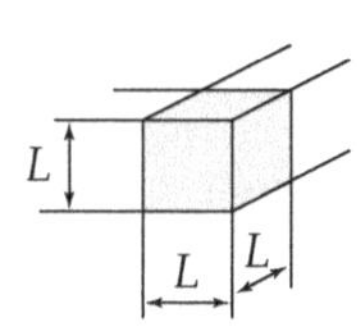	L muito menor do que o comprimento e a largura da parede	$0{,}15L$
Canal de seção quadrada	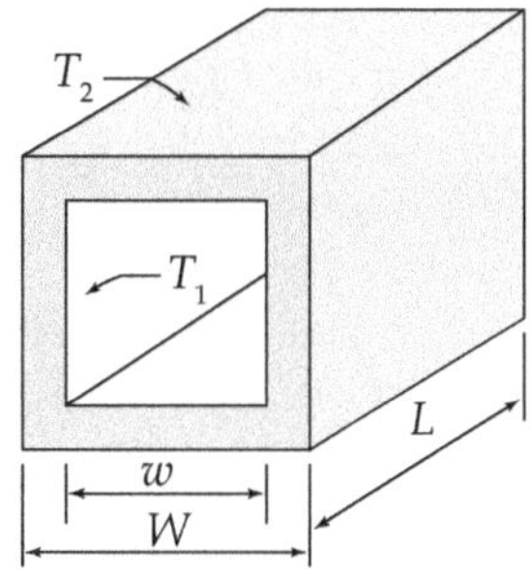	$W/w < 1/4$ $L >> w$	$\dfrac{2\pi L}{0{,}785\ln(W/w)}$
		$W/w > 1/4$ $L >> w$	$\dfrac{2\pi L}{0{,}930\ln(W/w) - 0{,}050}$

3.2 EXERCÍCIOS RESOLVIDOS

Er3.1 Um forno túnel experimental tem seção quadrada de lado interno w = 0,4 m e comprimento L = 10 m. Sabe-se que, na sua seção central, a temperatura da face interna da parede é T_1 = 1000°C, a temperatura da face externa é T_2 = 50°C e que o isolamento tem espessura e = 30 cm e condutibilidade térmica k = 0,08 W/m.K Pede-se para determinar o fluxo de calor observado a face externa dessa seção.

Solução

a) Dados e considerações

- O croqui ilustrativo da questão é apresentado na Figura Er3.1.
- O processo de transferência de calor é bidimensional e ocorre por condução através do isolante em regime permanente.
- São dados: L = 10 m; w = 0,4 m; e e = 30 cm. Então W = 1 m.
- T_1 = 1000°C; T_2 = 50°C; e k = 0,08 W/(m.K).

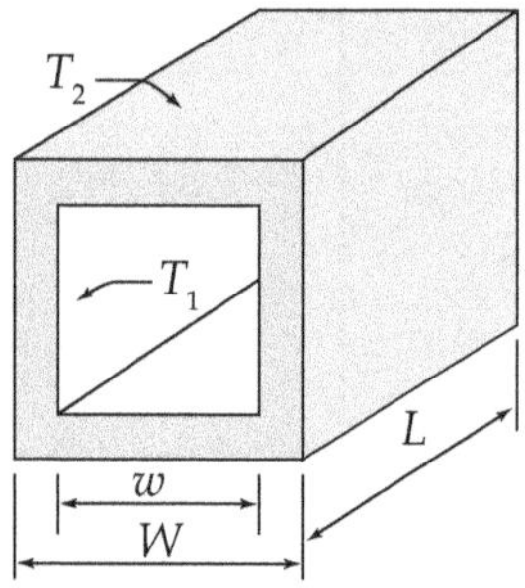

Figura Er3.1

b) Análise e cálculos

Sabemos que: $\dot{Q} = Sk(T_1 - T_2)$.

Como W/w = 2,5, da Tabela 3.1, obtemos: $S = \dfrac{2\pi L}{0{,}930\,ln(W/w) - 0{,}050}$.

Então:

$$\dot{Q} = \frac{2\pi L}{0{,}930\,ln(W/w) - 0{,}050} k(T_1 - T_2)$$

$$\dot{Q}'' = \frac{\dot{Q}}{A} = \frac{1}{4WL} \cdot \frac{2\pi L}{0{,}930\,ln(W/w) - 0{,}050} k(T_1 - T_2)$$

$$\dot{Q}'' = \frac{1}{2W} \cdot \frac{\pi}{0{,}930\,ln(W/w) - 0{,}050} k(T_1 - T_2)$$

Substituindo-se os valores conhecidos, obtemos:

$\dot{Q}'' = 148{,}8$ W/m².

Er3.2 Um forno túnel experimental tem seção quadrada de lado interno w = 0,4 m e comprimento L = 10 m. Sabe-se que, na sua seção central, a temperatura da face interna da parede é T_1 = 1000°C e que o isolamento tem espessura e = 30 cm e condutibilidade térmica k = 0,08 W/(m.K). Sabendo-se também que a temperatura ambiente é igual a 20°C e que o coeficiente médio de transferência de calor entre a superfície externa do forno e o meio ambiente é igual a 8 W/(m².K), pede-se para determinar a temperatura da face externa do forno.

Solução

a) Dados e considerações

- O croqui ilustrativo da questão é apresentado na Figura Er3.2.
- O processo de transferência de calor é bidimensional e ocorre por condução através do isolante em regime permanente.
- São dados: L = 10 m; w = 0,4 m; e e = 30 cm. Então W = 1 m.
- T_1 = 1000°C; T_∞ = 20°C; k = 0,08 W/(m.K).

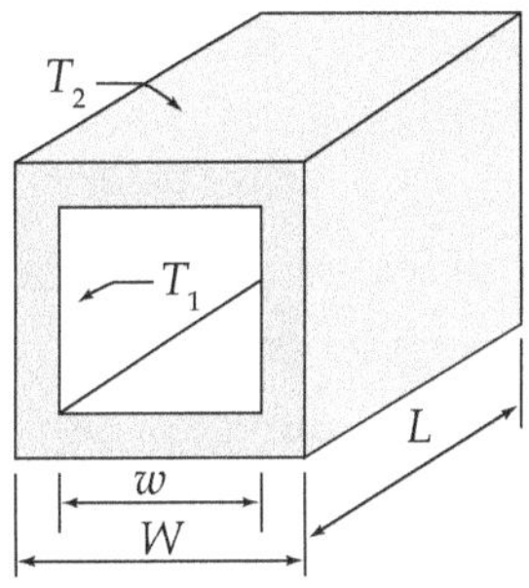

Figura Er3.2

b) Análise e cálculos

Sabemos que: $\dot{Q} = Sk(T_1 - T_2)$.

Como $W/w = 2{,}5$, da Tabela 3.1, obtemos: $S = \dfrac{2\pi L}{0{,}930\,ln(W/w) - 0{,}050}$.

Então:

$$\dot{Q} = \frac{2\pi L}{0{,}930\,ln(W/w) - 0{,}050} k(T_1 - T_2)$$

$$\dot{Q}'' = \frac{\dot{Q}}{A} = \frac{1}{4WL} \cdot \frac{2\pi L}{0{,}930\,ln(W/w) - 0{,}050} k(T_1 - T_2)$$

$$\dot{Q}'' = \frac{1}{2W} \cdot \frac{\pi}{0{,}930\,ln(W/w) - 0{,}050} k(T_1 - T_2) \quad \text{(Equação A)}$$

O fluxo de calor na superfície externa também é dado por:

$$\dot{Q}'' = h(T_2 - T_\infty) \quad \text{(Equação B)}$$

Unindo as Equações A e B, obtemos:

$$h(T_2 - T_\infty) = \frac{1}{2W} \cdot \frac{\pi}{0{,}930\,ln(W/w) - 0{,}050} k(T_1 - T_2)$$

A única incógnita que temos é a temperatura da superfície externa. Resolvendo, obtemos:

$T_2 = 38{,}8°C$

3.3 EXERCÍCIOS PROPOSTOS

Ep3.1 Em uma residência, uma tubulação de cobre com comprimento de 15 m transporta água quente a 80°C. Sabe-se que essa tubulação está embutida em uma parede e recoberta com argamassa, conforme ilustrado na Figura Ep3.1, e que $z = 40$ mm e o diâmetro externo da tubulação é $D = 30$ mm. Em um dia frio, a temperatura externa da argamassa é $T_2 = 10°C$. Considerando que a condutibilidade térmica da argamassa é aproximadamente igual a 1,5 W/(m.K), determine a taxa de calor entre o tubo e o meio ambiente.

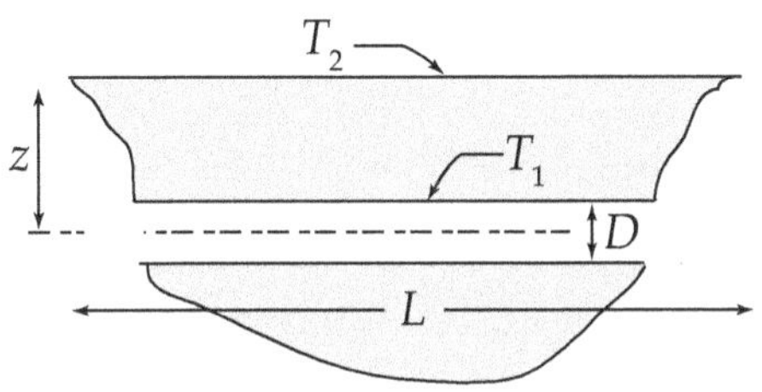

Figura Ep3.1

Resp.: 1,37 kW.

Ep3.2 Uma estufa de forma cúbica com aresta interna igual a 80 cm tem a temperatura da sua superfície interna igual a 180°C. Ela é isolada com placas de fibra de vidro resinada com espessura de 38 mm e condutibilidade térmica igual a 0,04 W/(m.K). A temperatura da sua superfície externa é uniforme e igual a 30°C. Determine a taxa de calor através das paredes da estufa supondo que o fenômeno de transferência de calor é unidimensional e considerando que a área total de transferência de calor é:

a) a área externa;
b) a área interna.

Resp.: 727 W; 603 W.

Ep3.3 Uma estufa de forma cúbica com aresta interna igual a 80 cm tem a temperatura da sua superfície interna igual a 180°C. Ela é isolada com placas de fibra de vidro resinada com espessura de 38 mm e condutibilidade térmica igual a 0,04 W/(m.K). A temperatura da sua superfície externa é uniforme e igual a 30°C. Determine a taxa de calor através da aresta de duas paredes adjacentes com comprimento de 80 cm.

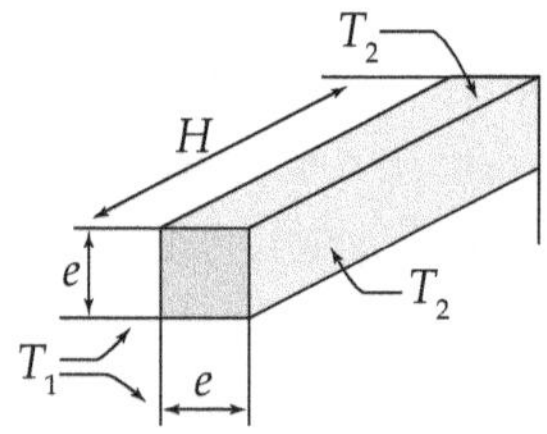

Figura Ep3.3

Resp.: 2,59 W.

Ep3.4 Uma estufa de forma cúbica com aresta interna igual a 80 cm tem a temperatura da sua superfície interna igual a 180°C. Ela é isolada com placas de fibra de vidro resinada com espessura de 38 mm e condutibilidade térmica igual a 0,04 W/(m.K). A temperatura da sua superfície externa é uniforme e igual a 30°C. Determine a taxa de calor através do vértice de três paredes adjacentes.

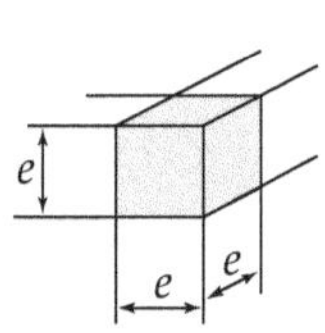

Figura Ep3.4

Resp.: 0,034 W.

Ep3.5 Uma estufa de forma cúbica com aresta interna igual a 80 cm tem a temperatura da sua superfície interna igual a 180°C. Ela é isolada com placas de fibra de vidro resinada com espessura de 38 mm e condutibilidade térmica igual a 0,04 W/(m.K). A temperatura da sua superfície externa é uniforme e igual a 30°C. Determine a taxa de calor através das paredes da estufa considerando que o fenômeno de transferência de calor por calor é bidimensional e compare com os resultados obtidos na solução do Exercício Ep3.2.

Ep3.6 Uma estufa de forma cúbica com aresta interna igual a 1 m tem a temperatura da sua superfície interna igual a 220°C. Ela é isolada com placas de fibra de vidro resinada com espessura de 45 mm e condutibilidade térmica igual a 0,04 W/(m.K). Determine a taxa de calor através das paredes da estufa e a sua temperatura externa considerando que o fenômeno de transferência de calor por calor é unidimensional, que a área total de transferência de calor é a área externa, que a temperatura ambiente é igual a 20°C e que o coeficiente médio de transferência de calor por convecção é igual a 12 W/(m^2.K).

Resp.: 1,18 kW; 33,8°C.

Ep3.7 Uma estufa de forma cúbica com aresta interna igual a 1 m tem a temperatura da sua superfície interna igual a 220°C. Ela é isolada com placas de fibra de vidro resinada com espessura de 45 mm e condutibilidade térmica igual a 0,04 W/(m.K). Determine a taxa de calor através das paredes da estufa e a sua temperatura externa considerando que o fenômeno de transferência de calor não é unidimensional, que as taxas de calor por condução devem ser determinadas utilizando fatores de forma, que a temperatura ambiente é igual a 20°C e que o coeficiente médio de transferência de calor por convecção é igual a 12 W/(m^2.K).

4 CAPÍTULO

CONDUÇÃO EM REGIME TRANSIENTE

Consideremos que dispomos de dois corpos, um de aço e um de madeira, ambos com as mesmas dimensões e na temperatura uniforme de 80°C, e que em determinado instante eles sejam repentinamente mergulhados em água a 10°C. Imediatamente será iniciado um processo de transferência de calor entre os corpos e a água, de modo que a temperatura no interior deles variará tanto com o tempo quanto com a posição. Embora os dois corpos tenham as mesmas dimensões e estejam na mesma condição inicial, os seus comportamentos térmicos serão diferentes, porque são constituídos de materiais com propriedades distintas. De fatos esse comportamento térmico dependerá de diversos fatores, tais como: da geometria do corpo, do material que o constitui, do fluido com o qual ele trocará calor etc.

Para analisar esse fenômeno, utilizaremos o *método da capacidade concentrada*, a seguir apresentado, e estabelecido com base na hipótese de que a temperatura do corpo varia com o tempo, mas se mantém espacialmente uniforme, ou seja: a temperatura do corpo varia ao longo do tempo mantendo-se a mesma em todos os seus pontos.

4.1 O MÉTODO DA CAPACIDADE CONCENTRADA

Consideremos que um corpo com massa específica ρ e na temperatura T seja colocado em contato com um fluido na temperatura T_∞, conforme indicado na Figura 4.1. Se a temperatura T for diferente da temperatura T_∞, notaremos que a temperatura do corpo evoluirá ao longo do tempo, caracterizando um processo de aquecimento ou resfriamento em regime transitório. Para analisar esse fenômeno, consideraremos que:

- a temperatura do corpo é uniforme, ou seja: em cada instante de tempo a temperatura em todos os seus pontos será igual a $T = f(t)$; e
- a transferência de calor entre o corpo e fluido se dará única e exclusivamente por convecção.

Adicionalmente, para simplificar o raciocínio, consideraremos que $T > T_\infty$.

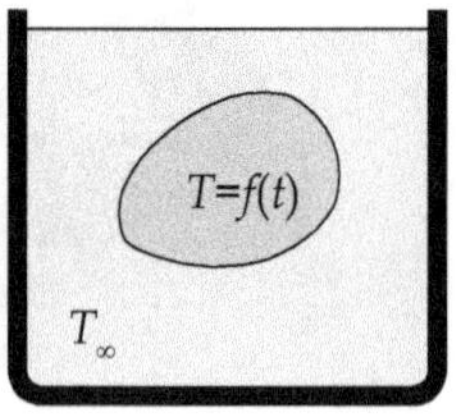

Figura 4.1 Corpo quente em meio fluido

Considerando o corpo com volume $\forall$, massa específica ρ e calor específico c_p como um sistema e aplicando a primeira lei da termodinâmica na forma de taxa, verificamos que a taxa de variação da energia do corpo será igual à taxa de transferência de calor por convecção, ou seja:

$$\frac{dE}{dt} = -\dot{Q}_{conv} \tag{4.1}$$

Essa expressão nos mostra analiticamente que a energia do corpo é reduzida à medida que ocorre a transferência de calor, o que está em plena concordância com a convenção de sinais para trabalho e calor estabelecida ao se estudar termodinâmica. Utilizando a lei do resfriamento de Newton, obtemos:

$$\rho \forall c_p \frac{dT}{dt} = -hA_s\left(T - T_\infty\right) \tag{4.2}$$

Nessa expressão, h é o coeficiente médio de transferência de calor por convecção considerado constante ao longo do processo, A_s é a área da superfície externa do corpo em contato com o fluido, ρ é a massa específica do material constituinte do corpo, c_p é o seu calor específico e $\forall$ o seu volume.

Fazendo $T - T_\infty = \theta$, obtemos:

$$\frac{\rho \forall c_p}{hA_s}\frac{d\theta}{dt} = -\theta \tag{4.3}$$

Essa equação diferencial pode ser resolvida pelo método da separação de variáveis. Considerando que quando $t = 0$ a temperatura do corpo é igual a T_0 e que $\theta_0 = T_0 - T_\infty$, obtemos:

$$\int_{\theta_0}^{\theta} \frac{\rho \forall c_p}{hA_s}\frac{d\theta}{\theta} = -\int_0^t dt \tag{4.4}$$

$$\frac{\rho \forall c_p}{hA_s} ln\left(\frac{\theta}{\theta_0}\right) = -t \tag{4.5}$$

Explicitando a variável θ, resulta:

$$\theta = \theta_0 e^{\left(-\frac{hA_s}{\rho \forall c_p}t\right)} \tag{4.6}$$

ou:

$$T - T_\infty = \left(T_0 - T_\infty\right)e^{\left(-\frac{hA_s}{\rho \forall c_p}t\right)} \tag{4.7}$$

Observe que esse resultado analítico nos informa que a temperatura do corpo tenderá exponencialmente à temperatura do fluido à medida que o tempo tender a infinito.

Devemos observar que a hipótese de que a temperatura é uniforme ao longo do corpo requer que a sua condutibilidade térmica seja infinita, o que nos mostra uma limitação deste tipo de análise, afinal, não observamos na natureza materiais com condutibilidade térmica infinita. A questão que se coloca então é: quando é aceitável a utilização desse método de cálculo que, por sua simplicidade, é muito atrativo?

De fato, a exigência de que a condutibilidade térmica do corpo deve ser infinita imposta pelo modelo de cálculo implica que a resistência à transferência de calor por condução no sólido deve ser nula enquanto se observa uma resistência não nula à transferência de calor por convecção entre o corpo e o fluido. Do ponto de vista prático, consideraremos que este método de cálculo é suficientemente preciso quando a resistência à transferência por condução no corpo for muito pequena diante da resistência à transferência de calor por convecção.

Interpretando a resistência à convecção como $1/hA$ e a resistência à condução como

$L_c/k_c A$, onde L_c é um comprimento característico do corpo e k_c é a sua condutibilidade térmica, observamos que a razão entre essas duas resistências será igual a hL_c/k_c, que é um adimensional denominado *número de Biot*:

$$Bi = \frac{hL_c}{k_c} \tag{4.8}$$

De maneira geral, quando $Bi < 0{,}1$, é aceitável o uso deste método.

Mas qual seria o comprimento característico de um corpo? De maneira geral, costuma-se definir o comprimento característico de um corpo como sendo o seu volume dividido pela sua área superficial:

$$L_c \equiv \frac{\forall}{A_s} \tag{4.9}$$

Utilizando essa definição, verificamos que, para uma placa plana, $L_c = L/2$, sendo L a espessura da placa. Para uma esfera, $L_c = r/3$, e para um cilindro com comprimento muito maior do que seu diâmetro, podemos considerar $L_c = r/2$. Esses serão os comprimentos característicos que utilizaremos ao longo deste texto. Entretanto, devemos reconhecer que alguns autores costumam adotar, para cilindros e esferas, o raio como comprimento característico.

Voltemos à Equação (4.7). O termo $hA_s t/\rho\forall c_p$ é um adimensional que pode ser simultaneamente multiplicado e dividido pela condutibilidade térmica do corpo, k, obtendo-se:

$$\begin{aligned} \frac{hA_s}{\rho\forall c_p}t &= \frac{ht}{\rho c_p L_c} = \frac{hL_c}{k}\frac{kt}{\rho c_p L_c^2} = \\ &= Bi\frac{kt}{\rho c_p L_c^2} = Bi\frac{\alpha t}{L_c^2} \end{aligned} \tag{4.10}$$

Devemos nos lembrar de que as propriedades k, ρ, c_p e α são do sólido. O termo $kt/\rho c_p L_c^2 = \alpha t/L_c^2$ é também um adimensional, que denominamos *número de Fourier*:

$$Fo \equiv \frac{\alpha t}{L_c^2} = \frac{kt}{\rho c_p L_c^2} \tag{4.11}$$

Tendo em vista a dependência direta desse adimensional com a variável tempo, dizemos que o número de Fourier é um tempo adimensional.

Podemos, então, reescrever a Equação (4.7) como:

$$T - T_\infty = (T_0 - T_\infty)e^{(-BiFo)} \tag{4.12}$$

Finalmente, devemos ter o claro entendimento de que o método apresentado de fato é destinado a sistemas que tenham resistência interna à transmissão de calor desprezível, o que em essência torna razoável considerar que a sua temperatura interna varia com o tempo, não apresentando variações espaciais, ou seja: em cada instante de tempo a temperatura no interior do corpo poderá ser considerada uniforme.

4.2 SISTEMAS COM TEMPERATURA INTERNA ESPACIALMENTE VARIÁVEL

No caso de um corpo estar sujeito a fenômenos transitórios nos quais sua temperatura interna apresenta variações espaciais, devemos abandonar o método da capacidade concentrada e nos dedicar à solução da equação do calor, seja por meio analítico ou numérico.

No caso de o processo de transferência de calor poder ser considerado unidimensional e sem geração de energia térmica, a equação do calor se torna:

$$\frac{\partial^2 T}{\partial x^2} = \frac{1}{\alpha}\frac{\partial T}{\partial t} \tag{4.13}$$

Essa equação requer, para a sua solução, o conhecimento de uma condição inicial e de duas condições de contorno.

No caso de o corpo ser uma placa plana com espessura igual a $2L$ e com largura e altura muito maiores do que sua espessura, de forma que seja aceitável supor que o processo de transferência de calor por condução que nela ocorre possa ser tratado como sendo unidimensional, verificamos que a condição inicial é:

- Quando $t = 0$ e $-L \le x \le L$, teremos

$$T(x,0) = T_0. \tag{4.14}$$

Estando a placa plana sujeita à convecção em suas faces, conforme ilustrado na Figura 4.2, as condições de contorno são:

- Em $x = 0$, por simetria,

$$\frac{\partial T}{\partial x} = 0. \tag{4.15}$$

- Em

$$x = L,\ h\left(T(L,t) - T_\infty\right) = -k\frac{\partial T}{\partial x}. \tag{4.16}$$

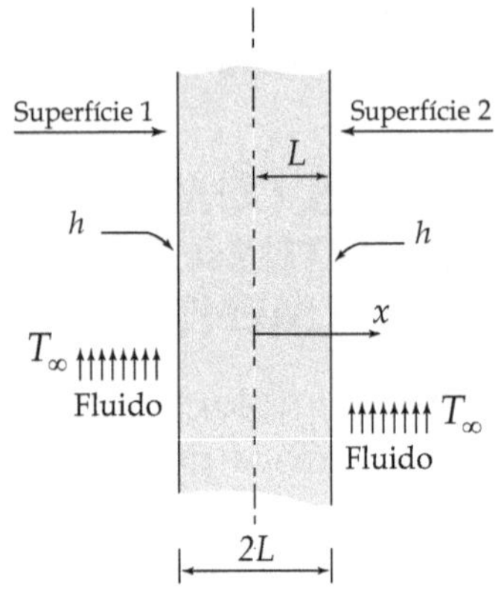

Figura 4.2 Placa plana sujeita a transiente

Devemos observar que a solução deste problema conduz à obtenção da função distribuição de temperatura no sólido, que se mostra dependente não apenas das variáveis tempo e posição, mas também, por exemplo, das propriedades do material constituinte da parede. É razoável supor que a função distribuição de temperaturas a ser obtida será função de diversos parâmetros, a saber:

$$T = T(x, t, L, T_0, k, h, \alpha) \tag{4.17}$$

O caminho para buscar a redução do número de variáveis é a análise dimensional, que nos conduz a trabalhar com adimensionais. O primeiro a ser considerado é a temperatura adimensional θ, definida como:

$$\theta^* = \frac{T - T_\infty}{T_0 - T_\infty} \tag{4.18}$$

A segunda é uma posição adimensional definida como:

$$x^* = \frac{x}{L} \tag{4.19}$$

E a terceira é um tempo adimensional dado pelo número de Fourier:

$$t^* = Fo = \frac{\alpha t}{L^2} \tag{4.20}$$

Utilizando essas variáveis adimensionais, a Equação (4.13) torna-se:

$$\frac{\partial^2 \theta^*}{\partial x^{*2}} = \frac{\partial \theta^*}{\partial Fo} \tag{4.21}$$

E a condição inicial e as de contorno são convertidas em:

No instante inicial, temos:

$$\theta^*\left(x^*, 0\right) = 1 \tag{4.22}$$

Em $x^* = 0$, temos: $$\frac{\partial \theta^*}{\partial x^*} = 0 \tag{4.23}$$

Em $x^* = 1$, temos: $$\frac{\partial \theta^*}{\partial x^*} = -Bi\theta^*\left(1, t^*\right) \tag{4.24}$$

Assim sendo, a Equação (4.17) é transformada, obtendo-se:

$$\theta^* = f\left(x^*, Fo, Bi\right) \tag{4.25}$$

Devemos notar que trabalhar com a equação adimensional, (4.21), apresenta facilidades em relação à equação dimensional, (4.13), que são evidenciadas no tratamento analítico.

4.3 SOLUÇÕES EXATAS PARA PLACA PLANA, CILINDRO E ESFERA

Consideremos três casos distintos, ilustrados na Figura 4.3, a saber:

a) Placa plana infinita com espessura $2L$.
b) Cilindro com comprimento infinito e raio r_0.
c) Esfera com raio r_0.

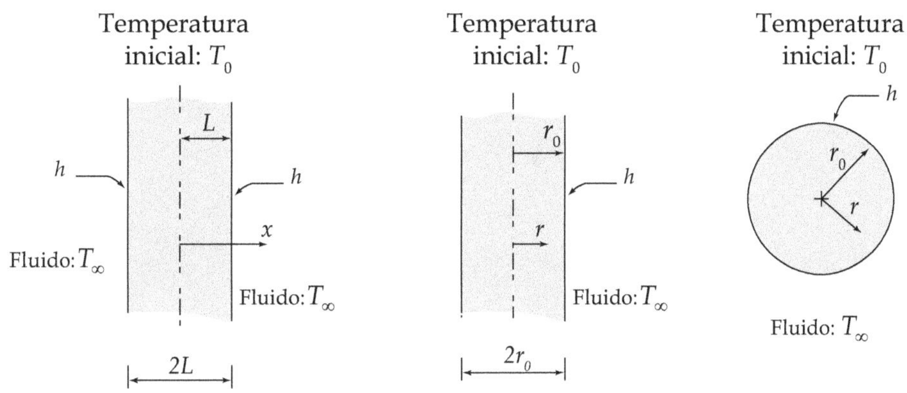

Figura 4.3 Placa plana, cilindro e esfera

Tabela 4.1 Soluções de transferência de calor em regime transiente

Geometria	Solução			
Placa plana	$\theta^* = \sum_{n=1}^{\infty} \frac{4 sen\lambda_n}{2\lambda_n + sen(2\lambda_n)} e^{-\lambda_n^2 Fo} \cos\frac{\lambda_n x}{L}$	(4.26)	$\lambda_n \tan\lambda_n = Bi$	(4.27)
Cilindro	$\theta^* = \sum_{n=1}^{\infty} \frac{2}{\lambda_n} \cdot \frac{J_1(\lambda_n)}{J_0^2(\lambda_n) + J_1^2(\lambda_n)} e^{-\lambda_n^2 Fo} J_0\left(\frac{\lambda_n r}{r_0}\right)$	(4.28)	$\lambda_n \frac{J_1(\lambda_n)}{J_0(\lambda_n)} = Bi$	(4.29)
Esfera	$\theta^* = \sum_{n=1}^{\infty} \frac{4(sen\lambda_n - \lambda_n \cos\lambda_n)}{2\lambda_n - sen(2\lambda_n)} e^{-\lambda_n^2 Fo} \frac{sen(\lambda_n r/r_0)}{\lambda_n r/r_0}$	(4.30)	$1 - \lambda_n \cot(\lambda_n) = Bi$	(4.31)

Sob a hipótese de que esses corpos estão sujeitos à convecção em suas superfícies, tem-se disponíveis na literatura soluções exatas da Equação (4.21) apresentadas na forma de séries infinitas que, para a sua avaliação, exigem a solução de equações transcendentais. Apresentamos na Tabela 4.1 soluções para os três casos acima. Observa-se que, nessa tabela, J_1 e J_0 são funções de Bessel de primeira espécie.

Note que as Equações (4.27), (4.29) e (4.31) têm, cada uma, um número infinito de soluções, sendo λ_1 a primeira, λ_2 a segunda, e assim por diante. Dessa forma cada um desses infinitos conjuntos de soluções gera os termos das séries que constituem as Equações (4.26), (4.28) e (4.30), por exemplo: cada solução da Equação (4.27) deverá ser substituída na Equação (4.26), gerando um termo de uma série infinita.

Quando $Fo > 0{,}2$, as Equações (4.26), (4.28) e (4.30) podem ser simplificadas utilizando-se apenas o primeiro termos da série infinita e descartando-se os demais, obtendo-se bons resultados. Nesse caso as equações obtidas são:

a) Placa plana:

$$\theta^* = \frac{T - T_\infty}{T_0 - T_\infty} = \frac{4 sen\lambda_1}{2\lambda_1 + sen(2\lambda_1)} e^{-\lambda_1^2 Fo} cos\left(\frac{\lambda_1 x}{L}\right) \quad (4.32)$$

Observe que, no plano central da placa plana $x = 0$, e a Equação (4.32) reduz-se a:

$$\theta^* = \frac{T - T_\infty}{T_0 - T_\infty} = \frac{4 sen\lambda_1}{2\lambda_1 + sen(2\lambda_1)} e^{-\lambda_1^2 Fo} \quad (4.33)$$

b) Cilindro:

$$\theta^* = \frac{T - T_\infty}{T_0 - T_\infty} = \frac{2}{\lambda_1} \cdot \frac{J_1(\lambda_1)}{J_0^2(\lambda_1) + J_1^2(\lambda_1)} e^{-\lambda_1^2 Fo} J_0\left(\frac{\lambda_1 r}{r_0}\right) \quad (4.34)$$

Observe que, na linha de centro do cilindro, $r = 0$. Como $J_0(0) = 1$, a Equação (4.34) reduz-se a:

$$\theta^* = \frac{T - T_\infty}{T_0 - T_\infty} = \frac{2}{\lambda_1} \cdot \frac{J_1(\lambda_1)}{J_0^2(\lambda_1) + J_1^2(\lambda_1)} e^{-\lambda_1^2 Fo} \quad (4.35)$$

c) Esfera:

$$\theta^* = \frac{T - T_\infty}{T_0 - T_\infty} = \frac{4(sen\lambda_1 - \lambda_1 \cos\lambda_1)}{2\lambda_1 - sen(2\lambda_1)} e^{-\lambda_n^2 Fo} \frac{sen(\lambda_1 r/r_0)}{\lambda_1 r/r_0} \quad (4.36)$$

Devemos observar que

$$\lim_{r\to 0} \frac{sen(\lambda_1 r/r_0)}{\lambda_1 r/r_0} = 1.$$

Assim sendo, na linha de centro da esfera, a Equação (4.36) reduz-se a:

$$\theta^* = \frac{T - T_\infty}{T_0 - T_\infty} = \frac{4(sen\lambda_1 - \lambda_1 \cos\lambda_1)}{2\lambda_1 - sen(2\lambda_1)} e^{-\lambda_n^2 Fo} \quad (4.37)$$

Na Tabela 4.2 apresentamos valores dos coeficientes λ_1 para placa plana, cilindro infinito e esfera, e na Tabela 4.3 apresentamos valores das funções de Bessel.

A utilização das equações da Tabela 4.1 é trabalhosa, sendo recomendável o uso de programas computacionais que facilitem os cálculos.

Tabela 4.2 Coeficientes λ

Bi	Placa plana λ_1	Cilindro λ_1	Esfera λ_1
0,01	0,0998	0,1412	0,1730
0,02	0,1410	0,1995	0,2445
0,04	0,1987	0,2814	0,3450
0,06	0,2425	0,3438	0,4217
0,08	0,2791	0,3960	0,4860
0,1	0,3111	0,4417	0,5423
0,2	0,4328	0,6170	0,7593
0,3	0,5218	0,7465	0,9208
0,4	0,5932	0,8516	1,053
0,5	0,6533	0,9408	1,166
0,6	0,7051	1,018	1,264
0,7	0,7506	1,087	1,353
0,8	0,7910	1,149	1,432
0,9	0,8274	1,205	1,504
1	0,8603	1,256	1,571
2	1,077	1,599	2,029

Tabela 4.3 Funções de Bessel

x	$J_0(x)$	$J_1(x)$
0	1	0
0,1	0,9975	0,04994
0,2	0,9900	0,0995
0,3	0,9776	0,1483
0,4	0,9604	0,1960
0,5	0,9385	0,2423
0,6	0,9120	0,2867
0,7	0,8812	0,3290
0,8	0,8463	0,3688
0,9	0,8075	0,4059
1	0,7652	0,4401
1,1	0,7196	0,4709
1,2	0,6711	0,4983
1,3	0,6201	0,5220
1,4	0,5669	0,5419
1,5	0,5118	0,5579

Bi	Placa plana λ_1	Cilindro λ_1	Esfera λ_1
3	1,192	1,789	2,289
4	1,265	1,908	2,456
5	1,314	1,990	2,570
6	1,350	2,049	2,654
7	1,377	2,094	2,716
8	1,398	2,129	2,765
9	1,415	2,157	2,804
10	1,429	2,179	2,836
15	1,473	2,251	2,935
20	1,496	2,288	2,986
25	1,510	2,311	3,017
30	1,520	2,326	3,037
40	1,533	2,346	3,063
45	1,537	2,352	3,072
50	1,540	2,357	3,079
100	1,555	2,381	3,110
200	1,563	2,393	3,126
500	1,568	2,400	3,135
1000	1,569	2,402	3,138

x	$J_0(x)$	$J_1(x)$
1,6	0,4554	0,5699
1,7	0,3980	0,5778
1,8	0,3400	0,5815
1,9	0,2818	0,5812
2	0,2239	0,5767
2,1	0,1666	0,5683
2,2	0,1104	0,5560
2,3	0,0555	0,5399
2,4	0,0025	0,5202
2,5	–0,0484	0,4971
2,6	–0,0968	0,4708
2,7	–0,1424	0,4416
2,8	–0,1850	0,4097
3	–0,2601	0,3391
3,2	–0,3202	0,2613
3,4	–0,3643	0,1792
3,6	–0,3918	0,0955
3,8	–0,4026	0,0128
4	–0,3971	–0,0660

4.4 EXERCÍCIOS RESOLVIDOS

Er4.1 Para realizar um tratamento térmico de placas de aço, k = 50 W/(m.K), ρ = 7850 kg/m³, c_p= 470 J/(kg.K), elas são aquecidas até atingirem a temperatura uniforme de 860°C e a seguir são repentinamente resfriadas pela sua imersão em óleo a 30°C. Suponha que o coeficiente médio de transferência de calor por convecção seja igual a 100 W/(m².K) e que a espessura das placas seja igual a 20 mm. Pede-se para determinar o tempo necessário para que a temperatura no centro da placa atinja o valor de 200°C utilizando o método da capacidade concentrada e a solução exata simplificada pelo uso do primeiro termo da série.

Solução

a) Dados e considerações

São dados:

- Material das placas: aço, k = 50 W/(m.K), ρ = 7850 kg/m³, c_p = 470 J/(kg.K).
- Temperatura inicial da placa: T_0 = 860°C; temperatura final da placa: T = 200°C.
- h = 100 W/(m².K); espessura da placa = $2L$ = 20 mm; L = 10 mm.
- Temperatura do óleo: T_∞ = 30°C.

Hipótese: o processo de transferência de calor ocorre, em regime transitório, por condução através do aço e por convecção entre o aço e o óleo.

b) Solução A: método da capacidade concentrada – análise e cálculos

Calculemos, inicialmente o número de Biot. O comprimento característico da placa é igual à metade da sua espessura: $L_c = L$ = 0,010 m.

$$Bi = \frac{hL_c}{k_c} = \frac{100 \cdot 0{,}010}{50} = 0{,}02$$

Como $Bi < 0{,}1$, é aceitável o uso do método da capacidade concentrada. Logo:

$$T - T_\infty = (T_0 - T_\infty) e^{\left(-\frac{hA_s}{\rho \forall c} t\right)}$$

$$\frac{T - T_\infty}{T_0 - T_\infty} = e^{\left(-\frac{hA_s}{\rho \forall c} t\right)} \Rightarrow$$

$$\Rightarrow -\frac{hA_s}{\rho \forall c_p} t = ln\left(\frac{T - T_\infty}{T_0 - T_\infty}\right) \Rightarrow$$

$$\Rightarrow t = -\frac{\rho \forall c_p}{hA_s} ln\left(\frac{T - T_\infty}{T_0 - T_\infty}\right)$$

Para a placa plana em estudo, a superfície de transferência de calor é o dobro da área superficial da placa e, como a espessura da placa é igual a $2L$, obtemos: $\forall/A_s = 2LA_s/2A_s = L$. Logo:

$$t = -\frac{7850 \cdot 0{,}010 \cdot 470}{100} ln\left(\frac{200 - 30}{860 - 30}\right)$$

$$= 585 \text{ s}$$

c) Solução B: solução exata simplificada – análise e cálculos

Como desejamos obter a solução exata simplificada, utilizaremos a Equação (4.33):

$$\theta^* = \frac{T - T_\infty}{T_0 - T_\infty} = \frac{4 sen\lambda_1}{2\lambda_1 + sen(2\lambda_1)} e^{-\lambda_1^2 Fo}$$

Calculando λ_1 para Bi = 0,02, obtemos: $\lambda_1 = 0{,}1410$.

Como conhecemos as temperaturas, substituímos $\lambda_1 = 0{,}1410$ na Equação (4.33) e obtemos:

$Fo = 79{,}98$

A partir do número de Fourier, determinamos: $t = 590$ s.

Observamos que, como o número de Biot é muito pequeno, os resultados obtidos são muito próximos.

Er4.2 Um arame de aço, $k = 50$ W/(m.K), $\rho = 7850$ kg/m³, $c_p = 470$ J/(kg.K), com diâmetro 5 mm, é submetido a processo de têmpera pelo aquecimento da temperatura ambiente de 20°C a 860°C por meio da sua passagem em um forno elétrico de seção circular cujo interior está a 1120°C, seguida de imersão em óleo a 20°C. Sendo a velocidade do arame igual a 0,2 m/s e o coeficiente combinado de convecção e radiação no forno igual a 150 W/(m².K), pede-se para determinar o comprimento mínimo do forno. Resolver o problema utilizando o método da capacidade concentrada e a solução exata simplificada pelo uso do primeiro termo da série.

Solução

a) Dados e considerações

São dados:

- Material do arame: aço; $k = 50$ W/(m.K), $\rho = 7850$ kg/m³, $c_p = 470$ J/(kg.K).
- Temperatura inicial do arame: $T_0 = 20$°C; temperatura final do arame: $T = 860$°C.
- $h = 150$ W/(m².K); diâmetro do arame = $D = 5$ mm; $V = 0{,}2$ m/s.

Hipóteses:

- O processo de transferência de calor ocorre, em regime transitório, por condução através do aço e por convecção e radiação entre o aço e forno e será modelado como sendo unidimensional.
- O arame será tratado como se fosse um cilindro infinito.

b) Solução A: método da capacidade concentrada – análise e cálculos

Calculemos o número de Biot. O comprimento característico de um cilindro com comprimento muito maior do que o seu diâmetro será considerado igual ao seu raio:

$L_c = r_0 = 2{,}5$ mm.

$$Bi = \frac{hL_c}{k_c} = \frac{150 \cdot 0{,}0025}{50} = 0{,}0075$$

Como $Bi < 0{,}1$, é aceitável o uso do método da capacidade concentrada. Logo:

$$T - T_\infty = (T_0 - T_\infty) e^{\left(-\frac{hA_s}{\rho \forall c_p} t\right)}$$

$$\Rightarrow t = -\frac{\rho \forall c_p}{hA_s} ln\left(\frac{T - T_\infty}{T_0 - T_\infty}\right)$$

Como $\forall / A_s = D/4$, resulta:

$$t = -\frac{\rho D c}{4h} ln\left(\frac{T - T_\infty}{T_0 - T_\infty}\right) =$$

$$= -\frac{7850 \cdot 0{,}005 \cdot 470}{4 \cdot 150} ln\left(\frac{860 - 1120}{20 - 1120}\right)$$

$= 44{,}3$ s

Como a velocidade do arame é $V = 0{,}2$ m/s, o comprimento M do forno deve ser:

$M = 0{,}2 \cdot 44{,}3 = 8{,}86$ m

c) Solução B: solução exata simplificada – análise e cálculos

Como desejamos impor que a temperatura no centro do arame ao final do seu aquecimento é conhecida, 860°C, e como pretendemos obter uma solução aproximada usando o primeiro termo da série, utilizamos a Equação (4.35):

$$\theta^* = \frac{T - T_\infty}{T_0 - T_\infty} = \frac{2}{\lambda_1} \cdot \frac{J_1(\lambda_1)}{J_0^2(\lambda_1) + J_1^2(\lambda_1)} e^{-\lambda_1^2 Fo}$$

Para $Bi = 0{,}075$, usando um programa computacional adequado, calculamos o valor de λ_1 obtendo: $\lambda_1 = 0{,}1224$. Substituindo esse valor na Equação (4.35) juntamente com os valores já conhecidos das temperaturas, obtemos:

$Fo = 96{,}46$

Como $Fo = \alpha t / L_c^2$, determinamos o tempo desejado, obtendo: $t = 44{,}5$ s.

Nesse caso o comprimento desejável do forno será: $M = Vt = 8{,}90$ m, que é, do ponto de vista de projeto térmico do forno, praticamente igual ao valor anteriormente obtido.

Er4.3 Pretende-se aquecer esferas de aço com diâmetro de 8 cm, $k = 50$ W/(m.K), $\rho = 7850$ kg/m³, $c_p = 470$ J/(kg.K), pela sua imersão em uma corrente de ar quente. Suponha que a temperatura inicial das esferas seja igual a 20°C e que a temperatura do ar seja igual a 80°C. Supondo que o coeficiente médio de transferência de calor por convecção seja igual a 50 W/(m².K), pede-se para calcular o tempo necessário para que o centro da esfera atinja a temperatura de 50°C.

Solução

a) Dados e considerações

São dados:

- Material da esfera: aço, $k = 50$ W/(m.K), $\rho = 7850$ kg/m³, $c_p = 470$ J/(kg.K).
- $h = 50$ W/(m².K); $D = 8{,}0$ cm; $T_0 = 20$°C; $T_\infty = 80$°C; $T = 50$°C.

Hipóteses: o processo ocorre em regime transitório por condução através do aço e por convecção entre o aço e o ar, e os efeitos devidos à transferência de calor por radiação serão considerados desprezíveis.

b) Análise e cálculos

Calculemos, inicialmente o número de Biot. Consideraremos o comprimento característico da esfera igual ao seu raio: $L_c = 4$ cm.

$$Bi = \frac{hL_c}{k_c} = \frac{50 \cdot 0{,}04}{50} = 0{,}04 \text{ m}$$

Como $Bi < 0{,}1$, é aceitável o uso do método da capacidade concentrada.

Logo:

$$T - T_\infty = (T_0 - T_\infty)e^{\left(-\frac{hA_s}{\rho \forall c_p}t\right)}$$

$$\frac{T - T_\infty}{T_0 - T_\infty} = e^{\left(-\frac{hA_s}{\rho \forall c_p}t\right)} \Rightarrow$$

$$\Rightarrow -\frac{hA_s}{\rho \forall c_p}t = ln\left(\frac{T - T_\infty}{T_0 - T_\infty}\right) \Rightarrow$$

$$\Rightarrow t = -\frac{\rho \forall c_p}{hA_s} ln\left(\frac{T - T_\infty}{T_0 - T_\infty}\right)$$

$$t = -\frac{7850 \cdot (4\pi \cdot 0{,}04^3/3)470}{50 \cdot 4\pi \cdot 0{,}04^2}$$

$$ln\left(\frac{50 - 80}{20 - 80}\right) = 682 \text{ s}$$

Er4.4 Pretende-se aquecer esferas de um material isolante com diâmetro de 10 cm, $k = 0{,}8$ W/(m.K), $\rho = 1000$ kg/m³, $c_p = 700$ J/(kg.K), em um forno cuja temperatura interna é igual a 600°C. Suponha que a temperatura inicial das esferas seja igual a 20°C. Considerando que o coeficiente médio combinado de transferência de calor por convecção e por radiação seja igual a 40 W/(m².K), pede-se para calcular a temperatura no seu centro após serem submetidas ao aquecimento por 20 minutos.

Solução

a) Dados e considerações

São dados:

- Material da esfera: isolante térmico, $k = 0{,}8$ W/(m.K), $\rho = 1000$ kg/m³, $c_p = 700$ J/(kg.K).
- $h = 40$ W/(m².K); $D = 10$ cm.
- $T_\infty = 600$°C; $T_0 = 20$°C; tempo de aquecimento: 20 min.

Hipóteses: o processo ocorre em regime transitório por condução através do isolante e por convecção entre o isolante e o ar. Os efeitos devidos à transferência de calor por radiação serão considerados desprezíveis.

b) Análise e cálculos

Calculemos, inicialmente o número de Biot. O comprimento característico da esfera é considerado igual ao seu raio, 3 cm:

$$Bi = \frac{hL_c}{k_c} = \frac{40 \cdot 0{,}05}{0{,}8} = 2{,}5$$

Como $Bi > 0{,}1$, **NÃO** é aceitável o uso do método da capacidade concentrada.

Calculemos, então, o número de Fourier. Como conhecemos as propriedades do material e o instante de tempo no qual desejamos determinar a temperatura no centro da esfera, obtemos:

$$Fo = \frac{\alpha t}{L_c^2} = \frac{kt}{\rho c_p L_c^2} = 0{,}5486 > 0{,}2$$

Assim sendo, verificamos que podemos optar pela aplicação da solução exata aproximada pelo uso apenas do primeiro termo da série. Como desejamos conhecer a temperatura no centro da esfera, a equação aplicável é a (4.37):

$$\theta^* = \frac{T - T_\infty}{T_0 - T_\infty} = \frac{4(sen\lambda_1 - \lambda_1 cos\lambda_1)}{2\lambda_1 - sen(2\lambda_1)} e^{-\lambda_n^2 Fo}$$

Determinemos, inicialmente, a constante λ_1. Utilizando a Tabela 4.2, obtemos por interpolação linear: $\lambda_1 = 2{,}159$. Entretanto, se utilizarmos um programa computacional adequado para a determinação desse valor, obtemos $\lambda_1 = 2{,}175$, que será o valor utilizado nos cálculos. Substituindo esse valor e o valor do número de Fourier na Equação (4.37), resulta: $\theta^* = 0{,}1164$.

Como $T_\infty = 600°C$ e $T_0 = 20°C$, determinamos a temperatura desejada: $T = 533°C$.

Observamos que, se tivéssemos utilizado o valor $\lambda_1 = 2{,}159$, o resultado obtido seria: $T = 530°C$, que é um resultado suficientemente bom; por outro lado, se tivéssemos resolvido a questão utilizando o método da capacidade concentrada, teríamos obtido $T = 591°C$, que é um resultado que podemos considerar inaceitável.

4.5 EXERCÍCIOS PROPOSTOS

Ep4.1 Pretende-se determinar a temperatura do escoamento de ar na linha de centro de um duto utilizando-se um termopar cuja junção é aproximadamente esférica com diâmetro igual a 2,0 mm. Suponha que as propriedades do material da junção possam ser aproximadas pelas do cobre, $\rho = 8500$ kg/m³, $k = 26$ W/(m.K) e $c_p = 300$ J/(kg.K), que o coeficiente de transmissão de calor por convecção entre o ar e o termopar é igual a 60 W/(m².K). Se o termopar está inicialmente na temperatura ambiente, 20°C, e se a leitura esperada for igual a 500°C, pede-se para determinar quanto tempo se deve esperar para que a temperatura no centro da junção atinja o valor de 498°C.

Resp.: 77,6 s.

Ep4.2 Uma barra cilíndrica de aço com diâmetro de 20 mm, inicialmente a 20°C, é aquecida pela sua imersão em água a 80°C. Suponha que as propriedades do aço sejam dadas por $k = 50$ W/(m.K), $\rho = 7850$ kg/m³, $c_p = 470$ J/(kg.K). Se o coeficiente de transmissão de calor por convecção entre a água e o ar for igual a 60 W/(m².K), qual será temperatura da barra após ser aquecida durante 5 minutos?

Resp.: 57,4°C.

Ep4.3 Uma placa de aço, $k = 50$ W/(m.K), $\rho = 7850$ kg/m³, $c_p = 470$ J/(kg.K), com espessura de 50,8 mm, está a 400°C. Ela é subitamente submetida ao resfriamento pela sua imersão em óleo a 30°C. Suponha que o coeficiente médio de transferência de calor por convecção seja igual a 200 W/(m².K). Pede-se para determinar o tempo necessário para que a temperatura no centro da placa atinja o valor de 50°C utilizando o método da capacidade concentrada.

Resp.: 684 s.

Ep4.4 Em um processo industrial, um cabo de liga de alumínio de seção circular com diâmetro de 10 mm, inicialmente a 90°C, é resfriado por meio da sua contínua passagem sob um jato de água a 20°C. Sabendo-se que o coeficiente de transferência de calor por convecção entre a água e o cabo é igual a 50 W/(m².K) e que a condutibilidade térmica da liga de alumínio constituinte do cabo é 200 W/(m.K), seu calor específico é 800 J/(kg.K) e sua massa específica é 2700 kg/m³, determine o tempo de permanência do cabo sob o jato de forma que a sua temperatura seja reduzida a 30°C.

Resp.: 210 s.

Ep4.5 Em um processo industrial, uma fita de liga metálica com espessura de 2 mm, inicialmente a 100°C, é continuamente resfriada pela sua passagem através de um banho de óleo a 25°C. Determine o tempo de permanência da fita no banho sabendo que a sua temperatura final deve ser igual a 28°C, que a condutibilidade térmica da liga é $k = 200$ W/(m.K), seu calor específico é 300 J/(kg.K), sua massa específica é 6700 kg/m³ e que o coeficiente de transmissão de calor por convecção é igual a 20 W/(m².K).

Resp.: 324 s.

Ep4.6 Pretende-se aquecer placas finas de material cerâmico, de espessura igual a 4 mm, pelo seu contato com produtos de combustão a 160°C em uma estufa contínua tipo túnel. As placas cerâmicas são caracterizadas por terem densidade relativa igual a 2,55, condutibilidade térmica igual a 1,8 W/(m.K) e calor específico igual a 850 J/(kg.K). O coeficiente de transmissão de calor por convecção entre as placas e o ar é igual a 20 W/(m².K). Tendo em vista que se deseja que o material cerâmico, inicialmente na temperatura de 30°C, atinja 110°C, pede-se para determinar o tempo necessário para prover o aquecimento desejado.

Resp.: 207 s.

Ep4.7 Na seção de descarga de um forno túnel a rolos de produção de pisos cerâmicos, pretende-se reduzir a temperatura das peças, inicialmente a 300°C, pelo sopro de ar a 30°C e 94 kPa perpendicularmente às suas superfícies (inferiores e superiores). Sabe-se que o piso cerâmico apresenta as seguintes propriedades: espessura igual a 6 mm; massa específica igual a 1800 kg/m³; condutibilidade térmica igual a 0,5 W/(m.K); e c_p = 850 J/(kg.K). Sabendo que o coeficiente de transmissão de calor por convecção é igual a 50 W/(m².K), pergunta-se: a utilização do método da capacidade concentrada é adequado? Se esse método for utilizado, qual seria temperatura atingida pela peça se o processo de resfriamento durasse 3 minutos?

Resp.: não; 131°C.

Ep4.8 É adequado resolver o Exercício Ep4.7 utilizando a solução exata para placas planas simplificada pelo uso de apenas o primeiro termo da série? Qual seria a temperatura atingida pela peça se o processo de resfriamento durasse 2 minutos?

Resp.: sim; 116°C.

Ep4.9 Uma esfera metálica, com massa específica igual a 2700 kg/m³, k = 160 W/(m.K), c_p = 830 J/(kg.K), 20 mm de diâmetro e inicialmente a 60°C, é repentinamente submersa em água a 20°C. Se o coeficiente de transmissão de calor por convecção é igual a 100 W/(m².K), qual será a sua temperatura depois de decorridos 30 segundos do início da imersão?

Resp.: 46,8°C.

Ep4.10 Uma esfera metálica, com massa específica igual a 2700 kg/m³, k = 160 W/(m.K), c_p = 830 J/(kg.K), 20 mm de diâmetro e inicialmente a 60°C, é repentinamente submersa em água a 20°C. Considerando que o coeficiente convectivo médio observado entre a esfera e a água é igual a 80 W/(m².K) e que a esfera permanece mergulhada na água durante 60 s, pede-se para determinar a variação da energia interna da esfera ao longo do processo.

Resp.: 178 J.

Ep4.11 Uma esfera metálica, com massa específica igual a 2700 kg/m³, k = 160 W/(m.K), c_p = 830 J/(kg.K), 20 mm de diâmetro e inicialmente a 60°C, é repentinamente submersa em água a 20°C. Considerando que o coeficiente convectivo médio observado entre a esfera e a água é igual a 80 W/(m².K), pede-se para determinar a temperatura que a esfera atinge após 20 s.

Resp.: 52,3°C.

Ep4.12 Um bloco disforme de um aço-carbono, massa específica igual a 7800 kg/m³, condutibilidade térmica igual a 40 W/(m.K) e calor específico igual a 490 J/(kg.K), tem volume de 500 cm³ e área superficial de cerca de 1250 cm². Esse bloco, inicialmente a 200°C, é subitamente imerso em óleo a 20°C. Supondo que o coeficiente de transmissão de calor por convecção é igual a 100 W/(m².K), determine a temperatura média do bloco após o tempo de imersão de 120 segundos.

Resp.: 102°C.

Ep4.13 Um bloco disforme de um aço-carbono, massa específica igual a 7800 kg/m³, condutibilidade térmica igual a 40 W/(m.K) e calor específico igual a 490 J/(kg.K), tem volume de 500 cm³ e área superficial de cerca de 1250 cm². Esse bloco, inicialmente a 200°C, é subitamente imerso em óleo a 20°C. Determine o fluxo de calor médio observado na superfície do bloco no instante $t = 60$ s.

Resp.: 12,2 kW/m².

Ep4.14 Em um processo industrial, uma fina fita de aço com espessura igual a 1 mm e largura igual a 30 mm deve ser temperada pela imersão em óleo. Veja a Figura Ep4.14. Um engenheiro propõe que esse processo seja realizado continuamente com o aquecimento da fita até a temperatura de 850°C pela sua passagem em um pequeno forno no qual é queimado gás natural. Na seção de saída do forno, a fita é submetida a um banho de óleo a 30°C, promovendo a têmpera. Considere que seja desejável que a fita de aço esteja a 200°C na saída do banho de óleo, o aço tem densidade relativa igual a 7,85, a sua condutibilidade térmica é igual a 40 W/(m.K), o seu calor específico é igual a 470 J/(kg.K), o coeficiente convectivo observado entre a fita e o óleo é igual a 160 W/(m².K) e a largura do banho de óleo é igual a 200 mm. Sabe-se que a fita deverá estar submersa no banho de óleo o tempo necessário para que a sua temperatura atinja 200°C e que o limite da produtividade do processo é o tempo de têmpera.

a) O método da capacidade concentrada é aplicável à solução deste problema? Justifique a sua resposta.
b) Determine quantos metros de fita, no máximo, podem ser tratados por minuto.
c) A largura da fita é um parâmetro importante no processo de transferência de calor?

Resp.: sim, $Bi < 0,1$; 0,33 m/min; não.

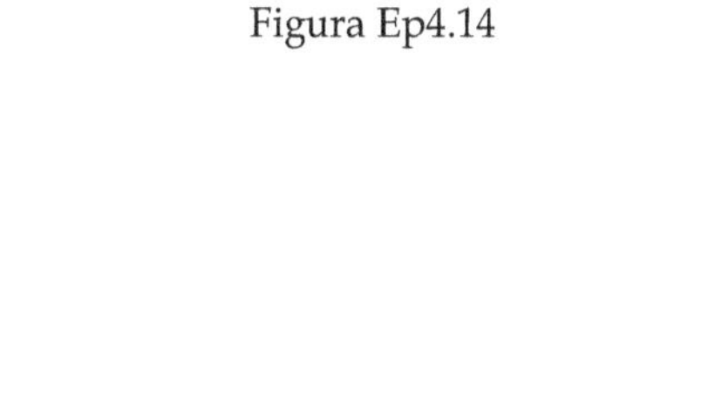

Figura Ep4.14

CAPÍTULO 5

INTRODUÇÃO À ANÁLISE NUMÉRICA – CONDUÇÃO

No Capítulo 3, tomamos conhecimento da equação da condução e a resolvemos para um conjunto de situações caracterizadas pelo fato de o trabalho analítico requerido para as suas soluções ser mínimo. Voltemos, agora, a essa equação com o propósito de resolvê-la em situações mais adversas.

Lembrando que em uma quantidade bastante ampla de situações é razoável considerar que a substância condutora é isotrópica e apresenta condutibilidade térmica constante com a temperatura, a equação da condução em coordenadas cartesianas toma a forma:

$$\frac{\partial^2 T}{\partial x^2}+\frac{\partial^2 T}{\partial y^2}+\frac{\partial^2 T}{\partial z^2}+\frac{\dot{Q}'''}{k}=\frac{1}{\alpha}\frac{\partial T}{\partial t} \tag{5.1}$$

ou

$$k\left(\frac{\partial^2 T}{\partial x^2}+\frac{\partial^2 T}{\partial y^2}+\frac{\partial^2 T}{\partial z^2}\right)+\dot{Q}'''=\frac{k}{\alpha}\frac{\partial T}{\partial t} \tag{5.2}$$

Certamente, existem muitas outras soluções analíticas dessa equação além das apresentadas no Capítulo 3, entretanto, estamos certos de que ela só pode ser resolvida analiticamente para um número bastante restrito de problemas particulares com geometrias específicas. Assim, para a solução de problemas de condução de calor mais complexos, faz-se necessário resolvê-la usando métodos numéricos apropriados, o que resulta na obtenção do valor da propriedade temperatura em um conjunto de pontos discretos. Esse conhecimento da temperatura em pontos discretos difere muito do obtido por meio das soluções analíticas, que resultam na determinação da temperatura em função das variáveis x, y, z e t.

Neste texto, abordaremos uma aplicação particular do método dos volumes finitos que consiste, em essência, na divisão de uma região em um número finito de volumes contíguos e em aplicar para cada um deles as equações de conservação que se julgarem adequadas realizando balanços, por exemplo, de massa e energia. No caso do estudo de transferência de calor por condução em corpos sólidos, não observaremos transferência de massa entre volumes vizinhos e, assim, a única equação de conservação que aplicaremos será a primeira lei da termodinâmica, o que resulta na condição particular prevista de aplicação deste método.

5.1 O MÉTODO DOS VOLUMES FINITOS

Ao se utilizar o método dos volumes finitos, aplicam-se as equações de conservação, obtendo-se equações aproximadas em número proporcional à quantidade de volumes finitos definidos como sendo adequados para a análise numérica da questão. Como aplicamos as equações volume por volume, esse método tem a característica de permitir que o fenômeno envolvido e o conjunto de equações simplificadas que os descrevem sejam visualizados com maior facilidade em relação a outros métodos.

Consideremos, inicialmente, um sólido submetido a um processo de transferência de calor por condução em estado estacionário ou transitório definido ou pelos fluxos de calor ou pelas temperaturas especificadas nas fronteiras. Desejamos determinar as temperaturas em pontos predeterminados desse sólido e, também, os fluxos de calor e as taxas de calor em superfícies pré-escolhidas desse sólido. Para tal, consideremos a Figura 5.1, na qual apresentamos um corpo sólido dividido em certo número de volumes com geometria arbitrária, escolhidos com o propósito de calcular a propriedade temperatura no centro desses volumes, e os fluxos térmicos e as taxas de transmissão observadas nas suas fronteiras.

Sejam:

- 1, 2, 3, ..., *i*, ..., *n*, os índices que denominam os volumes;

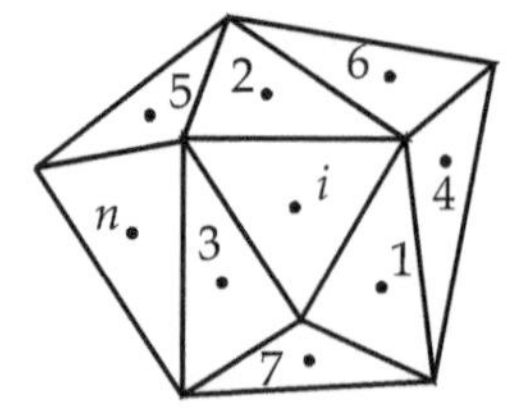

Figura 5.1 Volumes finitos

- T_1, T_2, T_3, ..., T_i, ..., T_n, as temperaturas nos pontos 1, 2, 3, ...*i*, ...*n* situados nos centros dos volumes;
- $\dot{Q}_1'''$, $\dot{Q}_2'''$, $\dot{Q}_3'''$, ..., $\dot{Q}_i'''$, ..., $\dot{Q}_n'''$, as taxas de geração de calor nos volumes 1, 2, 3, ...*i*, ..., *n*;
- $\dot{Q}_{1,i}$, $\dot{Q}_{2,i}$ e $\dot{Q}_{3,i}$ as taxas de calor por condução, respectivamente, dos volumes 1, 2 e 3 para o volume *i*.

Devemos observar que, utilizando a convenção de sinais estabelecida ao estudar termodinâmica, as taxas de calor dos volumes 1, 2 e 3 para o volume *i* são positivas, e se de fato, por exemplo, uma das taxas ocorrer do volume *i* para outro qualquer contíguo, ela será negativa. Aplicando a primeira lei da termodinâmica para o volume *i*, que faz fronteira apenas com os volumes 1, 2 e 3, obtemos:

$$\frac{dE_i}{dt} = \dot{Q}_{1,i} + \dot{Q}_{2,i} + \dot{Q}_{3,i} + \dot{Q}_i'''\forall_i \tag{5.3}$$

Nessa equação, E_i é a energia da massa presente no volume *i* e $\forall_i$ é o seu volume.

Generalizando a Equação (5.3) para um volume que faz fronteira com *j* volumes vizinhos, resulta:

$$\begin{aligned} \frac{dE_i}{dt} &= \dot{Q}_{1,i} + \dot{Q}_{2,i} + \dot{Q}_{3,i} + \\ &+ \ldots\ldots + \dot{Q}_{j,i} + \dot{Q}_i'''\forall_i \end{aligned} \tag{5.4}$$

Essa equação deve ser interpretada da seguinte forma:

$$\begin{bmatrix}\text{Taxa temporal de}\\ \text{variação da energia}\\ \text{do volume } i.\end{bmatrix} = \begin{bmatrix}\text{Soma das taxas de calor}\\ \text{entre os volumes vizinhos}\\ \text{e o volume } i.\end{bmatrix} + \begin{bmatrix}\text{Taxa de geração}\\ \text{de energia no}\\ \text{volume } i.\end{bmatrix}$$

Consideremos, agora, a Figura 5.2. Nela reapresentamos o sólido da Figura 5.1 e acrescentamos as resistências térmicas à condução entre os pontos nos quais desejamos determinar as temperaturas. Note que, como todos os volumes são "triangulares", observamos três resistências interligando cada ponto aos seus três próximos, por exemplo: $R_{1,i}$ é a resistência térmica à transmissão de calor entre os volumes i e 1, $R_{2,i}$ é a resistência térmica à transmissão de calor entre os volumes i e 2, e $R_{3,i}$ é a resistência térmica à transmissão de calor entre os volumes i e 3.

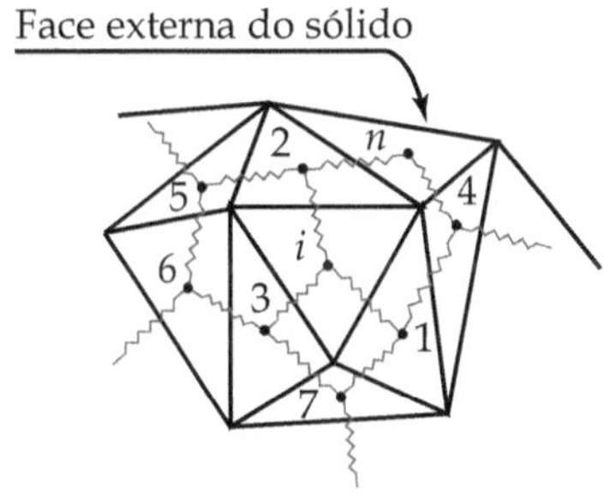

Figura 5.2 Resistências térmicas

Observe que o conjunto de resistências térmicas interligadas formam uma malha cujos nós são os pontos nos quais desejamos determinar as temperaturas ou, inversamente, se houver um conjunto de pontos nos quais desejamos determinar as temperaturas, devemos criar um conjunto de volumes e, consequentemente, uma malha cujos nós formem esse conjunto de pontos.

Ainda observando a Figura 5.2, notamos que n é um volume que apresenta uma face que compõe a superfície externa do sólido e, assim sendo, ele apresenta transferência de calor por condução com os volumes 2 e 4; para completar o balanço de energia, é necessário conhecer a condição térmica dessa face externa, seja o fluxo térmico, a taxa de transferência de calor ou, ainda, a sua temperatura. Por exemplo: o fluxo térmico nessa superfície pode ser nulo e ela será uma superfície adiabática.

Finalmente, para determinar o conjunto desejado de temperaturas, devemos aplicar a Equação (34.1) a todos os volumes constituintes do sólido, resultando em um sistema de equações que deve ser solucionado considerando-se tanto condições de contorno quanto, se houver, condições iniciais.

5.2 ANÁLISE DA CONDUÇÃO BIDIMENSIONAL EM ESTADO ESTACIONÁRIO

Consideremos um corpo tridimensional com espessura unitária conforme ilustrado na Figura 5.3. Nele, podemos considerar que esteja ocorrendo um processo de transferência de calor bidimensional em estado estacionário, e a ele atrelamos um sistema de coordenadas cartesianas, Figura 5.3, o que nos permite, utilizando linhas tracejadas, dividir esse corpo em um conjunto finito de volumes com seções com lados Δx e Δy. Em cada um desses volumes identificamos seu centro geométrico, sendo que, em cada um deles, desejamos determinar a temperatura. Observe que cada um desses centros geométricos consiste em um dos nós da malha a ser constituída – veja, por exemplo, o volume que tem o nó central na posição (i+2,j-1).

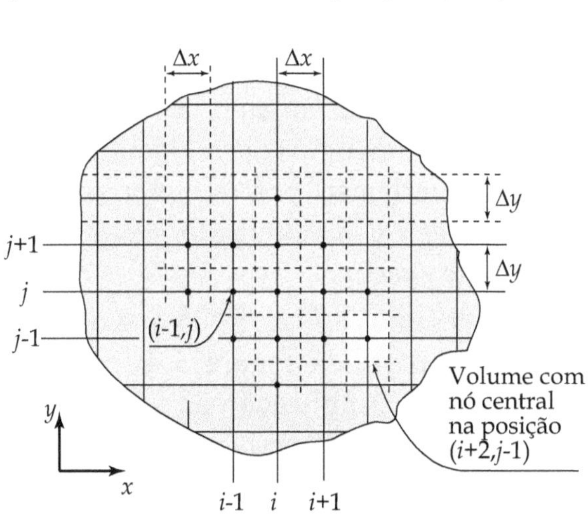

Figura 5.3 Condução bidimensional

Cada nó está em uma posição (x,y), sendo que a abscissa x de um nó arbitrário é indexada pelo índice i e a ordenada y é indexada pelo índice j.

Observemos, agora, a Figura 5.4. Ela é resultado de uma modificação da Figura 5.3, na qual ilustramos parte da malha constituída por resistências térmicas, que foi montada visando realizar a aplicação da primeira lei da termodinâmica ao volume de controle com centro no nó (i,j), que é um nó interno da malha.

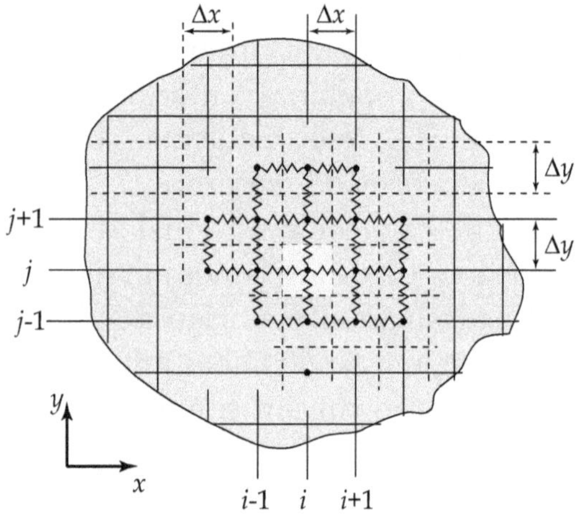

Figura 5.4 Malha entorno do nó (i, j)

Nosso objetivo, agora, é o de obter uma equação que nos permita determinar a temperatura no nó interno (i,j) em função das temperaturas dos nós adjacentes por meio da aplicação da primeira lei da termodinâmica. Esse procedimento consistirá, em essência, em se realizar uma balanço de energia no volume em cujo centro geométrico observamos o nó cuja temperatura desejamos determinar; por esse motivo, esse procedimento é denominado *método do balanço de energia*.

Observemos a Figura 5.5 que é a ampliação de parte da Figura 5.4 que contém o nó (i,j). A aplicação da primeira lei da termodinâmica para este nó interno resulta em:

$$\frac{dE_i}{dt} = \dot{Q}_{(i-1,j),(i,j)} + \dot{Q}_{(i+1,j),(i,j)} + \dot{Q}_{(i,j-1),(i,j)} + \dot{Q}_{(i,j+1),(i,j)} + \dot{Q}'''_{i,j} \forall_{i,j} \quad (5.5)$$

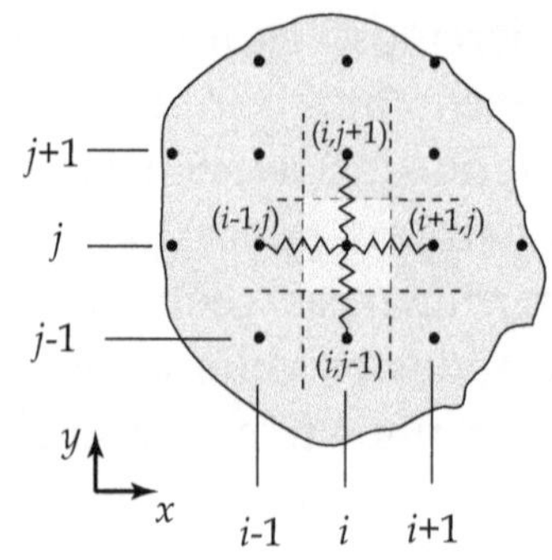

Figura 5.5 Volume com centro no nó (i, j)

Note que $\dot{Q}_{(i-1,j),(i,j)}$ é a taxa de calor do volume com centro no nó $(i\text{-}1,j)$ para o volume com centro no nó (i,j) e, similarmente, $\dot{Q}_{(i+1,j),(i,j)}$ é a taxa de calor do volume com centro no nó $(i+1,j)$ para o volume com centro no nó (i,j). Essas duas taxas de calor são as que ocorrem na direção do eixo x, e as outras duas, $\dot{Q}_{(i,j-1),(i,j)}$ e $\dot{Q}_{(i,j+1),(i,j)}$, ocorrem na direção do eixo y.

Se o processo ocorrer em estado estacionário e sem geração de calor, a Equação (5.5) é resumida a:

$$0 = \dot{Q}_{(i-1,j),(i,j)} + \dot{Q}_{(i+1,j),(i,j)} + \dot{Q}_{(i,j-1),(i,j)} + \dot{Q}_{(i,j+1),(i,j)} \quad (5.6)$$

Vamos nos dedicar, agora, a expressar as taxas de calor presentes na Equação (5.5) em termos das temperaturas nos nós. Podemos, utilizando a lei de Fourier e lembrando que o sólido tem espessura unitária, escrever:

$$\dot{Q}_{(i-1,j),(i,j)} = -k \cdot 1 \cdot dy\frac{\partial T}{\partial x} = -kdy\frac{\partial T}{\partial x} \quad (5.7)$$

A derivada parcial da temperatura em relação à coordenada x pode ser aproximada por:

$$\frac{\partial T}{\partial x} \approx -\frac{T_{i\text{-}1,j} - T_{i,j}}{\Delta x} \quad (5.8)$$

Podemos, então, avaliar essa taxa de calor como sendo:

$$\dot{Q}_{(i-1,j),(i,j)} = \frac{T_{i\text{-}1,j} - T_{i,j}}{R_{(i-1,j),(i,j)}} \quad (5.9a)$$

Similarmente:

$$\dot{Q}_{(i+1,j),(i,j)} = \frac{T_{i+1,j} - T_{i,j}}{R_{(i+1,j),(i,j)}} \quad (5.9b)$$

$$\dot{Q}_{(i,j-1),(i,j)} = \frac{T_{i,j\text{-}1} - T_{i,j}}{R_{(i,j-1),(i,j)}} \quad (5.9c)$$

$$\dot{Q}_{(i,j+1),(i,j)} = \frac{T_{i,j+1} - T_{i,j}}{R_{(i,j+1),(i,j)}} \quad (5.9d)$$

Criando volumes tais que $\Delta x = \Delta y$, obtemos:

$$R_{(i-1,j),(i,j)} = R_{(i+1,j),(i,j)} = \frac{\Delta x}{k\Delta y \cdot 1} = \frac{1}{k} \quad (5.10a)$$

$$R_{(i,j-1),(i,j)} = R_{(i,j+1),(i,j)} = \frac{\Delta y}{k\Delta x \cdot 1} = \frac{1}{k} \quad (5.10b)$$

Substituindo as Equações (5.10) e (5.9) na Equação (5.6), obtemos:

$$0 = \frac{T_{i\text{-}1,j} - T_{i,j}}{k^{-1}} + \frac{T_{i+1,j} - T_{i,j}}{k^{-1}} + \frac{T_{i,j-1} - T_{i,j}}{k^{-1}} + \frac{T_{i,j+1} - T_{i,j}}{k^{-1}} \quad (5.11)$$

$$T_{i\text{-}1,j} + T_{i+1,j} + T_{i,j-1} + T_{i,j+1} - 4T_{i,j} = 0 \quad (5.12)$$

Ou seja, a temperatura no nó interno (i,j) é igual à média aritmética das temperaturas nos nós correspondentes aos centros geométricos dos volumes contíguos.

Não podemos nos esquecer de que, ao analisar um processo de condução, notaremos o ocorrência de nós não internos presentes em volumes com superfícies sujeitas a condições de contorno, tais como: fluxo de calor constante, fluxo de calor causado por convecção, superfície adiabática, e assim por diante. A aplicação do método que apresentamos resulta em equações específicas para cada caso em particular. Na Tabela 5.1, apresentamos equações assim obtidas válidas para condução em estado estacionário, sem geração e com rede nodal criada considerando-se $\Delta x = \Delta y$.

Devemos notar que, se for desejado impor a condição de parede adiabática, devemos apenas utilizar as equações da Tabela 5.1 impondo que o coeficiente de transmissão de calor por convecção ou o fluxo de calor são nulos.

Tabela 5.1 Equações para a determinação de temperaturas em nós

Caso em estudo	Croquis	Equação
Ponto nodal interno	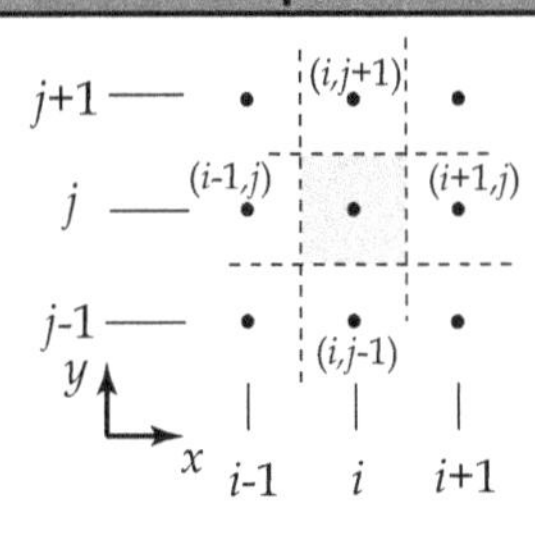	$T_{j,i\text{-}1} + T_{j,i+1} + T_{j,i\text{-}1} + T_{j,i\text{-}1} - 4T_{i,j} = 0$ (5.12)
Ponto nodal em superfície plana com convecção	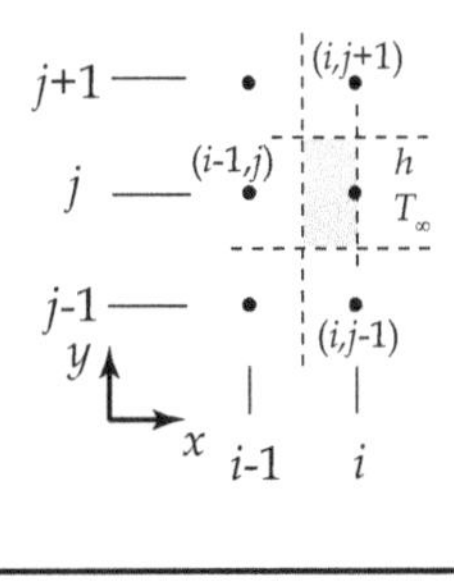	$2T_{i\text{-}1,j} + T_{i,j+1} + T_{i,j\text{-}1} + \frac{2h\Delta x}{k}T_\infty - 2\left(\frac{h\Delta x}{k} + 2\right)T_{i,j} = 0$ (5.13)

Caso em estudo	Croquis	Equação
Ponto nodal em superfície plana com fluxo térmico uniforme	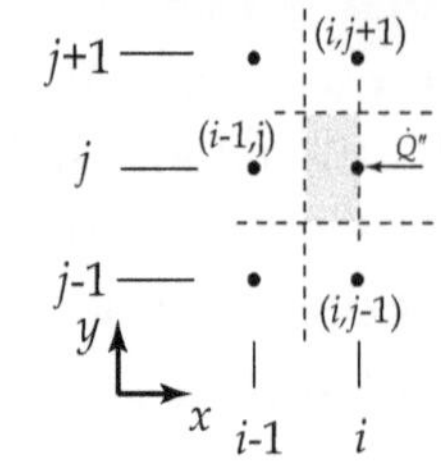	$$2T_{i-1,j}+T_{i,j+1}+T_{i,j-1}+\frac{2\dot{Q}''\Delta x}{k}-4T_{i,j}=0 \quad (5.14)$$
Ponto nodal em vértice interno com convecção	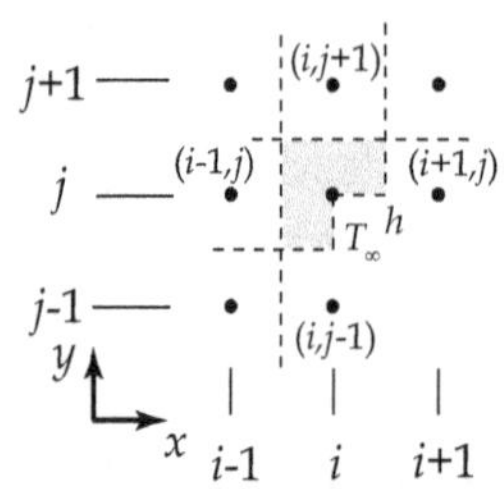	$$2\left(T_{i-1,j}+T_{i,j+1}\right)+T_{i,j-1}+T_{i+1,j}+\frac{2h\Delta x}{k}T_{\infty}-2\left(\frac{h\Delta x}{k}+3\right)T_{i,j}=0 \quad (5.15)$$
Ponto nodal em vértice externo com convecção	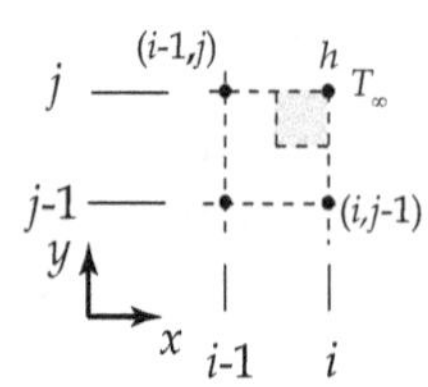	$$T_{i,j-1}+T_{i-1,j}+\frac{2h\Delta x}{k}T_{\infty}-2\left(\frac{h\Delta x}{k}+1\right)T_{i,j}=0 \quad (5.16)$$

5.3 EXERCÍCIOS RESOLVIDOS

Er5.1 Desenvolva uma equação para a determinação da temperatura em um nó presente em uma superfície sujeita a fluxo de calor conhecido e sem geração de calor. Utilize o método do balanço de energia.

Solução

a) Dados e considerações

São dados:

- O material tem condutibilidade térmica constante k.
- O fluxo $\dot{Q}''$ indicado na Figura Er5.1 é conhecido, constante ao longo do tempo e uniforme na superfície.
- O corpo tem espessura unitária.
- A taxa de geração de calor no corpo é nula.
- A malha é quadrada resultando em $\Delta x = \Delta y$.

Informações sobre o processo:

- o processo ocorre em estado estacionário.

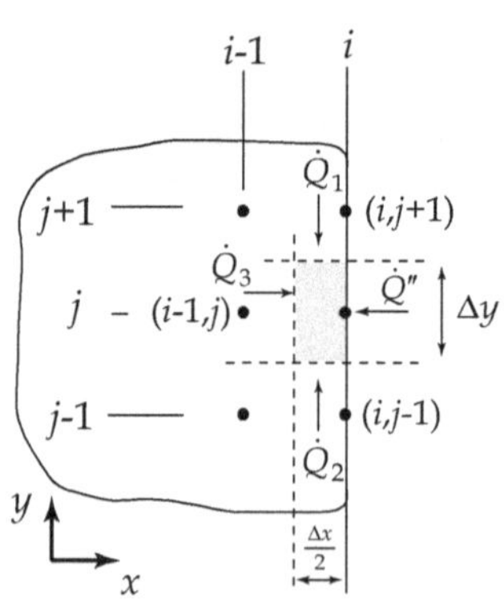

Figura Er5.1

b) Análise e cálculos

As taxas de calor internas são:

$$\dot{Q}_1=\dot{Q}_{(i,j+1),(i,j)}=\frac{T_{i,j+1}-T_{i,j}}{\Delta y/(k\Delta x/2)}=$$

$$=\frac{k}{2}\left(T_{i,j+1}-T_{i,j}\right)$$

$$\dot{Q}_2 = \dot{Q}_{(i,j-1),(i,j)} = \frac{T_{i,j-1} - T_{i,j}}{\Delta y/(k\Delta x/2)} =$$

$$= \frac{k}{2}\left(T_{i,j-1} - T_{i,j}\right)$$

$$\dot{Q}_3 = \dot{Q}_{(i-1,j),(i,j)} = \frac{T_{i-1,j} - T_{i,j}}{\Delta x/(k\Delta y)} =$$

$$= k\left(T_{i-1,j} - T_{i,j}\right)$$

A taxa de calor através da superfície na qual observamos o fluxo constante e uniforme é:

$$\dot{Q}_4 = \dot{Q}''\Delta y$$

Aplicando a primeira lei da termodinâmica e lembrando que o processo ocorre em estado estacionário, obtemos:

$$\dot{Q}_1 + \dot{Q}_2 + \dot{Q}_3 + \dot{Q}_4 = 0$$

$$\frac{k}{2}\left(T_{i,j+1} - T_{i,j}\right) + \frac{k}{2}\left(T_{i,j-1} - T_{i,j}\right) + $$
$$+ k\left(T_{i-1,j} - T_{i,j}\right) + \dot{Q}''\Delta y = 0$$

Multiplicando por $2/k$ e rearranjando, obtemos:

$$T_{i,j+1} + T_{i,j-1} + 2T_{i-1,j} - 4T_{i,j} + \frac{2}{k}\dot{Q}''\Delta y = 0$$

que é a Equação (5.13).

Er5.2 Desenvolva uma equação para a determinação da temperatura em um nó presente em um vértice externo formado por uma superfície sujeita a transferência de calor por convecção e por uma superfície adiabática, conforme ilustrado na Figura Er5.2.

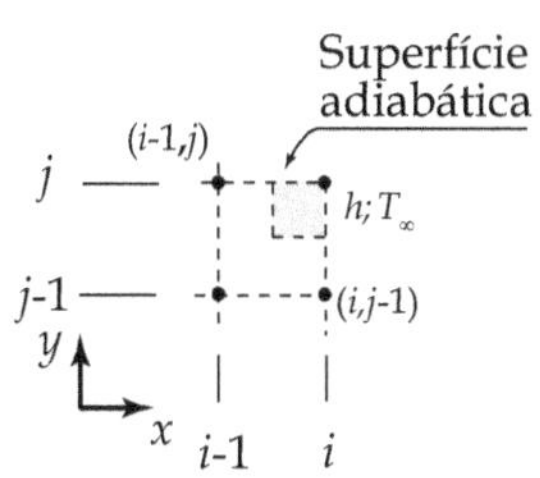

Figura Er5.2

Considere que não há geração de calor, que o fenômeno ocorre em estado estacionário e utilize o método do balanço de energia.

Solução

a) Dados e considerações

São dados:

- O material tem condutibilidade térmica constante k.
- O coeficiente de transferência de calor por convecção, h, é conhecido, constante ao longo do tempo e uniforme na superfície.
- Uma das superfícies é adiabática.
- O corpo tem espessura unitária.
- A taxa de geração de calor no corpo é nula.
- A malha é quadrada, resultando em $\Delta x = \Delta y$.

Informações sobre o processo:

- O processo ocorre em estado estacionário.

b) Análise e cálculos

As taxas de calor internas são:

$$\dot{Q}_1 = \dot{Q}_{(i-1,j),(i,j)} = \frac{T_{i-1,j} - T_{i,j}}{\Delta x/(k\Delta y/2)} =$$

$$= \frac{k}{2}\left(T_{i-1,j} - T_{i,j}\right)$$

$$\dot{Q}_2 = \dot{Q}_{(i,j-1),(i,j)} = \frac{T_{i,j-1} - T_{i,j}}{\Delta y/(k\Delta x/2)} =$$

$$= \frac{k}{2}\left(T_{i,j-1} - T_{i,j}\right)$$

A taxa de calor através da superfície na qual observamos a transferência por convecção é:

$$\dot{Q}_3 = \frac{T_{i,j} - T_\infty}{1/(h\Delta y/2)} = \frac{h\Delta y}{2}\left(T_{i,j} - T_\infty\right)$$

Aplicando a primeira lei da termodinâmica e lembrando que o processo ocorre em estado estacionário, obtemos:

$$\dot{Q}_1 + \dot{Q}_2 + \dot{Q}_3 = 0$$

$$\frac{k}{2}\left(T_{i-1,j}-T_{i,j}\right)+\frac{k}{2}\left(T_{i,j-1}-T_{i,j}\right)+$$
$$+\frac{h\Delta y}{2}\left(T_{i,j}-T_{\infty}\right)=0$$

Multiplicando por $2/k$ e rearranjando, obtemos:

$$T_{i-1,j}+T_{i,j-1}-2T_{i,j}+h\Delta y\left(T_{i,j}-T_{\infty}\right)=0$$

que é a equação que buscávamos.

Er5.3 Uma cantoneira cuja seção transversal é ilustrada na Figura Er5.3 é de um material com condutividade térmica igual a 0,5 W/(m.K) e tem dimensões $A = C = 2$ cm, $B = 1$ cm, $D = 3$ cm. As faces 1 e 4 são adiabáticas, a face 2 está a 100°C e as faces 5 e 6 estão sujeitas à convecção, sendo $h = 20$ W/(m².K). Determine as temperaturas nos nós indicados na Figura Er5.3.

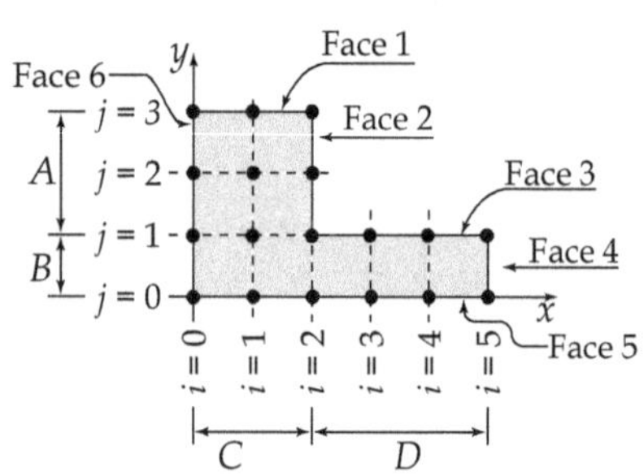

Figura Er5.3

Solução

a) Dados e considerações

São dados:

- O material tem condutibilidade térmica constante $k = 0,5$ W/(m.K).
- $A = C = 2$ cm, $B = 1$ cm, $D = 3$ cm.
- As faces 1 e 4 são adiabáticas.
- A face 2 está a 100°C.
- As faces 5 e 6 estão sujeitas à convecção com $h = 20$ W/(m².K).
- O corpo tem espessura unitária.
- A taxa de geração de calor no corpo é nula.
- A malha é quadrada resultando em $\Delta x = \Delta y = 1$ cm.

Informações sobre o processo:

- O processo ocorre em estado estacionário.

b) Análise e cálculos

Dos dados, temos: $T_{2,3} = T_{2,2} = T_{2,1} = T_{3,1} = T_{4,1} = T_{5,1} = 100°C$.

Os nós 1,1 e 1,2 são internos, logo:

$T_{1,1} = (T_{1,0} + T_{1,2} + T_{0,1} + T_{2,1})/4$

$T_{1,2} = (T_{1,1} + T_{1,3} + T_{0,2} + T_{2,2})/4$

O nó 0,0 é em vértice externo com convecção, logo:

$$T_{1,0}+T_{0,1}+\frac{2h\Delta x}{k}T_{\infty}-$$
$$-2\left(\frac{h\Delta x}{k}+1\right)T_{0,0}=0$$

Os nós 1,0; 2,0; 3,0; 4,4; 0,1; 0,1 estão em superfície plana com convecção, logo:

$$2T_{1,1}+T_{2,0}+T_{0,0}+\frac{2h\Delta x}{k}T_{\infty}-2\left(\frac{h\Delta x}{k}+2\right)T_{1,0}=0 \quad \text{(para nó 1,0)}$$

$$2T_{2,1}+T_{3,0}+T_{1,0}+\frac{2h\Delta x}{k}T_{\infty}-2\left(\frac{h\Delta x}{k}+2\right)T_{2,0}=0 \quad \text{(para nó 2,0)}$$

$$2T_{3,1}+T_{4,0}+T_{2,0}+\frac{2h\Delta x}{k}T_{\infty}-2\left(\frac{h\Delta x}{k}+2\right)T_{3,0}=0 \quad \text{(para nó 3,0)}$$

$$2T_{4,1}+T_{5,0}+T_{3,0}+\frac{2h\Delta x}{k}T_{\infty}-2\left(\frac{h\Delta x}{k}+2\right)T_{4,0}=0 \quad \text{(para nó 4,0)}$$

$$2T_{1,1} + T_{0,0} + T_{0,2} + \frac{2h\Delta x}{k} T_\infty - 2\left(\frac{h\Delta x}{k} + 2\right) T_{0,1} = 0 \quad \text{(para nó 0,1)}$$

$$2T_{1,2} + T_{0,1} + T_{0,3} + \frac{2h\Delta x}{k} T_\infty - 2\left(\frac{h\Delta x}{k} + 2\right) T_{0,2} = 0 \quad \text{(para nó 0,2)}$$

Consideremos, agora, os nós 0,3 e 5,0, que estão em vértices externos formados por uma superfície adiabática e uma sujeita à convecção. Utilizando o resultado do Exercício Er5.2, obtemos:

$$T_{1,3} + T_{0,2} - 2T_{0,3} + h\Delta y\left(T_{0,3} - T_\infty\right) = 0 \quad \text{(para nó 0,3)}$$

$$T_{4,0} + T_{5,1} - 2T_{5,0} + h\Delta y\left(T_{5,0} - T_\infty\right) = 0 \quad \text{(para nó 5,0)}$$

Finalmente, consideremos o nó 1,3, que está sobre superfície adiabática. Nesse caso podemos utilizar a Equação (5.14), supondo que o fluxo de calor seja nulo.

$$2T_{1,2} + T_{2,3} + T_{0,3} - 4T_{1,3} = 0 \quad \text{(para nó 5,0)}$$

Existem diversos programas computacionais disponíveis que podem resolver esse sistema de equações. Resolvendo-o, obtemos:

$T_{0,0} = 48{,}18°C$; $T_{0,1} = 58{,}79°C$;
$T_{0,2} = 67{,}36°C$; $T_{0,3} = 83{,}69°C$;
$T_{1,0} = 60{,}10°C$; $T_{1,1} = 75{,}34°C$;
$T_{1,2} = 86{,}46°C$; $T_{1,3} = 87{,}13°C$;
$T_{2,0} = 73{,}64°C$; $T_{4,0} = 81{,}68°C$;
$T_{5,0} = 98{,}71°C$.

Por fim, observamos que, como a malha escolhida tem dimensões muito grandes, os resultados obtidos são muito pobres.

5.4 EXERCÍCIOS PROPOSTOS

Ep5.1 Uma cantoneira de material com condutibilidade térmica constante igual a 0,1 W/(m.K) – veja a Figura Ep5.1 – tem as suas faces 5 e 6 na temperatura constante e uniforme de 40°C. Suas faces 1 e 4 são adiabáticas e as faces 2 e 3 têm temperatura constante e uniforme igual a 100°C. Sabe-se que $A = 4$ cm, $B = 1$ cm, $C = 2$ cm e $D = 3$ cm. Desconsiderando os efeitos da radiação e supondo que o processo de transferência de calor seja bidimensional, determine a temperatura nos pontos (1,1), (1,2), (1,3) e (1,4). Utilize a malha sugerida na Figura Ep5.1-a.

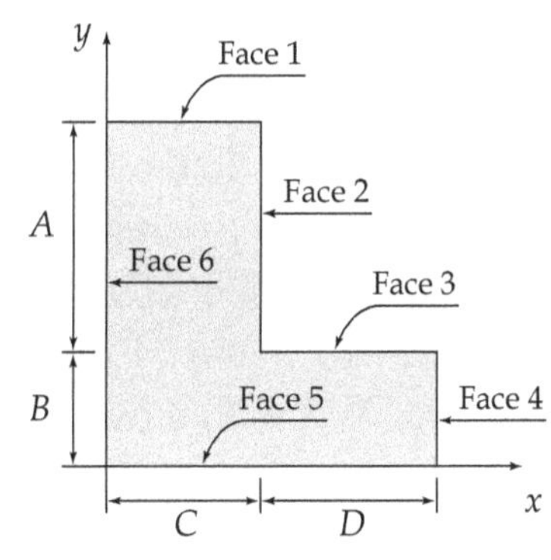

Figura Ep5.1

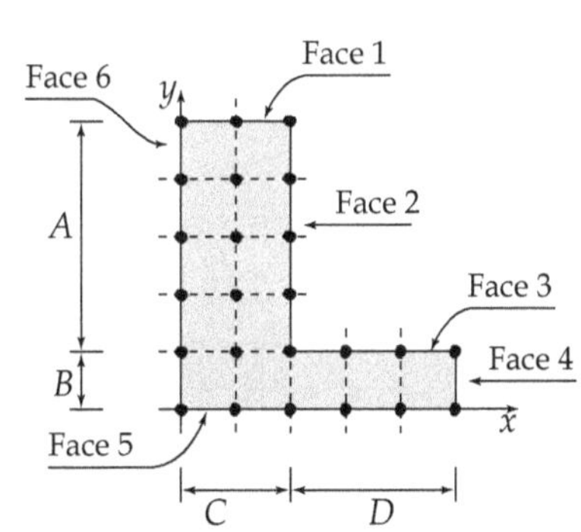

Figura Ep5.1-a

Ep5.2 Uma cantoneira de material com condutibilidade térmica constante igual a 0,1 W/(m.K) – veja a Figura Ep5.1 – está sujeita a convecção nas suas faces 5 e 6 com $h = 20$ W/(m^2.K), suas faces 1 e 4 são adiabáticas e as faces 2 e 3 têm temperatura constante e uniforme igual a 100°C. Sabe-se que $A = 5{,}0$ cm, $B = 1$ cm, $C = 1{,}5$ cm e $D = 3$ cm e que o fluido em contato com as faces 5 e 6 é ar na temperatura ambiente, 20°C. Desconsiderando os efeitos da radiação e supondo que o processo de transferência de calor seja bidimensional, determine a taxa de calor por metro de cantoneira.

Ep5.3 Um tubo de seção quadrada com $A = 5$ cm e $B = 3$ cm tem a sua temperatura interna mantida a 120°C pela condensação de vapor d'água. Externamente está sujeito à transferência de calor por convecção com ar ambiente a 20°C, sendo $h = 18$ W/(m^2.K). Desconsiderando os efeitos da radiação e supondo que a condutibilidade térmica do material do tubo seja igual a 0,1 W/(m.K) e que o processo de transferência de calor seja estacionário e bidimensional, determine a temperatura no ponto $x = 2$ cm e $y = 1{,}5$ cm.

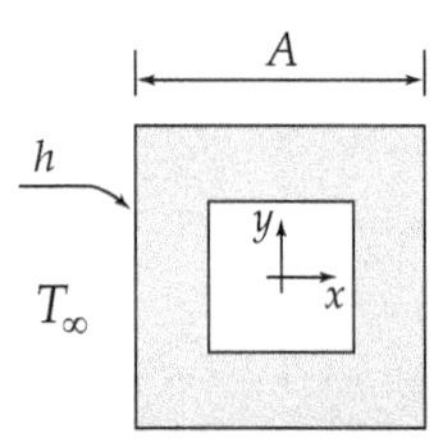

Figura Ep5.3

Ep5.4 Na Figura Ep5.4, apresenta-se um bloco de um material com condutibilidade térmica igual a 0,5 W/(m.K) e dimensões $A = 10$ cm e $B = 5$ cm.

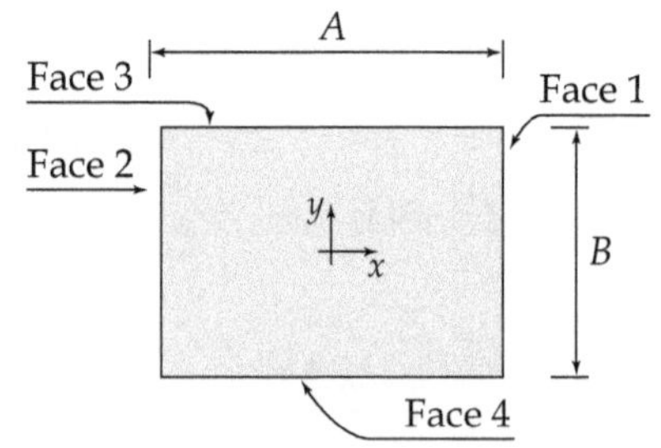

Figura Ep5.4

Considerando que a face 1 do bloco está a 200°C, que a face 2 está a 500°C, que a face 3 é adiabática e que a face 4 está sujeita à transferência de calor por convecção, $h = 50$ W/(m^2.K), com um meio a 50°C, pede-se para determinar a distribuição de temperatura na face 4.

Ep5.5 Na Figura Ep5.4, apresenta-se um bloco de um material com condutibilidade térmica igual a 0,8 W/(m.K) e dimensões $A = 12$ cm e $B = 6$ cm. Considere que a face 1 do bloco está a 200°C, que a face 2 está a 500°C, que na face 3 há uma resistência elétrica que promove a ocorrência de um fluxo uniforme de calor para o bloco igual a 1 kW/m^2 e que a face 4 está sujeita à transferência de calor por convecção, $h = 50$ W/(m^2.K), com um meio a 50°C. Determine a temperatura no centro geométrico da placa.

Ep5.6 Na Figura Ep5.4, apresenta-se um bloco de um material com condutibilidade térmica igual a 0,7 W/(m.K) e dimensões $A = 10$ cm e $B = 5$ cm.

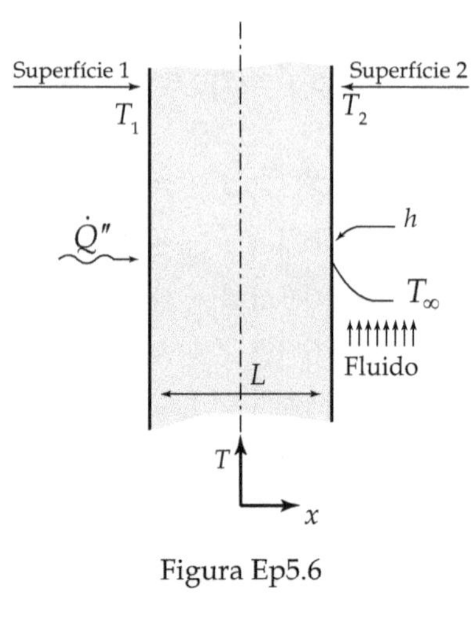

Figura Ep5.6

Considere que as faces 1 e 3 do bloco são adiabáticas, que a face 2 está a 500°C e que a face 4 está sujeita à transferência de calor por convecção, $h = 100$ W/(m².K), com um meio a 25°C. Determine a temperatura no centro geométrico da placa.

Ep5.7 Na Figura Ep5.4, apresenta-se um bloco de um material com condutibilidade térmica igual a 0,5 W/(m.K) e dimensões $A = 8$ cm e $B = 3$ cm. Considera-se que as faces 1 e 3 do bloco são adiabáticas, que na face 2 é observado um fluxo de calor igual a 1 kW/m² e que a face 4 está sujeita à transferência de calor por convecção, $h = 100$ W/(m².K), com um meio a 25°C. Determine a taxa de calor através da face 2.

Ep5.8 Na Figura Ep5.4, apresenta-se um bloco de um material com condutibilidade térmica igual a 0,85W/(m.K) e dimensões $A = 3$ cm e $B = 9$ cm. Considera-se que as faces 1 e 3 do bloco são adiabáticas, que a face 2 está a 100°C, que é observada ao longo do bloco uma taxa de geração igual a 100 kW/m³ e que a face 4 está sujeita à transferência de calor por convecção, $h = 100$ W/(m².K), com um meio a 25°C. Determine a taxa de calor através da face 2.

Ep5.9 Determine, utilizando um método numérico, o perfil de distribuição de temperatura, em estado estacionário, ao longo do eixo de uma aleta tipo pino com diâmetro igual a 6 mm e comprimento igual a 30 mm, sabendo que sua base está a 80°C e que ela está imersa em ar a 20°C. Considere que a aleta é de um aço com condutibilidade térmica igual a 45 W/(m.K) e que o coeficiente médio de transmissão de calor por convecção entre a aleta e o ar é igual a 22 W/(m².K).

Ep5.10 Determine, utilizando um método numérico, o perfil de distribuição de temperatura, em estado estacionário, ao longo do eixo de uma aleta tipo cone cujo diâmetro da base é igual a 10 mm e com comprimento igual a 30 mm, sabendo que sua base está a 80°C e que ela está imersa em óleo a 20°C. Considere que a aleta é de um material com condutibilidade térmica igual a 80 W/(m.K) e que o coeficiente médio de transmissão de calor por convecção entre a aleta e o ar é igual a 10 W/(m².K).

Ep5.11 Uma placa plana infinita, inicialmente na temperatura uniforme de 20°C, tem uma das suas faces repentinamente submetida a um fluxo de calor uniforme igual a 200 W/m², enquanto a outra face em contato com ar também a 20°C é submetida a um processo de transferência de calor por convecção com $h = 15$ W/(m².K). Veja a Figura Ep5.2. Sabe-se que a condutibilidade térmica do material da placa é igual a 20 W/(m.K) e que a sua espessura é igual a 3,0 cm. Determine a temperatura no centro da placa 5 minutos após o início do processo.

Ep5.12 Uma esfera constituída por uma liga de cobre inicialmente a 100°C é repentinamente mergulhada em óleo a 20°C. Sabe-se que o coeficiente de transferência de calor por convecção entre a esfera e o cobre é $h = 10$ W/(m².K), que a condutibilidade térmica da liga é igual a 200 W/(m.K) e que o diâmetro da esfera é igual a 50 mm. Pede-se para determinar, pelo uso de um método numérico, o tempo necessário para que a temperatura no centro da esfera atinja 40°C. Compare o resultado obtido aplicando o método da capacidade concentrada.

Ep5.13 Uma esfera constituída por uma liga de cobre inicialmente a 100°C é repentinamente mergulhada em óleo a 20°C. Sabe-se que o coeficiente de transferência de calor por convecção entre a esfera e o cobre é h = 10 W/(m².K), que a condutibilidade térmica da liga é igual a 5 W/(m.K) e que o diâmetro da esfera é igual a 50 mm. Pede-se para determinar, pelo uso de um método numérico, o tempo necessário para que a temperatura no centro da esfera atinja 40°C. Compare o resultado obtido aplicando o método da capacidade concentrada.

CAPÍTULO 6

CONVECÇÃO FORÇADA SOBRE SUPERFÍCIES EXTERNAS

6.1 INTRODUÇÃO

Sabemos que o processo de transferência de calor por convecção é aquele que ocorre entre uma superfície e um fluido em movimento, o qual poderá ser causado pelo fornecimento de energia, utilizando-se, por exemplo, um ventilador; nesse caso a denominamos forçada. Entretanto, o movimento do fluido poderá ser causado pelo próprio processo de transferência de calor e, nesse caso, a denominamos natural ou livre.

A taxa de calor por convecção, natural ou forçada, ao longo de uma superfície com área A é quantificada por intermédio da expressão:

$$\dot{Q} = hA\left(T_s - T_\infty\right) \tag{6.1}$$

na qual a variável h é o coeficiente médio de transferência de calor por convecção ao longo da área A, também denominado coeficiente convectivo.

O fluxo de calor em qualquer ponto da superfície A é dado por:

$$\dot{Q}'' = h_x(T_s - T_\infty) \tag{6.2}$$

Essa expressão, denominada *lei do resfriamento de Newton*, nos fornece o fluxo de calor por convecção, uma grandeza local que, dependendo das condições influenciadoras desse processo, poderá variar de ponto para ponto da superfície. Similarmente ao fluxo de calor, o coeficiente local de transferência de calor por convecção h_x também pode variar ao longo da superfície de transferência de calor, já que depende de uma grande quantidade de variáveis que envolvem a caracterização do escoamento, do fluido e da superfície, o que, muitas vezes, torna dificultosa a sua avaliação. Note que o índice x indica que essa é uma grandeza local e que está sendo avaliada na posição x.

Buscando o desenvolvimento de correlações que expressassem o coeficiente convectivo h em função do menor número possível de variáveis, observamos que a história da engenharia nos mostra a opção generalizada pelo uso de variáveis adimensionais, sendo que uma das mais utilizadas, e por nós já conhecida, é o número de Reynolds. A diferença entre as naturezas dos fenômenos de transferência de calor por convecção natural e forçada são tais que resultam na identificação e utilização de variáveis adimensionais direcionadas a usos específicos. Apenas com finalidade ilustrativa, optamos por registrar algumas das mais importantes, independentemente da sua aplicação, na Tabela 6.1. Essas variáveis serão apresentadas, discutidas e utilizadas oportunamente. Observamos, no entanto, que algumas delas serão utilizadas ao se avaliar processos de transferência de calor por convecção forçada e outras quando a convecção for natural.

Tabela 6.1 Variáveis adimensionais importantes em processos de convecção

Variável	Expressão	Aplicação usual
Número de Reynolds	$Re = \rho VL/\mu$	Convecção forçada
Número de Prandtl	$Pr = \mu c_p/k$	Convecção forçada
Número de Nusselt	$Nu = hL/k$	Convecção forçada e natural
Número de Grashoff	$Gr = g\beta\left(T_p - T_\infty\right)L^3/\nu^2$	Convecção natural
Número de Rayleigh	$Ra = Gr\,Pr = g\,\beta\left(T_p - T_\infty\right)L^3 Pr/\nu^2$	Convecção natural

Nos itens seguintes, discutiremos aspectos particulares dos processos de convecção forçada externa e apresentaremos algumas correlações para a determinação do coeficiente convectivo h.

6.2 CONVECÇÃO FORÇADA SOBRE SUPERFÍCIES EXTERNAS

Já mencionamos o fato de que o coeficiente local de transferência de calor por convecção depende de muitas variáveis. Mas, quais? Em princípio, no caso de convecção forçada com escoamentos externos, consideramos que esse coeficiente depende da posição x, da velocidade de corrente livre do fluido, V, das propriedades que influenciam a evolução da camada-limite dinâmica, que são a viscosidade, μ, e a massa específica do fluido, ρ, e das propriedades que influenciam a evolução da camada-limite térmica, que são o calor específico a pressão constante do fluido, c_p, e a sua condutibilidade térmica, k. Assim sendo, podemos escrever:

$$h_x = f(x, V, \mu, \rho, c_p, k) \tag{6.3}$$

Devido à grande quantidade de variáveis, vamos utilizar a análise dimensional para reduzir o seu número, optando, assim, pelo trabalho com variáveis adimensionais. Para tal, utilizaremos o procedimento já visto ao estudar mecânica dos fluidos:

a) Verificação do número de variáveis utilizadas para descrever o fenômeno: $n = 6$.
b) Identificação das dimensões das variáveis que descrevem o fenômeno:

$h_x \rightarrow M/T^3\theta$

$x \rightarrow L$

$V \rightarrow L/T$

$\mu \rightarrow M/LT$

$\rho \rightarrow M/L^3$

$c_p \rightarrow L^2/T^2\theta$

$k \rightarrow ML/T^3\theta$

Identificamos $n = 7$ variáveis e notamos que são necessárias $r = 4$ dimensões para descrever o fenômeno, assim, deveremos determinar $n - r = 7 - 4 = 3$ parâmetros Π.

c) Escolha das $n - r$ variáveis repetitivas. Na solução de problemas de mecânica dos fluidos, é comum escolher a massa específica, a velocidade e um comprimento característico. Neste caso optamos por escolher: ρ, V, x e k. Combinando essas variáveis com as restantes, obtemos os seguintes parâmetros Π:

$$\Pi_1 = h_x \rho^a V^b x^c k^d \; ; \; \Pi_2 = \mu \rho^e V^f x^g k^i \; ;$$

$$\Pi_3 = c_p \rho^j V^l x^m k^n$$

d) Determinação do parâmetro Π_1. Para tal, devemos selecionar valores para os expoentes a, b, c e d que garantam que esse parâmetro seja adimensional:

$$M^0 L^0 T^0 \theta^0 = \frac{M}{T^3\theta}\left(\frac{M}{L^3}\right)^a \left(\frac{L}{T}\right)^b (L)^c \left(\frac{ML}{T^3\theta}\right)^d$$

Igualando-se os expoentes para cada dimensão, obtemos:

Massa: $0 = 1 + a + d$

Comprimento: $0 = -3a + b + c + d$

Tempo: $0 = -3 - b - 3d$

Temperatura: $0 = -1 - d$

Resolvendo esse sistema de equações, obtemos: $a = 0$; $b = 0$; $c = 1$; e $d = -1$; ou seja:

$$\Pi_1 = \frac{h_x x}{k}$$

Esse adimensional é denominado número de Nusselt. Assim:

$$Nu_x = \frac{h_x x}{k}$$

Note que, como optamos por utilizar como variável o coeficiente convectivo local, obtivemos um adimensional, número de Nusselt, local.

e) Devemos determinar, agora, o parâmetro Π_2. Para tal, devemos selecionar valores para os expoentes e, f, g, e i que garantam que esse parâmetro seja adimensional:

$$M^0 L^0 T^0 \theta^0 = \frac{M}{LT}\left(\frac{M}{L^3}\right)^e \left(\frac{L}{T}\right)^f (L)^g \left(\frac{ML}{T^3\theta}\right)^i$$

Igualando-se os expoentes para cada dimensão, obtemos:

Massa: $0 = 1 + e + i$

Comprimento: $0 = -1 - 3e + f + g + i$

Tempo: $0 = -1 - f - 3i$

Temperatura: $0 = -i$

Resolvendo esse sistema de equações, obtemos: $e = -1$; $f = -1$; $g = -1$; e $i = 0$; ou seja:

$$\Pi_2 = \frac{\mu}{\rho V x}$$

Devemos observar que o inverso de um número adimensional continua sendo um adimensional. Assim, podemos afirmar que:

$$\Pi_2 = \frac{\rho V x}{\mu}$$

que é o número de Reynolds observado na posição x, ou seja, obtivemos um número de Reynolds local.

f) Devemos determinar, agora, o parâmetro Π_3. Para tal, devemos selecionar valores para os expoentes j, l, m, e n que garantam que esse parâmetro seja adimensional:

$$M^0 L^0 T^0 \theta^0 = \frac{L^2}{T^2\theta}\left(\frac{M}{L^3}\right)^j \left(\frac{L}{T}\right)^l (L)^m \left(\frac{ML}{T^3\theta}\right)^n$$

Igualando-se os expoentes para cada dimensão, obtemos:

Massa: $0 = j + n$

Comprimento: $0 = 2 - 3j + l + m + n$

Tempo: $0 = -2 - l - 3n$

Temperatura: $0 = -1 - n$

Resolvendo esse sistema de equações, obtemos: $j = 1$; $l = 1$; $m = 1$; e $n = -1$. Utilizando esses resultados e lembrando que µ $Re = \rho Vx$, obtemos:

$$\Pi_3 = \frac{c_p \rho V x}{k} = \frac{c_p \mu}{k} Re_x$$

Como $\Pi_2 = Re_x$, e o número de Reynolds local já é uma das variáveis adimensionais escolhidas, poderemos considerar que o terceiro parâmetro pi é dado por:

$$\Pi_3 = \frac{c_p \mu}{k}$$

Esse adimensional é denominado *número de Prandtl*:

$$\text{Pr} = \frac{\mu c_p}{k}$$

Tendo obtido todos os parâmetros pi desejados, verificamos que:

$$Nu_x = f(Re_x, Pr) \tag{6.4a}$$

Esse resultado nos indica que, para determinar o coeficiente de transferência de calor por convecção forçada externa, devemos desenvolver uma correlação que estabeleça formalmente Nu_x em função de Re_x e Pr, que são os três adimensionais que governam esse processo. Naturalmente, como veremos adiante, poderemos também optar por trabalhar com grandezas médias e, então, buscaremos desenvolver correlações do tipo:

$$Nu = f(Re, Pr) \tag{6.4b}$$

Devemos observar que a viscosidade, o calor específico a pressão constante e a condutibilidade térmica são propriedades do fluido e, por esse motivo, o número de Prandtl também o é e, como tal, varia com a temperatura. De maneira geral, podemos dizer que os líquidos têm $Pr > 1$ e os gases têm Pr da ordem de 1,0; por exemplo, a 20°C e 100 kPa, o ar tem $Pr = 0{,}74$ e a água tem $Pr = 7{,}00$.

Não podemos nos esquecer de que o número de Reynolds deve ser calculado utilizando-se a velocidade de corrente livre do fluido, V.

Cabe lembrar que, quando estudamos mecânica dos fluidos, aprendemos que os adimensionais representam correlações entre grandezas, por exemplo, o número de Reynolds, Re, representa a correlação entre forças inerciais e viscosas presentes em um escoamento. Similarmente, o número de Pr representa a relação entre a difusão da quantidade de movimento na camada-limite dinâmica e a difusão de energia na camada-limite térmica e, finalmente, Nu pode ser interpretado como um coeficiente de transferência de calor por convecção adimensional.

A questão que se coloca agora é: como é a forma real da correlação expressa pelas Equações (6.4a) ou (6.4b)? Existem disponíveis na literatura muitas correlações empiricamente desenvolvidas para convecção forçada com escoamento externo que, de maneira geral, têm a forma:

$$Nu = c\,\text{Re}^a\,\text{Pr}^b \tag{6.5}$$

Nessa expressão, a, b e c são constantes experimentalmente determinadas. Nas próximas seções nos dedicaremos a apresentar algumas correlações para a determinação do número de Nusselt e, em decorrência, do coeficiente convectivo h. Sabemos que a temperatura do fluido escoando varia entre a temperatura de corrente livre e a temperatura da superfície, o que requer a escolha de uma temperatura adequada para a determinação das suas propriedades, as quais serão utilizadas na avaliação dos adimensionais Re, Pr e Nu. Em princípio, a menos que haja um alerta indicando outro procedimento, a temperatura escolhida é a temperatura de filme, definida como:

$$T_f = \frac{T_p + T_\infty}{2} \tag{6.6}$$

Ao longo do texto, quando outra temperatura for a mais adequada para a avaliação das propriedades, esse fato será ressaltado.

6.3 CONVECÇÃO FORÇADA SOBRE PLACAS PLANAS

Ao estudar mecânica dos fluidos, aprendemos que o escoamento de um fluido sobre uma superfície causa o aparecimento de uma região na qual os efeitos viscosos são importantes e que denominamos camada-limite. Se a superfície estiver em uma temperatura diferente da temperatura do fluido, ocorrerá um processo de transferência de calor por convecção, notando-se o aparecimento de um perfil de distribuição de temperaturas que nos indicará como essa propriedade estará variando em função da posição e do tempo. Para ilustrar esse fato, consideremos o escoamento paralelo de um fluido sobre uma placa plana formando uma camada-limite dinâmica laminar, conforme esquematizado na Figura 6.1.

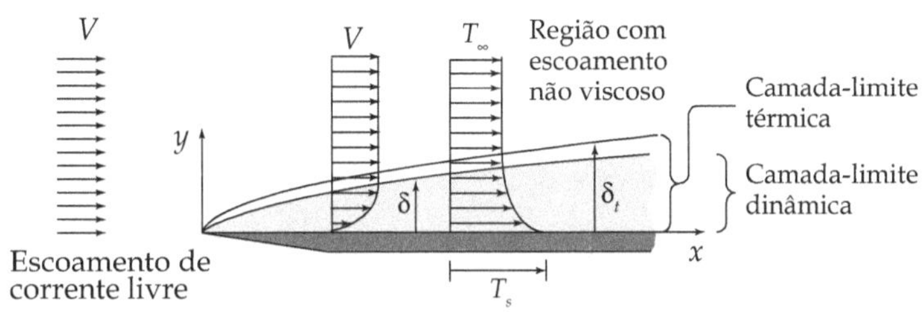

Figura 6.1 Camadas-limite sobre placa plana

Supondo que a temperatura da placa, T_s, é maior do que a temperatura de corrente livre, T_∞, observaremos a formação da camada-limite térmica com espessura δ_t que varia em função da coordenada x. Usualmente, a espessura δ_t é definida como sendo o valor da coordenada y para o qual:

$$\frac{T_s - T}{T_s - T_\infty} = 0{,}99 \tag{6.7}$$

Como podemos observar na Figura 6.1, à medida que caminhamos ao longo do eixo x, observamos a variação das espessuras das camadas-limite, δ e δ_t, e, dependendo das características do processo de transferência de calor analisado, poderemos observar que a espessura da camada-limite térmica, δ_t, poderá ser maior, menor ou igual à espessura da camada-limite dinâmica, δ. O fato de haver ou não diferença entre essas espessuras depende de como o fenômeno térmico e o dinâmico ocorrem; se o processo de transferência de quantidade de movimento for mais eficaz do que o processo de transferência de calor, a camada-limite dinâmica será mais estreita do que a térmica e, se os dois processos forem igualmente eficazes, as duas camadas terão a mesma espessura.

As capacidades de transferência de quantidade de movimento e de calor são correlacionadas pelo número de Prandtl, Pr. Devido a esse fato, a relação entre as espessuras das camadas-limite, no caso de a camada-limite dinâmica ser laminar, pode ser avaliada por:

$$\frac{\delta}{\delta_t} = Pr^{1/3} \tag{6.8}$$

Se a camada-limite for turbulenta, $\delta \approx \delta_t$.

Observemos, agora, o processo de transferência de calor junto da superfície. Já vimos no Capítulo 1 que:

$$h_x = \frac{-k_f \left.\dfrac{\partial T}{\partial y}\right|_{y=0}}{\left(T_s - T_\infty\right)} \tag{6.9}$$

Essa grandeza é local e seu comportamento depende do regime de escoamento e é ilustrado na Figura 6.2.

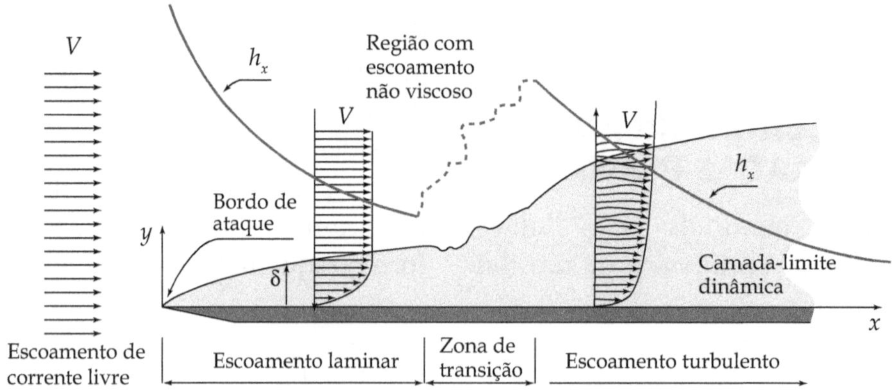

Figura 6.2 Transição entre camadas-limite

Observamos, então, que o comportamento do coeficiente local h_x depende do regime de escoamento na camada-limite e, por esse motivo, podemos esperar que para cada uma dessas condições deveremos dispor de equações distintas.

Nos itens seguintes apresentaremos correlações que nos permitem avaliar o número de Nusselt e, por conseguinte, o coeficiente de transmissão de calor por convecção para placas planas.

6.3.1 Avaliação do número de Nusselt – placa plana, camada-limite laminar

No caso em que for possível considerar que a placa plana é isotérmica e hidraulicamente lisa, e se o escoamento na camada-limite for laminar (Re_x < 5E+5), o número de Nusselt local será dado por:

$$Nu_x = 0{,}332 Re_x^{1/2} Pr^{1/3} \tag{6.10}$$

ou

$$h_x = 0{,}332 k \left(\frac{\rho V}{\mu}\right)^{1/2} \left(\frac{\mu c_p}{k}\right)^{1/3} x^{-1/2} \tag{6.11}$$

válida para $0{,}6 < Pr < 50$.

Podemos determinar para uma placa plana com largura w e comprimento L a taxa de calor, resultando em:

$$\begin{aligned} \dot{Q} &= \int_0^L h_x \left(T_p - T_\infty\right) w dx = \\ &= \left(T_p - T_\infty\right) w \int_0^L h_x dx \end{aligned} \tag{6.12}$$

Lembrando que já definimos o coeficiente médio de transferência de calor por convecção como:

$$h = \frac{1}{A}\int_A h_x dA \qquad 6.13)$$

podemos afirmar que:

$$\begin{aligned} \dot{Q} &= \int_0^L h_x \left(T_p - T_\infty\right) w dx = \\ &= hLw\left(T_p - T_\infty\right) \end{aligned} \tag{6.14}$$

Essa expressão nos mostra a conveniência de se dispor de uma expressão para a determinação de h diretamente. Usando as expressões já desenvolvidas, obtemos:

$$h = \frac{1}{L}\int_0^L h_x dx = \frac{1}{L}0,332k\left(\frac{\rho V}{\mu}\right)^{1/2}$$

$$Pr^{1/3}\int_0^L x^{-1/2}dx = 0,332\frac{k}{L}\left(\frac{\rho V}{\mu}\right)^{1/2} \quad (6.15)$$

$$Pr^{1/3}\left(2x^{1/2}\right)\Big|_0^L$$

$$\frac{hL}{k} = 0,664\left(\frac{\rho VL}{\mu}\right)^{1/2}\left(\frac{\mu c_p}{k}\right)^{1/3} \quad (6.16)$$

Ou seja:

$$Nu_L = 0,664Re_L^{1/2}Pr^{1/3} \quad (6.17)$$

também válida para $0,6 < Pr < 50$.

Não devemos nos esquecer de que, para a aplicação das equações acima, devemos determinar as propriedades termofísicas do fluido na temperatura de filme, definida como:

$$T_f = \left(T_p + T_\infty\right)/2$$

6.3.2 Avaliação do número de Nusselt – placa plana, camada-limite turbulenta

Dado um escoamento paralelo a uma placa plana, pode-se provocar a formação de uma camada-limite totalmente turbulenta, ou seja, turbulenta desde o bordo de ataque da placa. Neste caso, considerando que a placa é plana, hidraulicamente lisa e isotérmica, o número de Nusselt local pode ser avaliado por meio da seguinte correlação:

$$Nu_x = 0,0296Re_x^{4/5}Pr^{1/3} \quad (6.18)$$

Essa expressão é aplicável para $Re_x <$ E+8 e $0,6 < Pr < 60$, e as propriedades devem ser determinadas na temperatura de filme.

O número de Nusselt médio sobre uma placa com comprimento L é dado por:

$$Nu_L = \int_0^L 0,0296Re^{4/5}Pr^{1/3}dx =$$

$$= 0,0296Pr^{1/3}\left(\frac{V}{\nu}\right)^{4/5}\int_0^L x^{4/5}dx$$

$$Nu_L = 0,037Re_L^{4/5}Pr^{1/3} \quad (6.19)$$

válida para $0,6 < Pr < 60$, e as propriedades devem ser determinadas na temperatura de filme.

6.3.3 Avaliação do número de Nusselt – placa plana, camada-limite mista

De fato, é usual observar a formação de camada-limite, inicialmente laminar, que sofre transição para turbulenta ao longo do escoamento sobre a placa plana. Observando as Equações (6.10) e (6.18), notamos que o número de Nusselt evolui de formas distintas nas porções laminar e turbulenta da camada-limite. Neste caso, para placas hidraulicamente lisas, avaliamos o coeficiente médio de transferência de calor por convecção na placa por meio de integração das Equações (6.10) e (6.18) nas regiões às quais são aplicáveis.

Seja L o comprimento total da placa, Re_c o número de Reynolds crítico indicativo da transição da camada-limite de laminar para turbulenta e x_c a cota na qual essa transição ocorre:

$$h_L = \frac{1}{L}\left[\int_0^{x_c} h_{laminar}dx + \int_{x_c}^L h_{turbulento}dx\right] \quad (6.20)$$

$$h_L = \left[\frac{k}{L}\int_0^{x_c} 0,332\left(\frac{V}{\nu}\right)^{1/2}Pr^{1/3}\frac{1}{x^{1/2}}dx\right] +$$

$$+\left[\frac{k}{L}\int_{x_c}^L 0,0296\left(\frac{V}{\nu}\right)^{4/5}Pr^{1/3}\frac{1}{x^{1/5}}dx\right] \quad (6.21)$$

A integração dessa equação resulta em:

$$Nu_L = \left[\begin{matrix} 0,664Re_c^{1/2} + \\ +0,037\left(Re_L^{4/5} - Re_c^{4/5}\right)\end{matrix}\right]Pr^{1/3} \quad (6.22)$$

Assim, o número de Nusselt a ser obtido dependerá do valor estimado para o qual ocorrerá a transição da camada-limite. Para placas planas lisas, adotamos Re_c = 5E+5. Nesse caso a Equação (6.22) se reduz a:

$$Nu_L = \left(0{,}037Re_L^{4/5} - 871\right)Pr^{1/3} \quad (6.23)$$

Essa equação é aplicável quando 5E+5 < Re_L < E+8; 0,6 < Pr < 60 e Re_c = 5E+5.

6.3.3 Avaliação do número de Nusselt – placa plana lisa, fluxo uniforme

Uma condição térmica na superfície da placa pode ser a de fluxo térmico uniforme ao longo dessa superfície. Se a camada-limite for laminar, uma correlação adequada para o número de Nusselt local é:

$$Nu_x = 0{,}453Re_x^{1/2}Pr^{1/3} \quad (6.24)$$

adequada para $Pr > 0{,}6$.

Se a camada-limite for turbulenta, poderemos usar:

$$Nu_x = 0{,}0308Re_x^{4/5}Pr^{1/3} \quad (6.25)$$

adequada para $0{,}6 < Pr < 60$.

Note que essas expressões são úteis para avaliar a temperatura local desde que conheçamos o fluxo térmico:

$$T_p(x) = T_\infty + \frac{\dot{Q}''}{h_x} \quad (6.26)$$

6.4 CONVECÇÃO FORÇADA SOBRE CILINDROS LISOS

Para cilindro infinito com sua temperatura superficial T_s uniforme e sujeito a escoamento de líquidos e gases perpendicular ao seu eixo, dispõe-se de diversas correlações do tipo $Nu = CRe^aPr^b$. Zukauskas [17] sugere a aplicação da Correlação (6.27), que fornece o número de Nusselt médio baseado no diâmetro externo do cilindro, D:

$$Nu_D = CRe_D^aPr^b\left(\frac{Pr}{Pr_s}\right)^{1/4} \quad (6.27)$$

na qual os coeficientes a e b dependem do número de Reynolds, também baseado no diâmetro do cilindro, D, e na qual as propriedades devem ser determinadas na temperatura T_∞, com exceção de Pr_s, que deve ser determinado na temperatura da superfície. O expoente b deve ser tomado igual a 0,37 para Pr < 10 e igual a 0,36 para Pr > 10. Na Tabela 6.2 apresentam-se valores para as constantes C e a.

Tabela 6.2 Constantes da equação de Zukauskas

Re_D	C	a
1 – 40	0,75	0,4
40 – 1,0 E+3	0,51	0,5
1,0E+3 – 2,0E+5	0,26	0,6
2,0E+5 – 1,0E+6	0,076	0,7

No caso de se preferir uma equação válida para uma ampla faixa de números de Reynolds que forneça o número de Nusselt médio, pode-se optar pela correlação de Churchill-Bernstein [22], na qual as propriedades são calculadas na temperatura de filme:

$$Nu_D = 0{,}3 + \frac{0{,}62Re_D^{1/2}Pr^{1/3}}{\left[1+\left(0{,}4/Pr\right)^{2/3}\right]^{1/4}} \left[1+\left(\frac{Re_D}{282000}\right)^{5/8}\right]^{4/5} \quad (6.28)$$

válida para $Re_DPr > 0{,}2$.

6.5 CONVECÇÃO FORÇADA SOBRE ESFERAS LISAS

O número de Nusselt médio observado sobre uma esfera sujeita a escoamento forçado externo pode ser avaliado com base na correlação de Whitaker [23], na qual as propriedades são calculadas na temperatura de corrente livre T_∞, com exceção da viscosidade μ_s, calculada na temperatura T_s.

$$Nu_D = 2 + \left(0{,}4Re_D^{1/2} + 0{,}06Re_D^{2/3}\right) Pr^{0,4}\left(\frac{\mu}{\mu_s}\right)^{1/4} \quad (6.30)$$

Esta expressão é aplicável para $0{,}71 < Pr < 380$ e $3{,}5 < Re < 7{,}6$ E+4.

6.6 CONVECÇÃO FORÇADA SOBRE FEIXES DE TUBOS

Em trocadores de calor é comum a ocorrência de escoamento de um fluido sobre um feixe de tubos. Esse feixe pode ser arranjado segundo duas formas básicas distintas. A primeira consiste no arranjo em linha, conforme ilustrado na Figura 6.3, e a segunda consiste no arranjo de tubos alternados, como ilustrado na Figura 6.4.

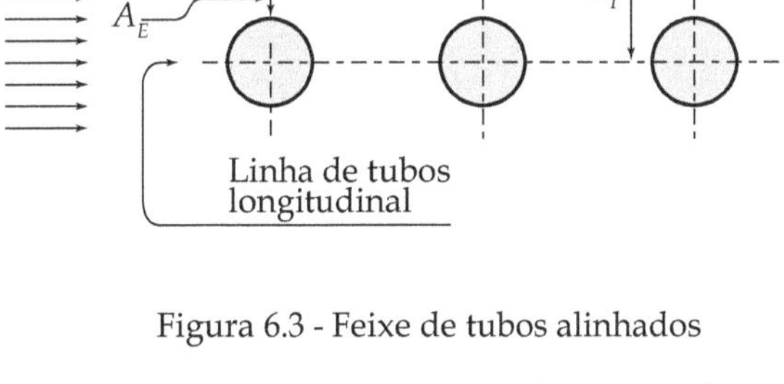

Figura 6.3 - Feixe de tubos alinhados

Note que a geometria do feixe de tubos é definido pelo diâmetro externo dos tubos, pelo *passo transversal*, L_T, pelo *passo longitudinal*, L_L, que são medidos entre linhas de centro dos tubos. Note também que o *passo inclinado*, L_I, pode ser estabelecido em função dos passos L_T e L_L.

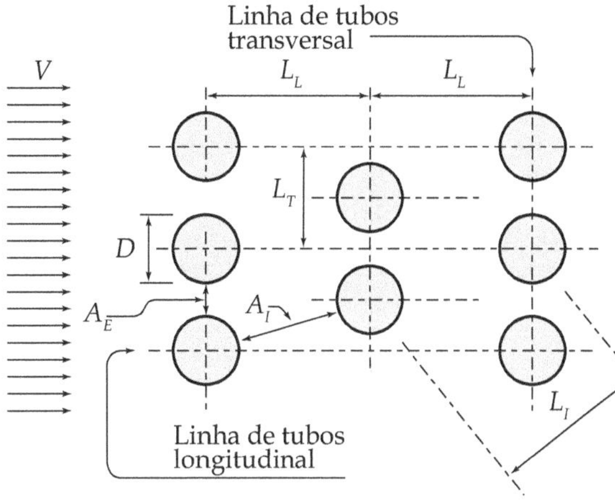

Figura 6.4 - Feixe de tubos alternados

A posição relativa entre tubos estabelecida por esses passos define as áreas de escoamento entre eles, o que, por sua vez, permite a avaliação de velocidades médias de escoamento distintas e que dependem da seção a ser analisada. O número de Reynolds característico do escoamento transversal a um feixe de tubos é avaliado com base na velocidade média observada na área mínima de escoamento disponível para o fluido, independentemente do fato de essa área estar inclinada ou perpendicular em relação à direção do escoamento. Como a área de escoamento é a área mínima, a velocidade média obtida será a máxima, V_{max}. Assim sendo, o número de Reynolds será calculado por:

$$Re = \frac{\rho V_{max} D}{\mu} \quad (6.31)$$

Note que D é o diâmetro externo dos tubos que compõem o feixe e ρ e μ são, respectivamente, a massa específica e a viscosidade dinâmica do fluido.

Consideremos o feixe de tubos alinhados. Sendo V a velocidade média do fluido antes de iniciar seu escoamento através do feixe de tubos, a velocidade máxima ocorrerá na área de entrada, A_E, que é a área de passagem entre dois tubos, conforme indicado na Figura 6.3. Nesse caso a velocidade máxima será dada por:

$$V_{max} = V\frac{L_T}{L_T - D} \quad (6.32)$$

Para o arranjo alternado, existem duas possibilidades. A velocidade máxima pode ocorrer na área de entrada A_E ou na área inclinada A_I.

Se $2(L_I - D) \geq (L_T - D)$, a velocidade máxima é a que observamos na área de entrada, e ela deve ser calculada utilizando-se a Equação (6.32). Se $2(L_I - D) < (L_T - D)$, a velocidade máxima é a observada na área inclinada e deve ser calculada utilizando-se a Expressão (6.33).

$$V_{max} = V\frac{L_T}{2(L_I - D)} \quad (6.33)$$

Note que:

$$L_I = \sqrt{L_L^2 - \left(\frac{L_T}{2}\right)^2} \quad (6.33a)$$

Para cálculos de engenharia envolvendo a transferência de calor causado pelo escoamento transversal de um fluido sobre um feixe, Grimison [24] obteve, para feixes tubulares com dez ou mais linhas de tubos transversais, a Expressão (6.34), que fornece o número de Nusselt médio em função do número de Reynolds:

$$Nu_D = cRe_D^n \quad (6.34)$$

aplicável quando o fluido é ar, estando o número de Reynolds na faixa: 2000 $< Re_D <$ 40000, e sugere-se que as propriedades sejam determinadas na temperatura de filme.

Essa expressão é tradicionalmente expandida para aplicação com outros fluidos inserindo-se o fator de correção $1{,}13Pr^{1/3}$, resultando em:

$$Nu_D = 1{,}13cRe_D^n Pr^{1/3} \quad (6.35)$$

Naturalmente, como o número de Prandtl do ar é de cerca de 0,7, verificamos que, para esse fluido, $1{,}13Pr^{1/3} = 1$ e a Equação (6.35) torna-se equivalente à (6.34).

Na Tabela 6.3 temos valores das constantes c e n da equação de Grimison.

Tabela 6.3 Constantes de Grimison

Geometria	L_L/D	L_T/D							
		1,25		1,50		2,0		3,0	
		c	n	c	n	c	n	c	n
Feixe de tubos alternados	1,0	–	–	0,497	0,588	–	–	–	–
	1,125	–	–	–	–	0,478	0,565	0,518	0,560
	1,25	0,518	0,556	0,505	0,554	0,519	0,556	0,552	0,562
	1,5	0,451	0,568	0,460	0,562	0,452	0,568	0,488	0,568
	2	0,404	0,572	0,416	0,568	0,482	0,556	0,449	0,570
	3	0,310	0,592	0,356	0,580	0,440	0,562	0,421	0,574
Feixe de tubos alinhados	1,25	0,348	0,592	0,275	0,608	0,100	0,704	0,0633	0,752
	1,50	0,367	0,586	0,250	0,620	0,101	0,702	0,0678	0,744
	2,0	0,418	0,570	0,299	0,602	0,229	0,632	0,198	0,648
	3,0	0,290	0,601	0,357	0,584	0,374	0,581	0,286	0,608

Para o caso de o banco de tubos ter número de filas menor do que dez, Kays, London e Lo [25] propuseram a utilização do coeficiente de transmissão de calor por convecção, calculado por intermédio da equação de Grimison, corrigido por meio da sua multiplicação por um fator de correção c_o: $h_{corrigido} = c_o h_{grimison}$

Na Tabela 6.4, apresentam-se valores do fator de correção c_o.

Tabela 6.4 Fator de correção c_o

Número de tubos	1	2	3	4	5	6	7	8	9
Feixe alinhado	0,64	0,80	0,87	0,90	0,92	0,94	0,96	0,98	0,99
Feixe alternado	0,68	0,75	0,83	0,89	0,92	0,95	0,97	0,98	0,99

6.7 EXERCÍCIOS RESOLVIDOS

Er6.1 Ar na pressão absoluta de 1 bar e a 20°C escoa paralelamente a uma placa plana lisa com velocidade de corrente livre igual a 10 m/s. A placa é quadrada com lado igual a 1,5 e tem temperatura uniforme igual a 60°C. Analise o comportamento da camada-limite dinâmica. Ela sofre transição do regime laminar para o turbulento? Onde?

Solução

a) Dados e considerações
- O fluido é ar a 1 bar e 20°C, $V_\infty = 10$ m/s, $T_p = 60$°C e $L = 1,5$ m.
- A temperatura de filme é $T_f = (T_p + T_\infty)/2 =$ (20 + 60)/2 = 40°C.
- As propriedades do ar na temperatura de filme são: ρ = 1,113 kg/m³; μ = 1,92 E-5 Pa.s; $Pr = 0,7244$; e k = 0,02662 W/(m.K).

b) Análise e cálculos

O número de Reynolds no bordo de fuga é: $Re = (\rho\ V_\infty\ x/\ \mu) = 870039 >$ 5 E+5; logo a camada-limite é turbulenta nesse local, o que significa que houve transição de laminar para turbulenta em alguma posição sobre a placa.

Para avaliar a posição na qual houve a transição, adotaremos o valor de 500000 para o número de Reynolds de transição: $Re_c = (\rho\ V_\infty\ x_c/\ \mu) = 500000$. Logo: $x_c = 0,862$ m.

Er6.2 Ar a 1 bar e 20°C escoa paralelamente a uma placa plana lisa com velocidade de corrente livre igual a 5 m/s. Sabendo que a placa tem temperatura uniforme igual a 60°C e que o seu comprimento é igual a 40 cm, pede-se para determinar o coeficiente convectivo a 20 cm do bordo de ataque da placa e o coeficiente convectivo médio entre a placa e o ar.

Solução

a) Dados e considerações
- O fluido é ar a 1 bar e 20°C, $V_\infty = 5$ m/s, $T_p = 60$°C e $L = 40$ cm.
- A temperatura de filme $T_f = (T_p + T_\infty)/2 =$ (20 + 60)/2 = 40°C.
- As propriedades do ar na temperatura de filme são: ρ = 1,113 kg/m³; μ = 1,92 E-5 Pa.s; $Pr = 0,7244$; e k = 0,02662 W/(m.K).

b) Análise e cálculos
- Avaliação do coeficiente convectivo em $x = 20$ cm.

Primeiramente, avaliemos o número de Reynolds em $x = 20$ cm:

$Re = (\rho\ V_\infty\ x/\ \mu) = 58003 <$ 5 E+5; logo a camada-limite é laminar nesse local.

Como queremos fluxo térmico local, a equação adequada a cálculo no número de Nusselt é a (6.10):

$$Nu_x = 0,332 Re_x^{1/2} Pr^{1/3}$$

Substituindo os valores das propriedades, obtemos: $Nu = 71,64$.

$Nu_x = hx/k$, logo: $h = 9,49$ W/(m².K).

- Avaliação do coeficiente convectivo médio.

Primeiramente, avaliemos o número de Reynolds em $L = 40$ cm:

$Re = (\rho\ V_\infty\ L/\ \mu) = 116005 < 5{,}0$ E+5; logo a camada-limite é laminar ao longo de toda a placa.

Como queremos coeficiente convectivo médio, a equação adequada a cálculo no número de Nusselt é a (6.17):

$$Nu_L = 0{,}664 Re_L^{1/2} Pr^{1/3}$$

Substituindo os valores das propriedades, obtemos: $Nu_L = 203{,}1$.

$Nu_L = hL/k$, logo: $h = 13{,}5$ W/(m².K).

Er6.3 Água na fase líquida a 20°C escoa paralelamente a uma placa plana lisa com velocidade de corrente livre igual a 1 m/s. Sabe-se que foi provocada a formação da camada-limite turbulenta desde o bordo de ataque da placa, que a placa tem temperatura uniforme igual a 60°C e que o seu comprimento é igual a 60 cm. Considerando que a placa tem largura $b = 40$ cm, pede-se para determinar a taxa de calor entre a placa e a corrente de água.

Solução

a) Dados e considerações
   - A camada-limite formada é turbulenta ao longo de toda a placa.
   - O fluido é água na fase líquida a 20°C, $V_\infty = 1$ m/s.
   - $T_p = 60$°C; $b = 40$ cm; e $L = 60$ cm.
   - A temperatura de filme da água é $T_f = \left(T_p + T_\infty\right)/2 =$ (20 + 60)/2 = 40°C.
   - As propriedades da água na temperatura de filme são: $\rho = 992{,}2$ kg/m³; $\mu = 0{,}653$ E-3 Pa.s; $Pr = 4{,}328$; e $k = 0{,}6306$ W/(m.K).

b) Análise e cálculos
   - Avaliação do número de Nusselt médio

   O número de Reynolds em $L = 60$ cm é: $Re_L = (\rho\ V_\infty\ L/\ \mu) = 911715$.

   Como queremos avaliar o número de Nusselt médio e sabemos que a camada-limite é turbulenta ao longo de toda a placa, a equação adequada é a (6.19):

$$Nu_L = 0{,}037 Re_L^{4/5} Pr^{1/3}$$

   Substituindo os valores das propriedades, obtemos: $Nu = 3533$.

   $Nu_L = hL/k$, logo: $h = 3{,}71$ kW/(m².K).

   - Avaliação da taxa de calor

$$\dot{Q} = hA\left(T_p - T_\infty\right) = 35{,}6 \text{ kW}$$

Er6.4 Água na fase líquida 20°C escoa paralelamente a uma placa plana lisa com velocidade de corrente livre igual a 1 m/s. Sabe-se que a placa tem temperatura uniforme igual a 60°C e que o seu comprimento é igual a 60 cm. Considerando que a placa tem largura $b = 40$ cm, pede-se para determinar a taxa de calor entre a placa e a corrente de água.

Solução

a) Dados e considerações
   - A camada-limite formada é inicialmente laminar, devendo ser verificado se ela se torna turbulenta. Para tal será considerado que o número de Reynolds no qual ocorre a transição é igual a 500000.
   - O fluido é água na fase líquida a 20°C, $V_\infty = 1$ m/s.
   - $T_p = 60$°C; $b = 40$ cm; e $L = 60$ cm.
   - A temperatura de filme do ar é $T_f = \left(T_p + T_\infty\right)/2 =$ (20+60)/2 = 40°C.

- As propriedades da água na temperatura de filme são: ρ = 992,2 kg/m³; μ = 0,653 E-3 Pa.s; Pr = 4,328; e k = 0,6306 W/(m.K).

b) Análise e cálculos

- Avaliação do número de Nusselt médio

Primeiramente, avaliemos o número de Reynolds em L = 60 cm:

$Re_L = (\rho\, V_\infty\, L/\, \mu) = 911715 > 500000.$ Logo a camada-limite é turbulenta no bordo de fuga da placa.

Como queremos avaliar o número de Nusselt médio e sabemos que a camada-limite é inicialmente laminar havendo transição para o regime turbulento, a equação adequada é a (6.23):

$$Nu_L = \left(0,037Re^{4/5} - 871\right)Pr^{1/3}$$

Substituindo os valores das propriedades, obtemos: $Nu_L = 2114$.

$Nu_L = hL/k$, logo: $h = 2,22$ kW/(m².K).

- Avaliação da taxa de calor

$$\dot{Q} = hA\left(T_p - T_\infty\right) = 21,33 \text{ kW}$$

Note que a taxa de calor obtida é significativamente menor do que a calculada no Exercício Er6.2, o que mostra que se desejamos aumentar a capacidade de transferência de calor devemos provocar a ocorrência de turbulência desde o bordo de ataque da placa.

Er6.5 Um equipamento industrial apresenta uma superfície plana aquecida uniformemente por uma resistência elétrica. Ar a 20°C escoa paralelamente a essa superfície com velocidade de corrente livre igual a 2 m/s. Sabe-se que essa superfície tem comprimento L = 500 mm, largura b = 200 mm e que a potência da resistência de aquecimento é igual 100 W. Avalie a temperatura no centro da superfície supondo que o escoamento se dá na direção da largura.

Solução

a) Dados e considerações

- É formada camada-limite dinâmica sobre a superfície que, inicialmente, é laminar.
- O processo ocorre em regime permanente.
- Como a superfície é uniformemente aquecida por uma resistência elétrica, podemos supor que o fluxo térmico é uniforme ao longo da superfície.
- O fluido é ar a 20°C, V_∞ = 2 m/s., b = 200 mm e L = 500 mm.
- A potência da resistência é: $\dot{W}$ = 100 W.
- A temperatura de filme do ar é dada por $T_f = \left(T_p + T_\infty\right)/2$. Como a temperatura da superfície é desconhecida, adotaremos o valor de 60°C.
- As propriedades do ar a temperatura de filme são: ρ = 1,046 kg/m³; μ = 2,01 E-5 Pa.s; Pr = 0,720; e k = 0,02808 W/(m.K).

b) Análise e cálculos

- Avaliação do número de Reynolds na posição $x = b$:

$Re_b = \rho\, V_\infty\, b/\mu = 20830 < 500000.$ Logo a camada-limite dinâmica é laminar sobre toda a superfície.

- Avaliação do fluxo térmico

$$\dot{Q}'' = \dot{Q}/\left(Lb\right) = 1000 \text{ W/m}^2$$

- Avaliação do número de Nusselt no centro da superfície, x = 0,1 m

Como a camada-limite dinâmica é laminar e o fluxo térmico é constante, a equação adequada é a (6.24):

$$Nu_x = 0,453Re_x^{1/2}Pr^{1/3}$$

Note que, no centro da superfície, x = 0,2/2 = 0,1 m.

Substituindo os valores das propriedades, obtemos: Nu = 41,4.

$Nu_x = hx/k$, logo: h = 11,6 W/(m².K).

- Avaliação da temperatura

$$\dot{Q}'' = h\left(T_p - T_\infty\right) \Rightarrow T_p = \frac{\dot{Q}''}{h} + T_\infty =$$
$$= 106°C$$

Com base nesse resultado verificamos que a temperatura de filme é igual a 63°C. Como foi adotado o valor de 60°C para essa temperatura, verifica-se que a solução encontrada é adequada.

Er6.6 Ar a 10°C escoa perpendicularmente com velocidade de 2 m/s sobre uma tubulação horizontal isolada de transporte de vapor d'água saturado a 10 bar. O tubo tem diâmetro externo igual a 42,2 mm, a espessura do isolamento é 38 mm, sua condutibilidade térmica é 0,04 W/(m.K). Desprezando os efeitos da transferência de calor por radiação e supondo que a temperatura da superfície externa do tubo é uniforme e aproximadamente igual à do vapor, determine a taxa de condensação de vapor por 100 metros de tubulação.

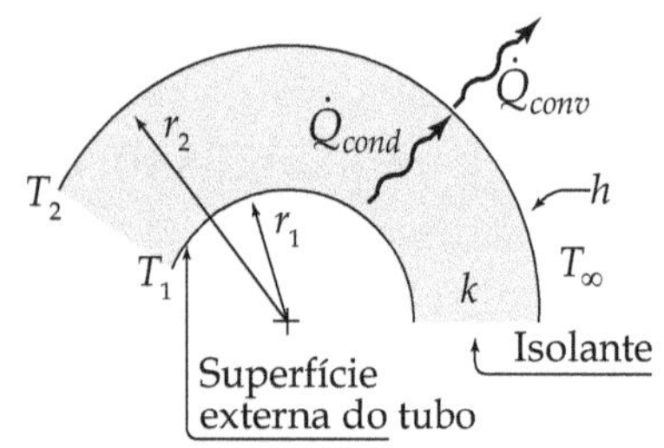

Figura Er6.6

Solução

a) Dados e considerações

- O processo ocorre em regime permanente.
- O vapor d'água é saturado a 10 bar, logo a sua temperatura é igual a 179,9°C e, então, T_1 = 179,9°C e a sua entalpia de vaporização é h_{LV1} = 2015,3 kJ/kg.
- O ar ambiente está a 10°C, V_∞ = 2 m/s.
- Dimensões: r_1 = 21,1 mm; r_2 = 21,1 + 38 = 59,1 mm; D_2 = 0,1182 m.
- k = 0,04 W/(m.K).
- Não conhecemos T_2. Consideraremos, para avaliação inicial das propriedades, que a temperatura de filme é igual à do ar, 10°C. As propriedades do ar nessa temperatura são:

ρ = 1,230 kg/m³; μ = 1,78 E-5 Pa.s; Pr = 0,7318; e k_f = 0,02439 W/(m.K).

b) Análise e cálculos

Como desejamos determinar a taxa de condensação de vapor por metro de tubo, precisamos calcular a taxa de calor por metro de tubo e, para isso, necessitamos determinar o coeficiente de transferência de calor por convecção, h.

Determinemos, para começar, o número de Reynolds característico do escoamento sobre o tubo:

Re_D = (ρ V_∞ D/μ) = 1,230 · 2,0 · 0,1182/1,78 E-5 = 16336

Usando a Equação (6.27):

$$Nu_D = CRe_D^a Pr^b \left(\frac{Pr}{Pr_s}\right)^{1/4}$$

Como Pr < 10, b = 0,37. Da Tabela 6.2 obtemos: C = 0,26 e a = 0,6. Temos, então:

$$Nu_D = 0{,}26 Re_D^{0,6} Pr^{0,37} \left(\frac{Pr}{Pr_s}\right)^{1/4}$$

Como não conhecemos a temperatura da superfície do isolante térmico, adotaremos $Pr = Pr_S$.

Substituindo os valores conhecidos, obtemos: Nu_D = 78,1 = hD/k_f.

h = 16,12 W/(m².K)

Aplicando a primeira lei da termodinâmica à superfície externa do isolamento, concluímos que: $\dot{Q}_{cond} = \dot{Q}_{conv}$

Como o isolante é um cilindro oco, temos:

$$\dot{Q}_{cond} = \frac{T_1 - T_2}{ln(r_2/r_1)/2\pi Lk} \text{ e}$$

$$\dot{Q}_{conv} = h2\pi r_2 L(T_2 - T_\infty).$$

Ou seja:

$$\frac{2\pi Lk(T_1 - T_2)}{ln(r_2/r_1)} = h2\pi r_2 L(T_2 - T_\infty)$$

Substituindo-se os valores conhecidos e resolvendo, obtemos:

$T_2 = 16{,}7°C$

Conhecendo T_2, determinamos a taxa de calor por condução por metro de tubo, que é igual à taxa total de calor por metro de tubo:

$$\frac{\dot{Q}_{cond}}{L} = \frac{T_1 - T_2}{ln(r_2/r_1)/2\pi k} = 39{,}8 \text{ W/m}$$

Note que esse resultado foi obtido utilizando propriedades determinadas na temperatura de filme igual a 10°C. Refazendo os cálculos para a temperatura de filme de (16,6 + 10)/2 = 13,3°C, obtemos:

Propriedades do ar nesta temperatura:

$\rho = 1{,}225$ kg/m³; $\mu = 1{,}79$ E-5 Pa.s;

$Pr = 0{,}7315$; $Pr_S = 0{,}7314$;

e $k_f = 0{,}02449$ W/(m.K).

$Re_D = (\rho\, V_\infty\, D/\, \mu) = 16203$

$Nu_D = 77{,}71$

$h = 16{,}1$ W/(m².K)

$T_2 = 16{,}7°C$

$$\frac{\dot{Q}_{cond}}{L} = \frac{T_1 - T_2}{ln(r_2/r_1)/2\pi k} = 39{,}8 \text{ W/m}$$

Como era de se esperar devido ao fato de a temperatura da superfície obtida na segunda seção de cálculos ser muito próxima da primeira, a taxa de calor por metro de tubo se manteve praticamente inalterada.

A taxa de condensação por 100 m de tubo será:

$$\dot{m} = \frac{\dot{Q}_{cond}}{L}\frac{100}{h_{LV}} = 1{,}98 \text{ g/(m.s)}$$

Er6.7 Ar a 10°C escoa perpendicularmente com velocidade de 2 m/s sobre uma tubulação horizontal isolada de transporte de vapor d'água saturado a 10 bar. O tubo tem diâmetro externo igual a 42,2 mm, a espessura do isolamento é 38 mm, sua condutibilidade térmica é 0,04 W/(m.K) e a superfície do isolamento tem emissividade igual a 0,7. Supondo que a temperatura da superfície externa do tubo é uniforme e aproximadamente igual à do vapor, determine a taxa de condensação de vapor por metro de tubulação.

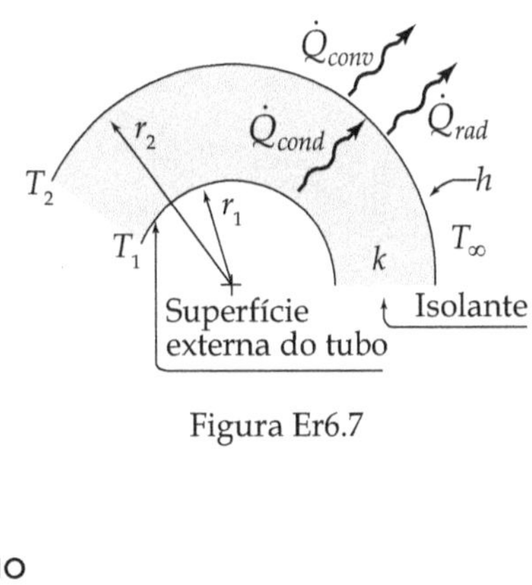

Figura Er6.7

Solução

a) Dados e considerações

- O processo ocorre em regime permanente.
- O vapor d'água é saturado a 10 bar, logo a sua temperatura é igual a 179,9°C e, então, T_1 = 179,9°C e a sua entalpia de vaporização é h_{LV1} = 2014,8 kJ/kg.
- O ar ambiente está a 10°C, V_∞ = 2 m/s.

- Dimensões: $r_1 = 21,1$ mm; $r_2 = 21,1 + 38 = 59,1$ mm; $D_2 = 0,1182$ m.
- $k = 0,04$ W/(m.K); $\varepsilon = 0,7$; $\sigma = 5,67$ E-8 W/(m².K⁴).
- Não conhecemos T_2. Assim sendo, consideraremos, para avaliação inicial das propriedades, que a temperatura de filme é igual à do ar a 10°C. As propriedades do ar nessa temperatura são: $\rho = 1,23$ kg/m³; $\mu = 1,78$ E-5 Pa.s; $Pr = 0,7318$; e $k_f = 0,02439$ W/(m.K).

b) Análise e cálculos

Como desejamos determinar a taxa de condensação de vapor por metro de tubo, precisamos calcular a taxa de calor por metro de tubo e, para isso, necessitamos determinar o coeficiente de transferência de calor por convecção, *h*.

Determinemos, para começar, o número de Reynolds característico do escoamento sobre o tubo:

$Re_D = (\rho\, V_\infty\, D/\,\mu) = 16362$

Usando a Equação (6.27):

$$Nu_D = CRe_D^a Pr^b \left(\frac{Pr}{Pr_s}\right)^{1/4}$$

Como $Pr < 10$, $b = 0,37$. Da Tabela 6.2, obtemos: $C = 0,26$ e $a = 0,6$. Temos, então:

$$Nu_D = 0,26 Re_D^{0,6} Pr^{0,37} \left(\frac{Pr}{Pr_s}\right)^{1/4}$$

Como não conhecemos a temperatura da superfície do isolante térmico, adotaremos $Pr = Pr_S$.

Substituindo os valores conhecidos, obtemos: $Nu_D = 78,18 = hD/k_f$.

$h = 16,1$ W/(m².K)

Aplicando a primeira lei da termodinâmica à superfície externa do isolamento, concluímos que:

$$\dot{Q}_{cond} = \dot{Q}_{conv} + \dot{Q}_{rad}$$

Como o isolante é um cilindro oco, temos:

$$\dot{Q}_{cond} = \frac{T_1 - T_2}{ln(r_2/r_1)/2\pi Lk};$$

$$\dot{Q}_{conv} = h2\pi r_2 L(T_2 - T_\infty);\text{ e}$$

$$\dot{Q}_{rad} = \varepsilon\sigma 2\pi r_2 L(T_2^4 - T_\infty^4).$$

Ou seja:

$$\frac{2\pi Lk(T_1 - T_2)}{ln(r_2/r_1)} = h2\pi r_2 L(T_2 - T_\infty) + $$
$$+ \varepsilon\sigma 2\pi r_2 L(T_2^4 - T_\infty^4)$$

Substituindo-se os valores conhecidos, lembrando que as temperaturas deverão estar na escala kelvin, chegamos a uma equação de 4° grau. Resolvendo-a, obtemos:

$T_2 = 15,5$°C

Conhecendo T_2, determinamos a taxa de calor por condução por metro de tubo, que é igual à taxa total de calor por metro de tubo:

$$\dot{Q}_{cond} = \frac{T_1 - T_2}{ln(r_2/r_1)/2\pi Lk} = 40,1\text{ W/m}$$

Note que esse resultado foi obtido utilizando propriedades determinadas na temperatura de filme igual a 10°C. Refazendo os cálculos para a temperatura de filme de 13°C, obtemos:

$T_2 = 15,5$°C

$$\frac{\dot{Q}_{cond}}{L} = \frac{T_1 - T_2}{ln(r_2/r_1)/2\pi Lk} = 40,1\text{ W/m}$$

e verificamos que a escolha arbitrária inicial da temperatura de filme foi adequada.

A taxa de condensação por metro de tubulação será:

$$\dot{m} = \frac{\dot{Q}_{cond}}{Lh_{LV}} = 1,99\text{ E-5 kg/(m.s)}$$

Er6.8 Uma esfera de aço é aquecida internamente por uma resistência elétrica. Sabe-se que o seu diâmetro é igual a 200 mm, que ela está sujeita a um escoamento de ar a 10ºC com velocidade de corrente livre igual a 5 m/s e que a sua temperatura superficial média é igual a 50ºC. Considerando que a emissividade da superfície da esfera é igual a 0,8, pede-se para determinar o coeficiente e transmissão de calor por convecção, a taxa de calor por convecção, a taxa líquida de calor por radiação entre a esfera e o meio supondo que o meio também está a 10ºC, a potência da resistência elétrica e o fluxo térmico na sua superfície.

Solução

a) Dados e considerações

São dados:

- D = 200 mm; T = 10ºC; T_s = 50ºC; V = 5 m/s; ε = 0,8; e σ = 5,67 E-8 W/(m².K⁴).

b) Análise e cálculos

- Determinação do coeficiente de transferência de calor por convecção, h

O número de Nusselt médio sobre uma esfera sujeita a escoamento forçado externo pode ser avaliado usando a Equação (6.30), na qual as propriedades são calculadas na temperatura de corrente livre, com exceção da viscosidade μ_s, calculada na temperatura T_s.

$$Nu_D = 2 + \left(0,4Re_D^{1/2} + 0,06Re_D^{2/3}\right)$$
$$Pr^{0,4}\left(\frac{\mu}{\mu_s}\right)^{1/4}$$

Essa expressão é aplicável para $0,71 < Pr < 380$ e $3,5 < Re < 7,6$ E+4.

As propriedades do ar a 10ºC são: ρ = 1,23 kg/m³; μ = 1,78 E-5 Pa.s; Pr = 0,7318; e k = 0,02439 W/(m.K).

A viscosidade do ar na temperatura da superfície, 50ºC, é: μ_s = 1,96 E-5 Pa.s.

Calculando o número de Reynolds, obtemos: Re_D = 69215, e a Equação (6.30) é aplicável.

Substituindo-se os valores conhecidos da Equação (6.30), obtemos:

$$Nu_D = 179,7.$$

Logo: h = 21,9 W/(m².K).

- Determinação da taxa de calor por convecção

$$\dot{Q}_{conv} = hA\left(T_s - T\right) = h4\pi\frac{D^2}{4}\left(T_s - T\right) =$$
$$= 110,1 \text{ W}$$

- Determinação da taxa de calor por radiação

$$\dot{Q}_{rad} = \sigma A\varepsilon\left(T_s^4 - T^4\right) = 5,67\text{E} -$$
$$-8 \cdot 4\pi\frac{D^2}{4} \cdot 0,8\begin{pmatrix}\left(50 + 273,25\right)^4 - \\ -\left(10 + 273,15\right)^4\end{pmatrix}$$
$$= 25,5 \text{ W}$$

- Determinação da potência da resistência elétrica

$$\dot{W}_{elétrica} = 110,1 + 25,5 = 135,6 \text{ W}$$

- Determinação do fluxo de calor na superfície da esfera

$$\dot{Q}'' = \frac{\dot{W}_{elétrica}}{Área} = 1,08 \text{ kW/m}^2$$

Er6.9 Pretendendo-se aquecer ar utilizando-se vapor d'água, propõe-se que o ar escoe através de um banco de tubos, conforme esquematizado na Figura Er6.10. Os tubos têm diâmetro externo D = 50 mm, L_L = 150 mm e L_T = 100 mm e a sua temperatura superficial é igual a 120ºC. A velocidade e a temperatura de corrente livre do ar são, respectivamente, 4 m/s e 20ºC. Sabendo-se que o banco é composto por três linhas transversais de tubos, pede-se para determinar o coeficiente de transferência de calor entre o ar e os tubos.

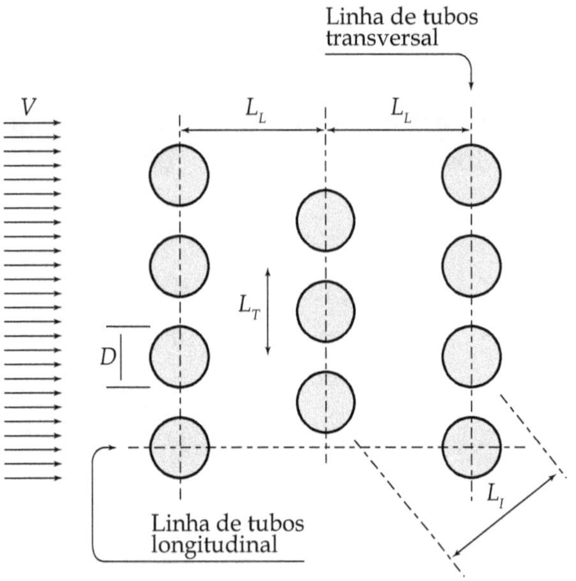

Figura Er6.9

Solução

a) Dados e considerações

São dados:

- D = 50 mm; L_L = 150 mm; L_T = 100 mm; V = 4 m/s; T = 20°C; T_s = 120°C.

$$L_I^2 = \left(L_L^2 + \left(\frac{L_T}{2} \right)^2 \right) \Rightarrow L_I = 158{,}1 \text{ mm.}$$

- A temperatura média do ar evolui à medida que ele escoa através do banco de tubos. Assim sendo, optamos por estimar a temperatura de filme por meio de: $T_f = (120 + 20)/2 = 70$°C.
- Propriedades do ar a 70°C: $\rho = 1{,}015$ kg/m³; $\mu = 2{,}079$ E-5 Pa.s; $Pr = 0{,}7274$; e $k_f = 0{,}02883$ W/(m.K).

b) Análise e cálculos

- Determinação do coeficiente convectivo, h

Como o fluido é ar, a equação a ser utilizada para a determinação do número de Nusselt é a (6.34):

$$Nu_D = cRe_D^n$$

Para usá-la, determinaremos o número de Reynolds por meio da Equação (6.31):

$$Re = \frac{\rho V_{max} D}{\mu}$$

D é o diâmetro externo dos tubos, ρ e μ são, respectivamente, a massa específica e a viscosidade dinâmica do fluido.

Como o arranjo de tubos é alternado, verificaremos as duas possibilidade de ocorrência de velocidade máxima. Se ela ocorrer na área inclinada, teremos

$$V_{max} = V \frac{L_T}{2(L_I - D)}.$$

Substituindo os valores conhecidos, obtemos:

$V_{maxinclinada} = 1{,}85$ m/s.

Se ela ocorrer na área de entrada obteremos: $V_{max} = V \dfrac{L_T}{L_T - D}$.

Substituindo os valores conhecidos, obtemos:

$V_{maxentrada} = 8{,}0$ m/s, que será o valor utilizado nos cálculos por ser a maior.

O número de Reynolds será:

$$Re = \frac{\rho V_{max} D}{\mu} = 19529$$

Como $2000 < Re < 40000$, então a equação escolhida é aplicável.

Consultando a Tabela 6.3, como $L_T/D = 2{,}0$ e $L_L/D = 3{,}0$, obtemos para feixes de tubos alternados: $c = 0{,}440$ e $n = 0{,}562$.

O número de Nusselt será dado por:

$$Nu_D = c\text{Re}_D^n = 0{,}440 \cdot 19529^{0{,}562} = $$
$$= 113{,}5.$$

Determinamos, então:

$h = 65{,}4$ W/(m².K).

A equação utilizada para o cálculo do número de Nusselt é adequada para feixes de tubos com dez ou mais linhas de tubos transversais. Como o feixe estudado tem três linhas, o resultado obtido deve ser corrigido utilizando-se fator de correção obtido na Tabela 6.4:

$$h_{CORRIGIDO} = c_o\, h = 0{,}83h =$$

$$= 0{,}83 \cdot 65{,}4 = 54{,}3 \text{ W/(m}^2\text{.K)}$$

6.8 EXERCÍCIOS PROPOSTOS

Ep6.1 Ar a 20°C escoa sobre uma placa plana horizontal quadrada, lado igual a 20 cm, com velocidade de 2 m/s. Considerando que a temperatura da placa é uniforme e igual a 60°C, determine a taxa de transferência de calor entre uma face da placa e o ar.

Resp.: 19,4 W.

Ep6.2 Água a 80°C escoa paralelamente a uma placa plana lisa com comprimento de 10 cm que tem a sua temperatura uniforme e igual a 40°C. A velocidade de corrente livre da água é igual a 0,8 m/s. Determine o coeficiente de transmissão de calor médio entre a placa e a água.

Resp.: 2,57 kW/(m²·K).

Ep6.3 Ar a 20°C e à pressão atmosférica escoa sobre uma placa plana lisa com velocidade de corrente livre de 10 m/s. Considere que a placa tem comprimento igual a 2 m, largura igual a 0,40 m e que a sua temperatura é uniforme e igual a 100°C. Supondo que o escoamento ocorra na direção do comprimento da placa, determine o coeficiente médio de transmissão de calor por convecção entre a placa e o ar e a taxa de calor entre uma das faces da placa e o ar ambiente.

Resp.: 19,4 W/(m²·K); 1,24 kW.

Ep6.4 Ar a 30°C e à pressão atmosférica escoa sobre uma placa plana lisa com velocidade de corrente livre de 10 m/s. Considere que a placa tem comprimento igual a 1,5 m, largura igual a 0,40 m e que a sua temperatura é uniforme e igual a 100°C. Supondo que o escoamento ocorra na direção da largura da placa, determine a taxa de calor entre uma das faces da placa e o ar ambiente.

Resp.: 801 W.

Ep6.5 Um fluido escoa com velocidade de corrente livre de 1 m/s sobre uma placa plana lisa com comprimento de 2 m mantida na temperatura uniforme de 100°C. Considerando que esse fluido seja ar a 10 bar e a 20°C, determine o coeficiente de transferência de calor por convecção médio longo de toda a placa.

Resp.: 19,4 W/(m²·K)

Ep6.6 Resolva o Exercício Ep6.5 considerando que o fluido é hidrogênio a 5 bar e 40°C.

Ep6.7 Um fluido escoa com velocidade de corrente livre de 1 m/s sobre uma placa plana lisa com comprimento de 1 m mantida na temperatura uniforme de 100°C. Considerando que esse fluido seja ar a 8 bar e a 20°C, determine o coeficiente de transferência de calor por convecção local no bordo de fuga da placa.

Resp.: 5,39 W/(m²·K).

Ep6.8 Um fluido escoa com velocidade de corrente livre de 1 m/s sobre uma placa plana lisa com comprimento de 2 m e largura igual a 0,5 m mantida sob a condição de fluxo de calor uniforme igual a 1 kW/m². Considerando que esse fluido seja ar a 10 bar e a 20°C, determine a temperatura da placa a 30 cm do bordo de ataque.

Resp.: 45,7°C.

Ep6.9 Água na velocidade de 5 m/s escoa sobre uma placa plana isotérmica horizontal com 20 cm de comprimento. A temperatura da água é igual a 30°C, enquanto que a da superfície da placa é igual a 70°C. Calcule a taxa de transferência de calor por unidade de largura para a superfície superior da placa.

Resp.: 114,1 kW/m.

Ep6.10 Um estudante de engenharia se propôs a realizar alguns experimentos em um túnel de vento em um dia no qual a temperatura ambiente era igual a 20°C. Para tal, ele usou uma placa com comprimento M = 60 cm e largura L = 15 cm na qual havia, internamente, um conjunto de resistências elétricas que permitia manter a sua temperatura aproximadamente uniforme. Ao conduzir o experimento, a placa foi fixada conforme indicado na Figura Ep 6.10. Pergunta-se: qual deve ser a máxima velocidade do ar para a qual a camada-limite dinâmica permanece laminar ao longo de toda a largura da placa? Para manter uma diferença de temperatura igual a 60°C entre a placa e o ar, qual deve ser a potência elétrica requerida pelas resistências de aquecimento se a velocidade do ar é mantida igual a 20 m/s?

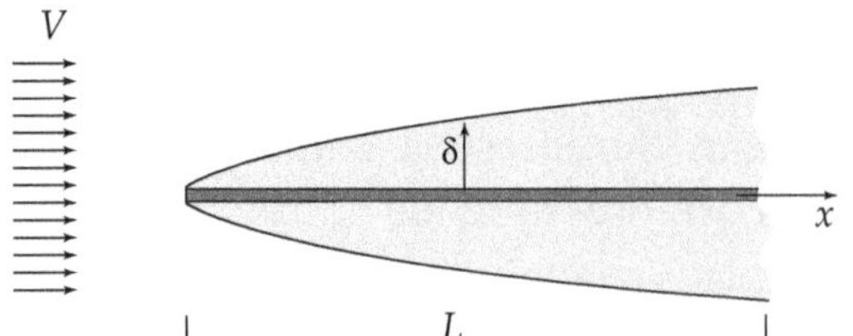

Figura Ep.6.10

Resp.: 51,9 m/s; 477 W.

Ep6.11 Ar ambiente a 20°C com velocidade de corrente livre de 2,0 m/s escoa paralelamente a um tubo com diâmetro externo de 2 cm e comprimento de 50 cm cuja temperatura superficial média é igual a 60°C. Determine a taxa de transferência de calor entre o tubo e o ar.

Resp.: 9,61 W.

Ep6.12 Ar a 20°C e 5 bar com velocidade de corrente livre de 2 m/s escoa paralelamente a um tubo com diâmetro de 5 cm e comprimento de 3 m cuja temperatura superficial é igual a 60°C. Determine o coeficiente convectivo e a taxa de transferência de calor entre o tubo e o ar.

Resp.: 22,0 W/(m².K); 415 W.

Ep6.13 Ar a 20°C com velocidade de corrente livre igual a 5 m/s sopra perpendicularmente a um cilindro com raio igual a 0,1 m e com temperatura externa média igual a 40°C. Determine o coeficiente de transferência de calor e o fluxo térmico por convecção entre o cilindro e o ar.

Resp.: 20,5 W/(m².K); 409 W/m².

Ep6.14 Ar a 100 kPa e 20°C escoa perpendicularmente sobre um cabo elétrico com 100 m de comprimento e diâmetro igual a 20 mm. Se a superfície do cabo está a 22°C e se a velocidade de corrente livre do ar for igual a 15 m/s, qual deve ser a taxa de transferência de calor por metro de cabo para o ar? Qual é a força de arrasto aplicada pelo ar ao cabo?

Resp.: 12,0 W/m; 210 N.

Ep6.15 Óleo hidráulico a 50°C escoa com velocidade de 1 m/s perpendicularmente a um tubo metálico com diâmetro externo de 15 mm cuja superfície está a 30°C. Utilizando a correlação de Zukauskas, determine o fluxo térmico médio entre a superfície do tubo e o óleo, e também a taxa de transferência de calor do óleo para o tubo por metro de tubo. Considere que o óleo lubrificante tem as seguintes propriedades a 40°C:

ρ = 876 kg/m³; μ = 0,210 Pa.s;

k = 0,44 W/(m.K); Pr = 2870;

c_p = 1974 J/(kg.K); e Pr_s = 5740 a 30°C.

Resp.: 23,4 kW/m²; 1,10 kW/m.

Ep6.16 Uma barra de aço de seção quadrada com lado igual a 2 cm e com temperatura superficial mantida a 100°C está sujeita ao escoamento de ar a 20°C com velocidade de corrente livre de 15 m/s. O escoamento é perpendicular a uma das faces da barra e, nesse caso, como o fluido é ar, o coeficiente convectivo pode ser calculado por intermédio da expressão: $Nu = 0{,}102 Re^{0,675} Pr^{1/3}$ quando $5000 < Re < 100000$. Determine a taxa de calor por unidade de comprimento entre a barra e o ar se o escoamento for perpendicular a uma das suas faces.

Resp.: 557 W/m.

Ep6.17 Em uma fábrica há uma tubulação de aço-carbono, k_a = 45 W/(m.K), com diâmetro interno e externo iguais a, respectivamente, 52,5 mm e 60,3 mm, que transporta vapor d'água saturado a 8 bar. Por desleixo do responsável, um trecho dessa tubulação está temporariamente sem isolamento térmico. Essa tubulação está sujeita ao escoamento perpendicular ao seu eixo de ar com velocidade de 2 m/s a 20°C. Considere que a temperatura da face interna da parede do tubo é igual à temperatura do vapor. Desprezando os efeitos da transferência de calor por radiação e utilizando a correlação de Zukauskas, determine a temperatura externa do tubo e a taxa de rejeição de calor por metro de tubo para o meio ambiente.

Resp.: 170,1°C; 530 W/m.

Ep6.18 Resolva o Exercício Ep6.17 considerando que a emissividade da superfície externa do tubo é igual a 0,75.

Resp.: 170,1°C; 852,5 W/m.

Ep6.19 Em uma fábrica há uma tubulação de aço, k_a = 45 W/(m.K), com diâmetro interno igual a 52,5 mm e externo igual a 60,3 mm, que transporta de vapor d'água a 140°C. Essa tubulação está sujeita ao escoamento perpendicular ao seu eixo de ar com velocidade de 3 m/s a 20°C. Considere que a temperatura da face interna da parede do tubo é igual à temperatura do vapor e que essa tubulação é revestida externamente com uma manta, com espessura de 25 mm, de fibra de vidro, k_f = 0,04 W/(m.K). Desconsiderando os efeitos da transferência de calor por radiação, determine a temperatura externa da manta isolante e a taxa de calor por metro de tubo para o meio ambiente.

Ep6.20 Em um equipamento térmico, ar a 20°C escoa com velocidade de 6 m/s perpendicularmente a um tubo metálico com seção transversal quadrada com lados iguais a 5 cm. Veja a Figura Ep6.20.

Figura Ep6.20

A superfície externa do tubo é mantida aproximadamente a 120°C pela condensação interna de vapor d'água. Determine a taxa de calor por metro de tubo. Para resolver esse exercício, busque uma correlação adequada na literatura!

Resp.: 689 W/m.

Ep6.21 Um tubo com diâmetros interno e externo iguais a, respectivamente, 50 mm e 100 mm tem a temperaturas da sua superfície externa igual a 40°C. Sabe-se que sobre ele escoa perpendicularmente ar com velocidade de corrente livre de 3 m/s a 20°C e que a condutibilidade térmica do material do tubo é igual a 0,08 W/(m.K). Considerando que a transferência de calor por radiação pode ser desprezada, pede-se para calcular a taxa de calor por metro de tubo, o fluxo de calor nas suas superfícies interna e externa, o coeficiente de transferência de calor por convecção entre a sua superfície externa e o meio ambiente e a temperatura média da sua superfície interna.

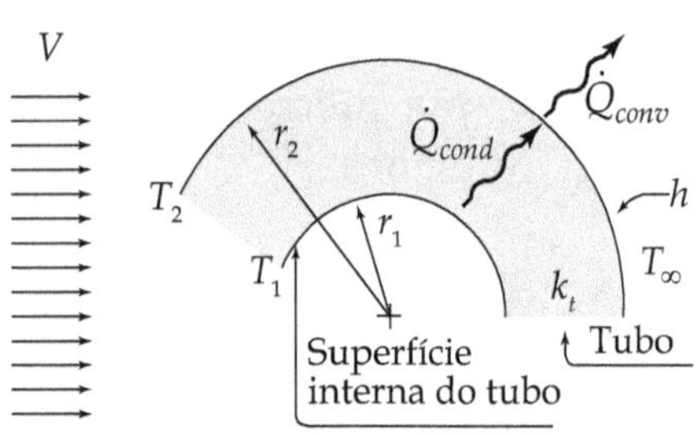

Figura Ep6.21

Ep6.22 Um tubo com diâmetros interno e externo iguais a, respectivamente, 50 mm e 100 mm tem a temperaturas da sua face externa igual a 40°C. Sabe-se que sobre ele escoa perpendicularmente ar com velocidade de corrente livre de 4 m/s a 20°C e que a condutibilidade térmica do material do tubo é igual a 0,05 W/(m.K). Considerando que a emissividade da superfície externa do tubo é igual a 0,7 e que a temperatura da vizinhança também é igual a 20°C, pede-se para calcular a taxa de calor por metro de tubo, o fluxo de calor nas suas superfícies interna e externa, o coeficiente convectivo entre a sua superfície externa e o meio ambiente e a temperatura média da sua superfície interna.

Resp.: 175 W/m; 1,11 kW/m^2; 556 W/m^2; 23,4 W/(m^2.K); 425°C.

Ep6.23 Um tubo metálico, k_t = 14 W/(m.K), com diâmetro externo igual a 80 mm e diâmetro interno igual a 68 mm, tem a sua temperatura interna aproximadamente igual à da condensação de vapor d'água a 10 bar. Esse tubo está sujeito ao escoamento, perpendicular ao seu eixo, de óleo a 20°C com velocidade de corrente livre igual a 1 m/s. Considere que as propriedades do óleo na temperatura de filme são: massa específica igual a 840 kg/m^3; viscosidade dinâmica igual a 0,0172 Pa.s; condutibilidade térmica igual a 0,134 W/(m.K); e Pr = 279. Determine o coeficiente convectivo observado entre o óleo e o tubo, a temperatura externa do tubo e a taxa de calor por metro de tubo.

Ep6.24 Água a 20°C escoa com velocidade de corrente livre de 2 m/s sobre uma esfera lisa com diâmetro de 12 cm e com sua temperatura superficial mantida igual a 80°C. Desprezando os efeitos da transferência de calor por radiação, determine o fluxo térmico e a taxa de calor entre a água e a esfera.

Resp.: 361,6 kW/m^2; 16,36 kW.

Ep6.25 Uma esfera com raio 0,06 m aquecida internamente em regime permanente por uma resistência elétrica tem a temperatura média da sua superfície igual a 100ºC. Nessas condições, ar ambiente a 20ºC é soprado sobre a esfera com velocidade de corrente livre de 5 m/s. Desprezando os efeitos da transferência de calor por radiação, determine o coeficiente convectivo e a taxa de calor entre a esfera e o ar.

Resp.: 26,6 W/(m^2.K); 96,2 W.

Ep6.26 Ar a 20ºC escoa a 5 m/s sobre uma lâmpada incandescente de forma esférica cujo diâmetro externo é igual a 5 cm. A potência da lâmpada é igual a 40 W e ela é capaz de converter apenas 60% da potência elétrica recebida em potência luminosa, de forma que a potência restante é transferida por calor para o meio ambiente. Considerando que a transferência de calor se dá somente por convecção, determine a temperatura média da superfície da lâmpada. Estime a força de arrasto aplicada pelo ar à lâmpada.

Resp.: 32,6°C; 0,015 N.

Ep6.27 Água é aquecida pelo seu escoamento na direção perpendicular ao eixo de uma resistência elétrica cilíndrica com raio igual a 10 mm. A temperatura média da superfície da resistência é 80ºC e a temperatura e a velocidade de corrente livre da água são, respectivamente, 20ºC e 4 m/s. Desprezando os efeitos da transferência de calor por radiação, determine o coeficiente médio de transferência de calor por convecção entre a superfície da resistência e a água e a taxa de calor por metro de resistência elétrica.

Resp.: 20,7 kW/(m^2.K); 38,9 kW/m.

Ep6.28 Pretendendo-se aquecer ar utilizando-se vapor d'água, propõe-se que o ar escoe através de um banco de tubos conforme esquematizado na Figura Ep6.28. Os tubos têm diâmetro externo D = 40 mm, L_L = 60 mm e L_T = 60 mm e a sua temperatura superficial é igual a 120ºC. A velocidade e a temperatura de corrente livre do ar são, respectivamente, 5 m/s e 40ºC. Sabendo-se que o banco é composto por cinco linhas transversais de tubos, pede-se para determinar o coeficiente de transferência de calor por convecção entre o ar e os tubos.

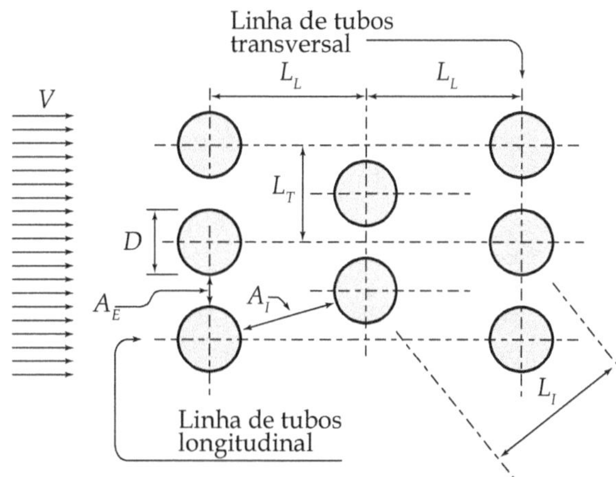

Figura Ep6.28

Resp.: 99,0 W/(m^2.K).

Ep6.29 Pretendendo-se aquecer ar utilizando-se vapor d'água, propõe-se que o ar escoe através de um banco de tubos conforme esquematizado na Figura Ep6.29.

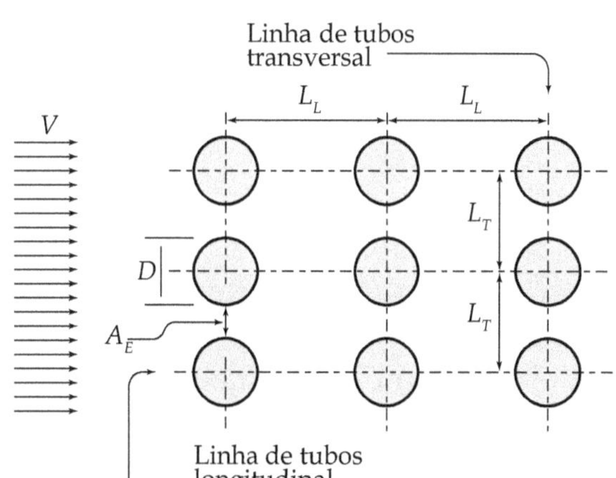

Figura Ep6.29

Os tubos têm diâmetro externo D = 40 mm, L_L = 50 mm e L_T = 60 mm e a sua temperatura superficial é igual a 120°C. A velocidade e a temperatura de corrente livre do ar são, respectivamente, 5 m/s e 40°C. Pede-se para determinar o coeficiente de transferência de calor entre o ar e os tubos. Compare o resultado obtido com o resultado da questão anterior.

Resp.: 97,5 W/(m^2.K).

Ep6.30 Em uma unidade industrial, pretende-se reduzir a temperatura de uma substância líquida pela sua passagem através de um banco de tubos alinhados conforme ilustrado na Figura Ep6.29. Considere que D = 60 mm, L_L = 90 mm e L_T = 90 mm, que a temperatura superficial dos tubos é 30°C, que a temperatura do fluido é 110°C e que as propriedades desse fluido na temperatura de filme são: ρ = 960 kg/m^3; μ = 0,010 Pa.s; c_p = 4,30 kJ/(kg.K); Pr = 1,65; e k_f = 0,68 W/(m.K). Sabendo o banco de tubos é formado por oito fileiras de tubos e que a velocidade da substância na entrada do banco de tubos é V = 1,5 m/s, pede-se para avaliar o coeficiente de transmissão de calor por convecção.

Ep6.31 Óleo hidráulico a 50°C escoa com velocidade de 1 m/s perpendicularmente a um tubo metálico com diâmetro externo de 15 mm cuja superfície está a 30°C. Utilizando a correlação de Churchill-Bernstein, Equação (6.28), determine o fluxo térmico médio entre a superfície do tubo e o óleo e a taxa de calor do óleo para o tubo por metro de tubo. Considere que o óleo lubrificante tem as seguintes propriedades a 40°C: ρ = 876 kg/m^3; μ = 0,210 Pa.s; k = 0,44 W/(m.K); Pr = 2870; c_p = 1974 J/(kg.K). Compare os resultados obtidos com os do Exercício Ep6.15.

Resp.: 41,2 W/m^2; 1,94 kW/m.

Ep6.32 Em uma fábrica há uma tubulação de aço-carbono, k_a = 45 W/(m.K), com diâmetro interno e externo iguais a, respectivamente, 52,5 mm e 60,3 mm, que transporta vapor d'água saturado a 8 bar. Por desleixo do responsável, um trecho dessa tubulação está temporariamente sem isolamento térmico. Essa tubulação está sujeita ao escoamento perpendicular ao seu eixo de ar com velocidade de 2 m/s a 20°C. Considere que a temperatura da face interna da parede do tubo é igual à temperatura do vapor. Desprezando os efeitos da transferência de calor por radiação e utilizando a correlação de Churchill-Bernstein, Equação (6.28), determine a temperatura externa do tubo e a taxa de transferência de calor por metro de tubo para o meio ambiente.

Resp.: 170,1°C; 511 W/m.

Ep6.33 No interior de um tubo de cobre, escoa uma mistura bifásica de R--134a na temperatura de –20°C. O tubo está isolado com uma camada de um isolante térmico com condutividade térmica k_I = 0,04 W/(m.K) e diâmetro externo igual a 40 mm. Sabe-se que a temperatura externa do isolante é igual a 25°C, que o meio ambiente está a 30°C e que sobre o tubo isolado escoa perpendicularmente ar com velocidade de corrente livre de 4 m/s e que a emissividade da superfície do isolante térmico é igual a 0,8. Considerando desprezível a resistência à transferência de calor por condução no tubo de cobre e considerando que a temperatura da sua superfície é aproximadamente igual à do R-134a, pede-se para determinar:

a) a taxa de calor por convecção por metro de tubo;
b) a taxa de calor por radiação por metro de tubo;
c) a espessura do isolamento;
d) a taxa de evaporação de R-134a por metro de tubo sabendo que sua entalpia de vaporização a –20°C é igual a 212,3 kJ/kg.

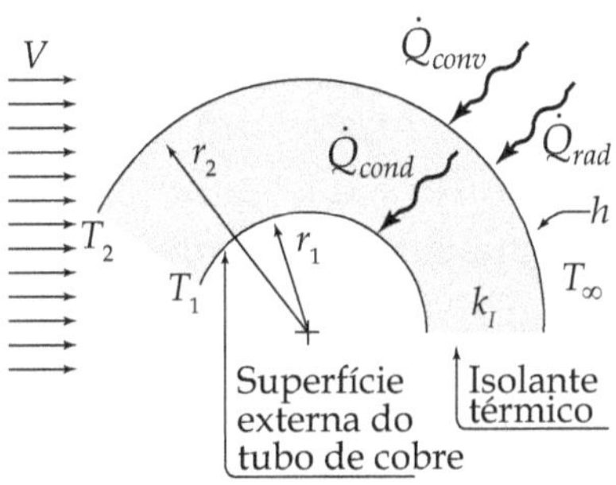

Figura Ep6.33

Resp.: 21,8 W/m; 3,10 W/m; 7,3 mm; 0,117 g/(m.s).

Ep6.34 Pretendendo-se aquecer ar, inicialmente a 20°C, para um processo especial de secagem que requer ar limpo, optou-se pelo seu escoamento através de um banco de resistências elétricas cilíndricas de forma que na seção de saída do banco se disponha de ar a 110°C. Sabe-se que o banco é formado por 25 resistências com comprimento igual a 400 mm e diâmetro de 10 mm dispostas como o ilustrado na Figura Ep6.28, sendo L_L = 20 mm, L_T = 20 mm e L = 100 mm. A velocidade do ar na entrada do banco de resistências é V = 3 m/s. Pede-se para determinar o coeficiente convectivo médio observado entre o ar e os tubos. Considere, para efeito de cálculo das propriedades do ar, que a sua temperatura de filme é igual a 60°C.

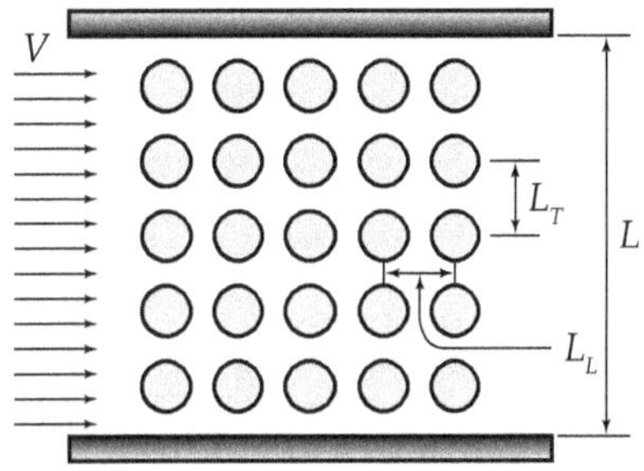

Figura Ep6.34

Resp.: 95,6 W/(m^2.K).

Ep6.35 Água a 20°C e a 5 bar escoa paralelamente a uma placa metálica lisa retangular com lado igual a 0,4 m mantida na temperatura de 120°C. Considerando que a velocidade de corrente livre da água é igual a 1 m/s, pede-se para determinar:

a) o fluxo de calor a 1/3 da borda de ataque da placa;
b) o fluxo de calor a 3/4 da borda de ataque da placa;
c) a taxa de calor observada entre uma das faces da placa e a água.

Ep6.36 Água a 20°C escoa paralelamente a uma placa metálica lisa retangular com lado igual a 1 m. Considere que no interior da placa há uma resistência elétrica suficientemente bem distribuída para que se possa supor que o fluxo de calor em cada uma das faces da placa é constante e uniforme. Considere também que a potência da resistência elétrica é igual a 4,0 kW e que a velocidade de corrente livre da água é igual a 1 m/s. Pede-se para determinar:

a) a temperatura da placa a 1/3 da borda de ataque;
b) a temperatura da placa a 2/3 da borda de ataque.

Resp.: 22,2°C; 26,7°C.

Ep6.37 Em uma fábrica de papel há uma tubulação de aço-carbono, k_a = 45 W/(m.K), com diâmetro externo igual a 73 mm e espessura de parede igual a

5,2 mm, destinada ao transporte de óleo com temperatura média igual a 240°C. Essa tubulação está sujeita ao escoamento perpendicular ao seu eixo de ar com velocidade de 2 m/s a 20°C. Considere que a temperatura da face interna da parede do tubo é igual à temperatura do óleo e que essa tubulação é revestida externamente com uma manta isolante, com espessura de 38 mm e condutibilidade térmica igual a 0,04 W/(m.K). Desconsiderando os efeitos da transferência de calor por radiação, determine a temperatura externa da manta isolante e a taxa de calor por metro de tubo para o meio ambiente.

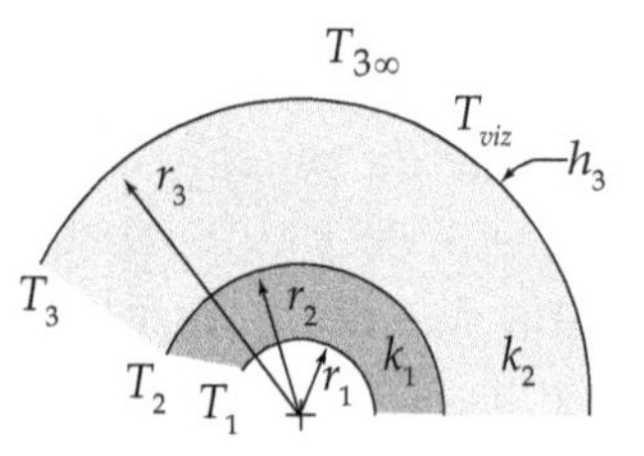

Figura Ep6.37

Resp.: 29,0°C; 55,6 W/m.

Ep6.38 Em uma fábrica de papel há uma tubulação de aço-carbono, k_a = 45 W/(m.K), com diâmetro externo igual a 73 mm e espessura de parede igual a 5,2 mm, destinada ao transporte de óleo com temperatura média igual a 240°C. Essa tubulação está sujeita ao escoamento perpendicular ao seu eixo de ar ambiente com velocidade de 2 m/s a 20°C. Considere que a temperatura da face interna da parede do tubo é igual à temperatura do óleo e que essa tubulação é revestida externamente com uma manta de material isolante, com espessura de 38 mm e condutibilidade térmica igual a 0,04 W/(m.K). Supondo que a superfície externa do isolamento térmico apresente emissividade igual a 0,75, determine a temperatura externa da manta isolante e a taxa de calor por metro de tubo para o meio ambiente.

Resp.: 27,9°C; 65,4 W/m.

Ep6.39 No interior de um tubo metálico com diâmetro externo igual a 10 mm, escoa uma mistura bifásica de R-134a na temperatura de –26°C. O tubo está isolado com uma camada de um isolante térmico com condutividade térmica k_i = 0,02 W/(m.K) e diâmetro externo igual a 40 mm. Veja a Figura Ep6.33. Sabe-se que tanto a temperatura do ar ambiente quanto a da vizinhança do tubo são iguais a 30°C, que, sobre o tubo isolado, escoa perpendicularmente ar com velocidade de corrente livre de 4 m/s e que a emissividade da superfície do isolamento é igual a 0,7. Considerando, apenas para cálculo de propriedades, que a temperatura de filme é igual a 30°C, que a resistência à transferência de calor por condução no tubo de cobre é desprezível e que a temperatura da sua superfície é aproximadamente igual à do R-134a, pede-se para determinar:

a) temperatura da superfície externa do isolante térmico;
b) taxa de calor por convecção por metro de tubo;
c) a taxa de calor por radiação por metro de tubo;
d) a taxa de condensação de R-134a por metro de tubo sabendo que sua entalpia de vaporização a –20°C é igual a 212,3 kJ/kg.

Ep6.40 Na linha de centro de um cilindro com raio externo igual a 30 mm e comprimento igual a 1 m, existe uma resistência elétrica também cilíndrica que promove o seu aquecimento. Sabe-se que a temperatura média da superfície do cilindro é igual a 40°C, que a sua vizinhança está a 20°C e que sobre ele escoa ar a 10°C com velocidade de corrente livre de 4 m/s. Considerando que a superfície externa do tubo apresenta emissividade igual a 0,75, que o raio da resistência é igual a 10 mm e que a condutibilidade térmica do material constituinte do cilindro é igual a 14 W/(m.K), pede-se para calcular:

a) o coeficiente convectivo observado entre a superfície do cilindro e o meio ambiente;
b) a taxa de calor por convecção entre o cilindro e o meio ambiente;
c) a potência da resistência elétrica;
d) a temperatura da superfície externa da resistência elétrica.

Resp.: 29,1 W/(m^2.K); 164 W; 182 W; 42,2°C.

Ep6.41 Em um equipamento industrial, uma barra metálica, k = 50 W/(m.K), com diâmetro igual a 40 mm e comprimento igual a 80 cm, é utilizada como travamento mecânico entre duas placas, ambas na temperatura de 100°C, entre as quais escoa ar com velocidade média de 4 m/s que, na região próxima à barra, está a 40°C. Avaliando as propriedades do ar a 70°C, pede-se para determinar:

a) o coeficiente convectivo observado entre a barra e o ar;
b) a taxa de calor entre a barra e o ar.

Resp.: 34,1 W/(m^2.K); 62,1 W.

Ep6.42 No interior de um tubo de alumínio de um sistema de refrigeração, escoa uma mistura bifásica de R-134a na temperatura de –25°C. O tubo está isolado com uma camada de um isolante térmico com condutividade térmica k_I = 0,02 W/(m.K) cujo diâmetro externo é igual a 30 mm. Sabe-se que a temperatura externa do isolante é igual a 25°C, o meio ambiente está a 35°C, sobre o tubo isolado escoa perpendicularmente ar com velocidade de corrente livre de 4 m/s e que a emissividade da superfície do isolamento é igual a 0,7. Considerando que a resistência à transferência de calor por condução no tubo de alumínio é desprezível e que a temperatura da sua superfície externa é aproximadamente igual à do R-134a, pede-se para determinar:

a) a taxa de calor por convecção por metro de tubo;
b) a taxa de calor por radiação por metro de tubo;
c) a espessura do isolamento;
d) a taxa de condensação de R-134a por metro de tubo sabendo que sua entalpia de vaporização a –25°C é igual a 215,6 kJ/kg.

Resp.: 37,2 W/m; 4,17 W/m; 2,11 mm; 0,195 g/(m.s).

Ep6.43 Um reator esférico construído com chapa de aço inoxidável com espessura de 10 mm, k_A = 14,9 W/(m.K), tem diâmetro externo igual a 1,2 m e é externamente revestido com 50 mm de isolante térmico, k_I = 0,05 W/(m.K), cuja superfície apresenta emissividade igual a 0,8. Nesse reator ocorre uma reação química exotérmica que, mantendo a superfície interna do reator igual a 225°C, transfere a taxa de calor de 940 W para o meio ambiente que está a 20°C. Sabendo que o ar ambiente escoa com velocidade de corrente livre igual a 3 m/s sobre o reator e que a temperatura da vizinhança do reator é igual à do ar, pede-se para determinar:

a) a temperatura da superfície externa do isolamento térmico;
b) o coeficiente convectivo observado entre a superfície externa

do isolamento térmico e o ar ambiente;

c) a taxa de calor transferida por radiação para o meio ambiente;

d) a taxa de calor transferida por convecção para o meio ambiente.

Ep6.44 Um tubo, $k_t = 3,4$ W/(m.K), com diâmetro externo igual a 86 mm e diâmetro interno igual a 68 mm, tem a sua temperatura interna aproximadamente igual a 160°C. Esse tubo está sujeito ao escoamento, perpendicular ao seu eixo, de água a 10 bar e 40°C com velocidade de corrente livre igual a 4 m/s. Determine:

a) o coeficiente convectivo observado entre a água e o tubo;

b) a temperatura externa do tubo;

c) a taxa de calor por metro de tubo transferida para a água.

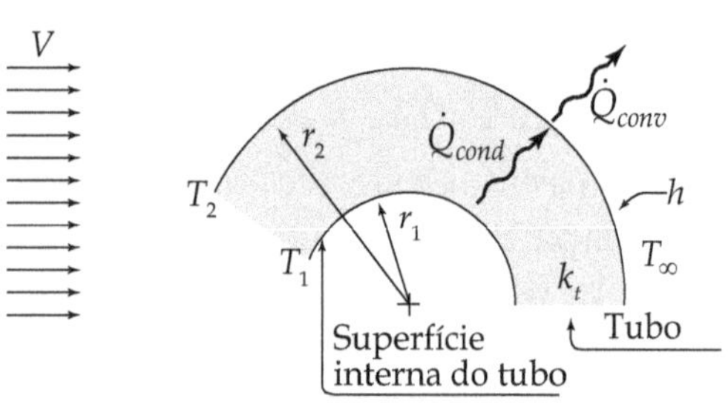

Figura Ep6.44

Resp.: 10,5 W/(m²^2.K); 43,7°C; 10,6 kW/m.

Ep6.45 Um tanque paralelepipédico com altura igual a 1 m, largura igual a 1,5 m e comprimento igual a 2 m é destinado ao armazenamento de água quente, pressurizada, na temperatura de 120°C. Esse tanque tem todas as suas paredes constituídas por três camadas formadas por materiais diferentes. Observe a Figura Ep6.45. As condutibilidades térmicas dos materiais 1, 2 e 3 são, respectivamente, 1 W/(m.K), 0,035 W/(m.K) e 15 W/(m.K). As espessuras dos materiais 1 e 3 são, respectivamente, 6 mm e 2 mm. Sabe-se que a temperatura da face interna das paredes do tanque pode ser, em primeira aproximação, considerada igual à da água armazenada, que o ar ambiente está a 20°C e que a temperatura desejada da superfície externa é igual a 25°C. Considerando que as propriedades do ar na temperatura de filme podem ser aproximadas pelas do ar a 20°C, que o ar escoa horizontal e paralelamente à face externa vertical da parede com comprimento de 2,0 m e que a velocidade de corrente livre do ar é igual a 5 m/s, determine, para essa parede:

a) o coeficiente convectivo observado entre a superfície externa e o meio ambiente;

b) o fluxo de calor observado na face externa dessa parede vertical;

c) a espessura necessária do material 2 para que, de fato, a temperatura da superfície externa dessa parede seja igual a 25°C.

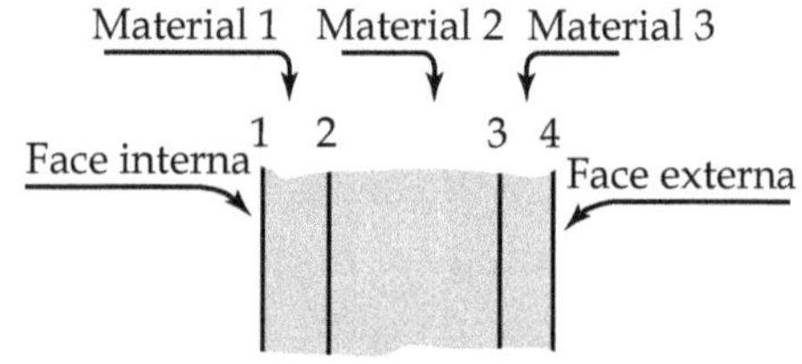

Figura Ep6.45

Resp.: 8,85 W/(m^2.K); 44,3 W/m^2; 75 mm.

Ep6.46 Uma esfera com raio de 0,06 m aquecida internamente em regime permanente por uma resistência elétrica tem a temperatura média da sua superfície igual a 120°C. Nessas condições, ar ambiente a 20°C é soprado sobre a esfera com velocidade de corrente livre de 6 m/s. Sabe-se que a temperatura da vizinhança é igual a 30°C e que a emissividade da superfície da esfera é igual a 0,65. Determine a taxa de calor por radiação, o coeficiente convectivo e a taxa de calor entre a esfera e o ar.

Resp.: 25,8 W; 29,2 W/(m².K); 158 W.

Ep6.47 Uma casca esférica, constituída por um material com condutibilidade térmica igual a 1 W/(m.K), tem raio interno igual a 120 mm e raio externo igual a 150 mm. Essa casca é internamente aquecida por uma resistência elétrica que também tem forma esférica com raio igual a 20 mm, e há vácuo entre a casca esférica e a resistência elétrica. Sabe-se que a casca esférica está sujeita a um escoamento de ar a 10°C com velocidade de corrente livre igual a 5 m/s e que a sua temperatura superficial média é igual a 30°C. Considerando que as emissividades das superfícies externa e interna da casca esférica e da superfície externa da resistência elétrica são iguais a 0,9, pede-se para determinar:

a) o coeficiente convectivo observado entre a casca esférica e o meio;
b) a taxa de calor por convecção observada entre a casca e o meio;
c) a taxa líquida de calor por radiação entre a esfera e o meio supondo que o meio também está a 10°C;
d) a temperatura da superfície interna da casca esférica;
e) a potência da resistência elétrica;
f) a temperatura da sua superfície.

Ep6.48 Uma esfera de gelo com diâmetro igual a 0,30 m encontra-se suspensa por um cabo, conforme ilustrado na Figura Ep6.48. Essa esfera encontra-se sujeita ao escoamento de corrente livre de ar a 20°C com velocidade de 5,0 m/s. Considerando que os efeitos de transferência de calor por radiação podem ser, em primeira aproximação, desconsiderados, determine:

a) o coeficiente convectivo observado entre a esfera e o meio;
b) a taxa de calor por convecção observada entre a esfera e o meio;
c) o fluxo de calor observado na superfície da esfera.

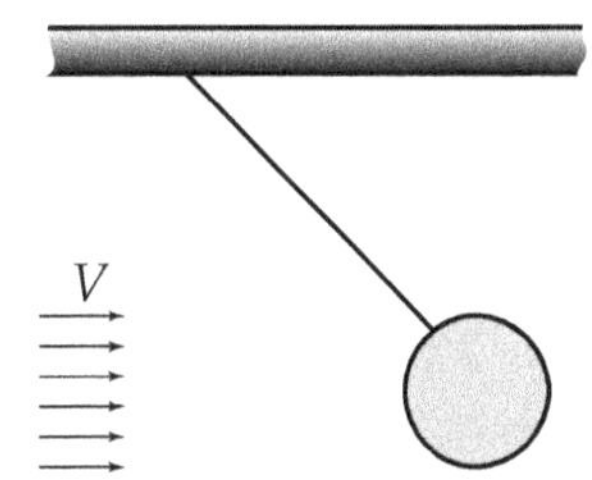

Figura Ep6.48

Resp.: 19,1 W/(m².K); 108 W; 381 W/m².

Ep6.49 Uma casca esférica, construída com um material cuja condutibilidade térmica é igual a 1 W/(m.K), tem espessura de 10 cm e raio interno igual a 300 mm. Ela é aquecida internamente por uma resistência elétrica também esférica com raio igual a 2 cm. Veja a Figura Ep6.49. Nessas condições, ar ambiente a 20°C é soprado sobre a esfera com velocidade de corrente livre de 5 m/s.

d) a temperatura da superfície da resistência elétrica.

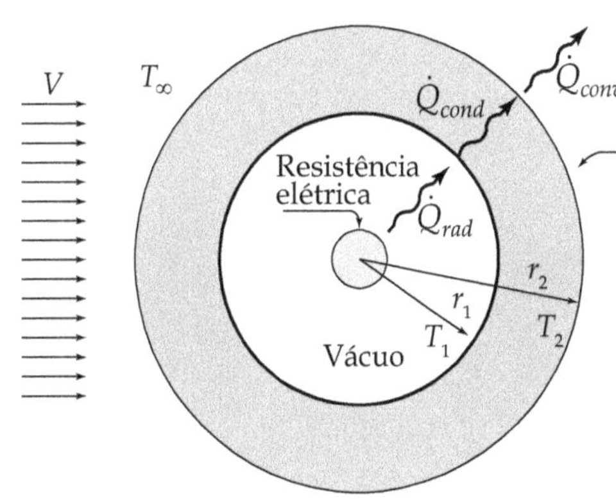

Figura Ep6.49

Desprezando os efeitos da transferência de calor por radiação entre a casca esférica e o meio ambiente, e sabendo que a emissividade da superfície da resistência esférica é igual a 0,80 e que a temperatura da superfície externa da esfera é igual a 40°C, determine:

a) o coeficiente convectivo observado entre a casca esférica e o ar ambiente;
b) a taxa de calor entre a esfera e o ar;
c) a temperatura da superfície interna da casca esférica.

Resp.: 12,3 W/(m^2.K); 1984 W; 171,6°C.

CAPÍTULO 7

CONVECÇÃO NATURAL

Consideremos uma superfície vertical estática, semi-infinita na direção z, com temperatura uniforme T_s e em contato com um meio fluido, por exemplo, ar ou água, que longe dessa superfície tenha temperatura T_∞, massa específica ρ_∞ e velocidade que possa ser considerada nula. Se a temperatura da superfície for maior do que a temperatura do meio fluido, as partículas fluidas serão aquecidas e a suas massas específicas se tornarão menores do que ρ_∞. Isso causará o aparecimento de forças de empuxo que provocarão o seu movimento na direção vertical, no sentido ascendente.

Como longe da parede a velocidade do fluido é nula e como, devido ao princípio da aderência, as partículas fluidas em contato com a superfície também têm velocidade nula, observamos a formação de um perfil de velocidades bidimensional $w = w(x,z)$, que caracteriza uma camada-limite dinâmica com espessura δ, conforme esquematizado na Figura 7.1.

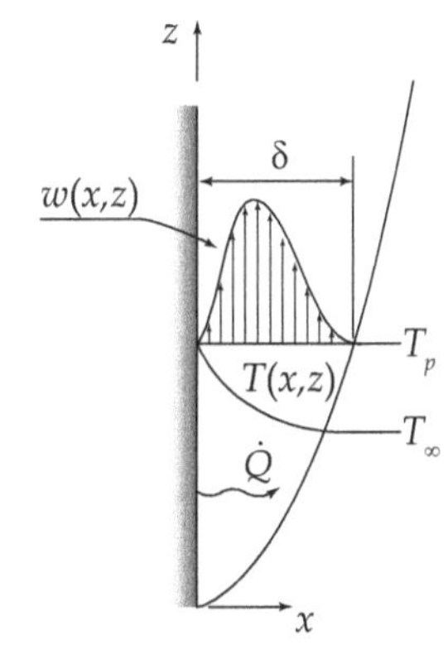

Figura 7.1 Camada-limite dinâmica

Simultaneamente, como estamos considerando hipoteticamente que $T_s > T_\infty$, ou seja, como estamos considerando que o fluido está sendo aquecido pela superfície vertical, observamos a formação de um perfil de temperaturas no meio fluido, também bidimensional, esquematizado na Figura 7.2. Note que, nessa figura, esquematizamos separadamente as camadas-limite, mas que, entretanto, elas são simultaneamente formadas, sendo que os fenômenos dinâmico e térmico estão acoplados.

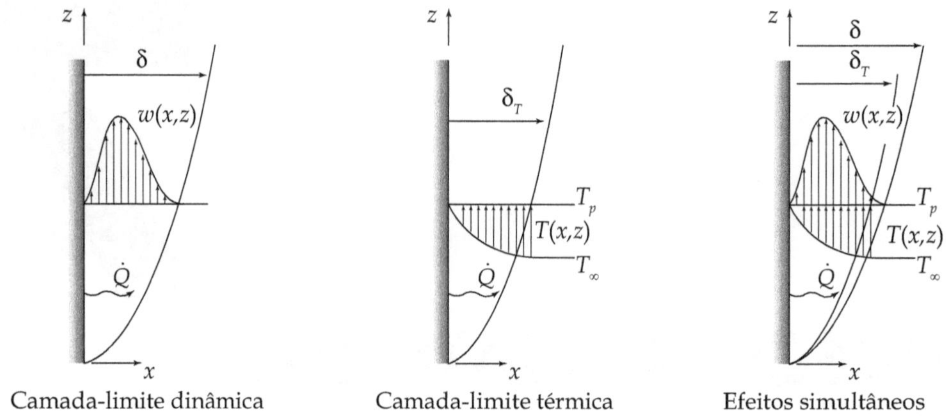

Figura 7.2 Formação das camadas-limite na convecção livre

O escoamento na camada-limite dinâmica é, inicialmente, laminar, podendo evoluir resultando na ocorrência de uma porção turbulenta, conforme ilustrado na Figura 7.3. Note que a transição não se dá em uma determinada posição z. De fato, ocorre um processo de transição que culmina na formação da camada-limite turbulenta a partir da laminar e que se desenvolve em uma região.

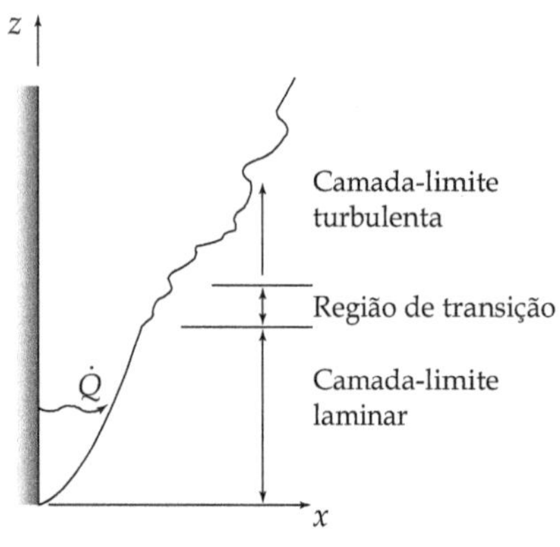

Figura 7.3

Cabem, então, questões tais como: quando ocorre a transição do regime de escoamento nas camadas-limite? De quais parâmetros depende o coeficiente de transferência de calor por convecção? Qual é a forma da correlação entre esse coeficiente e as variáveis das quais ele depende?

As respostas a essas questões devem nascer da observação do fenômeno. Consideremos, inicialmente, o coeficiente h de transferência de calor por convecção. A partir de observações do fenômeno, podemos afirmar que esse o coeficiente dependerá do coeficiente de expansão volumétrica β, da viscosidade cinemática ν e da difusividade térmica do fluido α. Dependerá, também, da aceleração da gravidade g e de um comprimento característico, que é a cota do ponto da superfície no qual queremos avaliar o coeficiente que, no caso, é definido pela ordenada z. Ou seja, podemos dizer que:

$$h_z = f\left(\beta, \Delta T, z, \nu, \alpha, g\right) \tag{7.1}$$

Lembremo-nos que o coeficiente de expansão volumétrica é uma propriedade termodinâmica definida como:

$$\beta = -\frac{1}{\rho}\frac{\partial \rho}{\partial T}\bigg|_p \tag{7.2}$$

Devemos observar que, para um gás ideal, teremos:

$$\begin{aligned} &pv = RT \Rightarrow \frac{p}{\rho} = RT \Rightarrow \rho = \frac{p}{RT} \Rightarrow \\ &\Rightarrow \beta = -\frac{RT}{p}\frac{\partial}{\partial T}\left(\frac{p}{RT}\right)\bigg|_p = \\ &= -T\frac{\partial}{\partial T}\left(\frac{1}{T}\right) \Rightarrow \beta = \frac{1}{T} \end{aligned} \tag{7.3}$$

Naturalmente, a temperatura deverá ser expressa na escala kelvin e a unidade do coeficiente de expansão volumétrica será K^{-1}.

Utilizando como ferramenta a análise dimensional, verificamos que a relação funcional entre as variáveis que governam a convecção livre poderá ser estabelecida por intermédio de três variáveis adimensionais:

$$\Pi_1 = \frac{h_z z}{k} = Nu_z \tag{7.4}$$

$$\Pi_2 = \frac{\nu}{\alpha} = \frac{\mu c_p}{k} = Pr \tag{7.5}$$

$$\Pi_3 = \frac{g\beta\left(T_s - T_\infty\right)z^3}{\nu^2} = Gr_z \tag{7.6}$$

Os números de Nusselt e Prandtl já são conhecidos. O terceiro parâmetro pi é denominado *número de Grashoff*, *Gr*, que pode ser interpretado como a relação entre as forças de empuxo ou de flutuação e as viscosas e, por esse motivo, caracteriza o processo de transferência de calor por convecção livre.

A relação funcional pode, então, ser escrita em termos de variáveis adimensionais como:

$$Nu_z = f\left(Gr_z, Pr\right) \tag{7.7}$$

Utilizamos o índice z para indicar que tanto o número de Nusselt quanto o de Grashoff foram calculados para uma determinada posição z e que, por esse motivo são grandezas locais, de forma que se conhecermos Nu_z poderemos determinar o coeficiente de transferência de calor por convecção natural h_z local, ou seja, podemos calcular o valor desse coeficiente para a posição z.

Em determinados momentos é interessante trabalhar com um quarto adimensional denominado *número de Rayleigh*, *Ra*, definido como sendo o produto do número de Grashoff pelo de Prandtl e que também caracteriza o processo de convecção livre.

$$Ra_z = Gr_z Pr = \frac{g\beta\left(T_s - T_\infty\right)z^3}{\nu\alpha} \tag{7.8}$$

Usando esse adimensional, podemos reescrever a relação funcional que estamos investigando como:

$$Nu_z = f\left(Ra_z, \mathrm{Pr}\right) \tag{7.9}$$

Assim como em escoamentos forçados internos e externos, o número de Reynolds caracteriza a transição de regime de escoamento laminar para turbulento; na convecção livre esse papel está reservado pelo número de Rayleigh. Mesmo sabendo que a transição não ocorre instantaneamente, costuma-se adotar o valor $Ra \approx$ E+9 como sendo o valor crítico que delimita essas duas condições de escoamento. Por esse motivo convencionamos dizer que quando $Ra <$ E+9 a camada-limite é laminar e que quando $Ra \geq$ E+9 já ocorreu a transição, de forma que a camada-limite já é turbulenta.

De fato, usualmente não estamos interessados em propriedades e características locais de transferência de calor, e sim, em valores médios. Então, para tal, utilizamos correlações empíricas para determinar o número de Nusselt médio para a condição de interesse. Nesse caso costumamos atribuir à superfície sujeita ao fenômeno de convecção um comprimento característico L, que, no caso de uma superfície vertical, é a sua altura, e então utilizamos esse comprimento para a avaliação dos adimensionais de interesse, por exemplo:

$$Nu_L = \frac{hL}{k} \tag{7.10}$$

$$Gr_L = \frac{g\beta\ \left(T_s - T_\infty\right)L^3}{\nu^2} \tag{7.11}$$

$$Ra_L = Gr_L Pr = \frac{g\beta\left(T_s - T_\infty\right)L^3}{\nu\alpha} \tag{7.12}$$

Os valores obtidos para os números adimensionais Nu_L, Gr_L e Ra_L são os valores médios ao longo da superfície com comprimento característico L, e o coeficiente de transferência de calor por convecção, h, calculado a partir de Nu_L, corresponde ao coeficiente médio ao longo de toda a superfície em estudo.

Embora saibamos, agora, que podemos expressar o número de Nusselt em função dos números de Rayleigh e de Prandtl, não sabemos qual é a forma das relações funcionais que desejamos conhecer. De maneira geral, essas relações são obtidas com base em trabalho experimental, que, por esse motivo, são válidas em condições específicas. Existe disponível na literatura uma quantidade bastante extensa de correlações para a avaliação do número de Nusselt, entretanto, optamos por apresentar nos itens seguintes um número reduzido de expressões que são, atualmente, largamente difundidas.

Devemos observar que no cálculo dos adimensionais devemos utilizar propriedades termofísicas do meio fluido, que, devido ao processo de transferência de calor, tem a sua temperatura variando ao longo da camada-limite formada. Como essas propriedades são dependentes da temperatura, é necessário estabelecer um critério para avaliá-las, e esse critério é estabelecido pela pessoa que desenvolveu a equação a ser utilizada. De maneira geral, a menos que seja indicado outro procedimento, devemos determinar todas as propriedades na *temperatura de filme*, T_f, definida por:

$$T_f = \frac{T_p + T_\infty}{2} \qquad (7.13)$$

7.1 CONVECÇÃO NATURAL SOBRE PLACA PLANA LISA VERTICAL

Existe na literatura uma quantidade bastante grande de correlações de origem experimental que permitem a determinação do número de Nusselt médio ao longo do comprimento L de uma placa plana lisa vertical isotérmica em função dos números de Rayleigh e Prandtl. Churchill e Chu [01] propuseram a Equação (7.14), adequada para todo o intervalo de Ra:

$$Nu_L = \left\{0,825 + \frac{0,387 Ra_L^{1/6}}{\left[1+(0,492/Pr)^{9/16}\right]^{8/27}}\right\}^2 \qquad (7.14)$$

Para o caso de a camada-limite ser laminar, Churchill e Chu sugerem que o número de Nusselt pode ser determinado com maior precisão por:

$$Nu_L = 0,68 + \frac{0,67 Ra_L^{1/4}}{\left[1+(0,492/Pr)^{9/16}\right]^{4/9}} \qquad (7.15)$$

Observamos que essas equações podem ser utilizadas para avaliar o coeficiente convectivo sobre superfícies cilíndricas verticais e o meio desde que:

$$\frac{D}{L} \geq \frac{35}{Gr_L^{1/4}} \qquad (7.16)$$

7.2 CONVECÇÃO NATURAL SOBRE PLACA PLANA HORIZONTAL

Convecção natural sobre placas planas horizontais ocorre segundo duas situações que são caracterizadas, cada uma, por fenômenos semelhantes. Para analisá-las, consideraremos duas placas com temperaturas de superfície diferentes da do meio. Uma superfície com temperatura superior à do meio será denominada *superfície quente* e uma que esteja com temperatura inferior à do meio será denominada *superfície fria*.

Analisemos, inicialmente, os fenômenos esquematizados na Figura 7.4, na qual observamos duas placas, uma com superfície inferior quente e outra com superfície superior fria. A diferença entre as temperaturas de cada uma das placas e a do fluido presente na sua vizinhança é tal que promove um processo de transferência de calor por convecção que ocorre criando movimento do fluido, muitas vezes denominado *correntes de convecção*. Na placa com superfície inferior quente, é observado o aquecimento do fluido que se movimenta no sentido ascendente e, na placa com superfície superior fria, é observada a redução da temperatura do fluido que se movimenta no sentido descendente. Os dois fenômenos são similares dos pontos de vista dinâmico e térmico e, por esse motivo, permitem a avaliação do número de Nusselt médio por intermédio da mesma equação, a saber:

$Nu_L = 0,27 Ra_L^{1/4}$, válida no intervalo:

E+4″ Ra_L ″ E+10 (7.17)

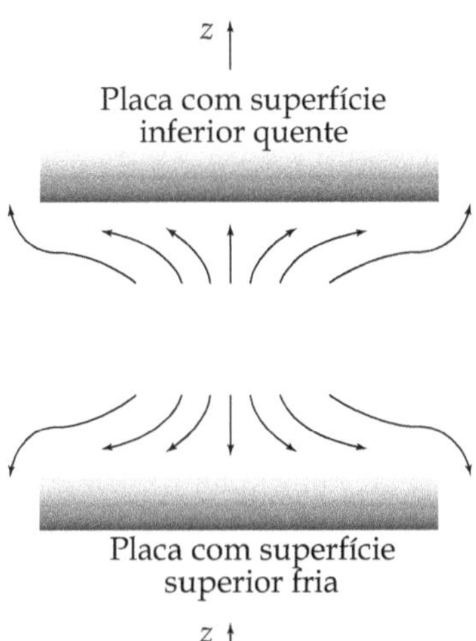

Figura 7.4 Transferência de calor por convecção em placa horizontal - Caso A

Na Figura 7.5 observamos outra situação. Temos agora duas placas, sendo que uma apresenta sua superfície superior quente e a outra apresenta sua superfície inferior fria. Nesses casos observamos a formação de correntes de convecção, conforme ilustrado na figura. Novamente, observamos que os dois fenômenos são similares dos pontos de vista dinâmico e térmico e, por esse motivo, permitem a avaliação do número de Nusselt médio por intermédio do mesmo conjunto de equações:

$Nu_L = 0,54 Ra_L^{1/4}$, válida no intervalo:

E+4″ Ra_L ″ E+7 (7.18)

$Nu_L = 0,15 Ra_L^{1/3}$, válida no intervalo:

E+7″ Ra_L ″ E+11 (7.19)

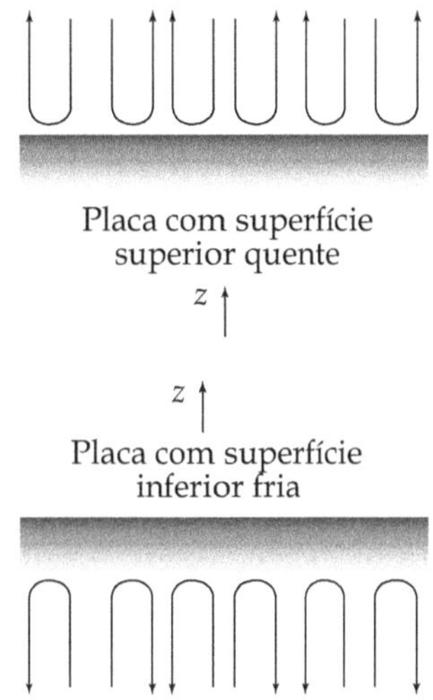

Figura 7.5 Transferência de calor por convecção em placa horizontal - Caso B

Os números de Nusselt médios para placas planas horizontais devem ser determinados em função do comprimento característico L da placa, avaliado como:

$$L = \frac{A}{P} \quad (7.20)$$

Nesta expressão, A é a área da superfície e P é o seu perímetro.

7.3 CONVECÇÃO NATURAL SOBRE CILINDRO HORIZONTAL

Churchill e Chu sugerem que o número de Nusselt médio para convecção natural sobre cilindro horizontal liso pode ser avaliado por intermédio da expressão:

$$Nu_D = \left\{ 0,60 + \frac{0,387\ Ra_D^{1/6}}{\left[1 + (0,559 / Pr)^{9/16}\right]^{8/27}} \right\}^2 \quad (7.21)$$

Essa expressão é aplicável para

$Ra_D \leq$ E+12.

7.4 CONVECÇÃO NATURAL SOBRE ESFERA

Churchill e Chu sugerem que o número de Nusselt médio para convecção natural sobre esfera pode ser avaliado por meio da expressão:

$$Nu_D = 2 + \frac{0,589 Ra_D^{0,25}}{\left[1 + (0,469/Pr)^{9/16}\right]^{4/9}} \quad (7.22)$$

Essa expressão é aplicável para

$Ra_D \leq$ E+11 e $Pr \geq 0,7$.

7.5 EXERCÍCIOS RESOLVIDOS

Er7.1 Uma placa plana vertical com altura L = 30 cm e largura b = 25 cm tem uma das suas superfícies na temperatura uniforme de 60°C e está imersa em ar a 20°C e a 100 kPa. Determine o fluxo de calor e a taxa de calor por convecção.

Solução

a) Dados e considerações
- O meio ambiente está a $T_\infty = 20$°C, $T_s = 60$°C, $L = 0,30$ m e $b = 0,25$ m.
- A temperatura de filme é $T_f = (T_s + T_\infty)/2 = (60 + 20)/2 = 40$°C.
- As propriedades do ar na temperatura de filme são: $\rho = 1,113$ kg/m³; c_p = 1005 J/(kg.K); μ = 1,92 E-5 Pa.s; Pr = 0,7244; e k = 0,02662 W/(m.K).

b) Análise e cálculos

O número de Rayleigh é dado por:

$$Ra_L = Gr_L Pr = \frac{g\beta(T_s - T_\infty)L^3}{\nu\alpha};$$

$$\nu = \frac{\mu}{\rho}; \quad \alpha = \frac{k}{\rho c_p}.$$

Sabendo que $\beta = 1/T_f$ e adotando $g = 9,81$ m/s², obtemos:

$Ra_L = 8,246$ E+7 < E+9, logo a camada-limite formada sobre a placa é laminar e podemos utilizar a Equação (7.15) para o cálculo do número de Nusselt.

$$Nu_L = 0,68 + \frac{0,67 Ra_L^{1/4}}{\left[1 + (0,492/Pr)^{9/16}\right]^{4/9}}$$

$$= 49,70$$

Podemos, então, determinar o coeficiente convectivo médio:

$h = kNu_L/L = 4,42$ W/(m².K)

O fluxo de calor será dado por:

$\dot{Q}'' = h(T_s - T_\infty) = 176,7$ W/m²

A taxa de calor será dada por:

$\dot{Q} = \dot{Q}''A = 13,3$ W

Er7.2 A parede vertical de um pequeno forno de uso laboratorial tem espessura L = 100 mm, altura M = 50 cm, largura b = 80 cm e tem uma das suas superfícies na temperatura uniforme de 40°C exposta ao meio ambiente a 20°C.

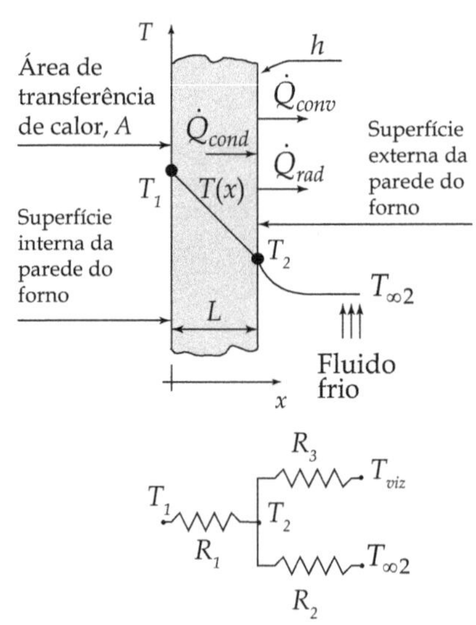

Figura Er7.2

Considerando que o material da parede tem condutibilidade térmica igual a 0,04 W/(m.K) e que a superfície da parede tem emissividade igual a 0,8, determine o fluxo de calor e a taxa de calor por convecção e por radiação entre a superfície externa da parede e o meio ambiente. Determine, também, a temperatura da superfície interna da parede do forno.

Solução

a) Dados e considerações

- O meio ambiente está a $T_\infty = 20$°C, $T_2 = 40$°C, $L = 0{,}1$ m, $M = 0{,}5$ m e $b = 0{,}8$ m.
- A temperatura de filme é

$$T_f = (T_2 + T_\infty)/2 = (40+20)/2 =$$
$$= 30°\text{C}.$$

- As propriedades do ar na temperatura de filme são: $\rho = 1{,}149$ kg/m³; $c_p = 1005$ J/(kg.K); $\mu = 1{,}87$ E-5 Pa.s; $Pr = 0{,}7268$; e $k = 0{,}02588$ W/(m.K).
- A condutibilidade térmica do material constituinte da parede do forno é: $k_p = 0{,}04$ W/(m.K).
- A emissividade da face externa da parede do forno é $\varepsilon = 0{,}8$ e a constante de Stefan-Boltzmann é dada por $\sigma = 5{,}67$ E-8 W/(m².K⁴).

b) Análise e cálculos

- Avaliação do fluxo e da taxa de calor por convecção

O número de Rayleigh é dado por:

$$Ra_M = Gr_M Pr = \frac{g\beta(T_s - T_\infty)M^3}{\nu\alpha};$$

$$\nu = \frac{\mu}{\rho}; \quad \alpha = \frac{k}{\rho c_p}.$$

Sabendo que $\beta = 1/T_f$ e adotando $g = 9{,}81$ m/s², obtemos:

$Ra_L = 2{,}216$ E+8 < E+9, logo a camada-limite formada sobre a placa é laminar e podemos utilizar a Equação (7.15) para o cálculo do número de Nusselt.

$$Nu_M = 0{,}68 + \frac{0{,}67 Ra_M^{1/4}}{\left[1 + (0{,}492/Pr)^{9/16}\right]^{4/9}}$$
$$= 63{,}59$$

Podemos, então, determinar o coeficiente convectivo médio:

$$h = kNu_M/M = 3{,}29 \text{ W/(m}^2\text{.K)}$$

O fluxo de calor por convecção será dado por:

$$\dot{Q}''_{conv} = h(T_2 - T_\infty) = 65{,}8 \text{ W/m}^2$$

A taxa de calor por convecção será dada por:

$$\dot{Q}_{conv} = \dot{Q}''_{conv} A = \dot{Q}''_{conv} Mb = 26{,}3 \text{ W}$$

- Avaliação do fluxo e da taxa de calor por radiação

O fluxo de calor por radiação é dado por:

$$\dot{Q}''_r = \varepsilon\sigma(T_2^4 - T_\infty^4) = 101{,}2 \text{ W/m}^2$$

A taxa de calor por radiação é dada por:

$$\dot{Q}_r = \dot{Q}''_r A = \dot{Q}''_r Mb = 40{,}5 \text{ W}$$

- Avaliação da temperatura interna da parede

Observamos na parede a transferência de calor por condução, e a taxa de calor observada é igual à taxa de calor por convecção somada à taxa de calor por radiação observada entre a face externa da parede e o meio ambiente.

$$\dot{Q} = \dot{Q}_{conv} + \dot{Q}_r = 66{,}8 \text{ W}$$

$$\dot{Q} = -k_p A \frac{dT}{dx} = k_p A \frac{T_1 - T_2}{L} \Rightarrow$$

$$\Rightarrow T_1 = \frac{\dot{Q}L}{k_p A} + T_2$$

$$T_1 = 458°\text{C}$$

Er7.3 Um bloco cilíndrico vertical com altura $L = 2$ m e diâmetro $D = 50$ cm tem a sua superfície lateral mantida na temperatura uniforme de 80°C e está imerso em ar ambiente a 20°C.

Determine o fluxo de calor e a taxa de calor por convecção entre a superfície lateral do cilindro e o meio ambiente.

Solução

a) Dados e considerações

- O meio ambiente está a $T_\infty = 20°C$, $T_s = 80°C$, $L = 2$ m e $D = 0,5$ m.
- A temperatura de filme é

$T_f = (T_s + T_\infty)/2 = (80+20)/2 = 50°C.$

- As propriedades do ar na temperatura de filme são:
  $\rho = 1,078$ kg/m³; $c_p = 1006$ J/(kg.K);
  $\mu = 1,96$ E-5 Pa.s; $Pr = 0,7221$; e
  $k = 0,02735$ W/(m.K).

b) Análise e cálculos

O número de Grashoff é dado por:

$$Gr_L = \frac{g\beta\ (T_s - T_\infty)L^3}{\nu^2}.$$

Substituindo-se os valores conhecidos, obtemos: $Gr_L = 4,393$ E+10.

Observamos que:

$D/L = 0,25 \geq 35/Gr_L^{1/4} = 0,077$.

Assim sendo, podemos considerar que o efeito da curvatura do cilindro pode ser desprezado e avaliaremos o processo de transferência de calor como se o cilindro fosse equivalente a uma placa plana lisa vertical com altura $L = 2$ m e largura $b = \pi D$.

O número de Rayleigh é dado por:

$$Ra_L = Gr\Pr = \frac{g\beta(T_s - T_\infty)L^3}{\nu\alpha}.$$

Substituindo-se os valores conhecidos, obtemos: $Ra_L = 3,173$ E+10 > E+9, logo a camada-limite formada sobre o cilindro é inicialmente laminar, mas sofre transição, tornando-se turbulenta. Nesse caso, determinamos o número de Nusselt utilizando a Equação (7.14), válida para toda a faixa de números de Rayleigh:

$$Nu_L = \left\{0,825 + \frac{0,387Ra_L^{1/6}}{\left[1+(0,492/Pr)^{9/16}\right]^{8/27}}\right\}^2$$

Calculando, obtemos: $Nu_L = 364,9$.

Podemos, então, determinar o coeficiente convectivo médio:

$h = kNu_L/L = 4,99$ W/(m².K)

O fluxo de calor será dado por:

$\dot{Q}'' = h(T_s - T_\infty) = 299,4$ W/m²

A taxa de calor será dada por:

$\dot{Q} = \dot{Q}''A = 940,6$ W

Er7.4 A superfície externa do teto horizontal de um equipamento industrial está na temperatura de 100°C, enquanto o meio ambiente está a 20°C. Supondo que o teto tenha largura $M = 1,5$ m e comprimento $N = 3$ m, pede-se para calcular o fluxo médio de calor e a taxa de calor entre o teto e o meio ambiente.

Solução

a) Dados e considerações

- O meio ambiente está a $T_\infty = 20°C$, $T_s = 100°C$, $M = 1,5$ m e $N = 3$ m.
- A temperatura de filme é

$T_f = (T_s + T_\infty)/2 = (100+20)/2 = 60°C.$

- As propriedades do ar na temperatura de filme são:
  $\rho = 1,046$ kg/m³; $c_p = 1007$ J/(kg.K);
  $\mu = 2,01$ E-5 Pa.s; $Pr = 0,7199$; e
  $k = 0,02808$ W/(m.K).

b) Análise e cálculos

O comprimento característico para o cálculo do número de Nusselt é: $L = A/P = 0,5$ m.

O número de Rayleigh é dado por:

$$Ra_L = Gr\,\mathrm{Pr} = \frac{g\beta\left(T_s - T_\infty\right)L^3}{\nu\alpha}.$$

Sabendo que $\beta = 1/T_f$, $\alpha = k/\rho c_p$, $\nu = \mu/\rho$ e adotando $g = 9{,}81$ m/s², obtemos: $Ra_L = 5{,}848$ E+8.

Como a temperatura do teto é superior à do meio ambiente e corresponde ao Caso B, a expressão para o cálculo do número de Nusselt será:

$Nu_L = 0{,}15 Ra_L^{1/3}$, válida no intervalo: E+7″ Ra_L ″ E+11.

Obtemos, então: $Nu_L = 124{,}7$.

Podemos, então, determinar o coeficiente convectivo médio:

$h = kNu_L/L = 7{,}01$ W/(m².K)

O fluxo de calor será dado por:

$\dot{Q}'' = h\left(T_s - T_\infty\right) = 560{,}4$ W/m²

A taxa de calor será dada por:

$\dot{Q} = \dot{Q}''A = 2522$ W

7.6 EXERCÍCIOS PROPOSTOS

Ep7.1 Uma superfície plana vertical na temperatura de 100°C está em contato com ar a 20°C. Sabendo que a superfície tem altura igual a 20 cm e largura 35 cm, determine o fluxo de calor e a taxa de calor por convecção entre a superfície e o ar.

Resp.: 458 W/m²; 32,1 W.

Ep7.2 A superfície lateral de um forno industrial pode ser tratada como uma superfície plana vertical na temperatura de 40°C com altura 3 m e largura 4 m. Supondo que o ambiente em que o forno se encontra está a 20°C, pede-se para determinar a taxa de calor por convecção entre essa superfície e o meio ambiente.

Resp.: 861 W.

Ep7.3 Uma placa plana vertical com espessura igual a 40 mm, altura igual a 2,5 m e largura igual a 1,5 m é constituída por um material com condutibilidade térmica igual a 0,04 W/(m.K). Considere que uma das faces dessa placa está a 140°C e que a outra, que está exposta ao meio ambiente a 20°C, está na temperatura média de 40°C. Determine o fluxo de calor por convecção e o fluxo por radiação entre essa superfície e o meio ambiente.

Resp. 72,3 W/m²; 27,7 W/m².

Ep7.4 Uma placa plana vertical com espessura igual a 50 mm e altura igual a 2,5 m é constituída por um material com condutibilidade térmica igual a 0,05 W/(m.K). Considere que uma das faces dessa placa, cuja temperatura média é igual a 50°C, tenha emissividade igual a 0,8 e que esteja exposta ao meio ambiente a 20°C. Determine o fluxo de calor por convecção e o fluxo por radiação entre essa superfície e o meio ambiente. Calcule, também, a temperatura da face não exposta ao meio ambiente.

Resp.: 122 W/m²; 159 W/m²; 332°C.

Ep7.5 A superfície externa do teto horizontal de um equipamento industrial está a 80°C, enquanto o meio ambiente está a 20°C. Supondo que o teto seja circular com diâmetro igual a 5 m, pede-se para calcular o fluxo médio de calor e a taxa de calor entre o teto e o meio ambiente.

Resp.: 388,4 W/m²; 7,63 kW.

Ep7.6 Devido a um problema operacional, a temperatura da superfície de um cabo elétrico horizontal com diâmetro externo igual a 8,0 mm é igual a 40°C. Supondo que o cabo está imerso em um meio a 20°C, pede-se para calcular o fluxo de calor por convecção na superfície do cabo.

Resp.: 166 W/m².

Ep7.7 Uma placa metálica delgada é isolada em sua superfície posterior e exposta ao sol na superfície anterior. A superfície anterior absorve o fluxo de radiação solar de 800 W/m^2 e a dissipa por convecção livre para o ar ambiente a 20°C. Considerando que a temperatura da placa é igual a 70°C, pede-se para determinar o coeficiente médio de transferência de calor por convecção entre a placa e o ar.

Resp.16 W/(m^2.K).

Ep7.8 Uma esfera com diâmetro igual a 50 mm é aquecida internamente em regime permanente por uma resistência elétrica. Sabendo que os efeitos de transferência de calor por radiação são desprezíveis, que a temperatura média da superfície da esfera é 100°C e que ela está imersa em água a 20°C e 2 bar, pede-se para determinar a potência elétrica dissipada pela resistência.

Resp.: 700 W.

Ep7.9 Uma esfera com diâmetro igual a 100 mm é aquecida internamente em regime permanente por uma resistência elétrica. Sabe-se que a emissividade da superfície da esfera é igual a 0,7, que a temperatura média da sua superfície é igual 120°C e que ela está no meio ambiente a 20°C. Pede-se para determinar a potência elétrica dissipada pela resistência.

Resp.: 42,6 W.

Ep7.10 Um forno industrial tem corpo cilíndrico e teto em forma de hemisfério com raio externo igual a 4 m. Sabendo que a altura da parede vertical do forno é igual a 4 m, que toda a sua superfície externa está a 45°C e que o meio ambiente está a 25°C, pede-se para calcular a taxa de transferência de calor através da abóbada e através da superfície lateral.

Resp.: 1,73 kW; 7,07 kW.

Ep7.11 Toda a superfície externa de um freezer industrial de armazenamento de borracha não vulcanizada está a 20°C, enquanto o meio ambiente está a 30°C. Sabendo-se que o freezer tem forma paralelepipédica com altura igual a 2 m e com o seu comprimento e largura iguais a, respectivamente, 0,7 m e 1,4 m, pergunta-se: qual é a taxa de transferência de calor por convecção entre a superfície externa do teto do freezer e o meio ambiente? Se o coeficiente convectivo médio observado entre a superfície vertical e o meio ambiente for igual a 4 W/(m^2.K), qual é a taxa de calor entre a superfície externa vertical maior do freezer e o meio ambiente?

Resp.: 17,5 W; 112 W.

Ep7.12 Um pequeno forno industrial tem forma paralelepipédica com altura igual a 1,5 m e com largura e profundidade iguais a 1,2 m. Considere que a temperatura da superfície externa do forno seja constante e igual a 40°C. Suponha que o ar ambiente está a 20°C e despreze os efeitos de transferência de calor por radiação entre o forno e o meio ambiente. Pede-se para calcular o coeficiente de transferência de calor por convecção entre o teto do forno e o meio ambiente e a taxa de calor através do teto do forno.

Resp.: 2,82 W/(m^2.K); 81,2 W.

Ep7.13 Vapor d'água a 10 bar é condensado no interior de um tubo de aço, k = 43 W/(m.K), com diâmetro interno igual a 26,6 mm e diâmetro externo igual a 33,4 mm, posicionado na horizontal e exposto ao ar ambiente a 20°C. Desprezando os efeitos de transferência de calor por radiação, determine a taxa de calor do tubo para a água por unidade de comprimento de tubo.

Resp.: 73,1 W/m.

Ep7.14 Toda a superfície externa de um pequeno refrigerador está a 20°C, enquanto o meio ambiente está a 30°C. Sabendo-se que ele tem forma paralelepipédica com altura igual a 50 cm e com comprimento e largura iguais a 40 cm, pergunta-se: qual é a taxa de transferência de calor por convecção entre o teto do refrigerador e o meio ambiente? Se o coeficiente de transferência de calor por convecção entre a superfície vertical e o meio ambiente for igual a 2,8 W/(m².K), qual será a taxa de transferência de calor entre uma das suas superfícies laterais e o meio ambiente?

Resp.: 17,1 W; 78,4 W.

Ep7.15 Toda a superfície externa de uma câmara frigorífica de armazenamento de carnes está a 20°C, enquanto o meio ambiente está a 30°C. Sabendo-se que a câmara tem forma paralelepipédica com altura igual a 2 m e com comprimento e largura iguais a 1,5 m, pergunta-se: qual é a taxa de calor por convecção entre a superfície externa do teto da câmara e o meio ambiente? Qual é a taxa de calor entre uma superfície externa vertical da câmara e o meio ambiente?

Resp.: 34,8 W; 89,0 W.

Ep7.16 Uma estufa de secagem de produtos cerâmicos tem toda a sua superfície externa a 40°C. Sua altura é igual a 2 m, seu comprimento é igual a 3 m e sua largura é igual a 2 m. Sabendo-se que o ar ambiente está a 20°C e desprezando-se os efeitos de radiação, pergunta-se:

a) Qual é a taxa de transferência de calor entre o teto da estufa e o meio ambiente?
b) Qual é a taxa de transferência de calor entre a superfície lateral maior e o meio ambiente?
c) Suponha que a resposta do item b seja 402 W. Sabendo que a condutibilidade térmica do material constituinte das paredes verticais, cuja espessura é 100 mm, é igual a 0,1 W/(m.K), estime a temperatura média da superfície interna de uma dessas paredes.

Resp.: 562W; 431 W; 120,5 °C.

Ep7.17 Uma esfera com raio igual a 150 mm é aquecida internamente por um aquecedor elétrico. A esfera transfere calor por convecção e por radiação da sua superfície externa para o meio ambiente. Sabendo que o fluxo líquido de calor por radiação na superfície da esfera é igual a 50 W, que a emissividade da sua superfície é igual a 0,8 e que o meio ambiente pode ser considerado como um corpo negro a 20°C, pede-se para calcular:

a) a temperatura da superfície de esfera;
b) a potência do aquecedor elétrico.

Resp.: 52,7°C; 85,6 W.

Ep7.18 Toda a superfície externa de um pequeno forno de aplicação laboratorial está a 45°C, enquanto o ar ambiente está a 20°C. Sabendo-se que suas dimensões externas são: altura igual a 60 cm, profundidade igual a 80 cm e largura igual a 80 cm, pergunta-se:

a) Qual é o coeficiente de transferência de calor por convecção entre o teto do forno e o meio ambiente?
b) Qual é a taxa de transferência de calor entre uma das suas superfícies laterais e o meio ambiente?
c) Sabendo que a condutibilidade térmica do material constituinte das paredes verticais, cuja espessura é 150 mm, é igual a 0,05 W/(m.K), estime a temperatura mé-

dia da superfície interna das paredes verticais do forno.

Resp.: 4,52 W/(m^2.K); 39,7 W; 293°C.

Ep7.19 Uma estufa com forma cúbica tem aresta igual a 600 mm. A temperatura da superfície externa da estufa é uniforme e igual a 60°C. Considerando que a estufa está apoiada sobre um suporte que permite a ocorrência de transferência de calor por convecção livre em toda a sua superfície externa e considerando que a temperatura do ar ambiente é igual a 20°C, avalie:

a) o número de Rayleigh que governa o processo e a transferência de calor entre uma parede vertical e o meio ambiente;

b) a taxa de calor entre uma parede vertical e o meio ambiente;

c) o número de Rayleigh que governa o processo e a transferência de calor entre o teto e o meio ambiente.

d) a taxa de calor entre o teto da estufa e o meio ambiente.

Resp.: 6,59 E+8; 532 W; 1,03 E+7; 52,1 W.

Ep7.20 Um pequeno forno industrial tem forma cilíndrica vertical com diâmetro externo igual a 1,6 m e altura igual a 2,5 m. Sua temperatura externa pode ser considerada uniforme e igual a 50°C, enquanto o ar ambiente está a 30°C. Sabendo que sua parede é constituída por tijolos isolantes com condutibilidade térmica k_{isol} = 0,07 W/(m.K), que a emissividade da sua superfície externa é igual a 0,6 e que o forno é um equipamento muito pequeno frente às dimensões do ambiente fabril, pede-se para calcular a taxa de transferência de calor por convecção entre sua superfície vertical externa e o meio ambiente, a taxa de transferência de calor por radiação entre sua superfície vertical externa e o meio ambiente e a temperatura da sua face interna supondo que a espessura da parede é igual a 285 mm.

Resp.: 892 W; 1,05 kW; 680°C.

Ep7.21 A parede lateral vertical de um forno industrial tem largura igual a 3 m e altura igual a 2,5 m. A temperatura da face externa dessa parede é uniforme e igual a 50°C, sua emissividade é igual a 0,65 e o ar ambiente está a 20°C. Sabendo que a parede é constituída por tijolos isolantes com condutibilidade térmica k_{isol} = 0,07 W/(m.K) e que o forno é um equipamento muito pequeno frente às dimensões do ambiente fabril, pede-se para calcular a taxa de calor por convecção entre a parede e o meio ambiente, a taxa de calor por radiação entre a parede e o meio ambiente e a temperatura da sua face interna supondo que a espessura da parede é igual a 228 mm.

Resp.: 918 W; 973 W; 871°C.

Ep7.22 Um secador industrial tem forma prismática vertical com base quadrada de 6,25 m^2 e altura igual a 10 m. A superfície externa desse equipamento é constituída por uma placa de aço-carbono comercial que se encontra na temperatura média de 60°C. Considere que esse equipamento se encontra instalado em um amplo ambiente cuja temperatura é 30°C e que a sua superfície externa pode ser considerada cinza difusa com emissividade igual a 0,7. Determine: a taxa de transferência de calor por radiação entre o secador e o meio ambiente; o coeficiente de transferência de calor por convecção livre entre as superfícies verticais e o meio ambiente; e o coeficiente de transferência de calor por convecção livre entre a superfície superior (horizontal) e o meio ambiente. Considerando que a base do secador está em contato com o solo e pode ser considerada adiabática, avalie a taxa de transferência de calor entre o secador e o meio ambiente.

Resp.: 16,3 kW; 3,81 W/(m^2.K); 15,17 W/(m^2.K); 28,7 kW.

Ep7.23 Uma tubulação de aço-carbono com diâmetro interno igual a 300 mm e espessura de parede igual a 3 mm transporta um fluido aquecido. A tubulação está posicionada na horizontal e é termicamente isolada com uma manta com espessura de 75 mm de um material com condutibilidade térmica k_{isol} = 0,08 W/(m.K). Considerando que a tubulação está em um ambiente a 20°C, que a temperatura da superfície externa do isolante é igual a 40°C e que a emissividade da superfície externa do isolante é igual a 0,5, estime o coeficiente de transferência de calor por convecção entre a superfície externa do isolante e o meio ambiente, a taxa de transferência de calor por metro de tubo entre os produtos de combustão e o meio ambiente e a temperatura da superfície externa da tubulação de aço-carbono.

Resp.: 3,78 W/(m^2.K); 199 W/m; 199ºC.

Ep7.24 Uma parede plana vertical com 40 cm de espessura e altura igual a 2 m tem sua superfície interna a 40°C e a externa a 20ºC, enquanto que o ar ambiente em contato com a superfície externa está a 0°C. Estime a condutividade térmica do material da parede considerando que os efeitos de transferência de calor por radiação da parede para o meio podem ser desprezados.

Resp.: 1,53 W/(m.K).

Ep7.25 Uma parede com 25 cm de espessura, altura igual a 2 m e largura igual a 10 m tem a sua superfície interna a 30°C, enquanto que o meio ambiente está a 10°C. A condutividade térmica do material da parede é igual a 0,1 W/(m.K). Considerando que os efeitos de transferência de calor por radiação da parede para o meio podem ser desprezados, determine:

a) a taxa de calor através da parede;
b) a temperatura da superfície externa da parede;
c) o coeficiente convectivo observado entre a parede e o meio externo.

Resp.: 135 W; 13,2ºC; 2,13 W/(m^2.K).

Ep7.26 Uma parede de concreto com 30 cm de espessura tem área superficial igual a 45 m^2 e altura igual a 3 m. A superfície interna da parede está a 25°C e o meio ambiente está a 10°C. Determine a taxa de calor através da parede considerando que a condutividade térmica do concreto é igual a 0,75 W/(m.K) e que os efeitos de transferência de calor por radiação entre a parede e o meio podem ser desprezados.

Resp.: 874 W.

Ep7.27 As paredes verticais de um forno industrial são constituídas por duas camadas, sendo cada uma composta por um material diferente. A primeira camada (a interna) é composta por tijolos refratários comuns, k_r = 1 W/(m.K), com espessura igual a 114 mm, e a segunda é composta por tijolos isolantes, k_i = 0,05 W/(m.K), com espessura igual 228 mm. Sabe-se que a temperatura da face interna da parede do forno é igual a 1100ºC, que a temperatura do meio ambiente é igual a 20ºC e que a altura das paredes do forno é igual a 1,8 m. Considerando desprezível a taxa de transferência de calor por radiação para o meio ambiente e sabendo que a área total das paredes do forno exposta ao meio ambiente é igual a 40 m², pede-se para determinar:

a) a taxa de calor observada entre as paredes verticais e o meio ambiente;
b) o coeficiente convectivo observado entre a superfície externa da parede do forno e o meio ambiente;
c) a temperatura da interface refratário isolante;
d) a temperatura da superfície externa das paredes verticais.

Resp.: 8,84 kW; 4,70 kW/(m².K); 1075°C; 67 °C.

Ep7.28 A parede constituinte da carroceria de um caminhão de transporte de produtos refrigerados é composta por uma camada interna de um material plástico com espessura de 4 mm, por uma camada de isolante térmico com espessura de 120 mm e por uma camada externa de alumínio com espessura de 1 mm. Sabe-se que as condutibilidades térmicas do plástico, do isolante e do alumínio são iguais a, respectivamente, 0,10 W/(m.K), 0,035 W/(m.K) e 160 W/(m.K). Considerando que a temperatura média do meio ambiente é igual a 30°C, que a temperatura da superfície interna da carroceria é igual a 0°C e que o teto do forno tem largura igual a 2,6 m e comprimento igual a 10 m, pede-se para calcular o fluxo médio de calor através do teto da carroceria no caso em que esse veículo estiver parado. Considere desprezível a taxa de transferência de calor por radiação entre a carroceria e o meio ambiente e, apenas para efeito de cálculo das propriedades do ar, considere que a temperatura de filme é igual a 25°C.

Resp.: 6,14 W/m².

Ep7.29 Um tubo de condução de vapor com raio externo igual a 30 mm foi isolado termicamente utilizando-se um material com condutibilidade térmica igual a 0,04 W/(m.K) e com espessura igual a 63,5 mm. Considerando que a superfície externa do tubo está à temperatura de 180°C e que a superfície externa do isolamento térmico está exposta a um ambiente a 30°C, pede-se para determinar a temperatura na superfície externa do isolante térmico e a taxa de transferência de calor por metro de tubo para o meio. Considere desprezível a taxa de transferência de calor por radiação entre a tubulação e o meio ambiente. Para o cálculo das propriedades do ar, considere que a temperatura de filme é igual a 40°C.

Resp.: 44,1°C; 30,1 W/m.

Ep7.30 Em uma fábrica há uma tubulação de aço-carbono, $k_a = 55$ W/(m.K), com diâmetros interno e externo iguais a 52,5 mm e 60,3 mm, que transporta vapor d'água a 150°C. Considere que a temperatura da face interna da parede do tubo é igual à temperatura do vapor, que essa tubulação é revestida externamente com uma manta, com espessura de 25 mm, de fibra de vidro, $k_f = 0,04$ W/(m.K), e que a temperatura do ar ambiente é igual a 20°C. Buscando racionalizar o consumo de energia, foi proposta a substituição dessa manta por outra do mesmo material, porém com espessura igual a 38 mm. Considere desprezível a taxa de transferência de calor por radiação entre a tubulação e o meio ambiente. Para cada uma das situações acima, determine a temperatura externa da manta isolante. Determine a redução da taxa de calor por metro de tubo para o meio ambiente propiciada pelo aumento da espessura de isolamento térmico. Para resolver esse problema, considere que a temperatura de filme é igual a 30°C.

Resp.: 46,3°C; 34,8°C; 17,7%.

Ep7.31 Um tanque esférico de aço-carbono com diâmetro externo igual a 12 m e espessura de parede igual a 50 mm armazena GLP. Devido à retirada de parte desse combustível para utilização industrial, a sua temperatura é reduzida, de forma que a temperatura média da superfície externa do tanque atinge 15°C quando a temperatura ambiente se torna igual a 25°C. Desprezando a transferência de calor por radiação entre o tanque e o meio ambiente e sabendo que a condutibilidade térmica do aço é igual a 50 W/(m.K), pede-se para calcular o coeficiente de transferência de calor por convecção, a taxa de calor entre o meio ambiente e o GLP, o fluxo de calor na superfície externa do tanque e a temperatura da sua superfície interna.

Resp.: 1,11 W/(m^2.K); 5,01 kW; 11,1 W/m^2; ~14,9°C.

Ep7.32 Um tanque esférico de aço-carbono com diâmetro externo igual a 12 m e espessura de parede igual a 50 mm armazena GLP. Devido à retirada de parte desse combustível para utilização industrial, a sua temperatura é reduzida, de forma que a temperatura média da superfície externa do tanque atinge 15°C quando a temperatura ambiente se torna igual a 25°C. Considere que a emissividade da superfície externa do tanque tem emissividade igual a 0,6 e que a temperatura da vizinhança, para efeito da transferência de calor por radiação, é igual à temperatura ambiente. Sabendo que a condutibilidade térmica do aço é igual a 50 W/(m.K), pede-se para calcular o coeficiente de transferência de calor por convecção, a taxa de calor entre o meio ambiente e o GLP, o fluxo de calor na superfície externa do tanque e a temperatura da sua superfície interna.

Resp.: 1,12 W/(m^2.K); 20,5 kW; 45,4 W/m^2; ~14,9°C.

Ep7.33 Um tanque esférico de aço-carbono com diâmetro igual a 12 m e espessura de parede igual a 50 mm armazena GLP. Devido à retirada de parte desse combustível para utilização industrial, a sua temperatura é reduzida, de forma que a temperatura média da superfície interna do tanque atinge 15°C quando a temperatura ambiente se torna igual a 25°C. Desprezando a transferência de calor por radiação entre o tanque e o meio ambiente, sabendo que a condutibilidade térmica do aço é igual a 50 W/(m.K) e supondo que a temperatura de filme é aproximadamente igual a 20°C e que as propriedades do ar ambiente podem ser avaliadas nessa temperatura, pede-se para calcular a taxa de calor entre o meio ambiente e o GLP, o fluxo de calor na superfície externa do tanque e a temperatura dessa superfície.

Resp.: 5,00 kW; 11,1 W/m^2; ~14,9°C.

Ep7.34 Uma tubulação horizontal com seção transversal retangular tem largura externa L = 400 mm, altura externa H = 300 mm e comprimento igual a 20 m. Essa tubulação transporta ar frio e tem a sua superfície externa na temperatura média de 15°C, enquanto que a temperatura do meio ambiente fabril está a 25°C. Desconsiderando os efeitos da transferência de calor por radiação, determine a taxa de calor:

a) em uma das superfícies laterais verticais;
b) na sua superfície externa superior;
c) na sua superfície externa inferior;
d) por metro de tubo entre o ar transportado e o meio ambiente.

Ep7.35 Um bloco de gelo com comprimento de 1 m e altura e largura iguais a 20 cm está posicionado na horizontal, sobre dois cavaletes, em um ambiente cuja temperatura é igual a 40°C. Considerando que o bloco está derretendo, avalie o fluxo médio de calor por convecção entre uma superfície lateral do bloco de gelo e o meio ambiente, entre a superfície inferior do bloco e o meio ambiente e entre a superfície superior do bloco e o meio ambiente.

Resp.: 222 W/m²; 256 W/m²; 128 W/m².

Ep7.36 A superfície externa de uma casca esférica com diâmetro igual a 250 mm apresenta temperatura média igual a 200°C e emissividade igual a 0,75. Considere que essa esfera esteja em repouso em uma grande sala na qual a temperatura média das suas paredes é igual a 25°C e a temperatura do ar é igual a 20°C. Determine:

a) o coeficiente convectivo observado entre a esfera e o ar ambiente;
b) a taxa de calor por convecção observada na superfície da esfera;
c) a taxa líquida total de calor observada entre a esfera e o meio ambiente.

Resp: 5,78 W/(m².K); 204 W; 557 W.

Ep7.37 Um bloco de gelo com comprimento de 1,0 m e altura e largura iguais a 20 cm está posicionado na horizontal, sobre dois cavaletes, em um ambiente cuja temperatura é igual a 40°C. Considerando que a emissividade do gelo é igual a 0,97 e que o bloco está derretendo, avalie o fluxo de calor por convecção entre uma superfície lateral do bloco de gelo e o meio ambiente. Avalie também a taxa de calor por radiação e a taxa por convecção entre o bloco de gelo e o meio ambiente.

Resp.: 222 W/m²; 624 W; 610 W.

Ep7.38 Em uma indústria petroquímica, um fluido é transportado através de uma tubulação isolada. O tubo de aço-carbono, k_1 = 45 W/(m.K), tem diâmetro externo igual a 168,3 mm, espessura de parede igual a 7,11 mm e é isolado com meias calhas de fibra de vidro com espessura de 38 mm, k_2 = 0,04 W/(m.K). A superfície externa do isolamento térmico apresenta emissividade igual a 0,7 e está na temperatura de 40°C, enquanto que o meio ambiente está a 20°C. Além da transferência de calor por radiação, a tubulação também está sujeita à transferência de calor por convecção natural. Avalie:

a) o fluxo líquido de calor por radiação entre a superfície externa do isolante térmico e o meio ambiente;
b) o coeficiente convectivo observado entre a superfície externa do isolante e o meio ambiente;
c) o fluxo de calor por convecção entre a superfície externa do isolante e o meio ambiente;

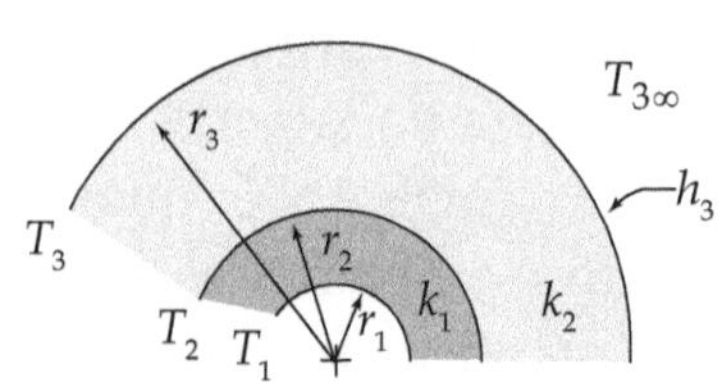

Figura Ep7.38

d) a temperatura média da superfície interna do tubo.

Resp.: 88,6 W/m²; 3,98 W/(m².K); 79,8 W/m²; 232°C.

Ep7.39 Em um reator químico esférico fabricado em aço inoxidável AISI 304, k = 15 W/(m.K), ocorre uma reação exotérmica que aquece o aço inoxidável, fazendo com que a sua temperatura interna atinja 200°C. O reator é isolado com uma camada de manta de fibra de vidro, k = 0,04 W/(m.K), com espessura de 50 mm. Sabe-se que o meio ambiente está a 20°C, que a espessura do aço inoxidável é igual a 8 mm, que o diâmetro externo do reator não isolado é igual a 1,2 m. Desconsiderando-se os efeitos da transferência de calor por radiação e supondo que a temperatura de filme seja aproximadamente igual a 30°C, pede-se para determinar:

a) o coeficiente convectivo observado entre o reator e o meio ambiente;
b) a taxa de calor observada entre o reator e o meio ambiente;
c) a temperatura da superfície externa do isolante térmico.

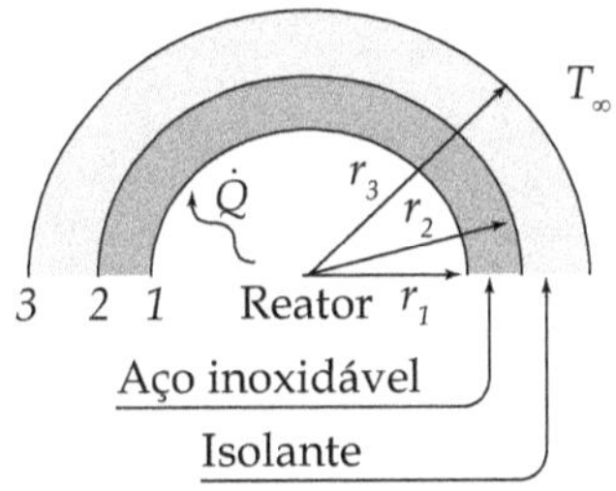

Figura Ep7.39

Resp.: 2,71 W/(m².K); 554 W; 58,6°C.

Ep7.40 Um designer pretende desenvolver um aquecedor de ambiente cilíndrico vertical com diâmetro igual a 150 mm e altura igual a 250 mm, no qual se encontra instalada uma resistência elétrica interna. Considere que a temperatura superficial desse aquecedor é uniforme e igual a 40°C. Desprezando-se a transferência de calor por radiação e considerando-se que a temperatura do ar ambiente é igual a 20°C, para verificar se a proposta do designer tem sentido, pede-se para determinar:

a) a taxa de calor entre a superfície horizontal superior do aquecedor e o meio ambiente;
b) a taxa de calor entre a superfície vertical do aquecedor e o meio ambiente.

Resp.: 2,30 W; 10,2 W.

Ep7.41 Em um edifício há uma tubulação de transporte de água quente de cobre isolada com meias calhas de fibra de vidro (k = 0,04 W/m.K) que está em um ambiente cuja temperatura é igual a 10°C. Em uma determinada seção transversal da tubulação, a temperatura da superfície interna do isolamento térmico é igual a 70°C. Desprezando os efeitos da radiação e sabendo que o raio interno do isolamento é igual a 20 mm e que o externo é igual a 40 mm, determine:

a) o coeficiente convectivo observado entre o isolamento térmico e o meio ambiente;
b) o fluxo de calor na superfície do isolamento térmico.

Resp.: 8,75 W/(m².K); 74,3 W/m².

Ep7.42 Em uma residência, uma das suas paredes com área de 18 m² e altura igual a 3 m está submetida à ação do sol, de forma que a sua temperatura externa é igual a 40°C, enquanto que o meio ambiente encontra-se a 30°C. Veja a Figura Ep7.42. Considere que internamente a temperatura da residência é igual a 20°C, que a condutibilidade térmica do material da parede é igual a 1,2 W/(m.K) e que a sua espessura é igual a 12 cm. Determine:

a) o coeficiente convectivo observado na superfície externa da parede;

b) a taxa de calor por convecção observada entre a superfície externa da parede e o meio ambiente.

c) Se o coeficiente convectivo na face interna da parede for igual a 3 W/(m^2.K), qual deve ser a taxa de calor por convecção para o interior da residência?

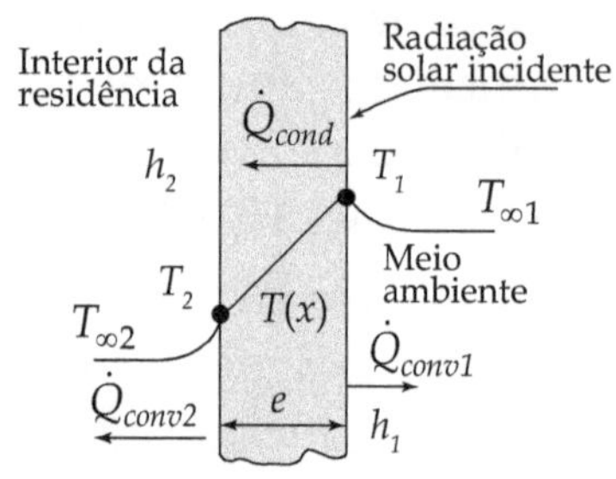

Figura Ep7.42

Resp.: 2,85 W/(m^2.K); 513 W; 831 W.

Ep7.43 Pretende-se manter uma solução de ácido sulfúrico em água, contida em um tanque, na temperatura de 80°C. Para tal, se dispõe de vapor d'água saturado a 10 bar (temperatura de saturação igual a 180°C). O vapor é admitido no interior de um tubo metálico, externamente aletado, com condutibilidade térmica igual a 50 W/(m.K), sendo descarregado a 10 bar como líquido saturado. É razoável considerar que o processo de condensação mantém a temperatura da superfície externa do duto uniforme, constante, e igual a 180°C. Sabe-se que as aletas são constituídas pelo mesmo material do tubo, têm forma de disco com diâmetro externo igual a 80 mm, espessura igual a 2 mm e estão distanciadas 10 mm umas das outras. Sabe-se também que o diâmetro interno do tubo é igual a 44 mm, o externo é igual a 50 mm e que o seu comprimento é igual a 2 m. Considerando que a eficiência das aletas é igual a 0,85, pede-se para determinar:

a) o coeficiente convectivo observado entre o tubo aletado e a solução considerando que o processo é de convecção natural sobre um tubo horizontal;

b) a taxa de calor através de uma aleta;

c) a taxa de calor transferida à solução.

Resp.: 6,77 W/(m^2.K); 3,53 W; 766 W.

Ep7.44 Vapor d'água saturado a 10 bar é condensado no interior em um tubo metálico, k = 43 W/(m.K), com diâmetro interno igual a 26,6 mm e diâmetro externo igual a 33,4 mm, posicionado na horizontal e imerso em água a 20°C e 20 bar. Desprezando os efeitos de transferência de calor por radiação e considerando que a temperatura da superfície externa do tubo é aproximadamente igual à do vapor, determine:

a) o coeficiente convectivo observado entre o tubo e a água;

b) o fluxo de calor na superfície externa do tubo;

c) a taxa de condensação de vapor por metro de tubo.

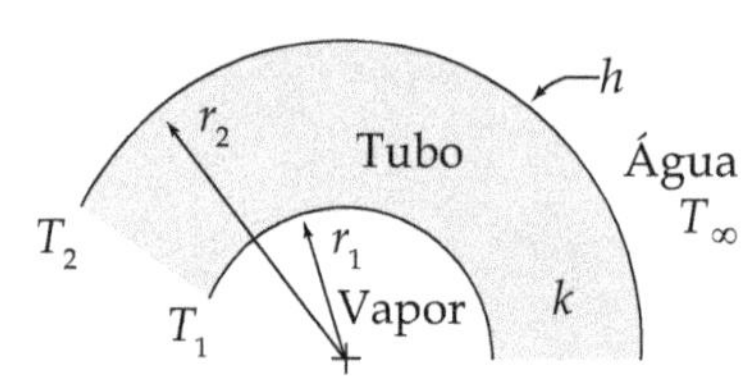

Figura Ep7.44

Resp.: 2,54 kW/(m^2.K); 407 kW/m^2; 21,2 g/(m.s).

Ep7.45 Em um hotel, existe uma tubulação de distribuição de água quente montada com tubos de CPVC (PVC Clorado ou Policloreto de Polivinila Clorado), cuja condutibilidade térmica é igual a 0,16 W/(m.K), que está posicionada na horizontal. Essa tubulação tem diâmetro externo igual a 32 mm, espessura de parede igual a 3 mm, e é isolada com meias calhas de fibra de vidro com condutibilidade térmica igual a 0,04 W/(m.K) e com espessura de 25 mm. Considere que a temperatura da superfície externa do isolante térmico seja igual 25°C, que a temperatura do ar ambiente e a da vizinhança sejam iguais a 20°C e que a pressão atmosférica local seja igual a 100 kPa. Sabendo que a emissividade da superfície externa do isolante térmico é igual a 0,75 pede-se para determinar:

a) a taxa de calor por metro de tubo transferida por convecção para o meio;
b) a taxa de calor por metro de tubo transferida por radiação para o meio;
c) a temperatura da superfície interna do tubo de CPVC.

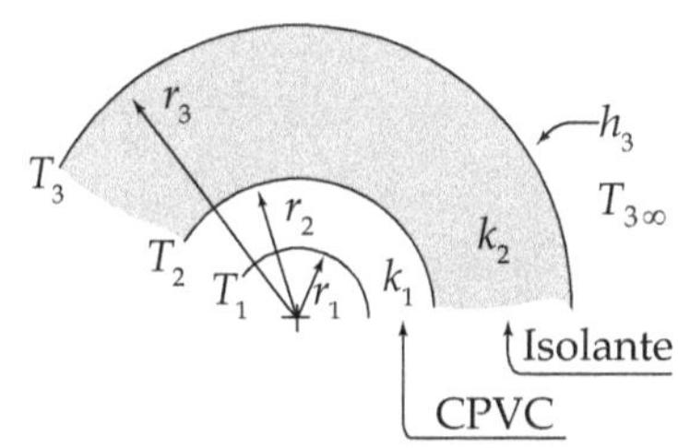

Figura Ep7.45

Resp.: 4,06 W/m; 5,66 W/m; 63°C

Ep7.46 Uma casca esférica tem espessura igual a 30 mm, diâmetro externo igual a 300 mm e é constituída por um material com condutibilidade térmica igual a 0,05 W/(m.K). A sua superfície externa tem emissividade igual a 0,75 e está na temperatura média de 40°C. Considere que essa casca esférica esteja em repouso em uma grande sala na qual tanto o ar ambiente quanto as suas paredes estão a 20°C. Determine o coeficiente convectivo observado entre a casca esférica e o ar ambiente, os fluxos de calor por convecção e por radiação na superfície externa da casca esférica, o fluxo de calor na superfície interna da casca esférica e a temperatura da superfície interna da casca esférica.

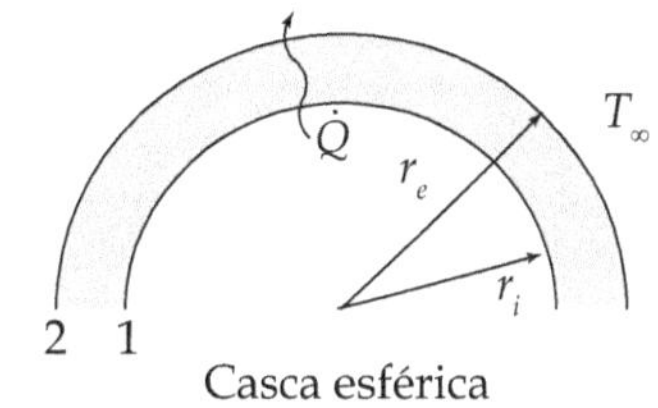

Figura Ep7.46

Resp.: 3,44 W/(m^2.K); 68,9 W/m^2; 94,9 W/m^2; 256 W/m^2; 163°C.

Ep7.47 Uma tubulação metálica horizontal, fabricada com um material com condutibilidade térmica igual a 45 W/(m.K), tem diâmetro externo igual a 100 mm e está termicamente isolada com um material com condutibilidade térmica igual a 0,05 W/(m.K) e espessura igual a 30 mm. A superfície externa do isolante térmico apresenta temperatura igual a 40°C e está sujeita a convecção natural por estar imersa em água a 20°C. Determine o coeficiente convectivo observado entre a tubulação e a água, a taxa de calor transferida para a água por metro de tubo, a temperatura observada entre o tubo e a face interna do isolante e o fluxo de calor na superfície externa do isolante.

Ep7.48 Um bloco cilíndrico posicionado com seu eixo na vertical tem diâmetro igual a 200 mm, altura igual a 500 mm e toda a sua superfície está a 60°C. Considerando que está ocorrendo transferência de calor por convecção do cilindro para o ar ambiente que está a 20°C, pede-se para calcular:

a) o coeficiente convectivo observado na sua superfície lateral;
b) o coeficiente convectivo observado na sua superfície superior;

c) o coeficiente convectivo observado na sua superfície inferior;
d) a taxa de calor transferido para o ar ambiente.

Resp.: 4,88 W/(m²⋅K); 3,39 W/(m²⋅K); 6,76 W/(m²⋅K); 96,6 W.

Ep7.49 Em uma residência, uma das paredes com área de 24 m² e altura igual a 2,8 m está submetida à ação do sol, de forma que a sua temperatura externa é igual a 40°C enquanto o meio ambiente encontra-se igual a 30°C. Veja a Figura Ep7.49. A parede é constituída por tijolos furados que apresentam condutibilidade térmica equivalente igual a 0,34 W/(m.K), e por argamassa, k_a = 1,0 W/(m.K). Considerando que internamente a temperatura da residência é igual a 20°C, que a espessura dos tijolos é igual a 10 cm e que a espessura de cada cobertura com argamassa é igual a 1,2 cm, determine:

a) o coeficiente convectivo observado na superfície externa da parede;
b) a taxa de calor por convecção observada entre a superfície externa da parede e o meio ambiente;
c) a temperatura dos tijolos no plano de simetria da parede.
d) Se o coeficiente convectivo na face interna da parede for igual a 3 W/(m².K), qual deve ser a taxa de calor por convecção para o interior da residência?

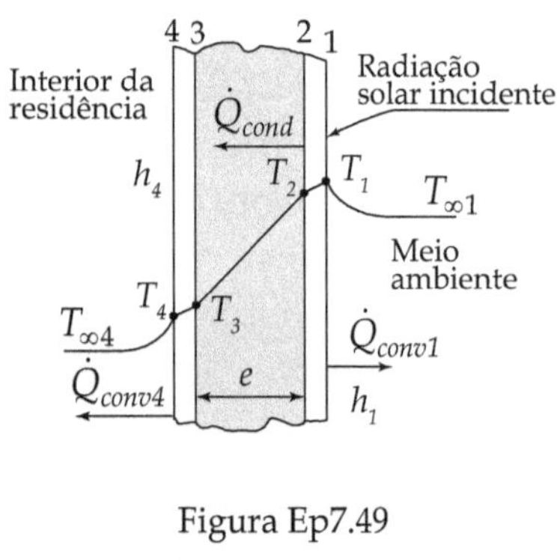

Figura Ep7.49

Resp.: 2,86 W/(m².K); 686 W; 35,1°C; 737 W.

Ep7.50 Em um reator químico esférico fabricado em aço com condutibilidade térmica igual a 15 W/(m.K), ocorre uma reação exotérmica que aquece o aço, provocando a elevação da sua temperatura. Esse reator é isolado com um material cuja condutibilidade térmica é igual a 0,035 W/(m.K) e que tem espessura de 50 mm. Sabe-se que, para efeitos de segurança, a temperatura máxima da superfície externa do isolamento térmico deve ser igual a 40°C quando a temperatura do meio ambiente for igual a 20°C. A espessura do aço inoxidável que constitui o corpo do reator é igual a 9,5 mm e o diâmetro externo do reator não isolado é igual a 1,6 m. Considerando-se que a emissividade da superfície externa do isolante é igual a 0,75 e que, para efeito da avaliação da taxa de calor radiante, a temperatura da vizinhança é igual a 30°C, pede-se para determinar: o coeficiente convectivo observado entre o isolante térmico e o meio ambiente; a taxa de calor transferida por convecção para o meio ambiente; a taxa de calor transferida do interior do reator para o meio ambiente; a temperatura da superfície interna do reator; e o fluxo de calor na superfície externa do isolamento térmico.

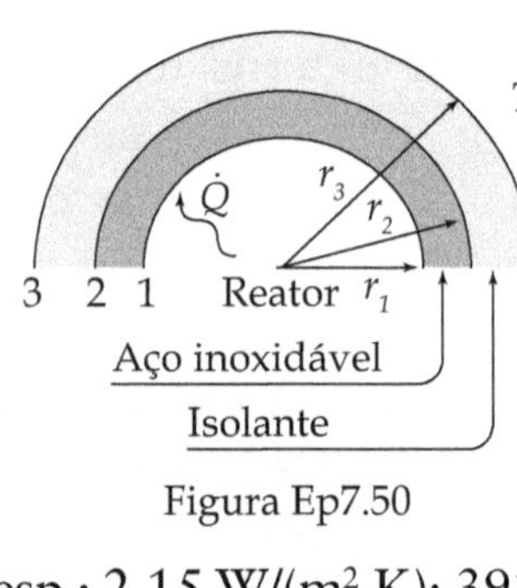

Figura Ep7.50

Resp.: 2,15 W/(m².K); 391 W; 843 W; 181°C; 92,8 W/m².

Ep7.51 Um tubo cerâmico, cuja condutibilidade térmica é igual a 1,6 W/(m.K), tem diâmetros interno e externo iguais a, respectivamente, 40 mm e 80 mm e está posicionado na horizontal. Sua superfície externa tem emissividade igual a 0,75, está a 60°C e está sujeita à convecção natural em ar a 20°C. Supondo que a temperatura da vizinhança seja igual a 30°C, pede-se para determinar:

a) o coeficiente convectivo observado entre a superfície externa e o ar;
b) os fluxos de calor por convecção e por radiação na superfície externa do tubo;
c) a temperatura da superfície interna do tubo.

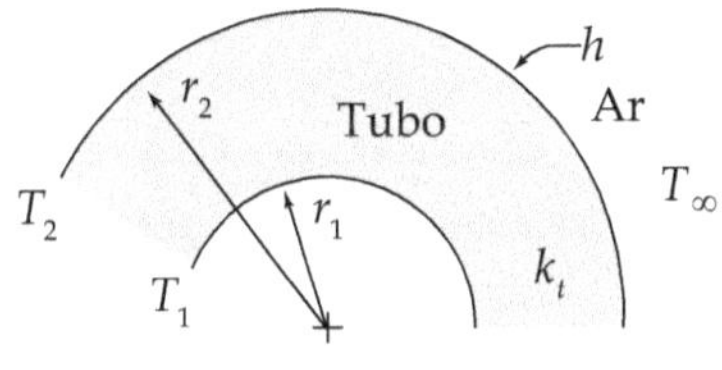

Figura Ep7.51

Resp.: 50,5 W/(m^2.K); 220 W/m^2; 45,1 W/m^2; 64,6°C.

Ep7.52 Em um edifício foi instalada uma tubulação de distribuição de água quente montada com tubos de CPVC (PVC Clorado ou Policloreto de Polivinila Clorado), cuja condutibilidade térmica é igual a 0,16 W/(m.K), posicionada na horizontal. Essa tubulação tem diâmetro externo igual a 40 mm, espessura de parede igual a 3 mm, comprimento igual a 30 m e está termicamente isolada com calhas de fibra de vidro com espessura de 25 mm que apresentam condutibilidade térmica igual a 0,035 W/(m.K). Considere que a temperatura da superfície externa do isolante térmico seja igual 25°C, que a temperatura do ar ambiente seja igual a 15°C e que os efeitos de transferência de calor por radiação possam ser desprezados. Nessas condições, pede-se para determinar:

a) o coeficiente convectivo observado entre o isolamento térmico e o meio ambiente;
b) a taxa de calor transferida por convecção do tubo isolado para o meio ambiente;
c) a temperatura da interface tubo isolante térmico.

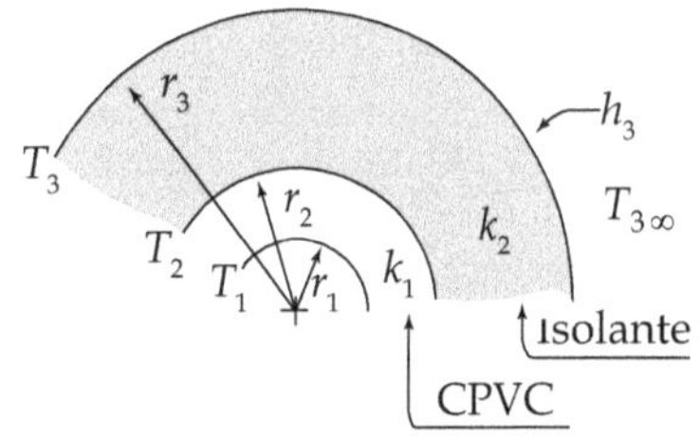

Figura Ep7.52

Resp.: 3,70 W/(m^2.K); 349 W; 61,7°C.

Ep7.53 Um tanque paralelepipédico com altura igual a 1 m, largura igual a 1,5 m e comprimento igual a 2 m é destinado ao armazenamento de água na fase líquida, pressurizada, na temperatura de 120°C. Esse tanque tem todas as suas paredes constituídas por três camadas formadas por materiais diferentes. Observe a Figura Ep7.53. As condutibilidades térmicas dos materiais 1, 2 e 3 são, respectivamente, 1 W/(m.K), 0,035 W/(m.K) e 15 W/(m.K). As espessuras dos materiais 1 e 3 são, respectivamente, 6 mm e 2 mm. Sabe-se que a temperatura da face interna das paredes do tanque pode ser, em primeira aproximação, considerada igual à da água armazenada, que o ar ambiente está a 10°C e que a temperatura desejada da superfície externa é igual a 30°C. Determine:

a) o número de Grashoff que caracteriza o processo de transferência de calor por convecção entre a face externa vertical do tanque e o meio ambiente;

b) o coeficiente convectivo observado entre a superfície externa vertical do tanque e o meio ambiente;

c) o fluxo de calor observado em uma parede vertical do tanque;

d) a espessura necessária do material 2 para que, de fato, a temperatura da superfície externa seja igual a 30°C.

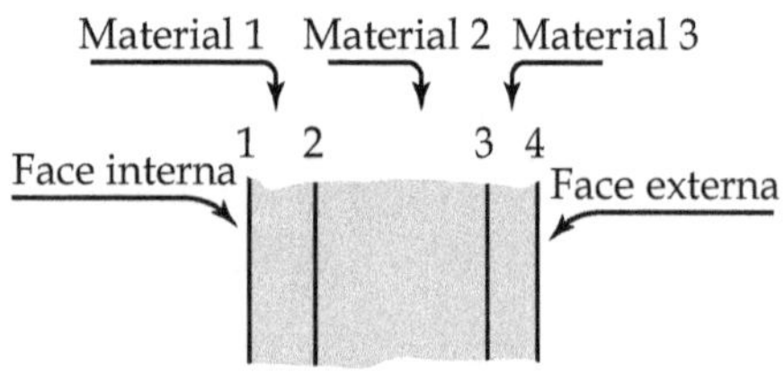

Figura Ep7.53

Ep7.54 Uma placa plana vertical com altura e largura iguais a, respectivamente, 0,5 m e 0,4 m tem as suas superfícies a 60°C e a 40°C. A superfície a 60°C está em contato com ar a 360°C, e a outra está em contato com água na fase líquida a 20°C. Sabe-se que a condutibilidade térmica do material constituinte da placa é igual a 15 W/(m.K). Desprezando os efeitos da transferência de calor por radiação, pede-se para determinar:

a) o coeficiente convectivo observado entre a placa e a água;

b) a taxa de calor entre a placa e a água;

c) a espessura da placa;

d) o coeficiente convectivo observado entre a placa e o ar.

Resp.: 687 W/(m^2.K); 21,9 mm; 45,8 W/(m^2.K).

Ep7.55 Uma casca esférica, fabricada com material com condutibilidade térmica igual a 1 W/(m.K), tem diâmetros interno e externo iguais a, respectivamente, 50 mm e 100 mm. Sua superfície externa tem emissividade igual a 0,75, está a 60°C e está sujeita à convecção natural em ar a 20°C. Supondo que a temperatura da vizinhança seja igual a 30°C, pede-se para determinar:

a) o coeficiente convectivo observado entre a superfície externa da casca esférica e o ar;

b) os fluxos de calor por convecção e por radiação na sua superfície externa;

c) a temperatura da sua superfície interna.

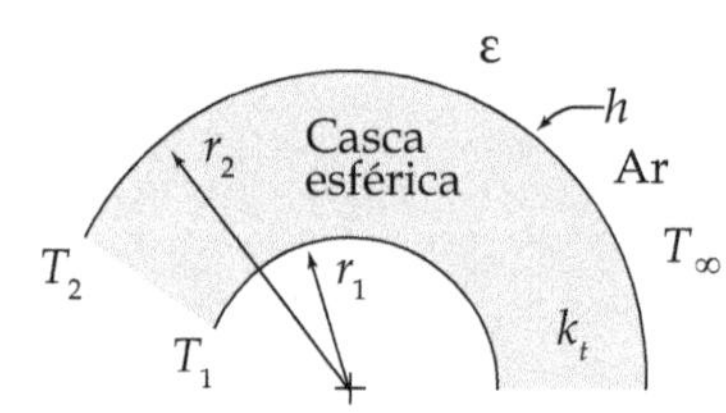

Figura Ep7.55

Resp.: 5,60 W/(m^2.K); 224 W/m^2; 165 W/m^2; 79,4°C.

Ep7.56 Uma casca cilíndrica, fabricada com material com condutibilidade térmica igual a 0,5 W/(m.K), tem diâmetros interno e externo iguais a, respectivamente, 50 mm e 110 mm. Sua superfície externa tem emissividade igual a 0,75, está a 50°C e está sujeita à convecção natural em ar a 10°C. Supondo que a temperatura da vizinhança seja igual a 20°C, pede-se para determinar:

a) o coeficiente convectivo observado entre a superfície externa da casca esférica e o ar;

b) os fluxos de calor por convecção e por radiação na sua superfície externa;

c) a temperatura da sua superfície interna.

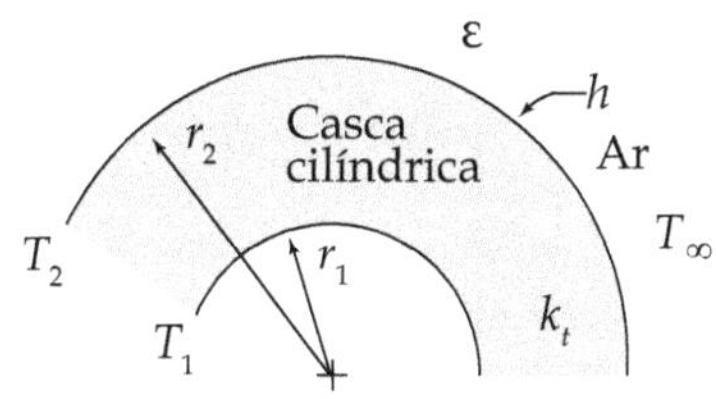

Figura Ep7.56

Resp.: 5,35 W/(m².K); 214 W/m²; 150 W/m²; 81,6°C.

CAPÍTULO 8

CONVECÇÃO FORÇADA INTERNA

Independentemente do ramo da engenharia em que estivermos trabalhando, certamente haverá um momento no qual desejaremos, por exemplo, aquecer um fluido. Uma possibilidade real e comum consiste em promover o seu escoamento no interior de um tubo externamente aquecido. Nesse caso, observaremos um processo de transferência de calor das paredes do tubo aquecido para o fluido de modo que, à medida que o fluido escoa através do duto, a sua temperatura se eleva. Similarmente, poderemos desejar o inverso, ou seja, resfriar um fluido pela sua passagem em um duto com paredes externamente resfriadas, como o que acontece, por exemplo, em um radiador automotivo.

Neste capítulo, estudaremos o processo de transferência de calor por convecção entre o fluido e o duto, seja em processos de resfriamento ou de aquecimento. Entretanto, não estudaremos os casos nos quais venha ocorrer mudança de fase do fluido.

8.1 ASPECTOS DINÂMICOS E TÉRMICOS DO ESCOAMENTO EM DUTOS

Da nossa experiência do dia a dia, podemos observar que os escoamentos podem ocorrer segundo o *regime laminar* ou segundo o *regime turbulento*. Imagine alguém abrindo vagarosamente uma torneira de água que não tenha dispositivo aerador. No início da abertura, observamos um fio de água que corresponde a um escoamento no qual as partículas d'água se movimentam de forma ordenada, como se o escoamento se desse pelo movimento de lâminas de fluido superpostas. Esse regime de escoamento é denominado *laminar*. Continuemos imaginando que alguém continua abrindo a torneira; o comportamento do escoamento se modificará, mostrando que as partículas fluidas se movimentam com certo grau de desorganização. Esse regime de escoamento é denominado *turbulento* e é caracterizado pelo fato de o vetor velocidade em qualquer ponto do escoamento apresentar flutuações randômicas.

Se considerarmos o escoamento de um fluido no interior de um tubo, verificaremos que, à medida que a velocidade média do escoamento aumenta, o regime inicialmente laminar sofre uma transição para turbulento. A transição é influenciada não apenas pela velocidade média do escoamento, mas também pelas características do fluido e do tubo. Esse efeito foi estudado experimentalmente, tendo sido verificado que para escoamento em tubos a transição geralmente ocorre para números de Reynolds variando entre 2000 e 4000. Embora a transição entre os regimes ocorra em faixas de números de Reynolds, usualmente adotamos valores abaixo dos quais denominamos os escoamentos laminares e acima dos quais os denominamos turbulentos. Para o escoamento em dutos, esse valor, denominado número de Reynolds crítico, é adotado como 2300.

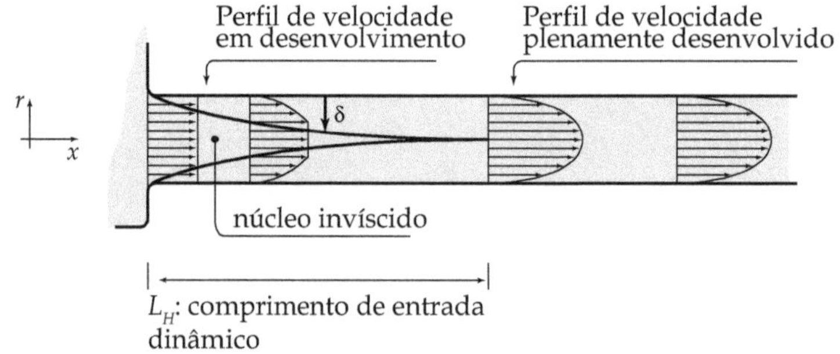

Figura 8.1 Evolução do escoamento em tubo

Observemos o escoamento isotérmico em regime permanente de um fluido entrando em um duto retilíneo com perfil uniforme de velocidade – veja a Figura 8.1. Independentemente de o escoamento ser laminar ou turbulento, notamos que, devido à aderência de partículas fluidas à superfície interna do duto, o perfil de velocidade que se forma evolui ao longo do comprimento do duto, desde a sua entrada, até uma determinada seção a partir da qual dizemos que ele está plenamente desenvolvido, o que significa que esse perfil se manterá estável ao longo do restante da tubulação desde que não haja perturbação do escoamento, por exemplo, pela existência de um acessório de tubulação (válvulas, curvas, cotovelos etc.). Devemos notar que o comprimento de entrada é a região na qual uma camada-limite se desenvolve no interior do duto e, à medida que isso ocorre, o perfil de velocidades se modifica gradualmente. A região de escoamento plenamente desenvolvido é observada após o encontro das camadas-limite, o que causa a estabilização do perfil de velocidades.

Observe que, quando $x < L_H$, o perfil de velocidade é uma função da abscissa x e da ordenada r, já que supomos que esse escoamento é bidimensional, não dependendo do ângulo θ, ou seja: $V = V(x,r)$. Na região na qual o perfil de velocidade está plenamente desenvolvido, esse perfil será função apenas da ordenada r, ou seja: $V = V(r)$.

Suponhamos, agora, que esse escoamento ocorra em um tubo com paredes mantidas em temperatura superior à do fluido. Consideremos que a temperatura do fluido na entrada do duto seja uniforme. Devido à diferença entre a temperatura do fluido e a da superfície do tubo, ocorrerá a transferência de calor e, como as partículas fluidas em contato com o tubo adquirem a sua temperatura, observaremos a formação de uma camada-limite térmica com espessura δ_T que evolui ao longo da região do duto denominada *região térmica de entrada*, delimitada pelo *comprimento térmico de entrada*, L_T.

Observe a Figura 8.2. Devemos observar que o perfil de temperatura evolui não apenas na região térmica de entrada, mas, sim, ao longo de todo o comprimento do duto, porque o fluido está sendo continuamente aquecido. A partir do comprimento térmico de entrada, observamos a *região térmica completamente desenvolvida.*

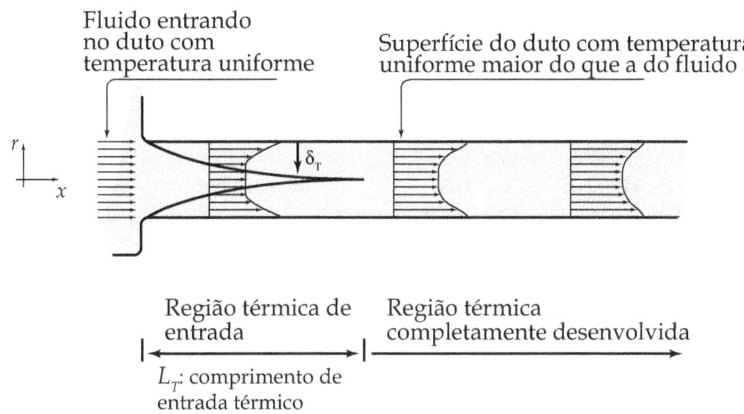

Figura 8.2 Evolução do perfil de temperatura em tubo

Ao estudar mecânica dos fluidos observamos que, no caso de escoamento laminar em dutos, o comprimento de entrada hidrodinâmico pode ser avaliado por:

$$\frac{L_H}{D} = 0{,}06 Re_D \tag{8.1}$$

e que, no caso de escoamento turbulento, a ordem de grandeza do comprimento de entrada hidrodinâmico pode ser avaliado por:

$$\frac{L_H}{D} = 4{,}4 Re_D^{1/6} \tag{8.2}$$

Para a avaliação do comprimento de entrada térmico, se o escoamento for laminar, podemos utilizar a expressão:

$$\frac{L_T}{D} = 0{,}06 Re_D Pr \tag{8.3}$$

A Equação (8.3) sugere que, se o fluido tiver $Pr = 1$, deveremos observar a formação simultânea, na entrada do duto, de duas camadas-limite que resultam em comprimentos de entrada de mesma dimensão. Além disso, podemos observar que a relação $(L_T/D)/Re_D Pr$ é um adimensional. De fato, se substituirmos o comprimento L_T pela distância x medida a partir da seção de entrada do tubo, obteremos o seguinte parâmetro adimensional:

$$Gz = \sqrt{\frac{x/D}{Re_D Pr}} \tag{8.4}$$

Esse parâmetro é denominado *número de Graetz* e é uma das variáveis adimensionais utilizadas para a descrição de fenômenos associados ao desenvolvimento da camada-limite térmica no interior de dutos.

Se o escoamento for turbulento, alguns autores propõem expressões para a avaliação do comprimento de entrada e outros sugerem faixas como, por exemplo: $10 \leq L_T/D \leq 60$. Consideraremos, quando necessário, que o comprimento de entrada térmico é dado pela Equação (8.5), que, naturalmente, é destinada a uma avaliação de cunho qualitativo.

$$L_T/D \approx 20 \tag{8.5}$$

8.2 COMPORTAMENTO DINÂMICO DOS ESCOAMENTOS PLENAMENTE DESENVOLVIDOS

Devido ao fato dos escoamentos laminares e turbulentos apresentarem características distintas, não se deve esperar que eles tenham perfis de velocidades semelhantes ou, ainda, que as interações observadas entre o fluido e as superfícies internas dos dutos tenham o mesmo comportamento. Assim sendo, é razoável esperar que as condições efetivas segundo as quais os escoamentos ocorrem no interior dos dutos devem ser importantes para avaliar adequadamente fenômenos térmicos e, naturalmente, os coeficientes convectivos observados no interior de dutos. Tendo esse cenário em vista, apresentamos nos itens 8.2.1 e 8.2.2 algumas informações referentes aos escoamentos internos.

8.2.1 Perfis de velocidade plenamente desenvolvidos em dutos

Para prosseguir no estudo do escoamento em dutos, devemos compreender como é o perfil de velocidades plenamente desenvolvido em um duto e, para tal, estudaremos em primeiro lugar o escoamento laminar e a seguir o turbulento.

8.2.1.1 O perfil de velocidade plenamente desenvolvido no escoamento laminar

Consideremos um volume de controle com pequenas dimensões em um meio fluido escoando em regime laminar com perfil de velocidade plenamente desenvolvido no interior de um duto horizontal com seção transversal circular, conforme ilustrado na Figura 8.3, e analisemos as forças aplicadas na direção do escoamento pelo meio a esse volume de controle. A força F_1 é a aplicada pelo meio à face 1 do volume, a força F_2 é a aplicada pelo meio à face 2 e a força F_3 é a aplicada na face lateral. Considerando que a pressão na face 1 é igual a p, que na face 2 é igual a $p + \Delta p$, obtemos: $F_1 = p\pi r^2$ e $F_2 = (p + \Delta p)\pi r^2$. Observemos, agora, a força F_3. Ela é causada pela tensão de cisalhamento τ que age na superfície lateral do volume de controle e é dada por: $F_3 = \tau 2\pi r L$.

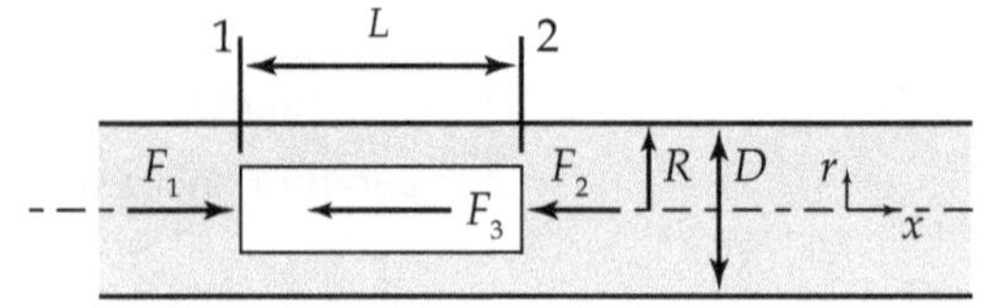

Figura 8.3 Elemento fluido em escoamento laminar

Como o escoamento é plenamente desenvolvido, a aceleração das partículas fluidas que compõem a massa fluida no interior do volume sob análise é nula e, assim, a somatória das forças agindo sobre essa massa é nula, ou seja:

$$p\pi r^2 = (p + \Delta p)\pi r^2 + \tau 2\pi r L \qquad (8.6)$$

Note que, nessa equação, τ é a tensão de cisalhamento observada na interface entre o fluido e a superfície interna do duto. Simplificando essa equação, obtemos:

$$\frac{\Delta p}{L} = \frac{2\tau}{r} \qquad (8.7)$$

Considerando por hipótese que o fluido é newtoniano, obtemos:

$$\tau = -\mu \frac{dV}{dr} \qquad (8.8)$$

Nessa expressão, V é a velocidade do fluido na posição r e μ é a viscosidade dinâmica; note que o sinal negativo indica que a força causada pela tensão de cisalhamento age no sentido negativo do eixo x.

Combinando as Expressões (8.7) e (8.8), obtemos:

$$\frac{dV}{dr} = -\frac{\Delta p}{2\mu L} r \qquad (8.9)$$

Essa equação diferencial pode ser resolvida pelo método de separação de variáveis:

$$dV = -\frac{\Delta p}{2\mu L} r dr \Rightarrow \int dV = -\frac{\Delta p}{2\mu L} \int r dr$$

$$V(r) = -\frac{\Delta p}{2\mu L}\frac{r^2}{2} + C \tag{8.10}$$

onde C é uma constante.

Com base no princípio da aderência, podemos afirmar que a velocidade das partículas fluidas em contato com a superfície interna do tubo é nula, ou seja: $V = 0$ quando $r = R$. Utilizando essa condição de contorno, determinamos a constante C:

$$C = \frac{\Delta p R^2}{4\mu L} \tag{8.11}$$

O perfil de velocidades será:

$$V(r) = -\frac{\Delta p}{4\mu L}r^2 + \frac{\Delta p R^2}{4\mu L} \tag{8.12}$$

$$V(r) = \frac{\Delta p R^2}{4\mu L}\left(1 - \left(\frac{r}{R}\right)^2\right) \tag{8.13}$$

Verificamos, assim, que o perfil de velocidades no escoamento laminar plenamente desenvolvido em um tubo com seção transversal circular é parabólico e, como junto à parede a velocidade do fluido é nula, concluímos que esse perfil passa por um valor máximo. Derivando a função, obtemos:

$$\frac{dV}{dr} = -\frac{\Delta p}{2\mu L}r \tag{8.14}$$

Como essa derivada somente pode atingir valor nulo quando $r = 0$, verificamos que o valor máximo da velocidade ocorre sobre o eixo x, que coincide com a linha de centro do tubo e é igual a:

$$V_{max} = \frac{\Delta p R^2}{4\mu L} \tag{8.15}$$

Finalmente, obtemos:

$$V(r) = V_{max}\left(1 - \left(\frac{r}{R}\right)^2\right) \tag{8.16}$$

A conclusão fundamental é: *o perfil de velocidades plenamente desenvolvido do escoamento de fluidos, em regime laminar, no interior de dutos com seção transversal circular é parabólico.*

8.2.1.2 O perfil de velocidade plenamente desenvolvido no escoamento turbulento

Quando o escoamento em um duto de seção circular é turbulento, o perfil de velocidades desenvolvido tem característica bastante diferente do perfil encontrado no regime laminar. Um tipo de expressão bastante utilizada em engenharia para descrever esse perfil é a *lei de potência*, que tem origem experimental:

$$V(r) = V_{max}\left(1 - \frac{r}{R}\right)^n \tag{8.17}$$

onde, novamente, V_{max} é a velocidade máxima do escoamento, a qual ocorre na linha de centro do duto, e R é o seu raio interno. O expoente n é uma função do número de Reynolds, sendo muitas vezes utilizado o valor $n = 1/7$, dando ao perfil assim obtido a denominação *um sétimo*. Devemos observar que, em uma região muito próxima da parede do duto, essa expressão não se mostra precisa.

8.2.2 O fator de atrito no escoamento interno

Na medida em que um escoamento ocorre no interior de um duto horizontal, observamos a redução da pressão do fluido ao longo do tubo. Essa redução de pressão se deve ao fato de que ocorre atrito entre a massa fluida e a superfície interna do duto. Veja a Figura 8.4.

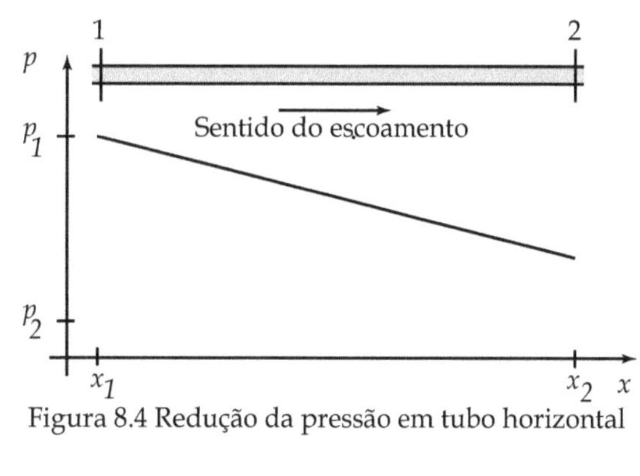

Figura 8.4 Redução da pressão em tubo horizontal

A diferença entre as pressões observadas entre duas seções da tubulação é dada por:

$$\Delta p = f\frac{L}{D}\rho\frac{V^2}{2} \quad (8.18)$$

Essa expressão nos permite definir a perda de carga, h_L, observada entre as seções 1 e 2 da tubulação, como sendo:

$$\frac{\Delta p}{\gamma} = h_L = f\frac{L}{D}\frac{V^2}{2g} \quad (8.19)$$

Como podemos depreender da análise das dimensões dos termos da Equação (8.19), a unidade de carga no Sistema Internacional de Unidades é m. Essa definição de perda de carga nos permite interpretar a carga como sendo a energia por peso de fluido que escoa através da tubulação.

Nas Equações (8.18) e (8.19), observamos a variável f, denominada *fator de atrito*, que usualmente é determinado previamente à quantificação da variação da pressão ou da perda de carga entre as seções 1 e 2 da tubulação.

O fator de atrito depende fortemente do regime de escoamento. No caso de o escoamento ser laminar, pode-se demonstrar que o fator de atrito é dado por:

$$f = 64/Re_D \quad (8.20)$$

No caso dos escoamentos turbulentos, o fator de atrito depende, também, da rugosidade relativa da superfície interna do tubo. Se o tubo puder ser considerado hidraulicamente liso, o fator de atrito pode ser calculado utilizando-se a equação de Blasius:

$$f = \frac{0,316}{Re_D^{1/4}} \quad (8.21)$$

a qual é aplicável com bons resultados na faixa $4000 \leq Re_D \leq 100000$.

No caso de se necessitar avaliar o fator de atrito do escoamento em tubos lisos em faixas de número de Reynolds mais amplas, a equação recomendada é a de Petukhov:

$$f = \left(0,790\ln(Re) - 1,64\right)^{-2} \quad (8.22)$$

Nos casos em que a rugosidade relativa das superfícies internas das tubulações não puderem ser consideradas hidraulicamente lisas, recomenda-se o uso da histórica correlação de Colebrook:

$$\frac{1}{\sqrt{f}} = -2,0log\left(\frac{\varepsilon/D}{3,7} + \frac{2,51}{Re_D\sqrt{f}}\right) \quad (8.23)$$

Essa expressão, plenamente aceita para cálculos de engenharia, apresenta o inconveniente de apresentar o fator de atrito de forma implícita, requerendo um processo de cálculo iterativo. Se julgarmos interessante optar por equações que apresentem o fator de atrito de forma explícita, podemos utilizar a equação de Haaland:

$$\frac{1}{\sqrt{f}} = -1,8log\left[\frac{6,9}{Re_D} + \left(\frac{\varepsilon/D}{3,7}\right)^{1,11}\right] \quad (8.24)$$

que apresenta resultados ligeiramente diferentes da equação de Colebrook.

Todas essas expressões foram originalmente desenvolvidas visando a determinação do fator de atrito em tubos com seção transversal circular, sendo que o número de Reynolds deve ser calculado com base no diâmetro interno do duto. No caso de dutos com seções transversais não circulares, devemos determinar o número de Reynolds com base no diâmetro hidráulico:

$$D_H = 4A/P \quad (8.25)$$

Nessa expressão, A é a área da seção transversal do escoamento e P é o perímetro molhado.

8.3 TEMPERATURA MÉDIA DE ESCOAMENTO

Conforme já comentado, o perfil de temperatura não é uniforme ao longo de uma seção do tubo, o que torna útil a definição de uma *temperatura média*, $T_m(x)$, na seção de escoamento que pode receber diversas denominações, por exemplo, *temperatura de mistura* e *temperatura de copo*.

Seja V_m a velocidade média do fluido na seção, V a velocidade e T a temperatura do fluido na posição (r,x). A temperatura média na seção com área A definida pela abscissa x é dada por:

$$T_m = \frac{\int_A VTdA}{V_m A} \tag{8.26}$$

Se o tubo tiver seção transversal circular com raio R, $dA = 2\pi r dr$, obteremos:

$$T_m = \frac{2}{V_m R^2}\int_0^R VTrdr \tag{8.27}$$

A grande utilidade de se definir a temperatura média reside no fato de que, para aplicar a lei do resfriamento de Newton, é necessário utilizar uma diferença de temperatura, que, no caso de escoamento em dutos, se convencionou com sendo a diferença entre a temperatura da superfície interna do duto, muitas vezes simplesmente denominada temperatura da superfície ou da parede, e a temperatura média do fluido. Assim, obtemos:

$$\dot{Q}'' = h_x\left(T_p(x) - T_m(x)\right) \tag{8.28}$$

Note que nessa expressão o coeficiente h_x adquire um valor local aplicável à seção na posição x, na qual as temperaturas da superfície e média apresentam, respectivamente, os valores $T_p(x)$ e $T_m(x)$. Para simplificar a notação, apresentaremos essa equação simplesmente como:

$$\dot{Q}'' = h\left(T_p - T_m\right) \tag{8.29}$$

8.4 BALANÇO DE ENERGIA EM UM TUBO

Consideremos o escoamento de um fluido em regime permanente em um tubo, conforme esquematizado na Figura 8.5, e que esteja ocorrendo a transferência de calor por convecção da superfície interna do tubo para o fluido. Para analisar esse fenômeno, consideraremos um volume de controle delimitado pela superfície interna do tubo e pelas áreas das seções transversais de entrada, e, e de saída, s. Como o escoamento está ocorrendo em regime permanente, podemos afirmar que a vazão mássica de fluido entrante no volume de controle é igual à de saída, e a simbolizaremos por $\dot{m}$.

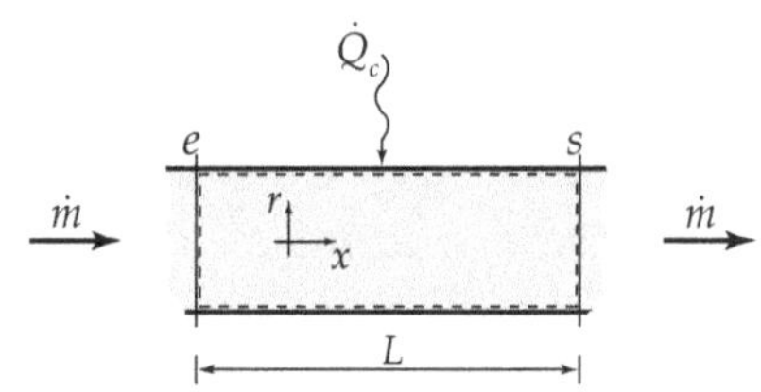

Figura 8.5 Escoamento em tubo

Aplicando a primeira lei da termodinâmica para esse volume de controle, desprezando as eventuais variações de energia cinética e potencial, na ausência de potência desenvolvida por um eixo, obtemos:

$$\dot{Q}_c = \dot{m}\left(h_s - h_e\right) \tag{8.30}$$

Nessa expressão, h_s e h_e são as entalpias médias do fluido nas seções de entrada e saída do volume de controle. Usando os conceitos de calor específico a pressão constante e de temperatura média, obtemos:

$$\dot{Q}_c = \dot{m}c_p\left(T_{ms} - T_{me}\right) \tag{8.31}$$

Observe que, para desenvolver essa expressão, não realizamos nenhuma consideração sobre o fato de o escoamento ser laminar ou turbulento, ou, ainda, sobre como o processo de transferência de calor por convecção se dá.

Com o propósito de verificar como a temperatura média evolui ao longo do tubo, nos propomos a fazer uma análise local do processo de transferência de calor e, para tal, consideraremos o volume de controle infinitesimal ilustrado na Figura 8.6. Aplicando a primeira lei da termodinâmica na forma diferencial para esse volume de controle, obtemos:

$$d\dot{Q}_c = \dot{m}c_p\left[\left(T_m + dT_m\right) - T_m\right] = \\ = \dot{m}c_p dT_m \qquad (8.32)$$

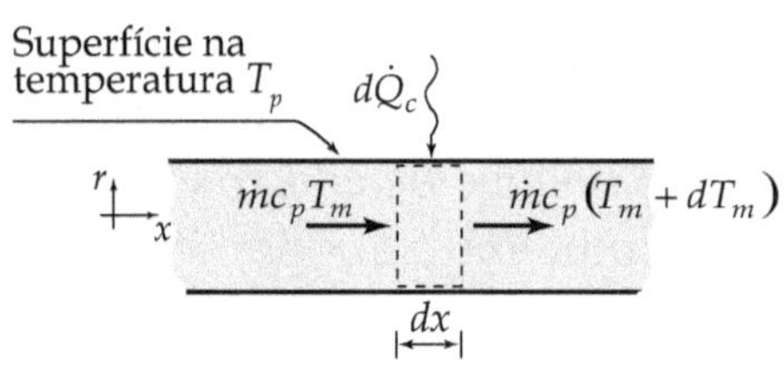

Figura 8.6 Volume de controle infinitesinal

Considerando que o perímetro do volume de controle é igual a P, concluímos que a área na qual identificamos a taxa de calor entre a superfície interna do duto e o fluido é Pdx. Assim, o diferencial da taxa de calor por convecção é dado por:

$$d\dot{Q}_c = \dot{Q}_c'' P dx \qquad (8.33)$$

Nessa equação, o termo $\dot{Q}_c''$ é o fluxo de calor transferido por convecção da superfície interna do duto para o fluido. Podemos, então, reescrever a Equação (8.32) da seguinte forma:

$$\dot{Q}_c'' P dx = \dot{m}c_p dT_m \qquad (8.34)$$

Rearranjando:

$$\frac{dT_m}{dx} = \frac{\dot{Q}_c'' P}{\dot{m}c_p} \qquad (8.35)$$

Lembrando que o fluxo de calor é dado por $\dot{Q}_c'' = h_x\left(T_p - T_m\right)$, obtemos:

$$\frac{dT_m}{dx} = \frac{P}{\dot{m}c_p} h_x\left(T_p - T_m\right) \qquad (8.36)$$

A integração dessa equação diferencial nos permitirá conhecer como a temperatura média do fluido variará ao longo da abscissa x, o que, por sua vez, dependerá de como o coeficiente de transferência de calor por convecção, h, varia com x. A seguir, dois casos particulares serão analisados:

- Transferência de calor com fluxo constante ao longo da superfície do tubo.
- Transferência de calor mantida constante à temperatura da superfície do tubo.

8.4.1 Fluxo térmico constante e uniforme

Neste caso, como, além do fluxo térmico, o perímetro, a vazão mássica e o calor específico a pressão constante do fluido são constantes, concluímos que $\dot{Q}_c'' P / \dot{m}c_p$ também é constante. Assim sendo, a Equação (8.35) resulta em:

$$\frac{dT_m}{dx} = \frac{\dot{Q}_c'' P}{\dot{m}c_p} = \text{constante} \qquad (8.37)$$

Integrando essa equação diferencial desde a posição $x = 0$ na qual a temperatura média é igual a T_{me} até a posição x na qual a temperatura média é dada por T_m, obtemos:

$$\int_{T_{me}}^{T_m} dT_m = \frac{\dot{Q}_c'' P}{\dot{m}c_p} \int_0^x dx \qquad (8.38)$$

$$T_m(x) = T_{me} + \frac{\dot{Q}_c'' P}{\dot{m}c_p} x \qquad (8.39)$$

Observe que esse resultado nos mostra que a temperatura média do fluido aumenta linearmente com x. Esse efeito encontra-se ilustrado na Figura 8.7, na qual se ressalta que na região de entrada a diferença entre a temperatura média do fluido e a temperatura da superfície interna do duto não se mantém constante, devido ao caráter particular do fenômeno na região de entrada.

Aplicando a lei do resfriamento de Newton a um ponto de uma seção transversal da tubulação situada após o término da região de entrada, obtemos:

$$\dot{Q}_c'' = h_x\left(T_p - T_m\right) \qquad (8.40)$$

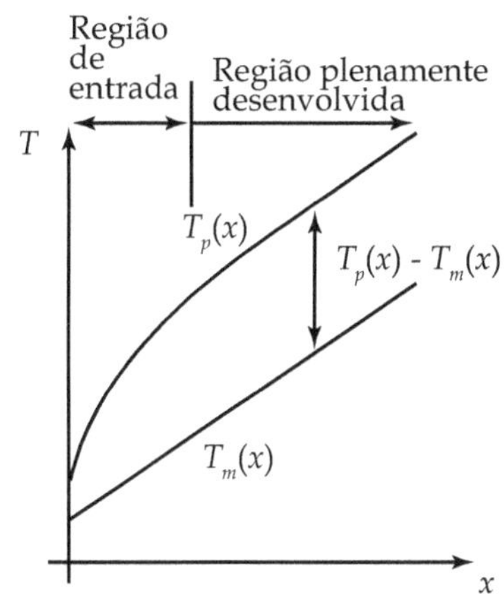

Figura 8.7 Fluxo térmico constante e uniforme

Como, a partir do final da região de entrada, $T_p - T_m$ e o fluxo de calor são constantes, verificamos que, necessariamente, o coeficiente convectivo h_x também deve ser constante, não variando com a posição x. Nos próximos itens, estudaremos as correlações para a determinação do coeficiente de transmissão de calor por convecção. Verificaremos, então, que em condições de escoamento plenamente desenvolvido, tanto do ponto de vista dinâmico quanto térmico, as correlações obtidas para a condição de fluxo térmico constante estão em conformidade com essa análise, confirmando que esse coeficiente não varia com a abscissa x.

Complementarmente, como o coeficiente h varia ao longo do comprimento de entrada, verificamos que a diferença de temperaturas $T_p - T_m$ varia conforme esquematizado na Figura 8.5.

8.4.2 Temperatura da superfície do tubo constante

Nesta nova condição, devemos integrar a Equação (8.36) considerando que a temperatura da superfície interna do tubo, T_p, é constante, e para tal faremos uma mudança de variável. Seja $\Delta T = T_p - T_m$. Nesse caso verificamos que $d\Delta T = -dT_m$, e a Equação (8.36) pode ser rearranjada obtendo-se:

$$\frac{d\Delta T}{dx} = -\frac{P}{\dot{m}c_p} h_x \Delta T \qquad (8.41)$$

Usando o método da separação de variáveis para proceder na solução dessa equação diferencial, obtemos:

$$\frac{d\Delta T}{\Delta T} = -\frac{P}{\dot{m}c_p} h_x dx \qquad (8.42)$$

Essa equação pode ser integrada para o trecho de tubo delimitado pela seção de entrada e pela de saída do volume de controle da Figura 8.3, sendo que, na seção de entrada para a qual consideramos $x = 0$, temos $\Delta T_e = T_p - T_{me}$ e, na seção de saída para a qual consideramos $x = L$, temos $\Delta T_s = T_p - T_{ms}$.

$$\int_{\Delta T_e}^{\Delta T_s} \frac{d\Delta T}{\Delta T} = -\frac{P}{\dot{m}c_p} \int_0^L h_x dx \qquad (8.43)$$

Integrando e rearranjando, obtemos:

$$ln\frac{\Delta T_s}{\Delta T_e} = -\frac{PL}{\dot{m}c_p}\left[\frac{1}{L}\int_0^L h_x dx\right] \qquad (8.44)$$

O coeficiente de transferência de calor por convecção, h_x, é uma grandeza local que varia com x. No entanto, a expressão entre colchetes da Equação (8.44) coincide exatamente com o valor médio de h_x ao longo do trecho de tubulação de comprimento L. Ou seja:

$$h = \frac{1}{L}\int_0^L h_x dx \qquad (8.45)$$

Usando esse resultado, concluímos que:

$$ln\frac{\Delta T_s}{\Delta T_e} = -\frac{PL}{\dot{m}c_p} h \qquad (8.46)$$

$$\frac{\Delta T_s}{\Delta T_e} = \frac{T_p - T_{ms}}{T_p - T_{me}} = \exp\left[-\frac{PL}{\dot{m}c_p} h\right] \qquad (8.47)$$

Essa expressão nos mostra que, enquanto a temperatura da superfície do duto permanece constante, a temperatura média do fluido varia exponencialmente, como pode ser visualizado na Figura 8.8.

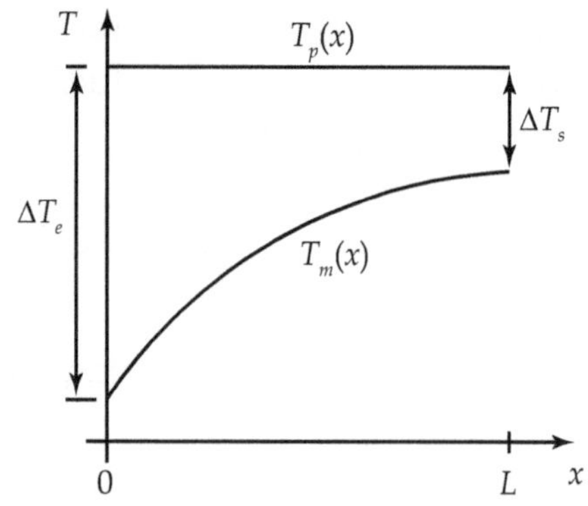

Figura 8.8 Transferência de calor em duto

Uma questão se coloca: embora a temperatura T_m varie ao longo do duto, é possível estabelecer uma expressão que nos forneça a taxa de calor, que ocorre no trecho de tubo com comprimento L, em função do coeficiente convectivo médio e de uma diferença média de temperaturas?

Para responder a essa questão, utilizemos a Equação (8.31):

$$\dot{Q}_c = \dot{m}c_p\left(T_{ms} - T_{me}\right) = \\ = \dot{m}c_p\left[\left(T_p - T_{me}\right) - \left(T_p - T_{ms}\right)\right] \tag{8.48}$$

Consequentemente:

$$\dot{Q}_c = \dot{m}c_p\left(\Delta T_e - \Delta T_s\right) \tag{8.49}$$

Combinando a Equação (8.49) com a (8.46), obtemos:

$$ln\frac{\Delta T_s}{\Delta T_e} = -\frac{PL}{\dfrac{\dot{Q}_c}{\Delta T_e - \Delta T_s}}h \Rightarrow \\ \Rightarrow \dot{Q}_c = PLh \cdot \frac{\Delta T_s - \Delta T_e}{ln\dfrac{\Delta T_s}{\Delta T_e}} \tag{8.50}$$

Note que PL é a área de transferência de calor, A. Assim sendo, podemos reescrever a Equação (8.50) como:

$$\dot{Q}_c = Ah\Delta T_{ml} \tag{8.51}$$

Nessa expressão:

$$\Delta T_{ml} = \frac{\Delta T_s - \Delta T_e}{ln\left(\Delta T_s / \Delta T_e\right)} \tag{8.52}$$

O termo ΔT_{ml} é denominado *média logarítmica da diferença de temperaturas*, *MLDT*, e é extremamente útil no cálculo de trocadores de calor, conforme será visto no próximo capítulo.

8.5 AVALIAÇÃO DOS COEFICIENTES CONVECTIVOS

Observemos as Equações (8.39), (8.47) e (8.51). Elas constituem excelentes resultados que, para a sua real aplicação, requerem o conhecimento dos coeficientes convectivos. Assim sendo, passamos agora a apresentar correlações que nos permitem a determinação desses coeficientes e, por conseguinte, a aplicação dos resultados já obtidos.

Devemos nos lembrar de que a natureza dos escoamentos laminares e a dos turbulentos são distintas e, como os coeficientes convectivos dependem fortemente dessas naturezas, concluímos que as correlações a serem apresentadas devem, também, ser diferentes.

Já sabemos que a determinação dos coeficientes convectivos envolve, de maneira geral, uma grande quantidade de variáveis. Então, mais uma vez, verificamos a necessidade de utilizar variáveis adimensionais, que, no caso de escoamento interno em dutos, tradicionalmente são o número de Nusselt, o de Reynolds e o de Prandtl, sendo que, usualmente, as correlações que nos interessam são do tipo $Nu = f(Re, Pr)$.

8.5.1 Escoamento laminar plenamente desenvolvido em dutos

Investigação teórica nos permite afirmar que a transferência de calor entre duto de seção circular e fluido em condição de escoamento laminar plenamente desenvolvido dinâmica e termicamente apresenta número de Nusselt constante.

Se o processo ocorrer com temperatura de parede constante, pode ser demonstrado que:

$$Nu = \frac{hD}{k} = 3,657 \qquad (8.53)$$

Se o processo ocorrer com fluxo térmico constante ao longo da parede, pode ser demonstrado que:

$$Nu = \frac{hD}{k} = 4,364 \qquad (8.54)$$

Se for desejável utilizar essas expressões para determinar o coeficiente de transmissão de calor por convecção médio em um trecho de tubo com temperaturas médias de entrada e de saída iguais a T_{me} e T_{ms}, as propriedades do fluido deverão ser avaliadas na média das temperaturas médias:

$$T_m = \frac{T_{ms} + T_{me}}{2} \qquad (8.55)$$

Há situações em que desejamos determinar o coeficiente convectivo médio para o escoamento laminar plenamente desenvolvido em tubos com seções transversais não circulares. Existem valores publicados na literatura para seções com diversas geometrias, sendo que os resultados são do tipo: Nu = constante. Por exemplo, para tubos com seção quadrada, para temperatura de parede constante temos $Nu = 2,076$, e para fluxo térmico constante temos $Nu = 3,608$, sendo esses números de Nusselt referidos ao diâmetro hidráulico.

8.5.2 Escoamento turbulento plenamente desenvolvido em dutos lisos

Existe uma ampla gama de correlações disponíveis na literatura destinadas à avaliação do número de Nusselt em escoamentos plenamente desenvolvidos tanto do ponto de vista dinâmico quanto do térmico em dutos.

Para tubos circulares lisos, a correlação mais difundida é a de Dittus-Boelter:

$$Nu = 0,023 Re^{0,8} Pr^{n} \qquad (8.56)$$

Nessa expressão, o valor do expoente n torna-se igual a 0,4 quando o fluido é aquecido ($T_p > T_m$) e torna-se igual a 0,3 quando o fluido é resfriado ($T_p < T_m$).

Ela é aplicável quando $Re > 10.000$, $L/D > 60$ e $0,7 < Pr < 160$, sendo que as propriedades devem ser avaliadas na média das temperaturas médias – veja a Equação (8.55).

Tanto em processos de aquecimento quanto de resfriamento, as propriedades do fluido podem variar significativamente na direção radial devido ao gradiente de temperatura existente. Essa variação de temperatura causa alteração no perfil de velocidade, já que a viscosidade, por ser função da temperatura, também pode variar significativamente na direção radial. Quando a diferença entre T_p e T_m for muito grande, para a avaliação do número de Nusselt em tubos circulares lisos, é sugerido o uso da equação de Sieder-Tate:

$$Nu = 0,027 Re^{0,8} Pr^{1/3} \left(\frac{\mu}{\mu_p} \right)^{0,14} \qquad (8.57)$$

Ela é aplicável quando $Re > 10.000$, $L/D > 60$ e $0,7 < Pr < 16700$, e as propriedades devem ser avaliadas na média das temperaturas médias – veja a Equação (8.55) –, com exceção da viscosidade μ_p, que deve ser avaliada na temperatura média da superfície do duto em contato com o fluido.

Devemos notar que a equação de Dittus-Boelter e a de Sieder-Tate podem ser utilizadas tanto para a condição de fluxo térmico constante na parede quanto para a condição de temperatura de parede constante e uniforme.

8.5.3 Escoamento turbulento plenamente desenvolvido em dutos rugosos

O fato de as superfícies internas dos dutos não serem hidraulicamente lisas provoca alterações no escoamento, as quais, por sua vez, conduzem a coeficientes convectivos diferentes daqueles que seriam calculados sob a hipótese de os tubos serem lisos. Nesse caso, se as superfícies internas dos dutos forem rugosas, pode-se utilizar a Equação (8.58), conhecida como equação de Petukhov:

$$Nu = \frac{RePr}{\left[\dfrac{1,07+12,7}{\left(Pr^{2/3}-1\right)\left(f/8\right)^{1/2}}\right]}\left(\frac{f}{8}\right) \tag{8.58}$$

A Equação (8.58) é aplicável nas seguintes condições: $10000 \le Re \le 5E+6$ e $0,5 < Pr < 2000$.

O fator de atrito, f, pode ser avaliado utilizando-se a equação de Colebrook, e as propriedades do fluido devem ser avaliadas na média das temperaturas médias.

Uma equação preferível à de Petukhov por ser mais precisa é a de Gnielinski:

$$Nu = \frac{(Re-1000)Pr}{\left[\dfrac{1+12,7}{\left(Pr^{2/3}-1\right)\left(f/8\right)^{1/2}}\right]}\left(\frac{f}{8}\right) \tag{8.59}$$

Essa equação é aplicável para $0,5 \le Pr \le 2000$ e $3E+3 \le Re \le 5E+6$.

As Equações (8.56), (8.57), (8.58) e (8.59) podem ser utilizadas para avaliar o número de Nusselt em escoamentos em dutos não circulares. Para tal, deve-se utilizar o conceito de diâmetro hidráulico, Equação (8.25).

8.6 ESCOAMENTO PLENAMENTE DESENVOLVIDO EM REGIÕES ANULARES

Considere dois tubos montados concentricamente, conforme ilustrado na Figura 8.9, que formam um espaço anular. Esse tipo de arranjo é industrialmente muito importante, porque pode suprir a necessidade de se promover a transferência de calor entre dois fluidos pela passagem de um deles no interior de um tubo e do outro no espaço anular. Usualmente, esse tipo de montagem é obtida pelo uso de tubos metálicos constituídos por materiais com alta condutividade térmica; assim, de maneira geral, a resistência à transferência de calor através das suas paredes é frequentemente desprezada, podendo se supor que ambas as faces da parede do tubo interno estão na temperatura T_1. Além disso, muitas vezes é razoável supor que o tubo externo, que está na temperatura T_2, seja externamente isolado, de forma que o fluido que escoa na cavidade anular somente possa transferir energia por calor para o fluido que escoa no tubo interno.

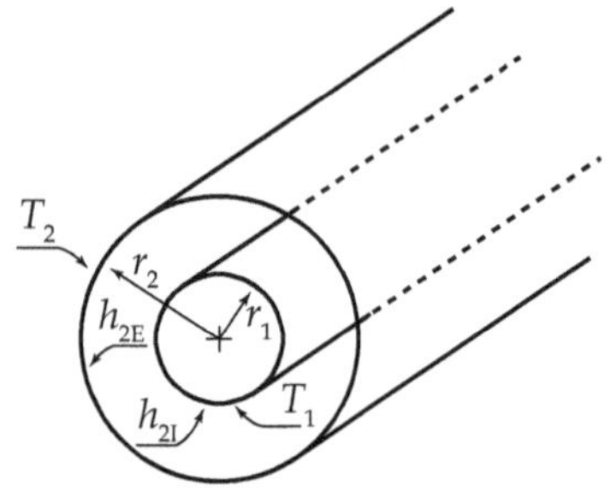

Figura 8.9

No espaço anular, podemos identificar dois coeficientes convectivos, um relacionado com a taxa de calor entre o fluido e o tubo externo, h_{2E}, e o outro relacionado com a taxa de calor observada entre o fluido e o tubo interno, h_{2I}. Na condição de perfis térmicos e hidráulicos plenamente desenvolvidos, podemos estimar esses dois coeficientes convectivos supondo que eles são aproximadamente iguais pela aplicação, por exemplo, da equação de Dittus-Boelter e utilizando o conceito de diâmetro hidráulico.

8.7 TRANSFERÊNCIA DE CALOR NO COMPRIMENTO DE ENTRADA

Consideremos o escoamento de um fluido na entrada de uma tubulação. Conforme já discutido e ilustrado na Figura

8.1, observamos ao longo do comprimento de entrada dinâmico a formação de uma camada-limite dinâmica que evolui até que seja obtido um perfil de velocidades plenamente desenvolvido. Se a superfície do duto estiver em temperatura diferente do fluido, observaremos a formação de uma camada-limite térmica. Na Figura 8.2 está ilustrada essa formação de camada-limite térmica para o caso em que a temperatura da superfície é superior à do fluido. A ocorrência de forma combinada dessas duas camadas-limite são ilustradas na Figura 8.10.

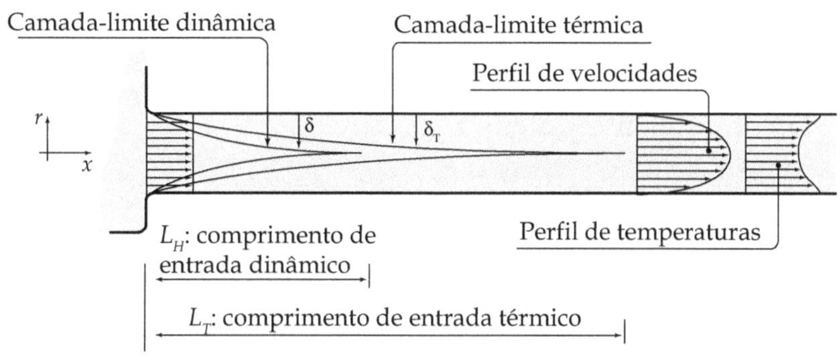

Figura 8.10 Comprimento de entrada térmico

Uma outra situação corresponde àquela na qual a ocorrência do processo de transferência de calor ocorre somente após se observar o completo desenvolvimento da camada limite dinâmica, conforme ilustrado na Figura 8.11. Nesse caso, a região de aquecimento do fluido é antecedida por uma região na qual não se observa transferência de calor, de forma que o perfil de velocidade se desenvolve em temperatura constante e uniforme.

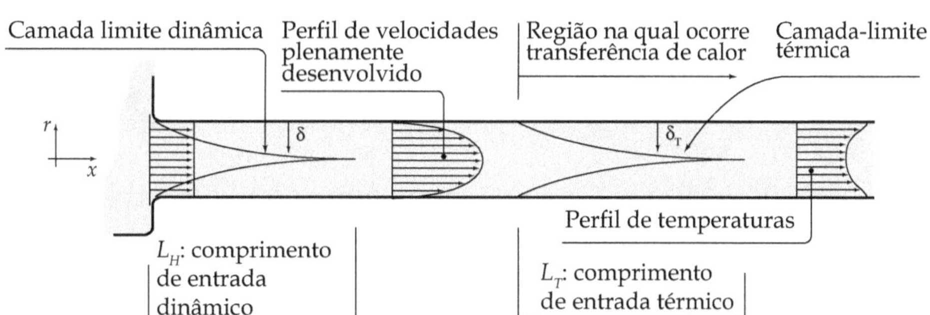

Figura 8.11 Comprimento de entrada térmica em escoamento plenamente desenvolvido

Sejam as camadas-limite desenvolvidas de forma combinada ou não, estando a temperatura da superfície do tubo constante ou submetida a fluxo de calor constante, ocorrendo a transferência de calor, podemos afirmar que o comportamento do número de Nusselt em função do número de Graetz é o sugerido na Figura 8.12.

$$Gz = \frac{DRePr}{L} \tag{8.60}$$

Assim sendo, se realizarmos a avaliação do coeficiente convectivo na região térmica de entrada utilizando os métodos desenvolvidos para perfis plenamente desenvolvidos, estaremos subdimensionando esse coeficiente.

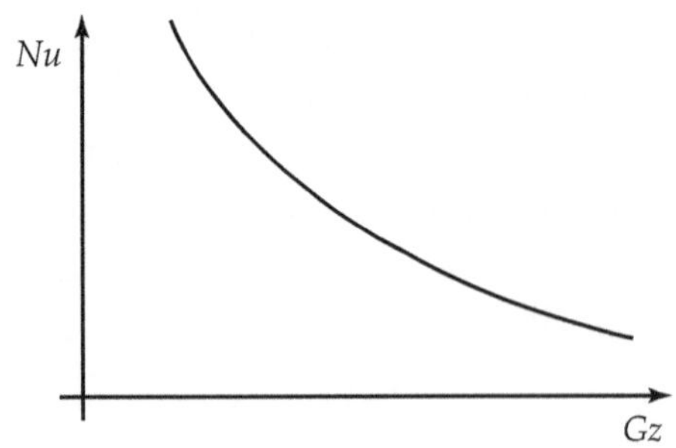

Figura 8.12

De maneira geral, se a tubulação for longa, o efeito do comprimento de entrada na avaliação do coeficiente convectivo é usualmente desprezado.

8.8 EXERCÍCIOS RESOLVIDOS

Er8.1 Água na fase líquida escoa no interior de um tubo externamente aquecido cujo diâmetro interno é igual a 30 mm. Sabendo que a temperatura de entrada da água é igual a 20°C, que a de saída é igual a 40°C e que a sua velocidade média é igual a 2 m/s, pede-se para determinar o comprimento de entrada dinâmico e o térmico.

Solução

a) Dados e considerações
- $T_{me} = 20°C$; $T_{ms} = 40°C$; $D = 30$ mm; $V = 2$ m/s.
- Temperatura média:
  $T_m = (T_{me} + T_{ms})/2 = (40 + 20)/2 =$
  $= 30°C$.
- As propriedades da água na temperatura de mistura são: $\rho = 996$ kg/m³; $\mu = 0{,}000808$ Pa.s.

b) Análise e cálculos
$Re = \rho VD/\mu = 73960$; logo o escoamento é turbulento.
Então, o comprimento de entrada dinâmico será dado por: $\frac{L_H}{D} = 4{,}4Re_D^{1/6}$.
Substituindo os valores conhecidos, obtemos: $L_H = 86$ cm.

O comprimento de entrada térmico será: $L_T \approx 20\ D = 60$ cm.

Er8.2 Óleo lubrificante escoa no interior de um tubo externamente aquecido cujo diâmetro interno é igual a 30 mm. Sabendo que a temperatura média de entrada do óleo é igual a 20°C, que a de saída é igual a 60°C e que a sua velocidade média é igual a 1 m/s, pede-se para determinar o comprimento de entrada dinâmico.

Solução

a) Dados e considerações
- $T_{me} = 20°C$; $T_{ms} = 60°C$; $D = 30$ mm; $V = 1$ m/s.
- Temperatura média de mistura:
  $T_m = (T_{me} + T_{ms})/2 = (60 + 20)/2 =$
  $= 40°C$.
- As propriedades do óleo na temperatura média de mistura são: $\rho = 876$ kg/m³; e $\mu = 0{,}2177$ (kg/m.s).

b) Análise e cálculos
$Re = \rho VD/\mu = 120{,}7$; logo o escoamento é laminar.
Então, o comprimento de entrada dinâmico será dado por: $\frac{L_H}{D} = 0{,}06Re_D$.
Substituindo os valores conhecidos, obtemos: $L_H = 21{,}7$ cm.

Er8.3 Óleo lubrificante escoa em um duto metálico com temperatura média de 20°C. A partir de certa posição, o duto é submetido a um processo de aquecimento, de forma que, na seção de descarga do tubo, o óleo se encontra na temperatura média de 60°C. Sabendo que a velocidade do óleo é igual a 0,5 m/s, que o tubo tem diâmetro interno igual a 8 mm e que a parede do tubo é mantida na temperatura de 120°C, determine a taxa de calor observada entre o tubo e o óleo e o comprimento do tubo no qual ocorre o aquecimento.

Solução

a) Dados e considerações

- $T_{me} = 20°C$; $T_{ms} = 60°C$; $D = 20$ mm; $V = 0,5$ m/s.
- Temperatura média:

$T_m = (T_{me} + T_{ms})/2 = (20 + 60)/2 =$

$= 40°C$.

- As propriedades do óleo na temperatura média de mistura são:
  $\rho = 876$ kg/m³; $\mu = 0,2177$ Pa.s;
  $k = 0,1444$ W/(m.K);
  $c_p = 1964$ J/(kg.K); $Pr = 2962$.

b) Análise e cálculos

- Avaliação da taxa de calor

A vazão mássica da água na tubulação é:

$$\dot{m} = \rho V \frac{\pi D^2}{4} = 0,0220 \text{ kg/s}.$$

A taxa de calor rejeitada pelo óleo é:

$$\dot{Q} = \dot{m} c_p (T_{me} - T_{ms}) = 1730 \text{ W}.$$

- Avaliação do comprimento do tubo

$Re = \rho VD/\mu = 16,1$; logo o escoamento é laminar e, como a temperatura da parede do tubo é uniforme e constante, $Nu_D = 3,657$.

Podemos, agora, determinar o coeficiente convectivo:

$h = kNu_D/D = 66$ W/(m².K).

Determinamos o comprimento do tubo usando a Equação (8.23):

$$ln \frac{\Delta T_s}{\Delta T_e} = -\frac{PL}{\dot{m} c_p} h.$$

Substituindo os valores conhecidos, obtemos: $L = 13,3$ m.

Devemos observar que, como $L >> D$, é perfeitamente razoável desprezar os efeitos do comprimento de entrada.

Er8.4 Água comprimida escoa em um duto metálico liso com temperatura média de 20°C. A partir de certa posição, o duto é submetido a um processo de aquecimento, de forma que, na seção de descarga do tubo, a água se encontra na temperatura média de 80°C. Sabendo que a velocidade da água é igual a 1 m/s, que o tubo tem diâmetro interno igual a 20 mm e que a temperatura da parede do tubo é uniforme, constante e igual a 120°C, determine a taxa de calor observada entre o tubo e a água e o comprimento do tubo.

Solução

a) Dados e considerações

- $T_{me} = 20°C$; $T_{ms} = 80°C$; $D = 20$ mm; $V = 1$ m/s.
- Temperatura média:
  $T_m = (T_{me} + T_{ms})/2 = (80 + 20)/2 =$
  $= 50°C$.
- As propriedades da água comprimida são aproximadamente iguais às do líquido saturado na temperatura média de mistura:
  $\rho = 996$ kg/m³; $\mu = 0,000547$ Pa.s;
  $k = 0,643$ W/(m.K);
  $c_p = 4182$ J/(kg.K); $Pr = 3,555$.

b) Análise e cálculos

- Avaliação da taxa de calor

A vazão mássica da água na tubulação é:

$$\dot{m} = \rho V \frac{\pi D^2}{4} = 0,313 \text{ kg/s}.$$

A taxa de calor rejeitada pela água é:

$$\dot{Q} = \dot{m} c_p (T_{me} - T_{ms}) = 85686 \text{ W}.$$

- Avaliação do comprimento do tubo

$Re = \rho VD/\mu = 36417$; logo o escoamento é turbulento, então, para avaliar o número de Nusselt, utilizamos a equação de Dittus-Boelter:

$$Nu_D = 0,023 Re_D^{0,8} Pr^n$$

Como a água está sendo aquecida, $n = 0,4$.

Substituindo os valores conhecidos, obtemos: $Nu_D = 170,3$.

Podemos, agora, determinar o coeficiente convectivo:

$h = kNu_D/D = 5474$ W/(m².K).

Determinamos o comprimento do tubo usando a Equação (8.23):

$$ln\frac{\Delta T_s}{\Delta T_e} = -\frac{PL}{\dot{m}c_p}h.$$

Substituindo os valores conhecidos, obtemos: $L = 3{,}486$ m.

Devemos observar que, como $L >> D$, é perfeitamente razoável desprezar os efeitos do comprimento de entrada.

Er8.5 Para dispor 1 kg/s de água quente a 80°C e 10 bar para um processo produtivo, um engenheiro propõe aquecê-la pela sua passagem em um tubo metálico liso com comprimento igual a 10 m e diâmetro interno igual a 32 mm que tem a sua parede mantida a temperatura constante e igual a 120°C. A temperatura inicial da água é igual a 20°C. De fato, após a água escoar através do tubo, ela estará na temperatura desejada?

Solução

a) Dados e considerações

- $T_{me} = 20$°C; $D = 32$ mm;
  $\dot{m} = 1$ kg/s; D = 32 mm;
  $T_s = 120$°C; $L = 10$ m.
- Para efeito de cálculo de propriedades, consideremos que a temperatura média da água na seção de saída do tubo seja, de fato, 80°C. Logo:

$$T_m = (T_{me} + T_{ms})/2 = (80 + 20)/2 = = 50°C.$$

- Consideraremos que as propriedades da água comprimida são aproximadamente iguais às do líquido saturado na temperatura média de mistura:
  $\rho = 996$ kg/m³; $\mu = 0{,}000547$ Pa.s;
  $k = 0{,}643$ W/(m.K);
  $c_p = 4182$ J/(kg.K); $Pr = 3{,}555$.

b) Análise e cálculos

- Área de transferência de calor: $A = PL = 1$ m².
- Velocidade média do escoamento:

$$\dot{m} = \rho V\frac{\pi D^2}{4}, \text{ logo } V = 1{,}248 \text{ m/s}.$$

- Avaliação do número de Reynolds: $Re = \rho VD/\mu = 72740$.

Logo o escoamento é turbulento, então, para avaliar o número de Nusselt, utilizamos a equação de Dittus-Boelter:

$$Nu_D = 0{,}023Re_D^{0,8}Pr^n$$

Como a água está sendo aquecida, $n = 0{,}4$.

Substituindo os valores conhecidos, obtemos: $Nu_D = 296{,}1$.

Podemos, agora, determinar o coeficiente convectivo:

$h = kNu_D/D = 5950$ W/(m².K).

Determinamos a temperatura na seção de saída da tubulação usando a Equação (8.24):

$$\frac{\Delta T_s}{\Delta T_e} = \frac{T_p - T_{ms}}{T_p - T_{me}} = \exp\left[-\frac{PL}{\dot{m}c_p}h\right]$$

Logo:

$$T_{ms} = T_p - (T_p - T_{me})\exp\left[-\frac{PL}{\dot{m}c_p}h\right].$$

Substituindo-se os valores conhecidos, obtemos:

$$T_{ms} = 120 - (120 - 20)\exp\left[-\frac{\pi 0{,}032 \cdot 10}{1 \cdot 4182}5950\right] = 96°C$$

Ou seja, a temperatura da água será maior do que a esperada pelo engenheiro, de onde podemos concluir que o comprimento do tubo poderá ser reduzido.

Caso fosse desejável, poder-se-ia refinar a solução por meio de um processo iterativo, já que as propriedades foram determinadas em uma temperatura média que, embora esteja próxima da prevista, não corresponde exatamente à temperatura média teórica a ser obtida na solução desta questão. Procedendo a esse processo iterativo, a temperatura de saída calculada é $T_{ms} = 98{,}4°C$.

Er8.6 Refazer o Exercício Er8.4 considerando que a superfície interna do tubo apresenta rugosidade igual a 0,015 mm.

Solução

a) Dados e considerações

- $T_{me} = 20°C$; $T_{ms} = 80°C$;
  $D = 20$ mm; $V = 1$ m/s;
  $\varepsilon = 0{,}015$ mm.
- Temperatura média:
  $T_m = (T_{me} + T_{ms})/2 = (80 + 20)/2 =$
  $= 50°C$.
- As propriedades da água na temperatura média de mistura são:
  $\rho = 996$ kg/m³; $\mu = 0{,}000547$ Pa.s;
  $k = 0{,}643$ W/(m.K);
  $c_p = 4182$ J/(kg.K); $Pr = 3{,}555$.

b) Análise e cálculos

- Avaliação da taxa de calor

A vazão mássica da água na tubulação é:

$$\dot{m} = \rho V \frac{\pi D^2}{4} = 0{,}313 \text{ kg/s}.$$

A taxa de calor rejeitada pela água é:

$$\dot{Q} = \dot{m} c_p \left(T_{me} - T_{ms}\right) = 78514 \text{ W}.$$

- Avaliação do comprimento do tubo

$Re = \rho VD/\mu = 36417$; logo o escoamento é turbulento. Como o tubo é rugoso, utilizaremos a equação de Gnielinski para a determinação do número de Nusselt:

$$Nu = \frac{(Re - 1000)Pr}{\left[1 + 12{,}7\left(Pr^{2/3} - 1\right)(f/8)^{1/2}\right]}\left(\frac{f}{8}\right)$$

Lembramos que a equação de Gnielinski é aplicável nas seguintes condições: E+4 < Re < 5E+6 e 0,5 < Pr < 2000.

Para determinar o fator de atrito, utilizaremos a equação de Colebrook:

$$\frac{1}{\sqrt{f}} = -2\,log\left(\frac{\varepsilon/D}{3{,}7} + \frac{2{,}51}{Re\sqrt{f}}\right)$$

Substituindo os valores conhecidos, obtemos $f = 0{,}02454$.

Podemos, agora, substituir os valores conhecidos na equação de Gnielinski, o que resulta em: $Nu_D = 199{,}6$.

E podemos determinar o coeficiente convectivo:

$h = kNu_D/D = 6416$ W/(m².K).

Determinamos o comprimento do tubo usando a Equação (8.23):

$$ln\frac{\Delta T_s}{\Delta T_e} = -\frac{PL}{\dot{m}c_p}h.$$

Substituindo os valores conhecidos, obtemos: $L = 2{,}97$ m.

Devemos observar que, como $L >> D$, é perfeitamente razoável desprezar os efeitos do comprimento de entrada.

Observe que o resultado obtido é significativamente diferente do anterior porque, além de mais precisa, essa equação leva em consideração o efeito da rugosidade, que, neste caso, é importante.

8.9 EXERCÍCIOS PROPOSTOS

Ep8.1 Ar a 20°C é admitido em um tubo externamente aquecido cujo diâmetro interno é igual a 50 mm. Sabendo que a velocidade média do ar na seção de entrada do tubo é igual a 0,5 m/s, pede-se para determinar o comprimento de entrada dinâmico e o térmico.

Ep8.2 Ar a 20°C é admitido em um tubo externamente aquecido cujo diâmetro interno é igual a 50 mm. Sabendo que a velocidade média do ar é igual a 5 m/s, pede-se para determinar o comprimento de entrada dinâmico e o térmico.

Resp.: 1,11 m; 1,0 m.

Ep8.3 Água na fase líquida é admitida em um tubo externamente aquecido cujo diâmetro interno é igual a 5 mm. Sabendo que a sua velocidade é igual a 0,4 m/s, pede-se para determinar o comprimento de entrada dinâmico e o térmico.

Ep8.4 Água escoa em um duto metálico com temperatura média de 20°C. A partir de certa posição, o duto é submetido a um processo de aquecimento, de forma que após o comprimento de 4 m a água se encontra na temperatura média de 60°C. Sabendo que a velocidade da água é igual a 1 m/s e que o tubo tem diâmetro interno igual a 20 mm, determine a taxa de calor observada entre o tubo e a água nesse processo de aquecimento.

Resp.: 52,1 kW.

Ep8.5 Óleo lubrificante a 80°C escoa no interior de um tubo que pode ser considerado hidraulicamente liso com velocidade média igual a 1 m/s. Sabendo que o escoamento é plenamente desenvolvido térmica e dinamicamente e que o diâmetro interno do tubo é igual a 10 mm, pede-se para determinar o coeficiente de transferência de calor por convecção entre o óleo e o tubo.

Resp.: 50,5 W/(m².K).

Ep8.6 Água pressurizada na fase líquida entra em um tubo a 20°C e dele sai a 80°C. Sabe-se que o diâmetro interno do tubo é igual a 20 mm, que a vazão mássica de água no tubo é 0,6 kg/s e que a temperatura da superfície do tubo uniforme e igual a 100°C. Considerando que o escoamento seja dinâmica e termicamente desenvolvido, determine o coeficiente médio de transferência de calor por convecção entre a água e o tubo.

Resp.: 9,22 kW/(m².K)

Ep8.7 Água na fase líquida a 60°C escoa no interior de um tubo liso com velocidade média igual a 2 m/s. Sabendo que o escoamento é plenamente desenvolvido térmica e dinamicamente, que a seção transversal interna do tubo é quadrada com lado igual a 15 mm e que a água está sendo aquecida, pede-se para determinar o coeficiente de transferência de calor por convecção entre a água e o tubo.

Resp.: 10,8 kW/(m².K)

Ep8.8 O fluido A entra no trocador de calor tipo duplo tubo ilustrado na Figura Ep8.8 a 20°C e sai a 60°C. O fluido B entra a 120°C e sai a 80°C. Calcule a média logarítmica da diferença de temperaturas.

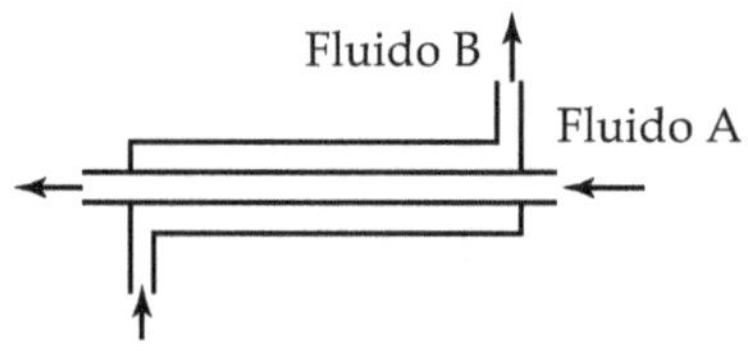

Figura Ep8.8

Resp.: 34,7°C.

Ep8.9 O fluido A entra no trocador de calor tipo duplo tubo ilustrado na Figura Ep8.9 a 20°C e sai a 80°C. O fluido B entra a 120°C e sai a 60°C. Calcule a média logarítmica da diferença de temperaturas.

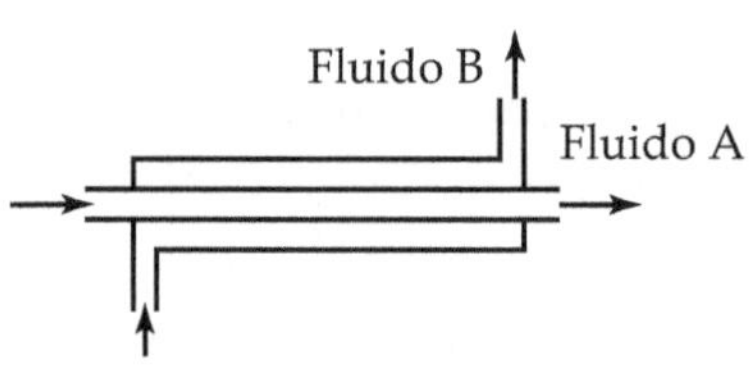

Figura Ep8.9

Resp.: 49,7°C.

Ep8.10 Em uma empresa, ar quente é utilizado para aquecer água em um trocador de calor do tipo duplo tubo conforme ilustrado na Figura Ep8.10. A vazão de ar de 100 L/s é admitida no trocador de calor a 95°C e 2 bar e é descarregada a 50°C e 1,8 bar. A água é admitida a 20°C e descarregada a 60°C. Determine a vazão mássica de água aquecida.

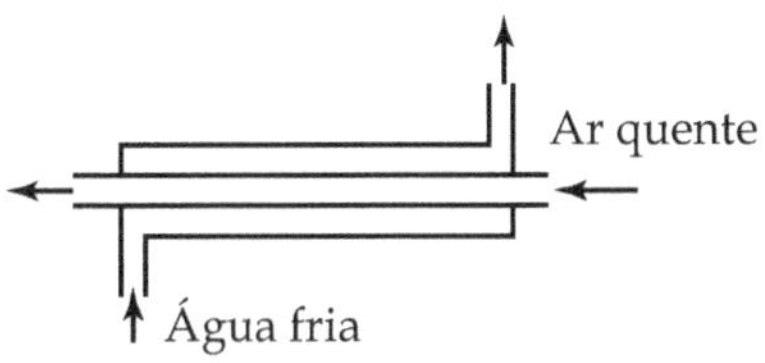

Figura Ep8.10

Resp.: 3,07 kg/min.

Ep8.11 Um fluido com viscosidade dinâmica igual a 0,005 Pa.s escoa em um tubo com diâmetro interno igual a 50 mm. Se a vazão mássica do fluido é igual a 20 kg/s, qual é o número de Reynolds que caracteriza o escoamento?

Resp.: 101860.

Ep8.12 Um fluido com viscosidade dinâmica igual a 0,008 Pa.s escoa em um tubo cujo diâmetro interno é igual a 45 mm. Sabendo que o número de Reynolds que caracteriza o escoamento é igual a 100000, pede-se para calcular a vazão mássica de fluido através do tubo.

Resp.: 28,27 kg/s.

Ep8.13 Um fluido com massa específica de 884,1 kg/m³, calor específico a pressão constante de 1909 J/(kg.K), viscosidade dinâmica de 0,486 Pa.s e condutibilidade térmica de 0,145 W/(m.K) escoa com velocidade de 2 m/s em um tubo liso com diâmetro interno igual a 20 mm. Sabendo que a temperatura da superfície do tubo é mantida constante, determine o coeficiente convectivo observado entre o fluido e o tubo.

Resp.: 26,5 W/(m².K).

Ep8.14 Água a 90°C escoa em um tubo com diâmetro interno igual a 30 mm cuja altura de rugosidade é igual a 0,01 mm. Sabe-se que a temperatura da superfície interna do tubo é aproximadamente igual a 30°C e que a vazão mássica de água no tubo é igual a 2 kg/s. Nessas condições, estime o coeficiente convectivo observado entre a água e o tubo utilizando a equação de Petukhov e a de Gnielinski. Compare as duas.

Resp.: 18,2 kW/(m².K);
19,1 kW/(m².K).

Ep8.15 Água pressurizada na fase líquida entra em um tubo a 20°C e dele sai a 80°C. Sabe-se que o diâmetro interno do tubo é igual a 40 mm, que a velocidade média da água na entrada do tubo é 1,2 m/s e que a temperatura da superfície do tubo é uniforme e é igual a 120°C. Considerando que o escoamento seja dinâmica e termicamente desenvolvido e que a superfície do tubo em contato com a água tenha rugosidade igual a 0,015 mm, determine o coeficiente convectivo médio entre a água e o tubo utilizando a equação de Gnielinski. Avalie também o coeficiente convectivo médio utilizando a equação de Dittus-Boelter aplicável a tubos lisos e compare os resultados.

Resp.: 6,70 kW/(m².K);
5,48 kW/(m².K).

Ep8.16 Observa-se uma taxa de calor entre dois fluidos escoando em contracorrente em um trocador de calor do tipo *tube-in-tube* formado por dois tubos de cobre concêntricos, ambos com espessura de parede 1,2 mm. Considere que um deles tenha diâmetro externo igual a 40 mm e que o outro tenha diâmetro interno igual a 30 mm. Considere que, em uma dada seção transversal desse conjunto, escoe no tubo interno óleo lubrificante a 80°C com velocidade média de 1,5 m/s e que, no tubo externo, escoe água a 20°C com velocidade de 2 m/s. Determine os coeficientes convectivos observados no escoamento do óleo e no escoamento da água.

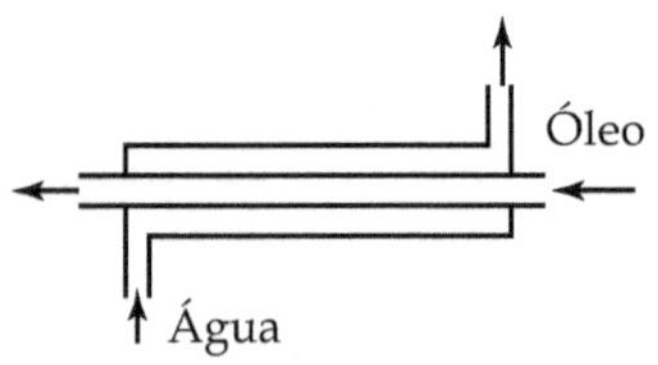

Figura Ep8.16

Resp.: 16,8 W/(m²·K); 9,42 kW/m²·K).

Ep8.17 Água na fase líquida escoa em um tubo liso a 20°C. Sabe-se que o diâmetro interno do tubo é igual a 40 mm, que a velocidade média da água na seção de entrada do tubo é igual a 3 m/s e que a temperatura da superfície do tubo é uniforme e igual a 120°C. Considerando que o escoamento é dinâmica e termicamente desenvolvido e que a temperatura da água deve ser elevada até 80°C, determine o coeficiente médio de transferência de calor por convecção entre a água e o tubo e o comprimento do tubo.

Resp.: 10,14 kW/(m²·K); 11,32 m.

Ep8.18 Em um experimento laboratorial, 10 g/s de óleo lubrificante escoam através de um tubo de aço inoxidável AISI 316 com diâmetro interno igual a 10 mm e parede com espessura igual a 1 mm. O tubo é enrolado em forma de serpentina e imerso em água fervente, que mantém a sua superfície a 100°C. Sabe-se que as propriedades do óleo a 50°C são: massa específica 869,9 kg/m³; viscosidade dinâmica 0,1229 Pa.s; condutibilidade térmica 0,1424 W/(m.K); e calor específico a pressão constante 2,006 kJ/(kg.K). Se o óleo entra no tubo a 20°C, qual deve ser o comprimento desse tubo para que ele saia a 80°C?

Resp.: 17 m.

Ep8.19 Água escoa no interior de um tubo liso longo com a velocidade média de 3 m/s. Considere que a água entra no tubo a 20°C e o deixa a 80°C, e que o tubo tem seção transversal quadrada com lado igual a 2 cm. Determine o coeficiente de transferência de calor entre a água e a parede do tubo.

Resp.: 13,1 kW/(m²·K).

Ep8.20 Água escoa no interior de um tubo longo com a velocidade média de 3 m/s. Considere que a água entra no tubo a 20°C e o deixa a 80°C, e que o tubo tem seção transversal quadrada com lado igual a 2,0 cm e esteja na temperatura média de 100°C. Determine o coeficiente de transferência de calor entre a água e a parede do tubo sabendo que a altura de rugosidade média da superfície interna do tubo é igual a 0,01 mm.

Resp.: 16,6 kW/(m²·K).

Ep8.21 Com o propósito de aquecer a vazão mássica de 0,05 kg/s de ar comprimido na pressão absoluta de 12 bar, um engenheiro propôs a sua passagem em um duto hidraulicamente liso com diâmetro interno igual a 40 mm externamente aquecido. Sabe-se que a temperatura inicial do ar é igual a 20°C e a sua temperatura final é igual a 80°C. Considerando que a superfície do duto é mantida à temperatura de 100°C, pede-se para determinar a taxa de transferência de calor para o ar e o comprimento do duto.

Resp.: 3,02 kW; 4,75 m.

Ep8.22 Água na fase líquida escoa através de um tubo metálico liso cujo diâmetro interno é igual a 40 mm à velocidade de 2,5 m/s. As temperaturas da água nas seções de entrada e de saída do tubo são, respectivamente, 20°C e 60°C. A temperatura da parede do tubo é mantida constante e igual a 80°C. Pede-se para determinar o coeficiente convectivo observado entre a água a o tubo, a taxa de transferência de calor entre a água e o tubo e o comprimento do tubo.

Resp.: 10,6 kW/(m².K); 521 kW; 10,8 m.

Ep8.23 Em uma edificação, água quente é transportada através de um duto liso isolado com temperatura média de 80°C. Por desleixo do responsável, um trecho da tubulação teve seu isolamento térmico deteriorado e lançado fora. Por esse motivo, ao final do trecho de tubulação sem isolamento, verifica-se que a água se encontra na temperatura média de 60°C. Sabendo que a velocidade da água é igual a 1 m/s, que o tubo tem diâmetro interno igual a 20 mm e que a temperatura média da superfície interna do tubo é aproximadamente igual a 30°C, determine a taxa de calor observada entre o tubo e a água nesse processo de resfriamento e o comprimento do tubo.

Resp.: 25,7 kW; 1,85 m.

Ep8.24 Em uma edificação, água na temperatura média de 80°C é transportada através de um tubo que apresenta em sua face interna altura de rugosidade igual a 0,01 mm. Por desleixo do responsável, um trecho da tubulação teve seu isolamento térmico deteriorado e lançado fora. Por esse motivo, ao final do trecho de tubulação sem isolamento, verifica-se que a água se encontra na temperatura média de 60°C. Sabendo que a velocidade da água é igual a 1 m/s, que o tubo tem diâmetro interno igual a 20 mm e que a temperatura média da superfície interna do tubo é aproximadamente igual a 30°C, determine a taxa de calor observada entre o tubo e a água nesse processo de resfriamento e o comprimento da parte do tubo sem isolamento térmico.

Resp.: 25,7 kW; 1,46 m.

Ep8.25 Com o propósito de aquecer a vazão mássica de 0,05 kg/s de ar comprimido na pressão absoluta de 10 bar, um engenheiro propôs a sua passagem em um duto com diâmetro interno igual a 40 mm externamente aquecido. Sabe-se que a temperatura inicial do ar é igual a 25°C e que a superfície do duto é mantida à temperatura de 100°C. Sabendo que o comprimento do duto é igual a 3 m, pede-se para determinar a taxa de transferência de calor para o ar e a temperatura que o ar atinge na seção de saída do duto.

Resp.: 2,20 kW; 68,7°C.

Ep8.26 Em um processo industrial, é necessário resfriar o óleo hidráulico de uma prensa. Para tal, promove-se o escoamento do óleo em uma tubulação com diâmetro interno de 15 mm mantida na temperatura uniforme e constante de 15°C. Sabe-se que a velocidade média do óleo no tubo é igual a 0,5 m/s, a sua temperatura no início do processo de resfriamento é igual a 50°C e que é desejável que ele seja resfriado até atingir a temperatura de 30°C. Determine o comprimento necessário de tubo.

Resp.: 77,7 m.

Ep8.27 Água na fase líquida na pressão absoluta de 1 MPa escoa no interior de um tubo liso longo com diâmetro igual a 3 cm. Considere que a água escoa no tubo com velocidade média de cerca de 2,5 m/s, entrando nele a 10°C e o deixando a 90°C. Determine o coeficiente de transferência de calor entre a água e a parede do tubo; e, supondo que a temperatura da parede do duto é uniforme e igual a 150°C, determine o seu comprimento.

Resp.: 10,5 kW/(m^2.K); 6,28 m.

Ep8.28 Em um sistema industrial, ar na pressão atmosférica é aquecido pela passagem no interior de um duto liso, aquecido externamente, com diâmetro interno igual a 5 cm. A temperatura inicial do ar é igual a 20°C e a sua temperatura final é igual a 120°C. Considerando que a superfície do duto é mantida à temperatura de 150°C e que se deseja aquecer a vazão mássica de ar de 0,01 kg/s, pede-se para determinar:

a) o número de Reynolds que caracteriza o escoamento;
b) o coeficiente médio de transferência de calor entre o ar e o duto;
c) o comprimento do duto.

Resp.: 12420; 21,9 W/(m^2.K); 4,30 m.

Ep8.29 Pretendendo aumentar a eficiência de um forno de queima de pisos cerâmicos, um engenheiro optou por promover o aquecimento do ar de combustão pelo seu escoamento no interior de uma tubulação montada sobre a região de alta temperatura do forno, conforme esquematizado na Figura Ep8.29. O ar ambiente sobre o forno está em temperatura tal que a temperatura da superfície externa da tubulação é mantida uniforme e estável em cerca de 60°C. Considere que o ar é captado na temperatura de 25°C, o diâmetro da tubulação é igual a 300 mm, a rugosidade da superfície interna da tubulação é igual a 0,015 mm, a velocidade média do ar na tubulação é igual a 10 m/s e que a pressão atmosférica local é igual a 93 kPa. Sabendo que a taxa de calor por radiação pode ser desconsiderada e que a tubulação tem comprimento de 30 m, determine a temperatura de entrada do ar no ventilador.

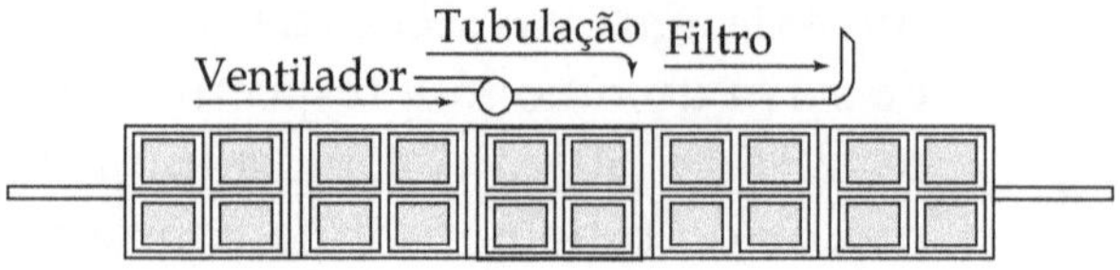

Figura Ep8.29

Resp.: 46,1°C.

Ep8.30 Ar escoa em um tubo liso longo com seção quadrada com lados iguais a 30 mm. Considere que o ar escoa no tubo a 12,5 m/s, entrando nele a 20°C e o deixando a 100°C. Determine o coeficiente de transferência de calor por convecção entre o ar e a parede do tubo; e, supondo que a temperatura da parede do duto é uniforme e igual a 200°C, determine o seu comprimento.

Resp.: 45,9 W/(m^2.K); 1 m.

Ep8.31 Em um laboratório, 0,4 kg/s de água na pressão atmosférica é aquecida pela passagem no interior de um duto com diâmetro interno igual a 15 mm que é aquecido externamente por uma resistência elétrica. A temperatura inicial da água é igual a 20 °C e deseja-se obtê-la a 80 °C. Considerando que é razoável considerar que a temperatura da parede do duto é mantida igual a 100°C ao longo de todo o seu comprimento, pede-se para determinar:

a) o número de Reynolds que caracteriza o escoamento;
b) o coeficiente de transferência de calor por convecção entre a água e o duto;
c) o comprimento do duto.

Resp.: 62090; 11,2 kW/(m^2.K); 4,40 m.

Ep8.32 Água escoa em um duto metálico liso com temperatura média de

20ºC. A partir de certa posição, o duto é submetido a um processo de aquecimento por meio de uma resistência externa, de forma que se pode considerar que o fluxo de calor para a água é uniforme e constante. Após o comprimento de 4 m, a água se encontra na temperatura média de 60ºC. Sabendo que a velocidade da água é igual a 1 m/s e que o tubo tem diâmetro interno igual a 20 mm, determine o fluxo de calor observado entre o tubo e a água nesse processo de aquecimento, o coeficiente convectivo *h* e a temperatura da parede no ponto médio do comprimento da seção de aquecimento.

Resp.: 207,8 kW; 5,03 kW/(m^2.K); 81,3ºC.

Ep8.33 Pretende-se aquecer 0,5 kg/s de ar comprimido a 10 bar pela sua passagem no interior de um feixe de tubos paralelos com diâmetro interno igual a 38 mm, comprimento igual a 3 m, cujas superfícies internas são hidraulicamente lisas. Sabe-se que a temperatura da superfície interna dos tubos é mantida igual a 100ºC, que o ar é admitido nos tubos a 20ºC e que sua temperatura na seção de descarga dos tubos é igual a 80ºC. Determine a taxa de calor por tubo e a quantidade de tubos que forma o feixe.

Resp.: 371 W; 82.

Ep8.34 Pretende-se aquecer 0,5 kg/s de ar comprimido a 10 bar pela sua passagem no interior de um feixe de tubos paralelos com diâmetro interno igual a 38 mm, comprimento igual a 3 m, cujas superfícies internas apresentam rugosidade média igual a 0,15 mm. Sabe-se que a temperatura da superfície interna dos tubos é mantida igual a 100ºC, que o ar é admitido nos tubos a 20ºC e que a sua temperatura na seção de descarga dos tubos é igual a 80ºC. Determine a taxa de calor por tubo e a quantidade de tubos que forma o feixe.

Resp.: 1688 W; 18 tubos.

Ep8.35 Um engenheiro deve resfriar ar comprimido na pressão absoluta de 10 bar pela sua passagem em um tubo metálico, liso, de parede delgada, com 5 m de comprimento e com diâmetro interno igual a 30 mm, imerso em um meio que mantém a sua temperatura constante e igual a 10ºC. A temperatura de entrada do ar na tubulação é igual a 100ºC e a temperatura desejada de saída do ar do tubo é 20ºC. Qual é a vazão mássica máxima de ar que pode ser resfriado nessas condições?

Resp.: 1,48 kg/min.

Ep8.36 Pretende-se aquecer 0,5 kg/s de ar comprimido a 10 bar pela sua passagem no interior de um feixe de tubos paralelos com diâmetro interno igual a 38 mm, comprimento igual a 3 m, cujas superfícies internas apresentam rugosidade média igual a 0,01 mm. Sabe-se que a temperatura da superfície interna dos tubos é mantida igual a 100ºC, que o ar é admitido nos tubos a 20ºC e que a sua temperatura na seção de descarga dos tubos é igual a 80ºC. Determine a taxa de calor por tubo e a quantidade de tubos que forma o feixe. Compare os resultados obtidos com os do Exercício Ep8.34.

Resp.: 254 W; 119 tubos.

Ep8.37 Os produtos de combustão gerados em uma caldeira são lançados no meio ambiente utilizando-se uma chaminé metálica com diâmetro igual a 300 mm e altura igual a 20 m. Sabe-se que, na seção de entrada da chaminé, os produtos de combustão estão a 140ºC, 94 kPa e com velocidade média igual a 5 m/s. Considere que as propriedades dos produtos de combustão são aproximadamente iguais às do ar, que a temperatura da chaminé é aproximadamente uniforme, constante e igual a 50°C e que a altura de rugosidade da sua superfície interna é igual 0,015 mm. Determine a vazão mássica de produtos de combustão, a temperatura na qual os produtos de combustão são lançados no meio ambiente e a taxa de calor entre os produtos de combustão e o meio ambiente.

Resp.: 0,298 kg/s; 93,2°C; 14 kW.

Ep8.38 Um compressor capta 0,035 kg/s de ar ambiente e o comprime, liberando-o a 80°C e 10 bar (pressão manométrica). Buscando reduzir a sua umidade relativa, pretende-se resfriar essa vazão de ar até que ela atinja a temperatura de 2°C, escoando o ar em um tubo metálico com diâmetro interno igual a 20 mm imerso em um ambiente que mantém a temperatura da sua superfície uniforme e igual a 0°C. Nesse processo, uma parcela significativa da água presente no ar é condensada, sendo a seguir separada de forma a garantir um ponto de orvalho máximo do ar comprimido. Sabendo que a rugosidade interna do duto é igual a 0,01 mm, pede-se para determinar o coeficiente convectivo observado na transferência de calor entre o ar e o tubo e o comprimento necessário de tubo para promover o resfriamento desejado.

Resp.: 303 W/(m^2.K); 6,82 m.

Ep8.39 Pretendendo aumentar a eficiência de um forno de queima de pisos cerâmicos, um engenheiro optou por promover o aquecimento do ar de combustão pelo seu escoamento no interior de uma tubulação montada sobre a região de alta temperatura do forno, conforme esquematizado na Figura Ep8.29. O ar ambiente sobre o forno está em temperatura tal que a temperatura da superfície externa da tubulação é mantida uniforme e estável em cerca de 70°C. Considere que o ar é captado na temperatura de 25°C, o diâmetro da tubulação é igual a 400 mm, a rugosidade da superfície interna da tubulação é igual a 0,015 mm, a velocidade média do ar na tubulação é igual a 10 m/s e que a pressão atmosférica local é igual a 93 kPa. Sabendo que a taxa de calor por radiação pode ser desconsiderada e que se pretende obter, na seção de admissão do ventilador, ar a 65°C, pede-se para determinar:

a) a vazão mássica de ar que escoa na tubulação;
b) o coeficiente convectivo observado entre o ar e a tubulação;
c) o comprimento da tubulação.

Resp.: 0,731 kg/s; 24,7 W/(m^2.K); 21,9 m.

Ep8.40 Em uma unidade industrial, pretendendo-se economizar combustível, foi proposta a realização do preaquecimento de água utilizada no processo produtivo utilizando a energia disponível em gases de chaminé de um grande forno. Veja a Figura Ep8.40. Sabe-se que os gases de chaminé estão em uma temperatura tal que a temperatura externa da tubulação de transporte da água é mantida igual a 120°C, que a água está inicialmente na temperatura de 20°C e que se deseja obtê-la a 90°C. Considere que a tubulação de água tem altura de rugosidade igual a 0,01 mm e que tem diâmetro interno igual a 50 mm. Desejando-se aquecer 2 kg/s de água, pede-se para determinar:

a) o coeficiente convectivo observado entre a água e a tubulação;
b) o comprimento da tubulação.
c) Se o engenheiro responsável pelo projeto optar por considerar esse

tubo como hidraulicamente liso, qual será o comprimento por ele calculado?

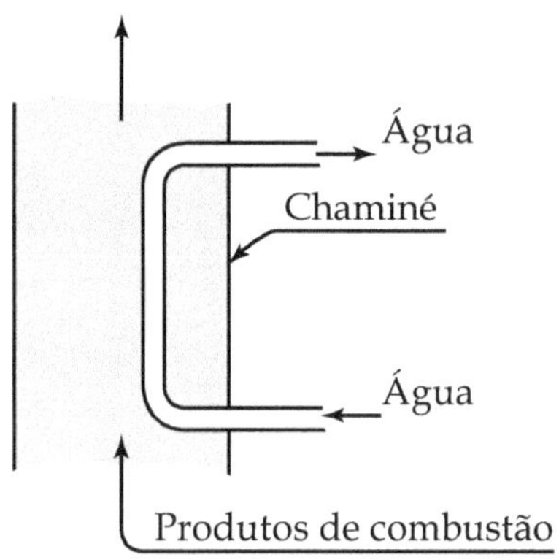

Figura Ep8.40

Resp.: 5,51 kW/(m².K); 10,9 m; 13,3 m.

Ep8.41 Água escoa em um duto metálico liso com temperatura média de 80°C. A partir de certa posição, o duto é submetido a um processo de resfriamento de forma que, na seção de descarga do tubo, água se encontra na temperatura média de 40°C. Sabendo que a velocidade da água é igual a 1 m/s e que o tubo tem diâmetro interno igual a 20 mm, determine a taxa de calor observada entre o tubo e a água nesse processo de resfriamento e o comprimento do tubo se este estiver com sua superfície a 20°C.

Ep8.42 Pretende-se aquecer ar comprimido na pressão absoluta de 10 bar pela sua passagem no interior de um feixe de tubos paralelos com diâmetro interno igual a 38 mm, comprimento igual a 3 m, cujas superfícies internas são hidraulicamente lisas. Sabe-se que a temperatura da superfície interna dos tubos é mantida igual a 100°C, que o ar é admitido nos tubos a 20°C e que sua temperatura na seção de descarga dos tubos é igual a 80°C. Sabendo que o feixe é constituído por 64 tubos, pede-se para determinar a vazão mássica máxima de ar que pode ser aquecida.

Ep8.43 Com o propósito de aquecer a vazão mássica de 0,06 kg/s de ar comprimido na pressão absoluta de 10 bar, um engenheiro propôs a sua passagem em um duto rugoso com diâmetro interno igual a 40 mm externamente aquecido. Sabe-se que a temperatura inicial do ar é igual a 20°C e a sua temperatura final é igual a 80°C. Considerando que a altura de rugosidade do duto é igual a 0,1 mm e que a superfície do duto é mantida à temperatura de 100°C, pede-se para determinar:

a) o fator de atrito;
b) o coeficiente convectivo;
c) a taxa de calor;
d) o comprimento do tubo.

Resp.: 0,0263; 170,2 W/(m².K); 3,62 kW; 4,28 m.

CAPÍTULO 9

TROCADORES DE CALOR

9.1 INTRODUÇÃO

Os trocadores de calor são, tradicionalmente, equipamentos que permitem a transferência de calor entre dois fluidos através de uma parede sólida. Largamente utilizados na indústria, pode-se encontrá-los nos mais diversos setores produtivos, tais como: produção de açúcar e álcool, produção de petróleo e seus derivados, papel e celulose, entre outros.

Apresentam-se segundo múltiplas formas geométricas e podem ser fabricados utilizando-se os mais variados tipos de materiais, podendo operar tanto em baixas quanto em altas pressões. Devido a essa ampla gama de opções, podem ser projetados e construídos para serem utilizados nas mais diversas aplicações.

Podem ser classificados de diversas formas, entretanto, uma bastante comum é segundo a orientação do escoamento observado em seus interiores. Quando analisados os escoamentos, os trocadores de calor podem:

- operar em correntes paralelas de mesmo sentido, quando, então, são denominados cocorrentes – veja a Figura 9.1;
- operar com correntes paralelas de sentido oposto, denominadas correntes opostas, contrárias ou em contracorrente – veja a Figura 9.2;
- ser de correntes cruzadas, tal qual um radiador automotivo – veja a Figura 9.3.

Existem ainda trocadores que combinam essas possibilidades.

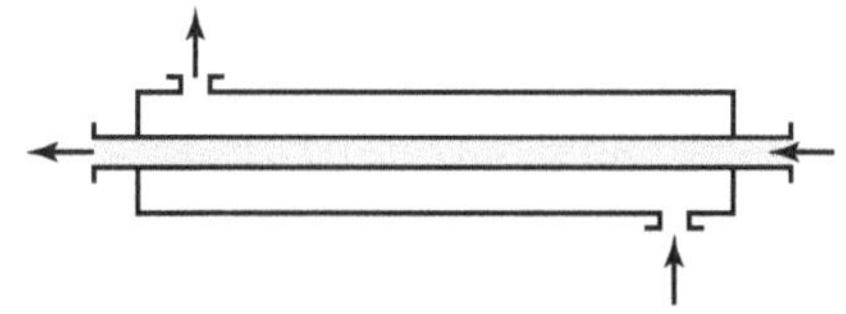

Figura 9.1 Correntes paralelas de mesmo sentido

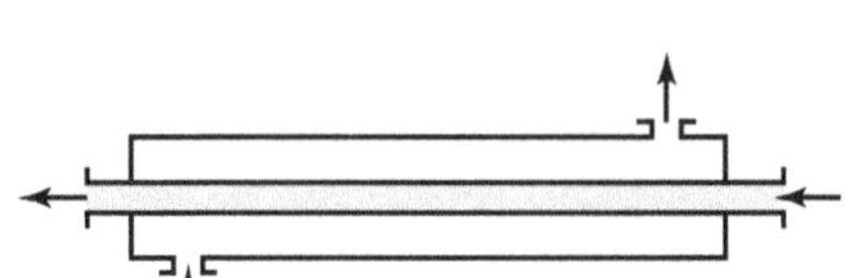

Figura 9.2 Correntes paralelas com sentidos opostos

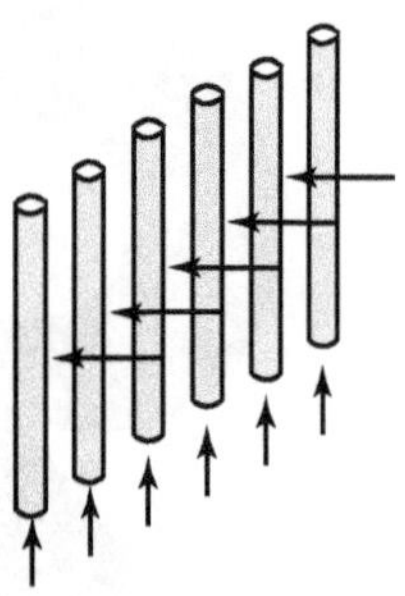

Figura 9.3 Correntes cruzadas

Além de diferenciá-los pelo seu escoamento, pode-se diferenciá-los também pela sua construção mecânica, podendo ser do tipo aletado, compacto, casco e tubos, duplo tubo, trocadores a placas etc. Neste texto, por permitirem uma modelagem teórica mais simples, além de serem largamente utilizados na indústria, serão abordados os trocadores do tipo dublo tubo, ilustrados nas Figuras 9.1 e 9.2, e os do tipo casco e tubos, ilustrados na Figura 9.4.

9.2 TROCADORES DE CALOR DE DUPLO TUBO

Os trocadores de calor de duplo tubo são essencialmente constituídos por dois tubos concêntricos, sendo que, usualmente, o fluido quente escoa no tubo interno e o fluido frio escoa no espaço anular formado entre o tubo interno e o externo. A área da superfície do tubo interno através da qual se observa a transferência de calor é denominada *área de transferência de calor*. Note que, ao se avaliar essa área, é comum optar pelo cálculo da área da superfície externa do tubo interno.

Esses trocadores de calor são, normalmente, equipamentos de pequeno porte e, consequentemente, apresentam pequenas áreas de transferência de calor. São utilizados, por exemplo, em unidades de ar-condicionado.

9.3 TROCADORES DE CALOR CASCO E TUBOS

Os trocadores de calor do tipo casco e tubos são de ampla utilização industrial, podendo ter dimensões muito pequenas, como um trocador de calor de resfriamento de óleo hidráulico de um pequeno equipamento, ou tendo grandes dimensões, como aqueles utilizados na indústria petroquímica. Podem ser projetados segundo uma ampla gama de configurações, utilizando os mais diversos materiais, resultando em múltiplas possibilidades de utilização. Devido às suas características, podem ser projetados para operar nas mais adversas condições de pressão e temperatura. Note que essas variáveis são externamente importantes ao se conduzir um projeto ou seleção de um trocador de calor.

Nesses equipamentos, a transferência de calor ocorre através das paredes de um conjunto de tubos denominado feixe tubular ou banco de tubos que separa o escoamento do fluido frio do fluido quente. Um fluido escoa no interior do feixe tubular e outro escoa na região delimitada pela face externa dos tubos e pelo casco. Veja a Figura 9.4.

Seu corpo é basicamente constituído pelos seguintes componentes:

- Feixe tubular (ou tubos de troca térmica): é o conjunto de tubos que está inserido no interior do casco e no interior do qual escoa um dos fluidos.
- Casco: consiste em uma casca cilíndrica e em seu interior é instalado o feixe de tubos.
- Cabeçotes: são partes ligadas ao casco e direcionam o escoamento de um dos fluidos para o interior dos tubos.
- Espelhos: são discos nos quais os tubos que constituem o feixe de tubos são fixados. Podem ser em removíveis e não removíveis.
- Juntas de expansão: como as partes do corpo de um trocador de calor podem ser construídas de materiais diferentes e, também, podem estar em temperaturas bastante diferentes, pode ser observada a dilatação em níveis tais que

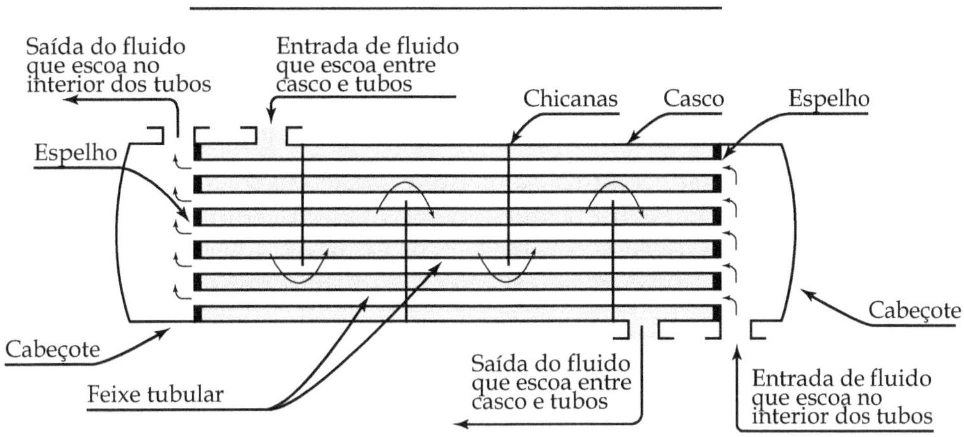

Figura 9.4 Trocador de calor do tipo casco e tubos

a própria estrutura do trocador seja comprometida. As juntas são instaladas para permitir a compensação das variações dimensionais devidas a esses fatos. Note que cuidados especiais podem ser necessários quando o processo de transferência de calor ocorre com altas diferenças de temperaturas e quando se projetam trocadores de calor com espelhos não removíveis (soldados).

- Chicanas: são componentes utilizados para alterar as condições nos quais o escoamento do fluido do lado do casco ocorre. De maneira geral, elas devem promover maior turbulência, aumentando o coeficiente convectivo. Devido à posição em que são montadas, podem também ter a função de apoiar o feixe de tubos, reduzindo a sua vibração e, no limite, evitando a ressonância.

Com a busca por produtos mais eficientes e mais seguros, têm-se desenvolvido normas técnicas, sendo a norma TEMA [33] uma das mais conhecidas e reconhecidas. Com o passar do tempo, os trocadores de calor do tipo casco e tubos ganharam padronizações, que vão desde sua configuração externa até a disposição dos tubos e modelos das chicanas. Essas configurações são cuidadosamente definidas pela norma TEMA e, por esse motivo, ao projetar ou especificar, é recomendada a consulta a essa norma.

O disposição dos tubos de troca térmica no interior do casco, por sua vez, também pode apresentar diversas configurações; as de uso mais tradicional são as formadas por tubos dispostos com suas seções transversais formando triângulos e quadrados. Na Figura 9.5, ilustram-se essas duas configurações indicando, para cada caso, duas formas tradicionais possíveis de escoamento.

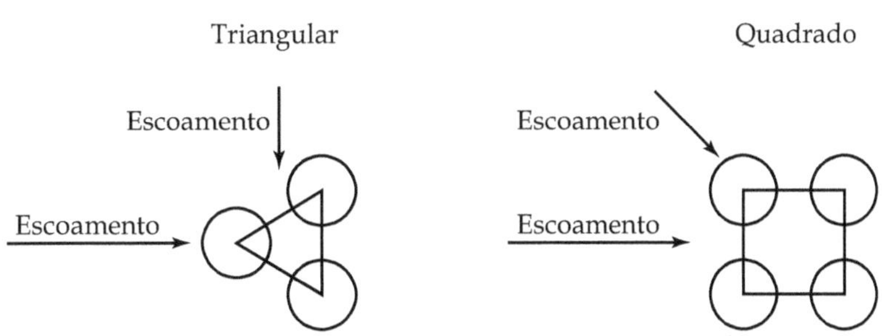

Figura 9.5 Configurações típicas de feixes de tubos

Além da forma como são dispostos, existem também limites mínimos e máximos para a distância entre eles, que podem ser definidos pela necessidade de limpeza (tubo bem espaçados facilitam a limpeza) ou pela necessidade de aumentar a eficiência (tubos mais próximos permitem a obtenção de maiores coeficientes convectivos).

Devemos observar, ainda, que as chicanas podem ter diversas geometrias e posições, e a escolha da geometria adequada faz parte do correto dimensionamento do trocador de calor.

Um tipo de classificação de trocadores de calor correlacionada com aspectos geométricos é aquela associada ao número de passes. Entendamos um passe como uma passagem de fluido através do equipamento. Por exemplo, o trocador de calor ilustrado na Figura 9.4 apresenta uma passagem de fluido através dos tubos e uma passagem de fluido entre os tubos e o casco, também chamada passagem no casco. Já o equipamento ilustrado na Figura 9.6 apresenta duas passagens do fluido através dos tubos e uma na carcaça.

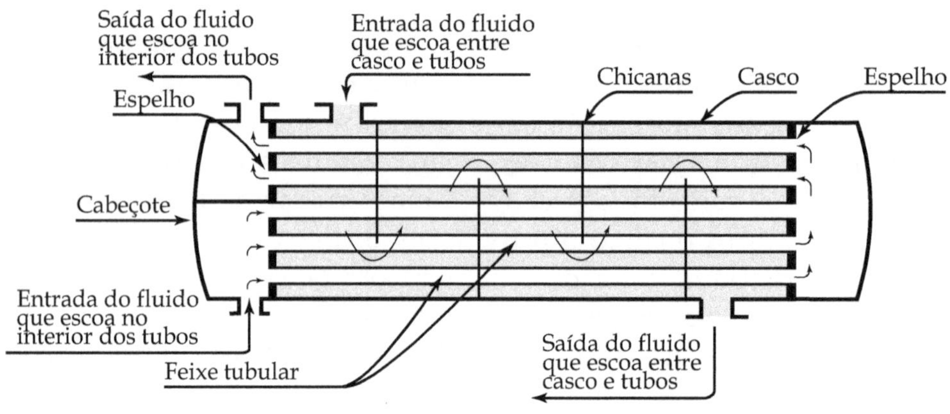

Figura 9.6 Trocador de calor tipo dois passes nos tubos e um no casco

9.4 TROCADORES DE PLACAS

Os trocadores de calor de placas são aqueles nos quais se promove a transferência de calor entre dois fluidos que escoam separados por placas paralelas, conforme ilustrado na Figura 9.7. São equipamentos utilizados em menor escala na indústria, quando comparados aos trocadores casco e tubos, que são de ampla aplicação; e são equipamentos extremamente eficientes e, quando adequadamente selecionados, de fácil manutenção.

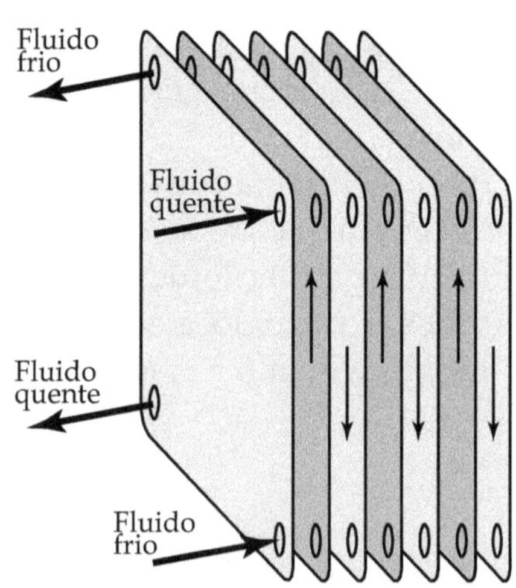

Figura 9.7 Trocador de calor a placas

Com relação à forma de fixação das placas, podem ser basicamente divididos em trocadores gaxetados, brazados, soldados ou parcialmente soldados. Sua seleção será em função das limitações impostas pelo processo. Por exemplo, um trocador do tipo gaxetado não poderá trabalhar com fluidos letais, como sistemas de refrigeração com amônia, pois as gaxetas sempre são suscetíveis a vazamentos.

Já os trocadores totalmente soldados não são utilizados em aplicações que necessitem de limpeza mecânica (hidrojateamento ou algum tipo de escovação) pois não permitem o acesso requerido por esses procedimentos.

9.5 APLICAÇÃO DA PRIMEIRA LEI DA TERMODINÂMICA

Para a seleção e dimensionamento de um trocador de calor, as definições de algumas variáveis são muito importantes, como: temperaturas envolvidas nesse processo, vazões, áreas de troca térmica e perda de carga.

Definidas as condições de processo, ou seja, as condições nas quais o trocador irá operar, o próximo passo é definir a taxa de calor; para isso, aplica-se a primeira lei da termodinâmica para volume de controle, assumindo como desprezíveis a transferência de calor entre o trocador e o meio e as variações de energia cinética e potencial dos escoamentos.

Para efeito ilustrativo, consideremos um trocador de calor de duplo tubo conforme ilustrado na Figura 9.8. Nele observamos o processo de transferência de calor entre dois fluidos, que denominaremos fluido quente e fluido frio. Seja o fluido quente aquele que escoa no interior do tubo interno e o fluido frio aquele que escoa no espeço anular. Identificando as seções de entrada pelo índice 1, as de saída pelo índice 2, o fluido quente pelo índice q e o frio pelo f, teremos:

- T_{q1} = temperatura de entrada do fluido quente no tubo interno;
- T_{q2} = temperatura de saída do fluido quente do tubo interno;
- T_{f1} = temperatura de entrada do fluido frio no espaço anular;
- T_{f2} = temperatura de saída do fluido frio do espaço anular.

Figura 9.8 Trocador de calor de correntes paralelas cocorrentes

Desconsiderando a possível transferência de calor entre o trocador de calor e o meio ambiente, aplicando a primeira lei ao volume de controle que encerra o escoamento do fluido quente e ao volume de controle que encerra o fluido frio e adotando valores positivos para as taxas de calor, obtemos:

$$\dot{Q}_q = \dot{m}_q\left(h_{q1} - h_{q2}\right) \tag{9.1}$$

$$\dot{Q}_f = \dot{m}_f\left(h_{f2} - h_{f1}\right) \tag{9.2}$$

Observe que, por desconsiderar a transferência de calor entre o trocador de calor e o meio ambiente, tem-se:

$$\dot{Q}_f = \dot{Q}_q \tag{9.3}$$

Se, por sua vez, os fluidos não apresentarem mudança de fase e se os seus calores específicos puderem ser considerados constantes, a equação poderá ser simplificada, resultando:

$$\dot{Q}_q = \dot{m}_q\left(h_{q1} - h_{q2}\right) = \dot{m}_q c_{pq}\left(T_{q1} - T_{q2}\right) \tag{9.4}$$

$$\dot{Q}_f = \dot{m}_f \left(h_{f2} - h_{f1}\right) = \dot{m}_f c_{pf} \left(T_{f2} - T_{f1}\right) \quad (9.5)$$

As temperaturas que aparecem nas Equações (9.4) e (9.5) são temperaturas médias dos escoamentos nas seções de entrada e de saída. Esse resultado é válido para qualquer configuração ou tipo de trocador de calor, pois as equações referidas anteriormente não fazem menção à geometria dos equipamentos ou à configuração do escoamento.

9.6 DIMENSIONAMENTO

Para o dimensionamento de trocadores, existe o método da média logarítmica da diferença de temperaturas, *MLDT*, e o método do número de unidades de transferência, *NUT*. Neste texto apresentaremos apenas o método *MLDT*.

9.6.1 Análise de trocadores de calor de duplo tubo

Observemos as Figuras 9.9 e 9.10. Nelas estão ilustrados trocadores de calor de duplo tubo operando com escoamento cocorrente e contracorrente. Nessas figuras também podemos observar como as temperaturas dos fluidos quente e frio evoluem tipicamente nesses tipos de equipamento, devendo ser ressaltado que, em um trocador de calor cocorrente, a temperatura do fluido quente sempre será superior à do frio e, em um trocador de calor operando contracorrente, é possível observar a temperatura de descarga de o fluido frio atingir um nível superior à temperatura de entrada do fluido quente.

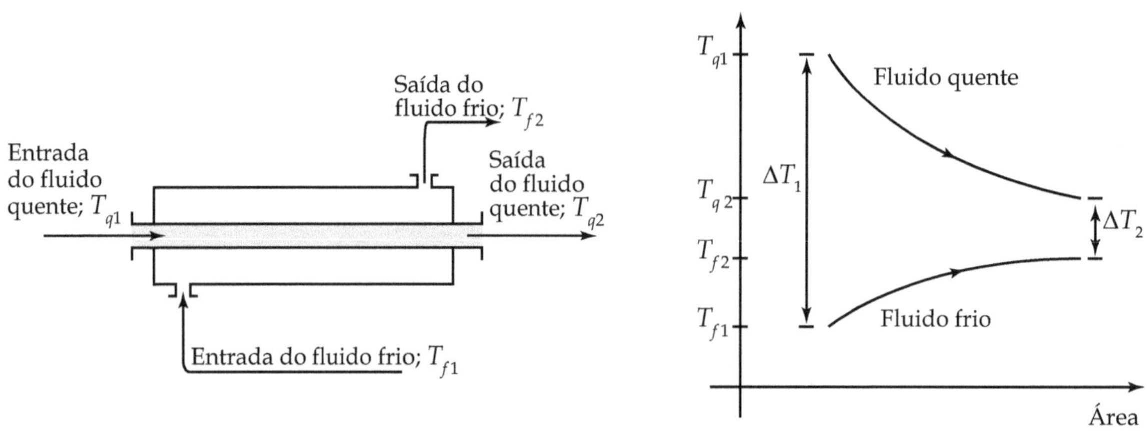

Figura 9.9 Trocador de calor - correntes paralelas cocorrentes

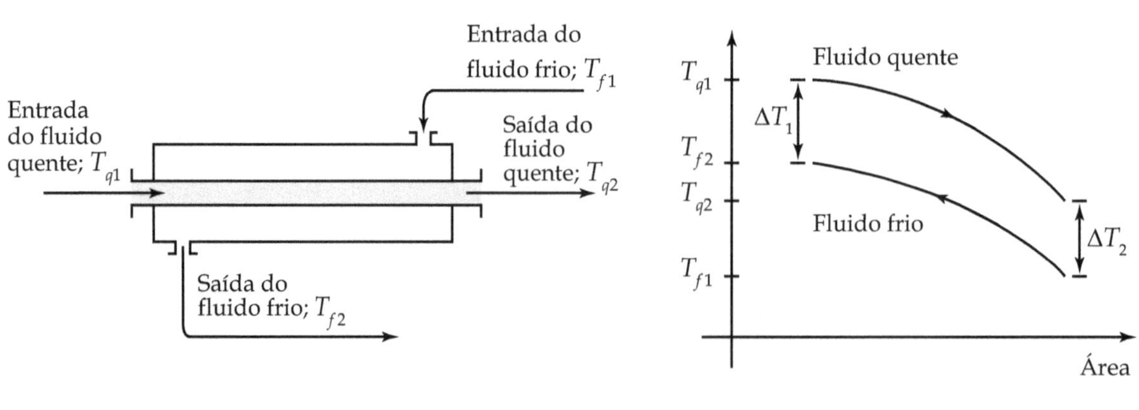

Figura 9.10 Trocador de calor - correntes paralelas opostas

Pretendendo estabelecer a taxa de calor em função de uma diferença de temperaturas que represente o fenômeno, tanto para o escoamento cocorrente quanto para o contracorrente, optamos pelo uso da média logarítmica da diferença de temperaturas, *MLDT*, já apresentada no Capítulo 8:

$$\Delta T_{ml} = \frac{\Delta T_2 - \Delta T_1}{ln(\Delta T_2/\Delta T_1)} \quad (9.6)$$

Consideremos os trocadores de calor ilustrados nas Figuras 9.9 e 9.10, nos quais o fluido *A* (fluido que escoa no tubo interno) é o fluido quente e o fluido *B* é o frio.

No caso de escoamento cocorrente, temos: $\Delta T_1 = T_{A1} - T_{B1}$ e $\Delta T_2 = T_{A2} - T_{B2}$.

No caso do escoamento ocorrer em contracorrente, temos: $\Delta T_1 = T_{A1} - T_{B2}$ e $\Delta T_2 = T_{A2} - T_{B1}$.

A taxa de calor em um trocador de calor de duplo tubo, seja cocorrente ou de correntes opostas é avaliada como:

$$\dot{Q} = UA\Delta T_{ml} = UA\frac{\Delta T_2 - \Delta T_1}{ln(\Delta T_2/\Delta T_1)} = UA\frac{\Delta T_1 - \Delta T_2}{ln(\Delta T_1/\Delta T_2)} \quad (9.7)$$

Nessa equação, temos que:

- $\dot{Q}$ é a taxa de calor observada entre as correntes fluidas, em W;
- *A* é a área na qual observamos a taxa de calor usualmente denominada área de transferência de calor, em m²;
- *U* é denominado coeficiente global de transferência de calor ou coeficiente global de troca térmica, em W/(m².K).

$$U = \frac{1}{R_{eq}A} \quad (9.8)$$

Nessa equação, R_{eq} é a resistência equivalente de transferência de calor entre os dois fluidos, W/K, e a área *A* é a área de transferência de calor. Em um trocador de calor de duplo tubo, essa área é frequentemente calculada como sendo a área da superfície externa do tubo interno.

Devemos observar que a Equação (9.7) é aplicável quando:

a) o coeficiente global de transferência de calor *U* é constante ao longo de todo o trocador de calor;
b) a vazão mássica de cada um dos fluidos é constante;
c) os calores específicos dos fluidos são constantes;
d) a taxa de calor observada entre o trocador e o meio ambiente é desprezível.

9.6.2 Análise de trocador de calor do tipo casco e tubos

Seja um trocador de calor do tipo casco e tubos, por exemplo, o ilustrado na Figura 9.4. Como esse equipamento tem passe único tanto nos tubos quanto no casco, ele deve ser termicamente analisado de forma análoga à de um trocador de calor de duplo tubo, lembrando que a vazão mássica de fluido através de um tubo é igual à vazão mássica total de fluido escoando através dos tubos dividida pelo número de tubos. A vazão mássica de fluido através de um tubo é a que deve ser considerada para efeito da determinação do coeficiente convectivo interno. Veja a Figura 9.11.

No caso de caso de trocadores de calor com passes múltiplos, a *MLDT* utilizada na Equação (9.7) deve ser corrigida pela sua multiplicação por um fator *F*, resultando em:

$$\dot{Q} = UAF\Delta T_{ml} = UAF\frac{\Delta T_2 - \Delta T_1}{ln(\Delta T_2/\Delta T_1)} \quad (9.9)$$

Para aplicar essa equação, devemos saber equacionar todos os seus termos, a saber:

- Área de troca térmica.
- Média logarítmica da diferença de temperaturas.

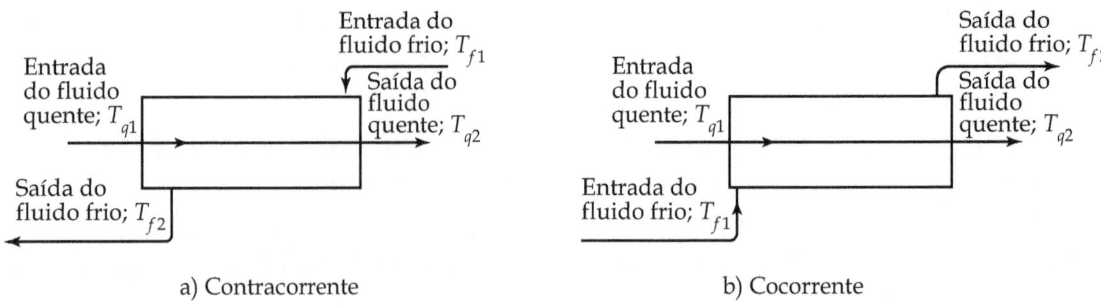

Figura 9.11 Trocador de calor casco e tubos - um passe nos tubos e um passe na carcaça

- Fator de correção da média logarítmica da diferença de temperaturas.
- Coeficiente global de transferência de calor.

9.6.2.1 Área de troca térmica

A área de troca térmica é tradicionalmente avaliada com sendo igual à área da superfície externa do feixe de tubos. Se o feixe for constituído por N_t tubos por passe e se o trocador de calor contiver N_p passes de tubos, tendo cada tubo diâmetro externo D_e e comprimento L, a área de troca térmica será dada por:

$$A = \pi D_e L N_t N_p \tag{9.10}$$

9.6.2.2 Média logarítmica da diferença de temperaturas

Por conveniência, reapresentamos a expressão a ser utilizada para cálculo da média logarítmica da diferença de temperaturas:

$$MLDT = \frac{\Delta T_2 - \Delta T_1}{ln(\Delta T_2/\Delta T_1)} \tag{9.11}$$

Usando a nomenclatura já estabelecida para identificação das temperaturas das correntes fluidas, teremos:

- T_{q1} = temperatura de entrada do fluido quente nos tubos;
- T_{q2} = temperatura de saída do fluido quente dos tubos;
- T_{f1} = temperatura de entrada do fluido frio no trocador de calor;
- T_{f2} = temperatura de saída do fluido frio do trocador de calor.

Consideremos, agora o trocador de calor casco e tubos com dois passes nos tubos e um passe no casco e o trocador de calor com quatro passes nos tubos e dois passes no casco ilustrados na Figura 9.12. Nos dois casos, para calcular a $MLDT$ interpretamos os trocadores de calor como unidades operando em contracorrente, resultando em: $\Delta T_1 = T_{q1} - T_{f2}$ e $\Delta T_2 = T_{q2} - T_{f1}$.

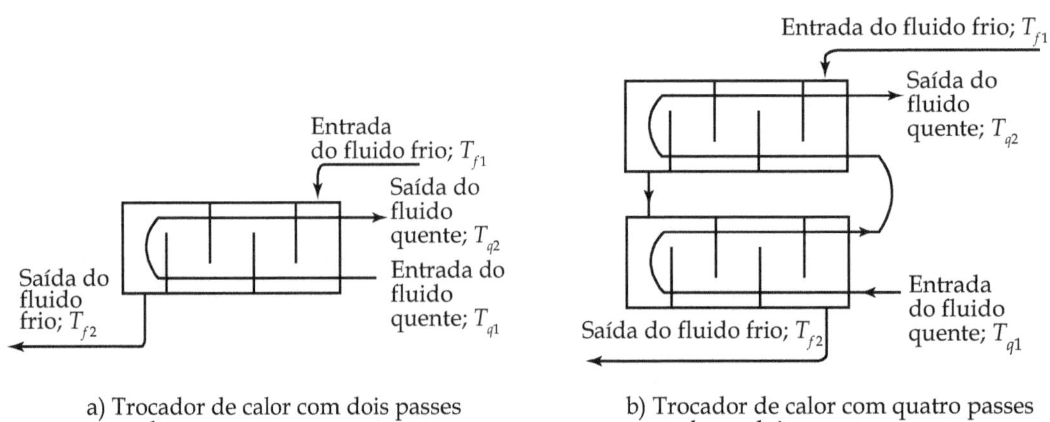

Figura 9.12 Trocadores de calor casco e tubos

9.6.2.3 Fator de correção da média logarítmica da diferença de temperaturas

Nessa expressão, F é o fator de correção, e em geral é obtido por meio de gráficos produzidos a partir de equações tais como as publicadas por Blowman, Mueller e Nagle [34]. Essas equações dependem da geometria dos trocadores de calor, a qual, por sua vez, estabelece as características básicas dos escoamentos dos fluidos nesses equipamentos. Lembre-se de que os trocadores de calor casco e tubos são classificados em função do número de passes do fluido tanto no lado da carcaça quanto dos tubos. Por exemplo: um trocador de calor 2-1 é um equipamento que apresenta duas passagens do fluido que escoa no interior dos tubos através do trocador e que apresenta uma passagem do fluido que escoa através do trocador entre os tubos e o casco.

O fator F de correção da *MLDT* para trocadores de calor tipo 1-2 ou 2-4 pode ser determinado por intermédio do equacionamento a seguir apresentado, no qual os índices 1 e 2 referem-se, respectivamente, às seções de entrada e de saída e os índices c e t referem-se aos fluidos escoando no lado do casco ou no interior dos tubos. Esse equacionamento foi elaborado considerando que os trocadores de calor operam em contracorrente; complementarmente, salientamos que o fator F a ser calculado não dependerá do fato de o fluido quente ou o frio estar escoando nos tubos ou no lado do casco. Essa notação é ilustrada na Figura 9.13.

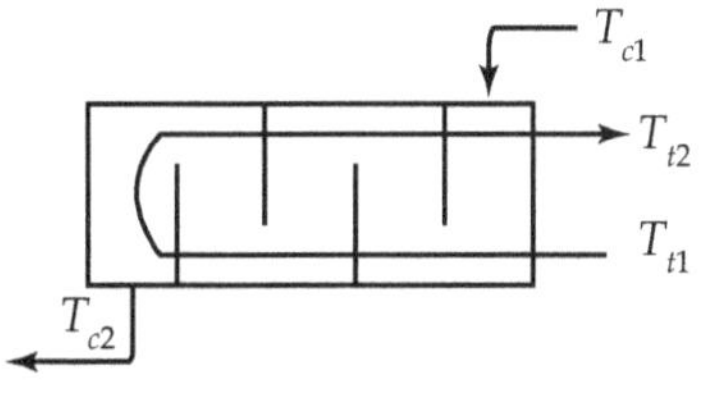

a) Trocador de calor com dois passes nos tubos e um passe no casco

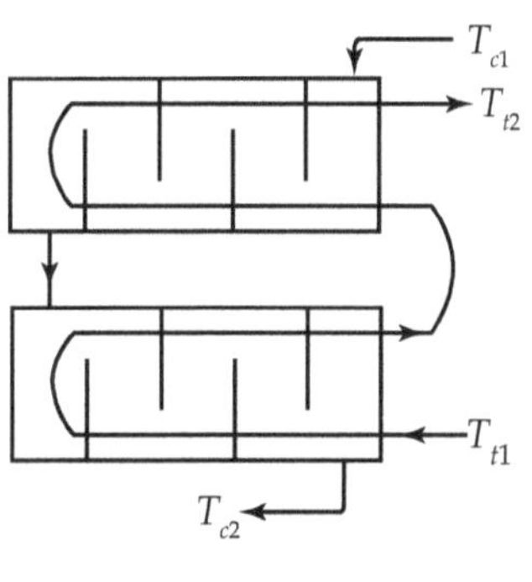

b) Trocador de calor com quatro passes nos tubos e dois passes no casco

Figura 9.13 Trocadores de calor casco e tubos

Seja N o número de passes do fluido escoando no lado do casco e sejam:

$$R = \frac{T_{c1} - T_{c2}}{T_{t2} - T_{t1}} \tag{9.13}$$

$$P = \frac{T_{t2} - T_{t1}}{T_{c1} - T_{t1}} \tag{9.14}$$

Quando temos $R \neq 1$, o fator F é determinado por intermédio de:

$$\alpha = \left(\frac{1 - RP}{1 - P} \right)^{1/N} \tag{9.15}$$

$$S = \frac{\alpha - 1}{\alpha - R} \tag{9.16}$$

$$F = \frac{\sqrt{R^2 + 1}\, ln\left(\dfrac{1 - S}{1 - RS} \right)}{(R - 1)\, ln\left[\dfrac{\left(2 - S\left(R + 1 - \sqrt{R^2 + 1}\right)\right)}{\left(2 - S\left(R + 1 + \sqrt{R^2 + 1}\right)\right)} \right]} \tag{9.17}$$

No caso em que $R = 1$, o fator F é determinado por intermédio de:

$$S = \frac{P}{N - (N-1)P} \tag{9.18}$$

$$F = \frac{S\sqrt{2}}{(1-S)\,ln\left[\dfrac{2 - S\left(2 - \sqrt{2}\right)}{2 - S\left(2 + \sqrt{2}\right)}\right]} \tag{9.19}$$

Com o objetivo de facilitar a avaliação do fator de correção *F*, foram desenvolvidos diagramas que fornecem *F* em função das variáveis *P* e *R*. A seguir são mostrados dois desses diagramas para trocadores de calor do tipo casco e tubos. O diagrama da Figura 9.14 destina-se à determinação do fator de correção *F* para trocadores de calor 2-1, conforme esquematizado na Figura 9.13 (a), e o diagrama da Figura 9.15 destina-se à determinação do fator de correção *F* para trocadores de calor 2-4, conforme esquematizado na Figura 9.13 (b).

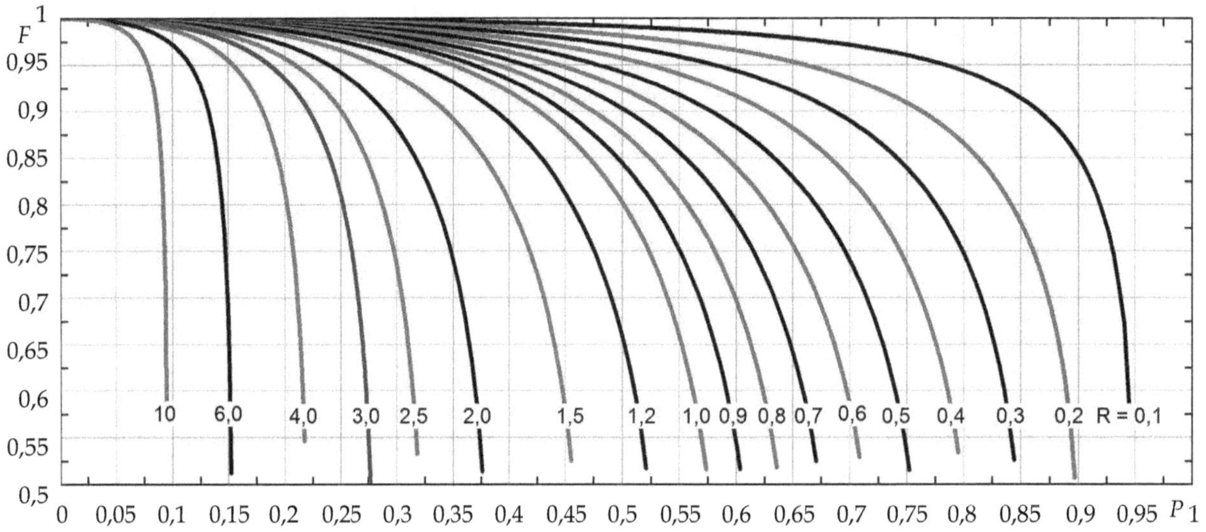

Figura 9.14 Diagrama para a determinação do fator *F* para trocadores de calor 1-2.

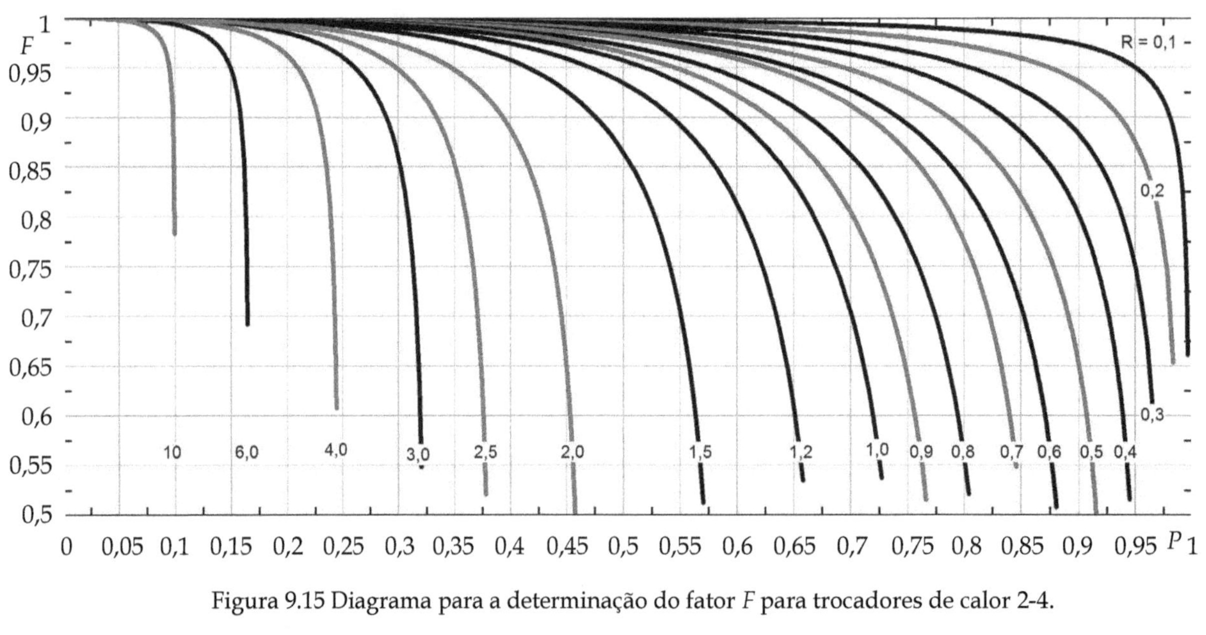

Figura 9.15 Diagrama para a determinação do fator *F* para trocadores de calor 2-4.

Observamos que, também neste caso, supomos que os calores específicos não variam ao longo do trocador, permitindo assim trabalhar com um coeficiente global de transferência de calor constante, simplificação essa bastante razoável.

9.7 COEFICIENTE GLOBAL DE TRANSFERÊNCIA DE CALOR

Devemos observar que, no projeto de um trocador de calor, um dos termos mais difíceis e muitas vezes mais incerto de se calcular é exatamente o coeficiente global de transmissão de calor. Para avaliar esse coeficiente, consideremos a troca térmica entre dois fluidos através da parede de um tubo – veja a Figura 9.16.

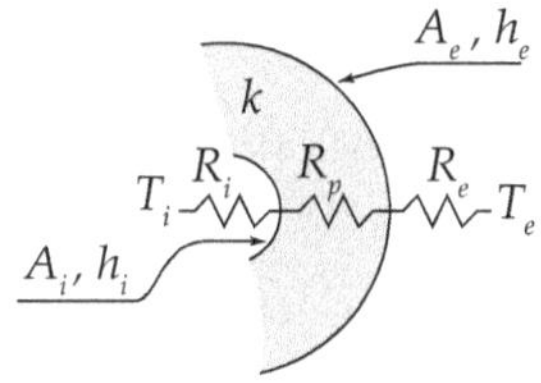

Figura 9.16

Para efeito essencialmente didático, consideremos que o fluido quente escoa no interior do tubo e o fluido frio escoa no seu exterior. Nesse caso, o coeficiente global de troca térmica referenciado à área em contato com o fluido frio (área da superfície externa do tubo interno) será:

$$U = \frac{1}{R_{eq}A_e} = \frac{1}{A_e} \cdot \frac{1}{R_i + R_p + R_e} \qquad (9.18)$$

$$U = \frac{1}{R_{eq}A_e} = \frac{1}{A_e} \cdot \frac{1}{\frac{1}{h_i A_i} + \frac{ln(r_e/r_i)}{2\pi k L} + \frac{1}{h_e A_e}} \qquad (9.19)$$

Em certas circunstâncias, a resistência térmica proporcionada pelo tubo metálico, R_p, é muito pequena e pode ser desprezada. Nesse caso:

$$U = \frac{1}{\frac{1}{h_i} \cdot \frac{A_e}{A_i} + \frac{1}{h_e}} \qquad (9.20)$$

Sendo as áreas interna e externa aproximadamente iguais, observamos que:

$$U \approx \frac{1}{\frac{1}{h_i} + \frac{1}{h_e}} \qquad (9.21)$$

Note que o processo de transferência de calor será governado pela maior resistência térmica, que corresponderá ao menor coeficiente convectivo. Esse fato é usualmente encontrado quando projetamos trocadores de calor líquido-gás, já que na face do tubo em contato com o gás observamos os menores coeficientes convectivos.

Buscando indicar a ordem de grandeza de coeficientes globais de transmissão de calor, apresentamos a Tabela 9.1, construída a partir da Expressão (9.10) e de valores típicos de coeficientes convectivos.

Tabela 9.1 Coeficientes globais de transferência de calor – ordem de grandeza

Tipo de trocador de calor		h_i	h_e	U
Fluido interno	Fluido externo	(W/(m².K))	(W/(m².K))	(W/(m².K))
Água	água	1100	2000	710
Água	ar	3000	100	97
Água em ebulição	água	20000	2000	1820
Óleo	água	500	2000	400
Água	Vapor d'água em condensação	2000	50000	1920

Uma dificuldade adicional para a determinação desse coeficiente é que, devido às condições operacionais reais, observamos a ocorrência de depósitos nas superfícies de troca de calor denominados *incrustações*, e, por esse motivo, esse coeficiente deve levar em consideração a resistência térmica causada por esses depósitos. Isso se dá por intermédio da definição de um fator denominado *fator de incrustação*, F_I, que deve ser entendido como a resistência térmica causada pela incrustação multiplicada pela área de troca de calor na qual a incrustação ocorre. Sendo a resistência térmica causada pela incrustação simbolizada por R_I e a área de transferência de calor por A, termos:

$$F_I = R_I A \tag{9.17}$$

Esse fator tem a dimensão de (m².K)/W.

O fator de incrustação, ainda muito discutido nos estudos dos trocadores de calor, é conhecido pela complexidade observada na determinação do seu valor, já que os depósitos podem ser causados por reação química, sedimentação, polimerização, cristalização, corrosão, micro-organismos ou solidificação. Ele depende das propriedades físicas, composição química, pH, estado físico, velocidade, regime de escoamento e temperatura do fluido, material de construção e características físicas do trocador de calor, presença de ar ou dióxido de carbono dissolvido, tipo e quantidade de sólidos suspensos e dissolvidos.

Tendo essa real situação em vista, é comum, atualmente, as empresas utilizarem valores tabelados tanto para esse fator quanto para o coeficiente global de troca térmica, U, quando se necessita realizar, em algumas condições especiais, análises rápidas e em geometrias complexas. Observa-se que valores adequados à análises rápidas são facilmente encontrados na literatura, sendo excelentes referências as publicações da TEMA (Tubular Exchanger Manufactures Association).

Para efeito didático, apresentamos na Tabela 9.2 a ordem de grandeza de alguns fatores de incrustação.

Tabela 9.2 Fatores típicos de incrustação – ordem de grandeza

Fluido	Fator de incrustação ((m².K)/W)
Água de alimentação de caldeira (água tratada)	0,0002
Fluidos refrigerantes	0,0002
Óleos combustíveis	0,0010
Água não tratada	0,0010 a 0,0020
Ar comprimido	0,0005

Se levarmos em consideração os fatores de incrustação na avaliação do coeficiente global, a Equação (9.19) torna-se:

$$U = \frac{1}{R_{eq}A_e} = \frac{1}{A_e} \cdot \frac{1}{\frac{1}{h_i A_i} + \frac{F_{Ii}}{A_i} + \frac{ln(r_e/r_i)}{2\pi k L} + \frac{F_{Ie}}{A_e} + \frac{1}{h_e A_e}} \tag{9.22}$$

Como $A_e/A_i = r_e/r_i$, temos:

$$U = \frac{1}{\frac{1}{h_i} \cdot \frac{r_e}{r_i} + F_{Ii}\frac{r_e}{r_i} + \frac{r_e ln(r_e/r_i)}{k} + F_{Ie} + \frac{1}{h_e}} \tag{9.23}$$

Nessa expressão, F_i e F_e são os fatores de incrustação das faces interna e externa do tubo.

Para realizar a avaliação numérica do coeficiente global, devemos conhecer todos os termos da Equação (9.23) dentre os quais destacamos os coeficientes convectivos h_i e h_e.

9.8 EXERCÍCIOS RESOLVIDOS

Er9.1 Determine o coeficiente global de transferência de calor em um trocador de calor no qual água na fase líquida escoa no interior de tubos com diâmetro interno igual a 27,9 mm, diâmetro externo igual a 33,4 mm e produtos de combustão escoam no exterior dos tubos. Considere que em cada tubo escoe 0,2 kg/s de água admitida a 20°C e descarregada a 60°C, que o coeficiente convectivo no lado dos produtos de combustão possa ser considerado igual a 30 W/(m².K) e que o tubo é de um material metálico com condutividade igual a 15 W/(m.K).

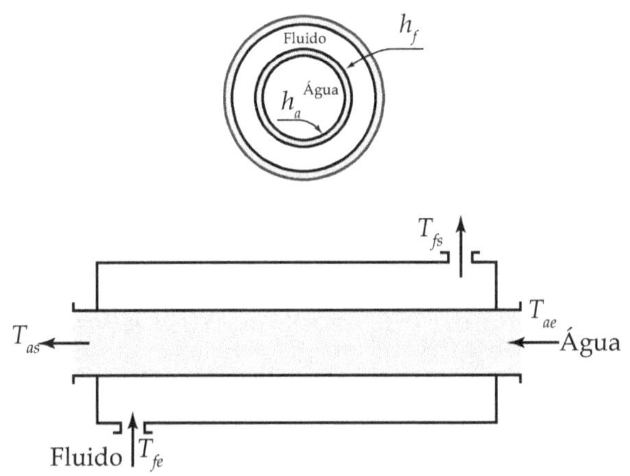

Figura Er9.1

Solução

a) Dados e considerações

- Índices: a = água; f = ar; e = entrada; s = saída.
- T_{ae} = 20°C; T_{ae} = 60°C.
- Vazão mássica de água = 0,2 kg/s.
- h_f = 10 W/(m².K).
- Diâmetro interno do tubo: D_i = 27,9 mm.
- Diâmetro externo do tubo: D_e = 33,4 mm.

b) Análises e cálculos

- Propriedades da água são avaliadas na média das temperaturas médias de entrada e de saída:

$T_m = (T_{ae} + T_{as})/2 = 40°C$

ρ_a = 992,02 kg/m³; μ_a = 0,653 E-3 Pa.s; k_a = 0,630 W(m.K); c_{pa} = 4182 J/kg; Pr_a = 4,333.

- Velocidade média da água na tubulação

$$\dot{m} = \rho_a A V_a = \rho_a \frac{\pi D_i^2}{4} V_a;$$

logo V_a = 0,3298 m/s.

- Cálculo do número de Reynolds

$Re = \rho_a V_a D/\mu_a = 13977 > 10000$. Logo a equação de Dittus-Boelter é aplicável.

- Avaliação do coeficiente convectivo do lado da água

Como a água está sendo aquecida, a equação de Dittus-Boelter torna-se:

$$Nu = 0{,}023 Re^{0,8} Pr^{0,4}$$

$$Nu = 85{,}66$$

$Nu = h_a D_i/k_a$; logo h_a = 1934 W/(m².K).

- Determinação do coeficiente global

Desconsiderando o efeito causado por incrustações, o coeficiente global é dado por:

$$U = \frac{1}{R_{eq} A_i} = \frac{1}{A_i} \cdot \frac{1}{\dfrac{1}{h_i A_i} + \dfrac{ln(r_e/r_i)}{2\pi k L} + \dfrac{1}{h_e A_e}}$$

$$U = \frac{1}{\dfrac{1}{h_i} + \dfrac{D_i\, ln(r_e/r_i)}{2k} + \dfrac{D_i}{h_e D_e}} =$$

$= 35{,}1$ W/(m².K)

Deve ser observado que, embora o coeficiente convectivo do lado da água seja relativamente alto, o coeficiente do lado do fluido é determinante para a avaliação do coeficiente global.

Er9.2 Um trocador de calor de duplo tubo deve ser utilizado operando em contracorrente para aquecer água na fase líquida de 20°C a 80°C por meio do uso de um fluido inicialmente a 160°C que, ao escoar através do trocador de calor, tem a sua temperatura reduzida a 120°C. Considere que o tubo interno seja metálico, liso, com diâmetro externo igual a 33,4 mm e diâmetro interno igual a 26,6 mm, e cuja resistência a transferência de calor por condução possa ser desconsiderada. Sabendo que a água escoa no tubo interno com vazão mássica de 1 kg/s e que o coeficiente convectivo observado entre o fluido quente e a superfície externa do tubo interno é igual a 3000 W/(m².K), pede-se para determinar a área de troca e o correspondente comprimento do tubo.

Solução

a) Dados e considerações

- Índices: a = água; f = fluido; e = entrada; s = saída.
- $T_{ae} = 20°C$; $T_{as} = 80°C$; $T_{fe} = 160°C$; $T_{fs} = 120°C$.
- Vazão mássica = 1,0 kg/s; $h_f = 3000$ W/(m².K).
- Diâmetros do tubo interno: $D_e = 33,4$ mm; $D_i = 26,6$ mm.
- Resistência térmica equivalente do tubo é desprezada, não há incrustações.

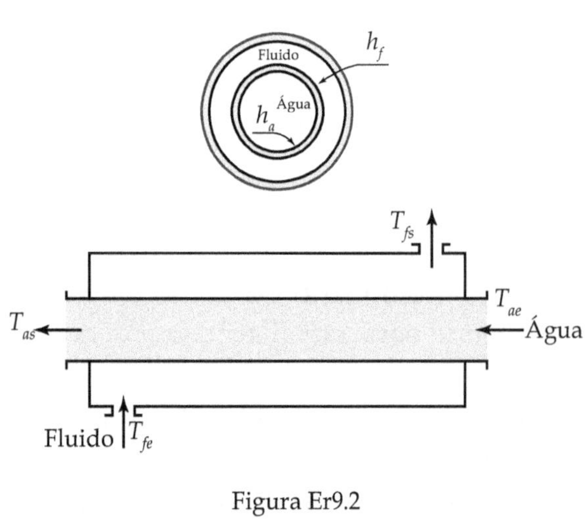

Figura Er9.2

- As propriedades de transporte serão consideradas constantes.
- Escoamento da água é plenamente desenvolvido.
- Variações de energia potencial e cinética são desconsideradas.
- A rejeição de calor do trocador para a vizinhança é desprezível.

b) Análises e cálculos

- Propriedades da água são avaliadas na média das temperaturas médias de entrada e de saída:
  $T_m = (T_{ae} + T_{as})/2 = 50°C$
  $\rho = 988,0$ kg/m³; $\mu = 0,547$ E-3 Pa.s; $k = 0,6435$ W(m.K); $c_p = 4182$ J/kg; $Pr = 3,553$
- Velocidade média da água na tubulação:

$$\dot{m} = \rho A V = \rho \frac{\pi D_i^2}{4} V;$$

logo $V = 1,82$ m/s.

- Taxa de calor requerida para aquecer a água:

$$\dot{Q} = \dot{m} c_p \left(T_{as} - T_{ae}\right) = 250,9 \text{ kW}$$

Observamos que $\dot{Q} = UA\Delta T_{ln}$, sendo U o coeficiente global de transferência de calor e A a área de transferência de calor. Assim, se calcularmos o coeficiente global e a ΔT_{ln}, determinaremos a área de transferência de calor.

- Determinação do coeficiente global

Como não estamos considerando o efeito causado por incrustações e como desprezamos a resistência térmica equivalente do material constituinte do tubo, o coeficiente global é dado por:

$$U = \left[\frac{D_e}{h_a D_i} + \frac{1}{h_f}\right]^{-1}$$

Para avaliar esse coeficiente, determinaremos inicialmente h_a e, para tal, utilizaremos a equação de Dittus–Boelter.

Como a água está sendo aquecida, temos:

$$Nu = 0{,}023Re^{0,8}\,\mathrm{Pr}^{0,4}$$

$$Re = \rho VD/\mu = 87507$$

$$Nu = 343{,}2$$

$Nu = h_a D_i/k$. Substituindo os valores conhecidos, obtemos:

$h_a = 8304$ W/(m.K).

Substituindo-se os valores conhecidos, obtemos: $U = 2064$ W/(m².K).

- Cálculo de ΔT_{ln}

$$\Delta T_{\ln} = \frac{\Delta T_s - \Delta T_e}{ln\left(\dfrac{\Delta T_s}{\Delta T_e}\right)} =$$

$$= \frac{\left(T_{fe} - T_{as}\right) - \left(T_{fs} - T_{ae}\right)}{ln\left(\dfrac{T_{fe} - T_{as}}{T_{fs} - T_{ae}}\right)} = 89{,}6°\mathrm{C}$$

- Cálculo da área e do comprimento do tubo

$$A_e = \frac{\dot{Q}}{U\Delta T_{\ln}} = 1{,}36 \text{ m}^2$$

$$L = \frac{A_e}{\pi D_e} = 12{,}9 \text{ m}$$

Er9.3 Um trocador de calor de tubos concêntricos, correntes paralelas opostas, é utilizado para resfriar óleo lubrificante de um mancal utilizando água como fluido de arrefecimento. Sabe-se que a taxa de escoamento da água refrigerante através do tubo interno (D_i = 25 mm) é igual a 0,2 kg/s e a taxa de escoamento de óleo através do anel externo (D_e = 45 mm) é de 0,05 kg/s. O óleo e a água entram a temperaturas de 80°C e 30°C, respectivamente. Desprezando a espessura da parede do tubo interno e considerando que o coeficiente convectivo do lado do óleo é igual a 40 W/(m².K), determine o comprimento do trocador de calor para que a temperatura de saída do óleo seja de 60°C.

Solução

a) Dados e considerações
   - Como a água é o fluido frio, utilizaremos o índice c para indicar suas propriedades e, para indicar as propriedades do óleo, utilizaremos o índice h, já que este é o fluido quente.
   - $\dot{m}_c = 0{,}2$ kg/s; $\dot{m}_h = 0{,}05$ kg/s; $D_i = 25$ mm; $D_e = 45$ mm; $T_{he} = 80$°C; $T_{ce} = 30$°C; $T_{hs} = 60$°C.
   - $c_{ph} = 2131$ J/(kg.K); $c_{pc} = 4178$ J/(kg.K).
   - A espessura do tubo interno será desprezada.
   - As propriedades de transporte serão consideradas constantes.
   - Escoamento plenamente desenvolvido para água e para o óleo (U não depende de x).
   - Desconsiderar energia potencial e cinética.
   - Desconsiderar rejeição de calor para a vizinhança.

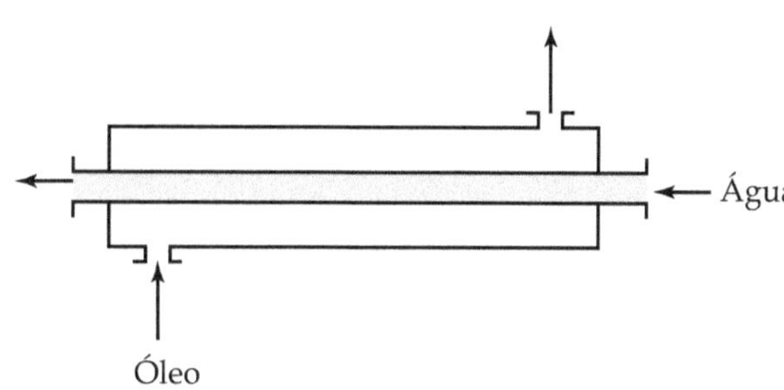

Figura Er9.3

b) Análises e cálculos

Aplicando a primeira lei da termodinâmica para o lado do óleo, obtemos:

$$\dot{Q}_h = \dot{m}_h c_{ph}\left(T_{he} - T_{hs}\right) = 2131 \text{ W}$$

Como a taxa de calor é igual para os dois lados, chega-se a:

$$\dot{Q}_c = \dot{m}_c c_{pc}\left(T_{cs} - T_{ce}\right) = 2131 \text{ W}$$

$$2131 = 0{,}2 \cdot 4178 \cdot (T_{cs} - 30)$$

A temperatura de saída da água do trocador de calor é:

$$T_{cs} = 32{,}6°\mathrm{C}$$

A área de transferência de calor pode ser calculada pela equação:

$$\dot{Q} = UA\Delta T_m$$

Primeiramente calculamos ΔT_m:

$$\Delta T_m = \frac{(T_{h,e} - T_{c,s}) - (T_{h,s} - T_{c,e})}{ln[(T_{h,e} - T_{c,s})/(T_{h,s} - T_{c,e})]} =$$

$$= \frac{59{,}8 - 30}{ln(59{,}8/30)} = 38{,}6°C$$

Desprezando a resistência a condução através da parede do tubo, temos:

$$U = \frac{1}{(1/h_c) + (1/h_h)}$$

Para calcular o coeficiente h_c, utilizaremos as propriedades da água calculadas na média das temperaturas de entrada e de saída, dada por (32,6 + 30)/2 = 31,3°C.

Nessa temperatura, obtemos:
μ_c = 0,776 E-3 Pa.s; ρ_c = 995,3 kg/m³; k_c = 0,6175 W/(m.K); e Pr_c = 5,253.

Para escoamento de água, fluido frio, através do tubo:

$$Re_c = \frac{4\dot{m}_c}{\pi D_i \mu_c} = 13123$$

Logo, o escoamento é turbulento e o coeficiente convectivo pode ser calculado por:

$$Nu_c = 0{,}023 Re_c^{4/5} Pr_c^{0,4} = 88$$

Como:

$$Nu_c = \frac{h_c . D_i}{k_c} \Rightarrow h_c = 2173 \text{ W/(m}^2\text{.K)}$$

sabemos que o coeficiente convectivo observado entre o óleo e a superfície externa do tubo interno é igual a h_h = 40 W/(m².K). Logo, o coeficiente global de transmissão de calor é dado por:

$$U = \frac{1}{(1/h_c) + (1/h_h)} = 39{,}3 \text{ W/(m}^2\text{.K)}$$

Sabemos que $\dot{Q} = UA\Delta T_m$; então:

$$L = \frac{\dot{Q}}{U\pi D_i . \Delta T_m} = 18{,}1 \text{ m}$$

9.9 EXERCÍCIOS PROPOSTOS

Ep9.1 Um trocador de calor recebe 0,1 kg/s de água na fase líquida a 20°C e a aquece descarregando-a a 80°C. Para prover esse aquecimento, é utilizado ar admitido a 160°C e 90 kPa que é descarregado a 90°C. Determine a vazão volumétrica de ar admitida no trocador de calor.

Resp.: 0,489 m³/s.

Ep9.2 Em um trocador de calor de tubos concêntricos, observa-se o aquecimento de um fluido que é admitido a 30°C e descarregado a 120°C. Para prover o aquecimento desse fluido, é utilizado um óleo que é admitido a 140°C e descarregado a 80°C. Sabendo que o trocador opera em contracorrente, pede-se para determinar a média logarítmica da diferença de temperaturas.

Resp.: 32,7°C.

Ep9.3 Um óleo deve ser resfriado de 90°C para 45°C pela sua passagem em um trocador de calor de duplo tubo do tipo cocorrente. Para resfriar o óleo, é utilizada água a 20°C, que, na seção de descarga do trocador de calor, estará a 35°C. Pede-se para determinar a média logarítmica da diferença de temperaturas.

Resp.: 30,8°C.

Ep9.4 No interior de um tubo metálico liso de um trocador de calor com diâmetro interno igual a 32 mm e diâmetro externo igual a 40 mm escoa água na fase líquida. No exterior de tubo escoa um fluido em temperatura superior à da água. Considere que, em determinada seção desse tubo, a água escoa com perfis de velocidade e de temperatura plenamente desenvolvidos, com velocidade média de 2 m/s e a 60°C. Considere também que nessa mesma seção o coeficiente convectivo observado entre o tubo e o fluido quente é igual a 780 W/(m².K) e que o material do tubo tem condutibilidade térmica igual a 20 W/(m.K). Determine o coeficiente global de transferência de calor nessa seção.

Resp.: 610 W/(m².K).

Ep9.5 Um condensador de uma termoelétrica recebe 15 kg/s de vapor de água a 50°C e título igual a 0,95 e o descarrega como líquido saturado. Considere que esse trocador de calor seja constituído por um feixe de tubos de latão com condutibilidade térmica igual a 100 W/(m.K), diâmetro externo igual a 28 mm e diâmetro interno igual a 25 mm. Para condensar o vapor deve ser utilizada água disponível a 20°C e que deverá ser retornada à natureza, no máximo, a 30°C. Pede-se para determinar a média logarítmica da diferença de temperaturas e a taxa de calor transferida para a água de arrefecimento.

Resp.: 24,7°C; 33,94 MW.

Ep9.6 Um trocador de calor de duplo tubo cocorrente deve ser utilizado para aquecer água na fase líquida de 20°C a 80°C por meio do uso de um fluido inicialmente a 160°C que, ao escoar através do trocador de calor, tem a sua temperatura reduzida a 120°C. Considere que o tubo interno seja metálico, liso, com diâmetros interno e externo iguais, respectivamente, a 27,9 mm e 33,4 mm e cuja resistência a transferência de calor por condução possa ser desconsiderada. Sabendo que a água escoa no tubo interno com vazão mássica de 1 kg/s e que o coeficiente convectivo observado entre o fluido quente e a superfície externa do tubo interno é igual a 3000 W/(m².K), pede-se para determinar a área de troca e o correspondente comprimento do tubo. Compare o resultado obtido com o do Exercício Er9.1.

Resp.: 1,54 m²; 14,7 m.

Ep9.7 Resolva o Exercício Ep9.6 considerando que a condutibilidade térmica do material constituinte do tubo interno é igual a 40 W/(m.K).

Resp.: 1,78 m²; 16,9 m.

Ep9.8 Água quente limpa deve ser resfriada de 80°C para 40°C pela sua passagem em um trocador de calor de duplo tubo do tipo contracorrente. Para resfriar a água quente, é utilizada água fria de reúso a 20°C que, na seção de descarga do trocador de calor, estará a 30°C. Considere que o tubo interno do trocador de calor tenha diâmetro externo igual a 42,2 mm, espessura de parede igual a 2,25 mm, e que o tubo externo tenha diâmetro externo igual a 76,2 mm e espessura de parede igual a 3 mm. Sabendo que o material do tubo interno do trocador de calor tem condutibilidade térmica igual a 120 W/(m.K), que a água quente deve escoar no interior do tubo interno, que a sua vazão mássica é igual a 5400 kg/h e que é razoável considerar que a temperatura da parede do tubo interno é aproximadamente uniforme, determine:

a) o coeficiente global de transmissão de calor;
b) a área de transferência de calor;
c) o comprimento útil do trocador de calor.

Resp.: 4,02 kW/(m².K); 1,91 m²; 14,4 m.

Ep9.9 Um condensador de uma termoelétrica recebe 15 kg/s de vapor de água a 50°C e título igual a 0,95 e o descarrega como líquido saturado. Considere que esse trocador de calor seja constituído por um feixe de tubos de latão com comprimento igual a 5 m, condutibilidade térmica igual a 100 W/(m.K), diâmetro externo igual a 28 mm e diâmetro interno igual a 25 mm. Para condensar o vapor, deve ser utilizada água disponível a 20°C e que deverá ser retornada à natureza, no máximo, a 30°C. Considerando que a velocidade máxima da água nos tubos é igual a 1,8 m/s, que o coeficiente convectivo no processo de condensação é aproximadamente igual a 12000 W/(m².K) e que os fatores de incrustação podem ser desconsiderados, pede-se para determinar o coeficiente global de troca térmica baseado na área externa dos tubos, a vazão de água de arrefecimento, a área de troca, o número de tubos do condensador e o seu comprimento.

Resp.: 3,74 kW/(m².K); 812 kg/s; 369 m²; 922; 4,55 m.

Ep9.10 Em uma petroquímica, é necessário resfriar 10 kg/s de um fluido que está inicialmente a 140°C até atingir a temperatura de 60°C, quando, então, será armazenado. Para promover esse resfriamento, optou-se por utilizar água disponível a 25°C e que poderá ser aquecida até atingir a temperatura de 45°C. Para tal, um engenheiro pretende utilizar um trocador de calor do tipo casco e tubos operando em contracorrente construído com tubos metálicos cuja condutibilidade térmica é igual a 50 W/(m.K). Sabe-se que o trocador de calor é constituído por um feixe de 60 tubos com diâmetro externo igual a 21,3 mm, espessura de parede de 2,1 mm e altura de rugosidade da sua superfície interna muito pequena, de forma que que se pode considerar que o tubo é internamente liso, que a água escoará no interior dos tubos e que o coeficiente convectivo do lado do casco é igual a 2000 W/(m².K). As propriedades do fluido a 100°C são: $\rho = 1060$ kg/m³; $c_p = 2560$ J/(kg.K); $\mu = 0{,}00220$ Pa.s; $k = 0{,}260$ W/(m.K). As propriedades da água a 35°C são: $\rho = 994{,}0$ kg/m³; $c_p = 4180$ J/(kg.K); $\mu = 0{,}000725$ Pa.s; $k = 0{,}623$ W/(m.K). Calcule:

a) a vazão requerida de água;
b) a taxa de calor observada entre o fluido e a água;
c) o coeficiente convectivo do lado da água;
d) o coeficiente global de troca térmica baseado na superfície externa dos tubos;
e) a média logarítmica das diferenças de temperatura;
f) a área total de transferência de calor;
g) o comprimento dos tubos do trocador de calor;
h) o fator de atrito do escoamento da água;
i) a perda de carga no trocador de calor do escoamento da água.

Resp.: 24,5 kg/s; 2,05 MW; 7,87 kW/(m².K); 1,42 kW/(m².K); 60,1°C; 24,0 m²; 3,00 m; 0,02174; 0,62 m.

Ep9.11 Em uma petroquímica, é necessário resfriar 10 kg/s de um fluido que está inicialmente a 140°C até atingir a temperatura de 60°C, quando, então, será armazenado. Para promover esse resfriamento, optou-se por utilizar água disponível a 25°C e que poderá ser aquecida até atingir a temperatura de 45°C. Para tal, um engenheiro pretende utilizar um trocador de calor do tipo casco e tubos com passe simples no casco e passe duplo nos tubos, construído com tubos metálicos cuja condutibilidade térmica é suficientemente alta para que a sua resistência a transferência de calor possa ser desprezada. Sabe-se que o trocador de calor é constituído por um feixe de 60 tubos (30 tubos em cada passe) com diâmetro externo igual a 21,3 mm, espessura de parede de 2,1 mm e altura de rugosidade da sua superfície interna muito pequena, de forma que se pode considerar que o tubo é internamente liso, que a água escoará no interior dos tubos e que o coeficiente convectivo do lado do casco é igual a 1800 W/(m^2.K). As propriedades do fluido a 100°C são: massa específica 1060 kg/m^3; calor específico 2560 J/(kg.K); viscosidade dinâmica 0,00220 Pa.s; condutibilidade térmica 0,260 W/(m.K). As propriedades da água a 35°C são: massa específica 994,0 kg/m^3; calor específico 4180 J/(kg.K); viscosidade dinâmica 0,000725 Pa.s; condutibilidade térmica 0,623 W/(m.K). Calcule:

a) a vazão mássica requerida de água;
b) a taxa de calor observada entre o fluido e a água;
c) o coeficiente convectivo observado entre a água e os tubos;
d) o coeficiente global de troca térmica baseado na superfície externa dos tubos;
e) a média logarítmica das diferenças de temperatura;
f) a área total de transferência de calor;
g) o comprimento dos tubos do trocador de calor;
h) o fator de atrito do escoamento da água nos tubos;
i) a perda de carga distribuída no escoamento de água no trocador de calor.

Resp.: 24,5 kg/s; 2,05 MW; 16,0 kW/(m^2.K); 1,58 kW/(m^2.K); 60,1°C; 23,6 m^2; 5,87 m; 0,01868; 8,36 m.

Ep9.12 Um trocador de calor duplo tubo operando em contracorrente deve ser utilizado para aquecer ar de combustão de um pequeno queimador utilizando água quente disponível como rejeito de um processo industrial. O ar escoa com velocidade média de 5 m/s na entrada do tubo interno que tem diâmetro externo de 40 mm, espessura de parede de 1,5 mm e é constituído por um material com condutibilidade térmica igual a 40 W/(m.K). O tubo externo tem diâmetro externo igual a 60 mm e espessura de parede igual a 2 mm. Considere que os tubos podem ser tratados como se fossem lisos, que o ar é admitido no trocador a 20°C e 100 bar, descarregado a 80°C, que a água é admitida a 90°C e é descarregada a 60°C. Determine:

a) a vazão mássica necessária de água;
b) o coeficiente global de transferência de calor;
c) a área requerida de transferência de calor baseada no diâmetro externo do tubo interno do trocador de calor.

Resp.: 11,1 kg/h; 21,4 W/(m^2.K); 0,835 m^2.

Ep9.13 Em um processo industrial, é necessário resfriar óleo hidráulico de uma prensa utilizando água. Para tal, propõe-se o uso de um trocador de calor do tipo duplo tubo operando em contracorrente. A vazão mássica de óleo escoa através do tubo interno e é igual a 0,02 kg/s, e a água escoa através da região anular com vazão mássica igual a 0,15 kg/s. Sabe-se que o tubo interno tem diâmetros interno e externo iguais a, respectivamente, 28 mm e 32 mm e que o diâmetro interno do tubo externo é igual a 25 mm. Considere que a resistência à transferência de calor através do material do tubo é desprezível, que o coeficiente de transferência de calor entre a água e o tubo é igual a 1800 W/(m².K) e que a água entra no trocador de calor a 20°C. Considere também que as propriedades do óleo são: massa específica igual a 850 kg/m³; viscosidade dinâmica igual a 0,015 Pa.s; condutibilidade térmica igual a 0,15 W/(m.K); e calor específico igual a 1800 J/(kg.K). Sabendo o óleo é admitido no trocador de calor a 60°C e que deve ser resfriado até atingir 45°C , pede-se para determinar:

a) o coeficiente global de transferência de calor baseado na área externa do tubo interno;
b) o comprimento do trocador de calor.

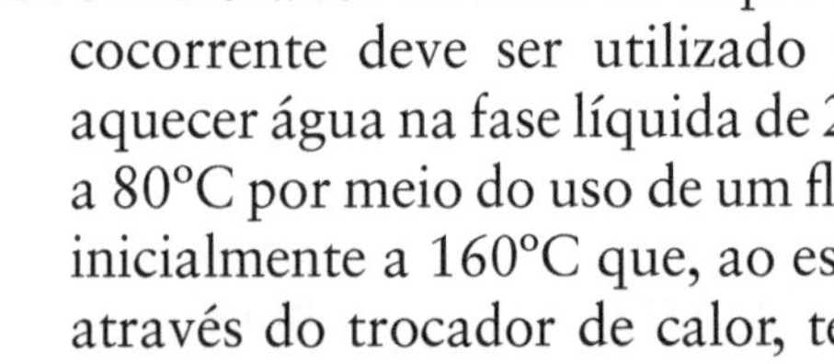

Figura Ep 9.13

Ep9.14 Um trocador de calor de duplo tubo cocorrente deve ser utilizado para aquecer água na fase líquida de 20°C a 80°C por meio do uso de um fluido inicialmente a 160°C que, ao escoar através do trocador de calor, tem a sua temperatura reduzida a 120°C. Considere que o tubo interno seja metálico, com altura de rugosidade igual a 0,05 mm, com diâmetros interno e externo iguais a, respectivamente, 27,9 mm e 33,4 mm, e cuja resistência a transferência de calor por condução possa ser desconsiderada. Sabendo que a água escoa no tubo interno com vazão mássica de 1 kg/s e que o coeficiente convectivo observado entre o fluido quente e a superfície externa do tubo interno é igual a 3000 W/(m².K), pede-se para determinar a área de troca e o correspondente comprimento do tubo.

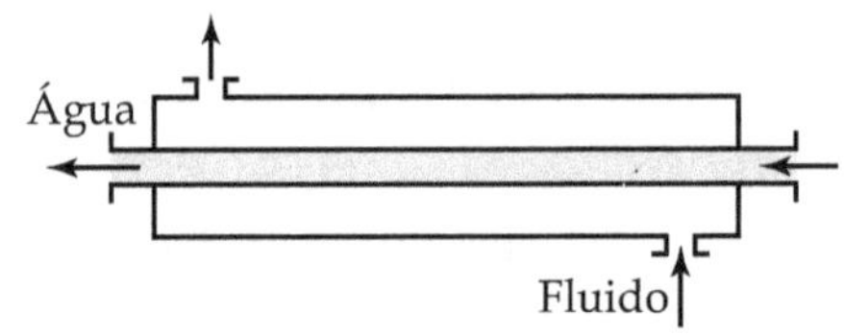

Figura Ep 9.14

Resp.: 1,24 m²; 11,9 m.

Ep9.15 A vazão mássica de 2,0 kg/s de vapor d'água saturado a 100°C é utilizada para aquecimento de um fluido em um trocador de calor do tipo casco e tubos com um passe tanto no casco quanto nos tubos. O vapor saturado é descarregado do trocador de calor como líquido saturado e o fluido é admitido no trocador de calor a 20°C e descarregado a 80°C. Sabendo que o trocador de calor opera em contracorrente, que o coeficiente global de transmissão de calor é igual a 1000 W/(m.K) e que o calor específico do fluido é igual a 800 J/(kg.K), pede-se para determinar:

a) a vazão mássica de fluido aquecido;
b) a área de transferência de calor.

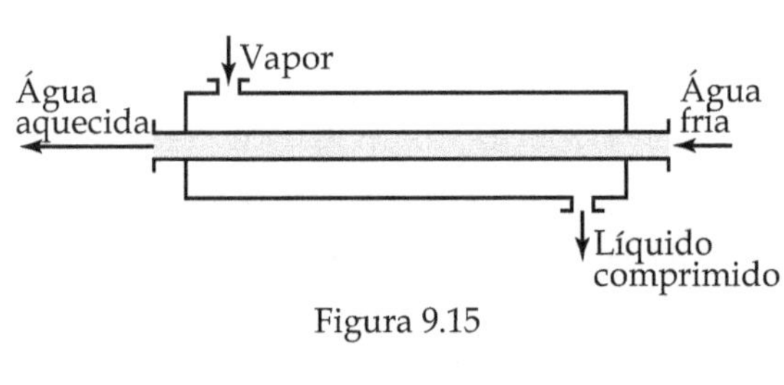

Figura 9.15

Ep9.16 Pretende-se projetar um trocador de calor com dois passes nos tubos e um passe na carcaça, conforme esquematizado na Figura Ep9.16. Nesse equipamento, a temperatura de entrada do fluido quente é igual a 220°C e a de saída é igual a110°C. O fluido de arrefecimento é admitido a 30°C e descarregado a 130°C. Considerando que ele deve operar conforme ilustrado na Figura Ep9.16, determine a *MLDT*.

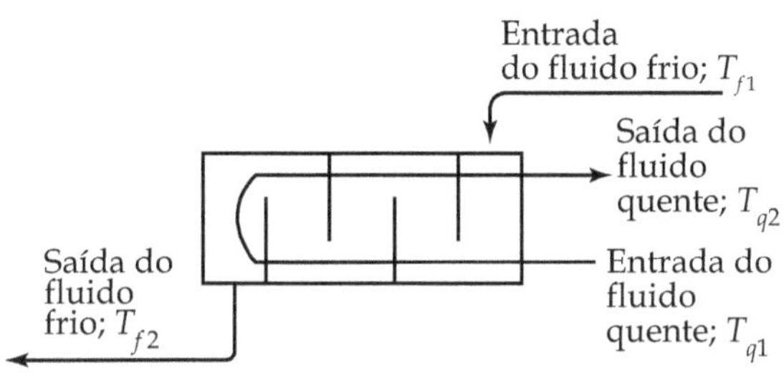

Figura 9.16

Resp.: 84,9°C.

Ep9.17 Pretende-se projetar um trocador de calor com dois passes nos tubos e um passe na carcaça, conforme esquematizado na Figura Ep9.16, no qual a temperatura de entrada do fluido quente que escoa no interior dos tubos é igual a 250°C e a de saída é igual a 110°C. O fluido de arrefecimento é admitido a 30°C e descarregado a 130°C. Os tubos desse trocador de calor terão diâmetro externo igual a 50 mm e diâmetro interno igual a 42 mm. Sabendo que a condutibilidade térmica desse material é igual a 60 W/(m.K), que h_i = 500 W/(m^2.K) e que h_e = 1200 W/(m^2.K), determine a *MLDT*, o fator de correção da *MLTD* e o coeficiente global de transferência de calor com base na área externa dos tubos.

Ep9.18 Pretende-se projetar um trocador de calor do tipo 2-4 no qual a temperatura de entrada do fluido quente que escoa nos tubos é igual a 350°C e a de saída é igual a 140°C. O fluido de arrefecimento é admitido a 50°C e descarregado a 160°C. Os tubos desse trocador de calor terão diâmetro externo igual a 60 mm e diâmetro interno igual a 54 mm.

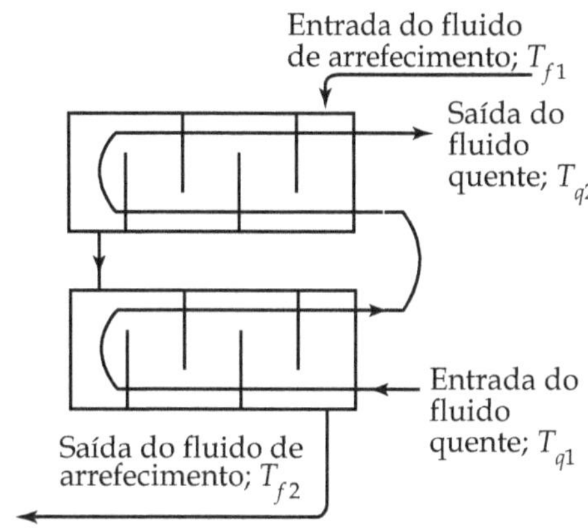

Figura Ep 9.18

Sabendo que a condutibilidade térmica desse material é igual a 80 W/(m.K), que h_i = 800 W/(m^2.K) e que h_e = 2300 W/(m^2.K), determine a *MLDT*, o fator de correção da *MLTD* e o coeficiente global de transferência de calor com base na área externa dos tubos.

Resp.: 133,8°C; 0,9675; 537 W/(m^2.K).

Ep9.19 Com o objetivo de preaquecer água de alimentação de uma caldeira para que ela atinja 120°C, pretende-se aproveitar a disponibilidade energética de gases de combustão provenientes de um forno industrial. Para tal, pretende-se projetar um trocador de calor casco e tubos com um passe na carcaça e dois passes nos tubos que deverá operar em contracorrente. Em primeira aproximação, pode-se considerar que os produtos de combustão podem ser modelados como se fossem ar na pressão ambiente, 100 kPa, e admitidos no trocador de calor a 210°C e com a vazão volumétrica de

24000 m^3/h. Suponha que a água escoará no interior de um conjunto de 30 tubos hidraulicamente lisos de uma liga metálica com condutibilidade térmica igual a 120 W/(m.K), será admitida no trocador de calor a 20 bar, 20°C, e na vazão de 6000 kg/h. Sabe-se que os diâmetros interno e externo dos tubos de cobre são iguais a, respectivamente, 18 mm e 24 mm, que é prevista a ocorrência de incrustações no exterior dos tubos cujo fator foi estimado em 0,0018 (m^2.K/W), e que o coeficiente convectivo externo foi avaliado como sendo igual a 850 W/(m^2.K). Pede-se para determinar:

a) a área de transferência de calor calculada com base no diâmetro externo dos tubos;
b) o comprimento de cada passe dos tubos;
c) a perda de carga distribuída no escoamento da água através dos tubos do trocador de calor.

Resp.: 34,2 m^2; 3,78 m; 0,017 m.

Ep9.20 A vazão mássica de 2 kg/s de vapor d'água saturado a 100°C é utilizada para aquecimento de um fluido em um trocador de calor do tipo casco e tubos com um passe tanto no casco quanto nos tubos. O vapor saturado é descarregado do trocador de calor como líquido saturado e o fluido é admitido no trocador de calor a 20°C e descarregado a 80°C. Sabendo que o trocador de calor opera em contracorrente, que o coeficiente global de transmissão de calor é igual a 1000 W/(m^2.K) e que o calor específico do fluido é igual a 800 J/(kg.K), pede-se para determinar:

a) a vazão mássica do fluido aquecido;
b) a área de transferência de calor.

Resp.: 94,0 kg/s; 104,3 m^2.

Ep9.21 Um trocador de calor de duplo tubo deve ser utilizado para aquecer água na fase líquida de 20°C a 80°C utilizando vapor d'água saturado a 10 bar que é descarregado do trocador de calor como líquido saturado na mesma pressão. Veja a Figura Ep9.21. Considere que o tubo interno seja metálico, liso, com diâmetro externo igual a 30 mm, com espessura de parede igual a 2 mm e com resistência à transferência de calor por condução que possa ser desconsiderada. Sabendo que a água escoa no tubo interno com vazão mássica de 1 kg/s, que o coeficiente convectivo observado entre o vapor e a superfície externa do tubo interno é igual a 10000 W/(m^2.K), e considerando que as propriedades da água na fase líquida são: massa específica 988,1 kg/m^3; viscosidade dinâmica 0,000547 Pa.s; calor específico 4182 J/(kg.K); condutibilidade térmica 0,643 W/(m.K); número de Prandtl 3,555, pede-se para determinar o coeficiente global de transferência de calor, a taxa de calor observada entre os fluidos e o correspondente comprimento do tubo.

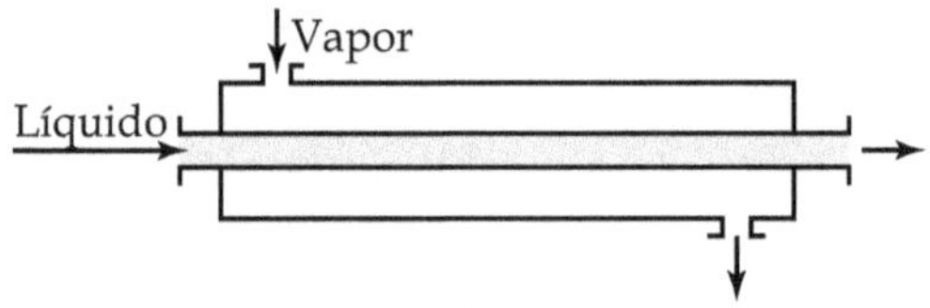

Figura Ep9.21

Resp.: 4284 W/(m^2.K); 250,9 kW; 4,87 m.

Ep9.22 Um trocador de calor de duplo tubo deve ser utilizado para aquecer água comprimida na fase líquida de 30°C a 80°C utilizando um fluido admitido a 140°C e descarregado a 100°C. Considere que o tubo interno seja metálico, com altura de rugosidade igual a

0,05 mm, com diâmetro externo igual a 44 mm, com espessura de parede igual a 2 mm e com resistência à transferência de calor por condução que possa ser desconsiderada. Sabendo que a água escoa no tubo interno com vazão mássica de 0,8 kg/s, que o coeficiente convectivo observado entre o fluido e a superfície externa do tubo interno é igual a 3200 W/(m^2.K), e considerando que as propriedades da água na fase líquida são: massa específica 988,1 kg/m^3; viscosidade dinâmica 0,000547 Pa.s; calor específico 4182 J/(kg.K); condutibilidade térmica 0,643 W/(m.K); número de Prandtl 3,555, pede-se para determinar o coeficiente global de transferência de calor, a taxa de calor observada entre os fluidos e o correspondente comprimento do tubo.

Resp.: 1,74 kW/(m^2.K); 167 kW; 10,8 m.

Ep9.23 Em um processo produtivo, é necessário aquecer 0,05 kg/s de óleo da temperatura de 20°C até atingir 50°C. Para tal, um engenheiro pretende utilizar um trocador de calor de duplo tubo, sem uso, construído com tubos metálicos lisos cujas condutibilidades térmicas são desprezíveis. Sabe-se que o trocador de calor deve operar em contracorrente, tem os diâmetros do tubo interno iguais a 26 mm e 28 mm, que os diâmetros do tubo externo são 46 mm e 50 mm e que, para prover o aquecimento do óleo, deve ser utilizada água disponível a 140°C escoando na região anular do trocador de calor com vazão mássica igual a 1 kg/s. Considere que o óleo tem as seguintes propriedades: calor específico 1950 J/(kg.K); massa específica 875 kg/m^3; viscosidade dinâmica 0,253 Pa.s; condutibilidade térmica 0,145 W/(m.K). Calcule:

a) a temperatura de saída da água;
b) o coeficiente convectivo do lado do óleo;
c) o coeficiente convectivo do lado da água;
d) o coeficiente global de troca térmica baseado na superfície externa do tubo interno por metro de tubo;
e) o comprimento requerido do trocador de calor;
f) o fator de atrito do escoamento do óleo;
g) o fator de atrito do escoamento da água;
h) a perda de carga do escoamento do óleo;
i) a perda de carga do escoamento da água.

Ep9.24 Um trocador de calor de duplo, operando em contracorrente, deve ser utilizado para aquecer água na fase líquida comprimida de 20°C a 80°C utilizando vapor d'água saturado a 10 bar que é descarregado do trocador de calor como líquido saturado na mesma pressão. Considere que o tubo interno seja metálico, liso, com diâmetro externo igual a 50 mm, espessura de parede igual a 2 mm e resistência à transferência de calor por condução que possa ser desconsiderada. Sabendo que a água escoa no tubo interno com vazão mássica de 2 kg/s, que o coeficiente convectivo observado entre o vapor e a superfície externa do tubo interno é igual a 14000 W/(m^2.K), e considerando que a água na fase líquida tem: massa específica igual a 988,0 kg/m^3; viscosidade dinâmica igual a 0,000547 Pa.s; calor específico igual a 4182 J/(kg.K); condutibilidade térmica igual a 0,6435 W/(m.K);

número de Prandtl igual a 3,5530, pede-se para determinar o coeficiente global de transferência de calor, a taxa de calor observada entre os fluidos e o correspondente comprimento do tubo.

Resp.: 3664 W/(m².K); 501,8 kW; 6,84 m.

Ep9.25 Em uma indústria, com o objetivo de aquecer 50 kg/s de água inicialmente a 20°C até a temperatura de 80°C, um engenheiro propõe o uso de gases quentes exauridos por um equipamento térmico que estão a 150°C, conforme ilustrado na Figura Ep9.25. O tanque A contém água fria, o tanque B contém água quente e ambos estão abertos para a atmosfera. Considere que o trocador é do tipo casco e tubos, operando em contracorrente, com um passe nos tubos e um passe na carcaça, a distância entre os espelhos é igual a 2 m, os diâmetros interno e externo dos tubos do trocador de calor são iguais a, respectivamente, 20 mm e 25 mm, a condutibilidade térmica do material dos tubos é igual a 15 W/(m.K), os tubos são hidraulicamente lisos, a velocidade de projeto da água nos tubos do trocador é igual a 1 m/s e o coeficiente convectivo observado na superfície externa dos tubos é igual a 3000 W/(m².K). Considere que as propriedades dos produtos de combustão são: massa específica 1,02 kg/m³; calor específico 1007 J/(kg.K); viscosidade dinâmica 0,000021 kg/(m.s); condutibilidade térmica 0,029 W/(m.K); e $Pr = 0,72$. Determine:

a) a taxa de calor transferida para a água;
b) o coeficiente convectivo observado no interior dos tubos;
c) o coeficiente global de transferência de calor;
d) o número de tubos constituintes do trocador de calor;
e) a perda de carga distribuída do escoamento da água no trocador de calor.

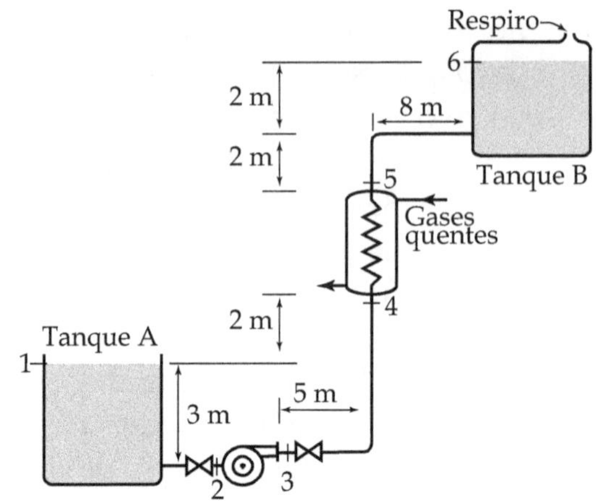

Figura Ep9.25

Resp.: 2,51 MW; 74,6 kW/(m².K); 1877 W/(m.K); 114; 60 mm.

Ep9.26 Pretende-se resfriar 1 kg/s de óleo inicialmente a 80°C até atingir a temperatura de 50°C, utilizando-se água em um trocador de calor do tipo casco e tubos. O óleo escoa no interior dos tubos, que podem ser considerados lisos, e a água escoa no lado do casco, sendo admitida no trocador de calor a 20°C e descarregada a 30°C. Veja a Figura Ep9.26. Considere que o trocador é constituído por 200 tubos, operando em contracorrente, com um passe nos tubos e um passe na carcaça, os diâmetros interno e externo dos tubos do trocador de calor são iguais a, respectivamente, 14 mm e 16 mm, a condutibilidade térmica do material dos tubos é suficientemente alta para que a resistência à transferência de calor através das paredes dos tubos possa ser desconsiderada e o coeficiente convectivo observado na superfície externa dos tubos é igual a 2000 W/(m².K). Considere também que as propriedades do óleo são: massa específica 860 kg/m³; calor específico 2050 J/(kg.K); viscosidade dinâmica 0,074 kg/(m.s); e condutibilidade térmica 0,18 W/(m.K). Determine:

a) a taxa de calor transferida para a água;
b) o coeficiente convectivo observado no interior dos tubos;
c) o coeficiente global de transferência de calor com base na área externa dos tubos;
d) a diferença média logarítmica de temperaturas;

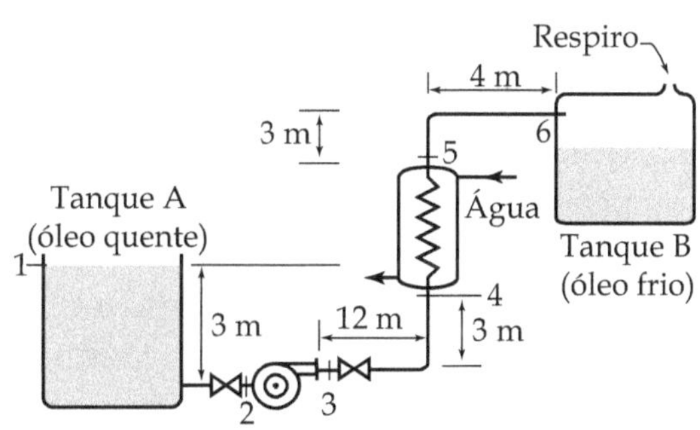

Figura Ep9.26

e) a área de transferência de calor;
f) o comprimento dos tubos constituintes do trocador de calor;
g) a perda de carga distribuída do escoamento do óleo no trocador de calor.

Resp.: 61,5 kW; 47,0 W/(m².K); 45,8 W/(m.K); 39,2°C; 34,3 m²; 3,41 m; 0,185 m.

Ep9.27 Um trocador de calor de duplo deve ser utilizado para aquecer água na fase líquida comprimida de 20°C a 80°C utilizando vapor d'água saturado a 10 bar que é descarregado do trocador de calor como líquido saturado na mesma pressão. Considere que o tubo interno seja metálico, liso, com diâmetro externo igual a 60 mm, com espessura de parede igual a 2 mm e com resistência à transferência de calor por condução que possa ser desconsiderada. Sabe-se que a água na fase líquida escoa no tubo interno com vazão mássica de 2 kg/s, que o seu calor específico é igual a 4182 J/(kg.K) e que o coeficiente convectivo observado entre a água e o tubo é igual a 4500 W/(m².K). Considerando-se que o coeficiente convectivo observado entre o vapor e a superfície externa do tubo interno é igual a 15000 W/(m².K), pede-se para determinar o coeficiente global de transferência de calor, a taxa de calor observada entre os fluidos e o correspondente comprimento do tubo.

Resp.: 3,28 kW/(m².K); 502 kW; 6,36 m.

9.10 EXERCÍCIOS ABERTOS

Ea9.1 Uma central termoelétrica produz a potência elétrica de 100 MW, tendo sido projetada para operar segundo um ciclo regenerativo com um preaquecedor de superfície, conforme ilustrado na Figura Ea9.1. Sabe-se que a caldeira produz vapor a 550°C e 8,5 MPa, o vapor é condensado a 10 kPa, a pressão de extração é 1,0 MPa, o rendimento da turbina é 93%, as temperaturas T_7 e T_4 estão 5°C abaixo, respectivamente, das temperaturas de T_2 e T_3.

a) Adote um valor para o rendimento do gerador elétrico.
b) Determine a vazão mássica de vapor produzida na caldeira.
c) Levante informações na literatura sobre como determinar o coeficiente convectivo em processo de condensação sobre tubos.

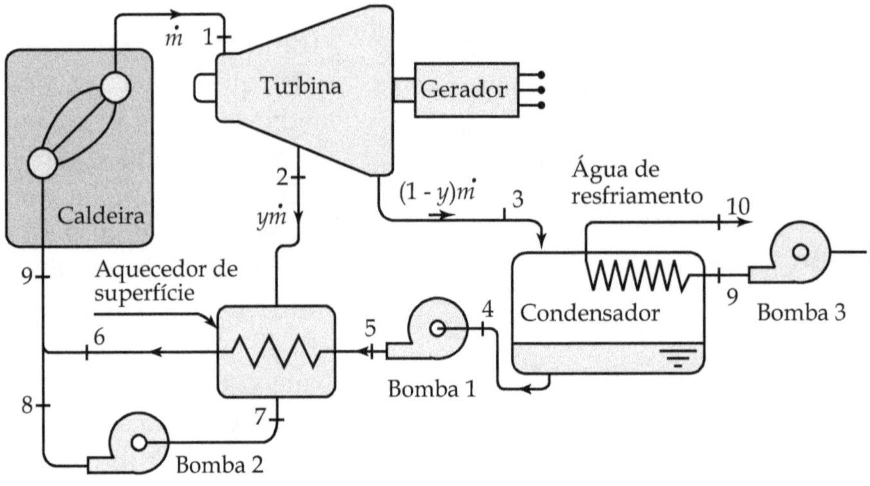

Figura Ea 9.1

d) Dimensione o aquecedor de superfície supondo que ele é um trocador de calor tipo casco e tubo com um passe.

e) Determine a perda de carga do escoamento de água na fase líquida no trocador de calor dimensionado.

f) Selecione um material e um diâmetro para a tubulação de recalque da bomba 1.

g) Considere que a tubulação de recalque da bomba 2 tem comprimento de 60 m, despreze as perdas de carga localizadas e selecione e especifique a bomba 2.

Ea9.2 Uma central termoelétrica produz a potência elétrica de 120 MW, tendo sido projetada para operar segundo um ciclo regenerativo com um preaquecedor de superfície, conforme ilustrado na Figura Ea9.2. Sabe-se que a caldeira produz vapor a 500°C e 6,5 MPa, o vapor é condensado a 12 kPa, a pressão de extração é 1,2 MPa e a temperatura T_7 está 5°C abaixo da temperatura de T_2.

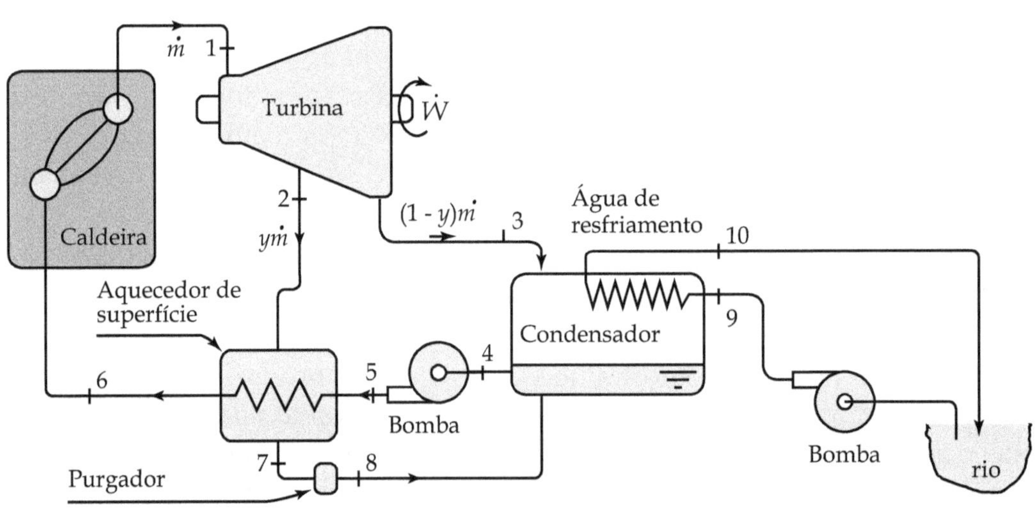

Figura Ea 9.2

a) Com base em dados da literatura, adote um valor para o rendimento do gerador elétrico.
b) Com base em dados da literatura, adote um valor para o rendimento da turbina.
c) Determine a vazão mássica de vapor produzida na caldeira.
d) Levante informações na literatura sobre como determinar o coeficiente convectivo em processo de condensação sobre tubos.
e) Dimensione o condensador.
f) Determine a perda de carga do escoamento de água de resfriamento no condensador.
g) Sabendo que a bomba capta água de um rio que está a 200 m e 10 m abaixo do nível da central, dimensione uma tubulação de captação e recalque escolhendo diâmetro(s) e material(is).
h) Selecione e especifique a bomba 2.

Ea9.3 Para prover aquecimento de 0,2 kg/s de ar para um processo industrial, optou-se pelo uso de um trocador de calor de superfície que utiliza como fluido quente vapor de água saturado a 10 bar. Veja a Figura Ea9.3. Sabe-se que o filtro está a 5 m do ventilador, que o ventilador está a 10 m do trocador de calor, que o ponto de utilização de ar quente está a 30 m do trocador de calor, que a pressão atmosférica local é igual a 94 kPa, que a temperatura ambiente média é igual a 22°C e que o processo requer ar a 100°C e a 200 mmca.

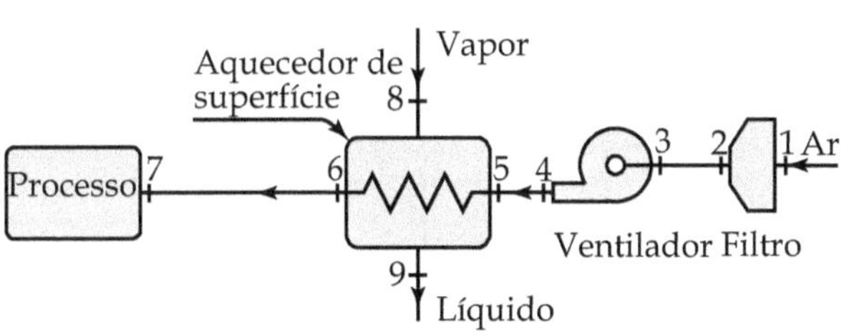

Figura Ea 9.3

a) Estabeleça a qualidade do ar a ser utilizado no processo e escolha um filtro.
b) Obtenha o coeficiente de perda de carga do filtro, por exemplo, consultando o seu fabricante.
c) Determine a vazão mássica de vapor consumida.
d) Defina o diâmetro da tubulação de transporte de ar adotando uma velocidade econômica conforme sugerido na literatura.
e) Dimensione o isolamento térmico da tubulação.
f) Levante informações na literatura sobre como determinar o coeficiente convectivo em processo de condensação sobre tubos.
g) Dimensione o trocador de calor.
h) Determine a perda de carga do ar escoando no trocador de calor.
i) Determine a perda de carga total do escoamento de ar na tubulação.
j) Selecione e especifique o ventilador.

Ea9.4 Uma prensa necessita que seu óleo hidráulico seja continuamente resfriado transferindo calor para o fluido de arrefecimento, de forma a manter a sua temperatura de utilização igual a, no máximo, 40°C. A vazão de óleo hidráulico é de 5 L/s e o óleo é admitido no trocador de calor a 50°C. Para tal, deve ser utilizado um trocador de calor que utiliza como fluido de arrefecimento água proveniente de uma torre de resfriamento, conforme ilustrado da Figura Ea9.4. Considere que a pressão atmosférica local é igual a 95 kPa, que a umidade relativa do ar é de 70%, que a temperatura média ambiente é de 25°C e que a torre de resfriamento d'água está a 80 m do trocador de calor.

a) Estabeleça a vazão de água de arrefecimento.

b) Selecione uma torre de resfriamento de água.
c) Defina o(s) diâmetro(s) da tubulação de transporte de água adotando uma velocidade econômica conforme sugerido na literatura.
d) Dimensione o trocador de calor.
e) Determine a perda de carga da água escoando no trocador de calor.
f) Determine a perda de carga total do escoamento de ar na tubulação.
g) Selecione e especifique uma bomba centrífuga.

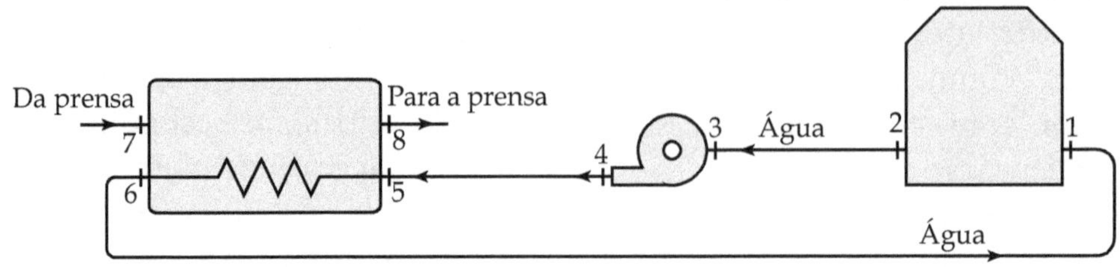

Figura Ea 9.4

Ea9.5 O condensador de uma central termoelétrica deve operar utilizando água de resfriamento proveniente de um rio que, em média, pode atingir 27°C. Suponha que a central térmica tenha potência de 120 MW, que seu rendimento térmico seja igual a 41% e que o vapor seja condensado a 40°C. Sabe-se que o desnível L é igual a 15 m e que M é igual a 3 m, que o comprimento da tubulação de admissão da bomba é igual a 10 m, que o comprimento da tubulação de recalque até o condensador é de 50 m e que o retorno da água para o rio se dá por gravidade através de uma canal.

a) Estabeleça uma temperatura máxima de retorno da água para o rio levando em consideração aspectos ecológicos.
b) Defina a vazão necessária de água de resfriamento.
c) Levante informações na literatura sobre como determinar o coeficiente convectivo em processo de condensação sobre tubos.
d) Defina o(s) diâmetro(s) da tubulação de transporte de água adotando uma velocidade econômica conforme sugerido na literatura.
e) Dimensione o condensador.

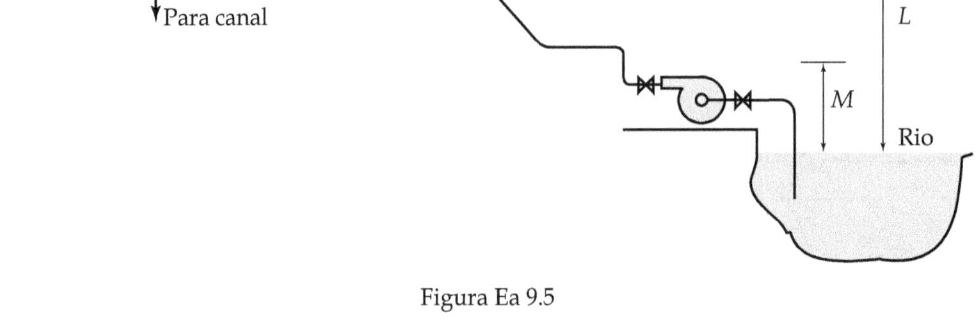

Figura Ea 9.5

f) Determine a perda de carga da água escoando no trocador de calor.
g) Determine a perda de carga total do escoamento de água na tubulação.
h) Selecione e especifique uma bomba centrífuga.

Ea9.6 Em uma empresa fabricante de produtos alimentícios localizada em São Caetano do Sul, dispõe-se de grande quantidade de água a 80°C. O engenheiro da empresa pretende utilizar esse recurso energético para aquecer 0,8 kg/s de ar ambiente a 25°C para alimentar um grupo de queimadores de gás do sistema de cocção e, para tal, pretende instalar um trocador de calor ar-água, conforme esquematizado na Figura Ea9.6. A pressão manométrica do ar na seção de entrada da válvula de controle existente na seção de admissão dos queimadores deve ser igual a 200 mmca; o trocador de plano deverá ser instalado em um piso da fábrica que está localizado 5 m acima da superfície da caixa-d'água; o comprimento total da tubulação de água quente é igual a 20 m; o comprimento total da tubulação de transporte de ar deve ser igual a cerca de 10 m.

a) Estabeleça a temperatura desejada para o ar na entrada dos queimadores. Observe que, quanto mais elevada essa temperatura, maior a economia de energia proporcionada pelo sistema.
b) Defina a vazão necessária de água quente.
c) Defina o(s) diâmetro(s) da tubulação de transporte de água adotando uma velocidade econômica conforme sugerido na literatura.
d) Defina um traçado, as dimensões básicas e o material a ser utilizado para a construção da tubulação de transporte de água.
e) Dimensione o trocador de calor.
f) Determine a perda de carga da água escoando no trocador de calor.

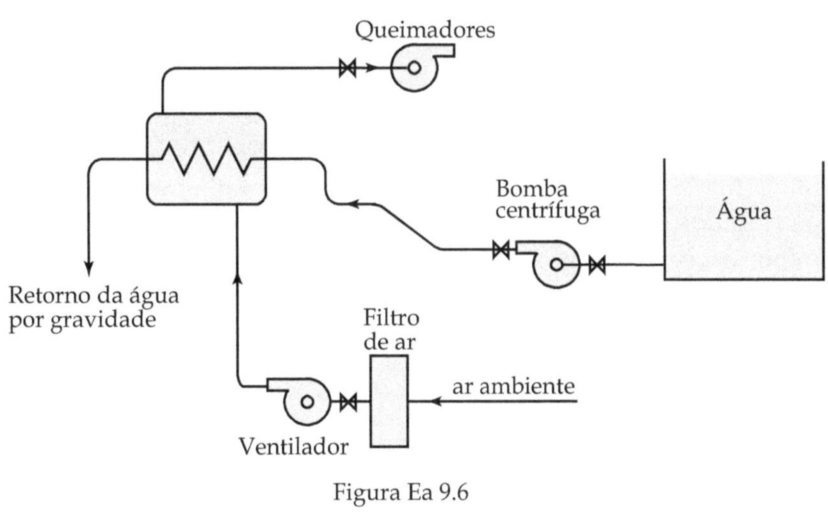

Figura Ea 9.6

g) Determine a perda de carga total do escoamento de água na tubulação.
h) Selecione e especifique uma bomba centrífuga.
i) Determine a perda de carga do ar escoando no trocador de calor.
j) Defina um traçado, as dimensões básicas e o material da tubulação de transporte de ar de combustão.
k) Determine a perda de carga total do escoamento de ar de combustão.
l) Selecione e especifique um ventilador.

Ea9.7 Pretende-se instalar em uma petroquímica uma turbina a gás conforme a esquematizada na Figura Ea9.7. Sabe-se que o compressor capta ar ambiente a 300 K e 100 kPa, a relação de pressões no compressor é igual a 16, os rendimentos isentrópicos da turbina e do compressor são, respectivamente, 85% e 78%, o gerador apresenta rendimento igual a 98%, o combustível utilizado é gás natural e a potência elétrica produzida é igual a 15 MW. Considere que o gás natural pode ser tratado como metano e que é admitido a 40°C na câmara de combustão, que as propriedades dos produtos de combustão podem ser aproximadas pelas do ar e que a combustão ocorre com coeficiente de excesso de ar igual a 5%.

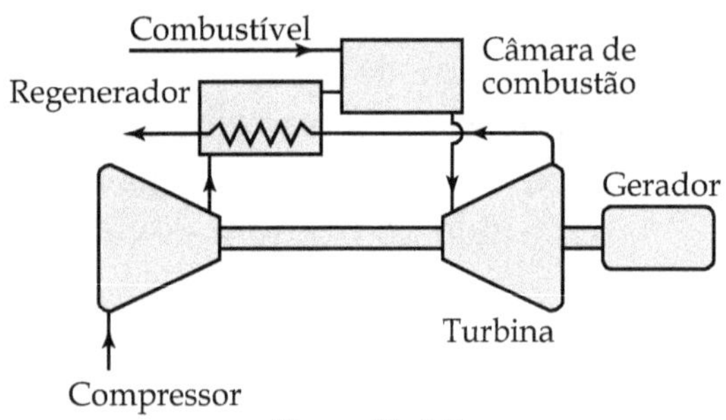

Figura Ea 9.7

a) Estabeleça o conjunto de hipóteses adicionais necessárias à elaboração dos cálculos desejados.
b) Determine: a vazão mássica de ar ambiente captada pelo compressor;
c) a temperatura de entrada do ar comprimido no regenerador;
d) a vazão mássica de combustível consumida;
e) a vazão mássica de produtos de combustão que escoa através da turbina.
f) Estabeleça, com base em dados de literatura, a temperatura de entrada dos produtos de combustão na turbina. Observe que, quanto mais elevada essa temperatura, maior será a potência desenvolvida pela turbina.
g) Escolha, com base em informações da literatura, um tipo de trocador de calor adequado ao projeto do regenerador.
h) Dimensione o regenerador. Observe que o dimensionamento do regenerador impacta o desempenho da turbina.
i) Determine a perda de carga no regenerador.
j) Determine o rendimento térmico do conjunto.

Ea9.8 Pretendendo aumentar a eficiência de um forno a rolos de queima de pesos cerâmicos, um engenheiro optou por promover o aquecimento do ar de combustão pelo seu escoamento no interior de um banco de tubos montado sobre a região de alta temperatura do forno, conforme esquematizado na Figura Ea9.8. Sabe-se que o ar ambiente sobre o forno está na temperatura de aproximadamente 70°C e que o comprimento máximo do banco de tubos é de aproximadamente 30 m e que o ar é captado a 25°C.

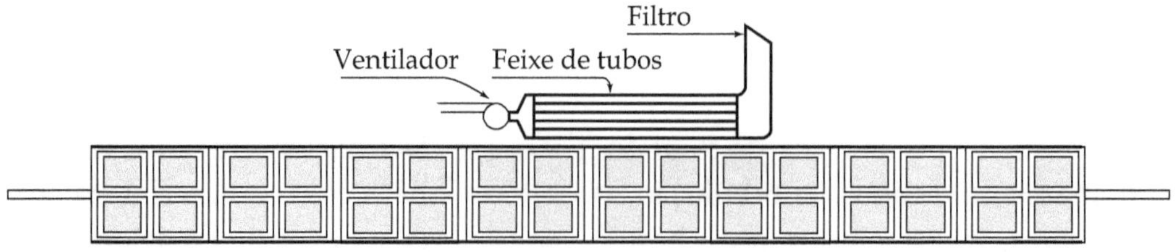

Figura Ea 9.08

a) Levante dados sobre um forno a rolos moderno para queima de pisos cerâmicos, incluindo: produção, tipo e consumo de combustível, pressões de operação dos queimadores etc.
b) Estabeleça o conjunto de hipóteses adicionais necessárias à elaboração dos cálculos desejados.
c) Determine a vazão mássica de ar ambiente a ser captada.
d) Estabeleça a qualidade do ar a ser utilizado no processo e escolha um filtro.
e) Obtenha o coeficiente de perda de carga do filtro, por exemplo, consultando o seu fabricante.
f) Dimensione o banco de tubos escolhendo seus diâmetros, seu comprimento, sua organização geométrica (em linha, alternados etc.).
g) Faça o projeto básico do sistema de conexão do banco de tubos ao ventilador.
h) Determine a perda de carga no banco de tubos e na conexão da sua conexão com o ventilador.
i) Selecione e especifique um ventilador adequado para a movimentação do ar de combustão.

Ea9.9 Uma bomba de calor funciona segundo um ciclo de compressão de vapor que utiliza R-134a como fluido refrigerante. A bomba deve promover a transferência de calor do ar ambiente a 15°C para água na fase líquida, aquecendo-a de 20°C até a temperatura de 40°C por meio do uso de um trocador de calor de duplo tubo. Sabe-se que a vazão mássica de água fria a ser aquecida é igual a 0,8 kg/s. Considere que o tanque de água fria está muito próximo da bomba de calor, cerca de 2 m, e que a água aquecida deve ser transferida para um segundo tanque posicionado 5 m acima da bomba de calor e distante desta 15 m.

a) Faça uma pesquisa na internet sobre bombas de calor, verificando como funcionam e quais são seus principais componentes.
b) Defina os parâmetros básicos de projeto de uma bomba de calor para realizar o aquecimento de água desejado.
c) Determine o coeficiente de desempenho da bomba de calor.
d) Determine a vazão requerida de R-134a.
e) Projete um condensador para essa bomba de calor.
f) Defina uma rede de transporte de água do tanque de água fria para o tanque de armazenamento de água quente.
g) Determine a perda de carga da água na rede de transporte anteriormente definida.
h) Especifique uma bomba para o transporte da água.

Ea9.10 Uma bomba de calor funciona segundo um ciclo de compressão de vapor que utiliza R-134a como fluido refrigerante. A bomba deve promover a transferência de calor do ar ambiente a 15°C para água na fase líquida, aquecendo-a de 20°C até a temperatura de 40°C por meio do uso de um trocador de calor de duplo tubo, e o vaporizador deverá ser constituído por um trocador de calor compacto de fluxo cruzado similar a um radiador automotivo. Sabe-se que a bomba de calor será instalada em São Caetano do Sul e que a vazão mássica de água fria a ser aquecida é igual a 0,8 kg/s.

a) Faça uma pesquisa na internet sobre bombas de calor, verificando como funcionam e quais são seus principais componentes.

b) Defina os parâmetros básicos de projeto de uma bomba de calor para realizar o aquecimento de água desejado.
c) Determine o coeficiente de desempenho da bomba de calor.
d) Determine a vazão requerida de R-134a.
e) Busque na literatura uma correlação que permita calcular o coeficiente de transmissão de calor em processo de vaporização de fluido em escoamento interno
f) Projete um evaporador para essa bomba de calor.
g) Calcule a perda de carga do escoamento de ar através do evaporador.
h) Faça um projeto básico simplificado indicando a geometria do dispositivo de acoplamento do ventilador ao evaporador.
i) Selecione o ventilador.

CAPÍTULO 10

RADIAÇÃO

Os processos de transferência de calor por radiação são de fundamental importância e, em muitas situações, necessitam ser estudados e avaliados com cuidado e rigor. Consideremos, por exemplo, um equipamento para fototerapia. É indiscutível o fato de que esse aparelho deve ser projetado com extremo rigor técnico e, para tal, é essencial que o engenheiro responsável por essa atividade tenha profundo conhecimento sobre o assunto e, em particular, sobre transferência de calor por radiação. Complementarmente a esse exemplo, existem inúmeros outros que confirmam a necessidade de conhecimentos de transferência de calor por radiação, tais como: transferência de calor em fornos e fornalhas, medição de temperatura em meios radiantes, projeto de barreiras físicas contra radiação térmica, e assim por diante. Esses problemas tecnológicos, muitas vezes, se apresentam como desafios para o engenheiro e devem necessariamente ser vencidos.

10.1 INTRODUÇÃO À RADIAÇÃO

Lembremo-nos de que qualquer substância em temperatura absoluta não nula emite energia por radiação e que essa emissão não depende da existência de outras substâncias em seu entorno. Essa emissão por radiação, por nós interpretada como sendo de ondas eletromagnéticas, é recebida pela matéria eventualmente existente em sua vizinhança.

A intensidade segundo a qual a energia é emitida pela matéria depende em essência da sua temperatura, o que caracteriza a *radiação térmica* como um processo de transferência de calor do corpo para a sua vizinhança. As superfícies do meio em que vivemos estão em temperatura não nula e, por esse motivo, estão continuamente emitindo energia; e, como todas estão emitindo, uma em presença da outra, todas estão também recebendo. Não esqueçamos que meios não sólidos, como os gases e vapores, também emitem e podem participar ativamente, ou não, de processos de transferência de calor por radiação.

Por se dar por ondas eletromagnéticas, esse processo não requer um meio material para ocorrer; pelo contrário, a existência de um meio material pode dificultar ou impedir a transferência de calor por radiação entre duas superfícies. Conforme já mencionado no Capítulo 1, a transferência de calor por radiação térmica envolve apenas parte do espectro eletromagnético, englobando a faixa do visível, conforme ilustrado na Figura 10.1, idêntica à Figura 1.5, já anteriormente apresentada.

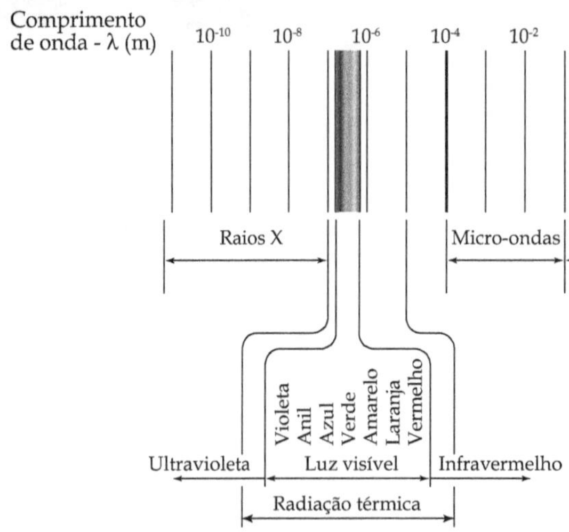

Figura 10.1 Espectro eletromagnético

A radiação emitida por um corpo é, via de regra, causada por átomos e moléculas posicionados muito próximo da sua superfície; por esse motivo, dizemos que esse fenômeno é de superfície e depende das suas características. Assim, se uma barra de ferro aquecida está vermelha, significa que ela está emitindo luz visível predominantemente nos comprimentos de onda que nossos olhos veem como vermelho.

Seja c a velocidade da luz que se correlaciona com o seu comprimento de onda, λ (m), por meio da sua frequência, ν (Hz):

$$c = \lambda \nu \tag{10.1}$$

No vácuo, c = 2,998 E+8 m/s. Embora a unidade de comprimento de onda seja o metro, em algumas situações utiliza-se o micrômetro, μm = E-6 m, ou ainda o angstrom, Å = E-4 μm = E-10 m.

10.2 CONCEITOS BÁSICOS EM RADIAÇÃO

No Capítulo 1 já apresentamos alguns conceitos básicos que serão brevemente reapresentados e complementados a seguir.

10.2.1 Distribuição espectral e emissão monocromática

Quando um corpo emite radiação térmica, há dois fatores básicos a serem considerados; o primeiro relaciona-se com o comprimento de onda da radiação emitida. De maneira geral, um corpo emite primordialmente em uma faixa de comprimentos de onda, sendo que a emissão de radiação se dá segundo intensidades diferentes para distintos comprimentos de onda. Na Figura 10.2 ilustramos a *distribuição espectral* de uma superfície que indica como varia a emissão de radiação em função do comprimento de onda. Observamos que a emissão de radiação térmica em um determinado comprimento de onda é denominado *emissão monocromática*.

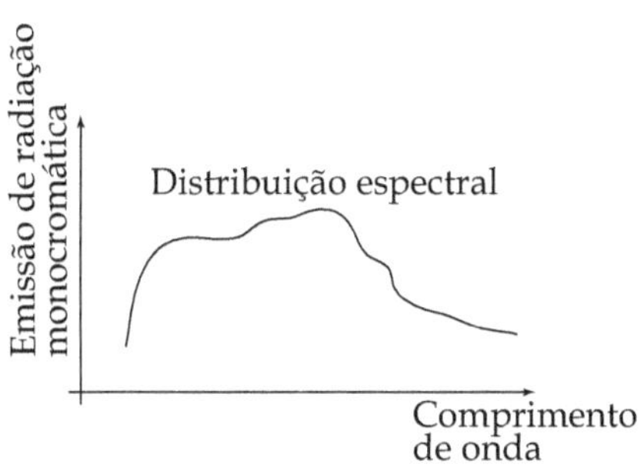

Figura 10.2 Distribuição espectral

O segundo fator básico a ser considerado no estudo da radiação térmica emitida por uma superfície é o seu aspecto direcional. Um superfície pode, por exemplo, emitir preferencialmente em uma direção ou pode emitir de modo uniforme em todas as direções e, nesse caso, denominamos a emissão *difusa*.

10.2.2 Poder emissivo

Uma superfície em temperatura absoluta não nula emite radiação térmica e, dependendo das suas características, essa emissão pode se dar, por exemplo, de forma difusa ou segundo direções preferenciais. Observe a Figura 10.3 e considere que E_λ, denominado *poder emissivo espectral*, seja a taxa segundo a qual radiação térmica com comprimento de onda λ é emitido em *todas* as direções por unidade de área da superfície emissora e por unidade de comprimento de onda. Assim, se medirmos o comprimento de onda em μm (micrômetro), a unidade do poder emissivo espectral será W/(m².μm). A integração dessa grandeza ao longo de todos os possíveis de comprimentos de onda resultará na área sob a curva.

$$E = \int_0^\infty E_\lambda d\lambda \tag{10.2}$$

A grandeza assim obtida, denominada *poder emissivo*, é a taxa de emissão de energia por radiação por unidade de área emissora, W/m², e que engloba toda energia emitida por radiação em todas as direções e segundo todos os comprimentos de onda.

10.2.3 Irradiação

Já sabemos que um corpo em temperatura não nula emite energia por radiação. Simultaneamente, estando esse corpo em um meio, ele está sujeito à radiação proveniente desse meio, a qual pode ser de diversas naturezas, por exemplo: pode ser originada de uma lâmpada, de uma chama, do sol, ou de um outro corpo qualquer. Essa radiação pode estar incidindo sobre o corpo, por exemplo, de forma difusa ou segundo direções preferenciais e segundo grande amplitude de comprimentos de onda. A *irradiação total*, ou simplesmente *irradiação*, é a taxa de energia radiante incidente sobre o corpo segundo todas as direções por unidade de área sujeita a essa taxa de energia incidente. Seu símbolo é a letra G e a sua unidade, W/m². A *irradiação espectral* é entendida como a taxa de energia radiante com comprimento de onda λ incidente sobre um corpo por unidade de área sujeita a essa taxa de energia radiante e por unidade de comprimento de onda. É simbolizada por G_λ e, se medirmos o comprimento de onda em μm (micrômetro), sua unidade será W/(m².μm). Na Figura 10.4 mostramos exemplificadamente uma função $G_\lambda = f(\lambda)$. Integrando essa função, obtemos:

$$G = \int_0^\infty G_\lambda d\lambda \tag{10.3}$$

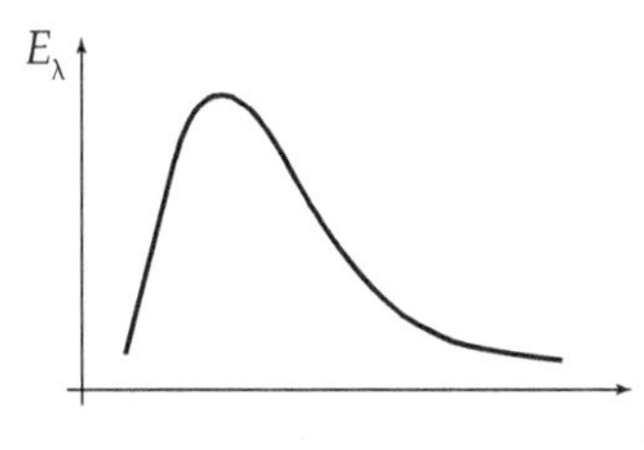

Figura 10.3 Poder emissivo espectral

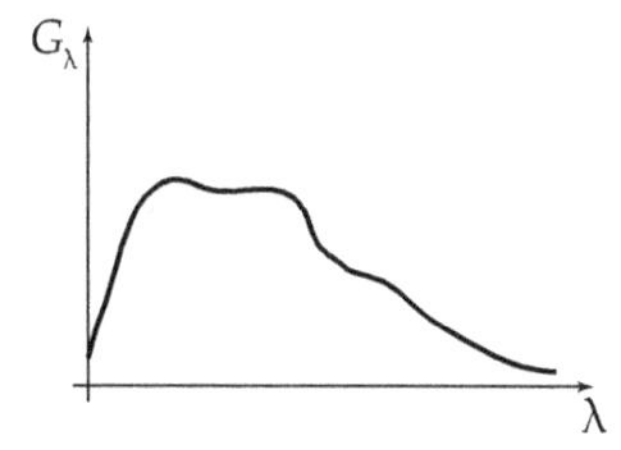

Figura 10.4 Irradiação espectral

10.2.4 Absortividade, refletividade e transmissividade

Dependendo da natureza do corpo sobre o qual a radiação incide, ele poderá absorver, refletir e transmitir a energia radiante incidente, conforme ilustrado na Figura 10.5. A fração da irradiação que é absorvida é denominada *absortividade* α da superfície; a *refletividade*, ρ, é a fração da irradiação que é refletida para o meio ambiente; e a *transmissividade*, τ, é a fração da radiação que é transmitida através do corpo. Ou seja:

$$\alpha = \frac{G_{abs}}{G}\,;\ \rho = \frac{G_{refl}}{G}\,;\ \tau = \frac{G_{trans}}{G}$$

Note que os índices *abs*, *refl* e *trans* se referem, respectivamente, a irradiação absorvida, refletida e transmitida.

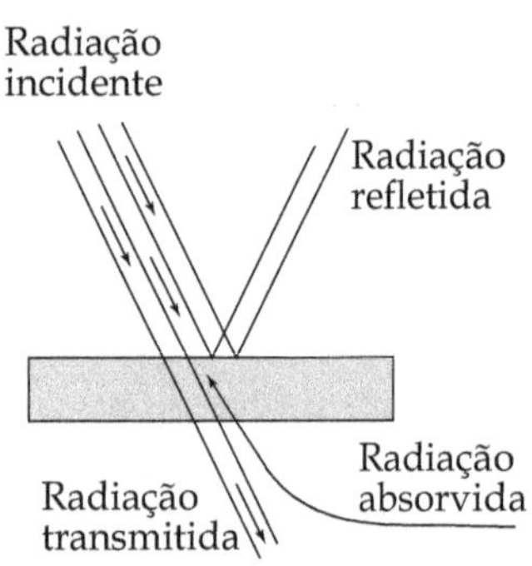

Figura 10.5 Radiação incidente

Lembrando que o fluxo incidente deve ser igual à somatória do fluxo transmitido, do refletido e do absorvido, obtemos:

$$G = \alpha G + \rho G + \tau G \tag{10.4}$$

Dessa equação decorre imediatamente que:

$$\alpha + \rho + \tau = 1 \tag{10.5}$$

Ou seja, a soma da absortividade, da refletividade e da transmissividade é necessariamente igual à unidade. Note-se que essas propriedades são dependentes das características da superfície e, também, do comprimento de onda da radiação incidente.

10.2.5 Radiosidade

Devemos observar que uma superfície pode transferir energia radiante para o meio por intermédio de dois mecanismos distintos. O primeiro consiste na emissão causada pelo fato de que a superfície está em uma temperatura não nula, o que nos conduz ao conceito de poder emissivo; o segundo consiste na reflexão da irradiação, que nos leva ao conceito da grandeza refletividade. A *radiosidade*, simbolizada pela letra J, é a grandeza que leva em consideração esses dois mecanismos.

Primeiramente, definimos *radiosidade espectral* como a soma do poder emissivo espectral com a irradiação espectral refletida, ou seja:

$$J_\lambda \equiv E_\lambda + G_{\lambda refl} \tag{10.6}$$

Devemos, então, interpretar a radiosidade espectral como sendo a taxa de energia radiante com comprimento de onda λ, por unidade de área emissora e por unidade de comprimento de onda que deixa uma superfície.

Assim sendo, podemos afirmar que a *radiosidade total*, ou simplesmente radiosidade, pode ser dada por:

$$J = \int_0^\infty J_\lambda d\lambda = \int_0^\infty E_\lambda d\lambda + \int_0^\infty G_{\lambda refl} d\lambda \tag{10.7}$$

ou

$$J_\lambda = E + G_{refl} \tag{10.8}$$

Dessa forma, podemos concluir que a grandeza radiosidade total é a taxa de transferência de calor por unidade de área emissora, W/m², que engloba toda taxa de energia radiante emitida em todas as direções e toda taxa de energia radiante refletida em todas as direções e em todos os comprimentos de onda. Ou seja, a radiosidade total de uma superfície consiste em toda a energia radiante por unidade de área e por unidade de tempo que deixa essa superfície.

10.2.6 Intensidade de radiação

Primeiramente, lembremo-nos das definições de ângulo plano e sólido diferenciais. Para tal, observemos a Figura 10.6, a partir da qual definimos o ângulo plano diferencial como:

$$d\alpha \equiv \frac{dl}{r} \qquad (10.9)$$

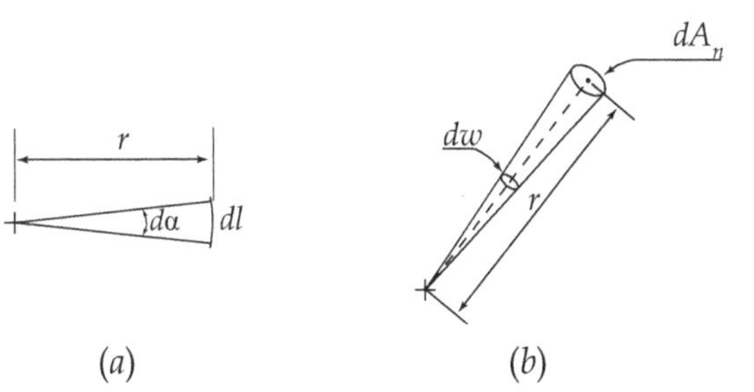

Figura 10.6 Ângulos plano e sólido

Similarmente, o ângulo sólido diferencial é definido como:

$$dw \equiv \frac{dA_n}{r^2} \qquad (10.10)$$

Como podemos observar por meio dessas definições, os ângulos planos e sólidos são essencialmente adimensionais, mas, mesmo assim, convencionamos dizer que os ângulos planos são medidos em radianos e os sólidos em esterorradianos, sr.

Como, dada uma superfície, ela pode emitir energia radiante em todas as direções, consideremos a situação ilustrada na Figura 10.7, na qual observamos um elemento de área dA emitindo energia radiante na direção definida pelo vetor $\boldsymbol{r}$, o qual estabelece a posição de elemento de área dA_n.

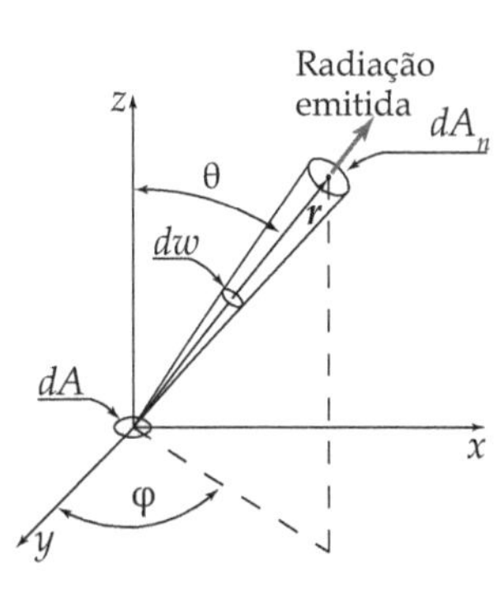

Figura 10.7 Intensidade de radiação

Tendo em vista que desejamos conhecer o comportamento da radiação em uma dada direção, definimos a *intensidade de radiação* como sendo a taxa de transferência de energia radiante em uma determinada direção por unidade de área normal a essa direção e por unidade de ângulo sólido e a simbolizamos pela letra I. No Sistema Internacional sua unidade é $W/(m^2sr)$.

10.3 O CORPO NEGRO E OS CORPOS REAIS

Todo corpo em temperatura absoluta não nula emite energia por radiação, transferindo-a para o meio. Consideremos, então, que a superfície de um corpo qualquer emite uma quantidade de energia radiante por unidade de área e por unidade de tempo, que consiste em um fluxo de calor, usualmente denominado *poder emissivo*, E, cuja unidade no Sistema Internacional de Unidades é W/m^2. Isso posto, a questão que se coloca é: existe um limite máximo para o poder emissivo? Essa questão é respondida a partir da definição de *corpo negro*. Denominamos corpo negro um corpo ideal que, em uma dada temperatura, emite e absorve a máxima quantidade possível de energia radiante e, por esse motivo, a sua superfície apresenta o poder emissivo máximo, o qual é expresso por:

$$E_n = \sigma T^4 \qquad (10.11)$$

Nessa equação:

- E_n é o poder emissivo do corpo negro, em W/m^2;
- σ é a constante de Stefan-Boltzmann, igual a 5,67 E-8 $W/(m^2.K^4)$;
- T é a temperatura da superfície emissora medida em escala absoluta, em K.

Devemos lembrar que a taxa de calor emitida por um corpo negro devido ao fato de sua superfície estar em uma temperatura T é dada por $\dot{Q}_n = AE_n$ e, nessa expressão, A é a área da superfície por meio da qual o corpo negro emite energia.

Uma outra forma de definir um corpo negro é afirmando que esse é um perfeito emissor e absorvedor de radiação. Além de ser caracterizado por ter poder emissivo máximo, esse corpo ideal denominado corpo negro apresenta outras características. Uma delas é que seu poder emissivo é o mesmo para todas as direções, o que resulta em uma distribuição espacial isotrópica de emissão de energia por radiação, o que não acontece, por exemplo, com uma luminária caseira que emite energia segundo intensidades distintas em diferentes direções. Outra característica é que, além de apresentar poder emissivo máximo, o corpo negro também apresenta absortividade, α, unitária. Lembrando: absortividade é a relação entre o fluxo de energia efetivamente absorvido pela superfície, G_{abs}, e o fluxo incidente, G. Assim, podemos afirmar que um corpo negro absorve toda a energia radiante nele incidente, não ocorrendo reflexão. Note que, nesse caso, o poder emissivo de uma superfície negra é igual à sua radiosidade.

Fisicamente, podemos imaginar que uma grande cavidade isotérmica em um material real dotada de uma pequena abertura se aproxima muito de um corpo negro, já que a radiação ao penetrar na cavidade através da abertura sofre no interior dessa cavidade uma série de interações com a sua parede interna que se constituem em uma série de múltiplas reflexões e, simultaneamente, absorções. Esse fato nos leva a imaginar que praticamente toda a energia incidente na cavidade é absorvida, similarmente ao que ocorreria com um corpo negro. Como a cavidade é formada por uma superfície isotérmica, observamos emissão de radiação em seu interior. Uma fração dessa energia é emitida através da abertura, o que a aproxima de uma emissão idealmente difusa e, por esse motivo, dizemos que essa cavidade está se comportando com um perfeito emissor, aproximando-se, novamente, do comportamento de um corpo negro.

A potência emissiva espectral de um corpo negro se relaciona com a sua temperatura, sendo que essa correlação foi desenvolvida por Max Planck em 1901.

$$E_{n\lambda} = \frac{C_1}{\lambda^5\left[\exp(C_2/\lambda T) - 1\right]} \quad (10.12)$$

Essa expressão nos dá a potência emissiva espectral do corpo negro, $E_{n\lambda}$, W/(m²μm), em função do comprimento de onda λ e da sua temperatura absoluta T. Nessa expressão:

$C_1 = 3{,}74177$ E+8 Wμm⁴/m²

$C_2 = 1{,}43878$ E+4 μm.K

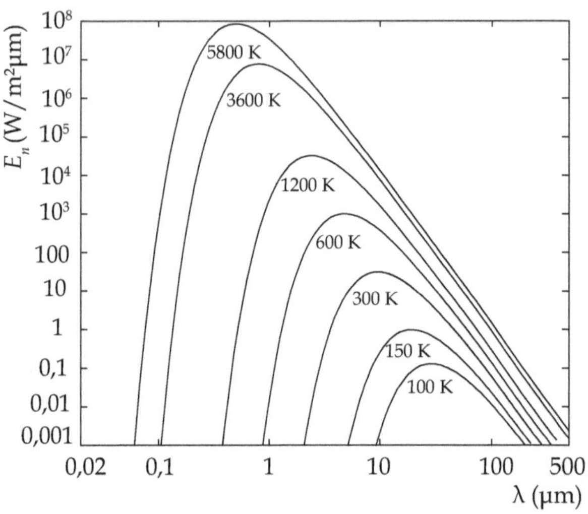

Figura 10.8 Potência emissiva espectral

Na Figura 10.8 apresentamos graficamente a potência emissiva espectral de um corpo negro em função do comprimento de onda parametrizada pela sua temperatura absoluta. Observamos que, para cada temperatura, a potência emissiva máxima apresenta um valor máximo que ocorre em comprimentos de onda cada vez menores à medida que a temperatura aumenta. Dada uma temperatura, podemos determinar o comprimento de onda no qual esse valor máximo ocorre utilizando a lei de Wien do deslocamento, expressa por:

$$\lambda T = 2897{,}8 \text{ μm.K} \quad (10.13)$$

Devemos observar que essa expressão nos dá para uma temperatura T o comprimento de onda λ no qual o valor máximo da potência espectral do corpo negro ocorre.

Consideremos, agora, um corpo real. A taxa de emissão de energia desse corpo para a vizinhança é uma fração da taxa que ele emitiria se fosse um corpo negro e, por esse motivo, é dada por:

$$\dot{Q} = \varepsilon\sigma A T^4 \qquad (10.14)$$

Lembramos que a emissividade, ε, cujo valor é menor ou igual à unidade, é uma propriedade da superfície emissora de energia e depende das suas características, e não necessariamente é a mesma para todos os comprimentos de onda emitidos.

10.4 O FATOR DE FORMA

Consideremos duas superfícies reais com áreas A_1 e A_2, que estejam em temperaturas diferentes T_1 e T_2, que tenham emissividades ε_1 e ε_2 e que estejam uma na presença da outra – veja a Figura 10.9. Partindo da Equação (10.3), podemos determinar a taxa de calor que cada uma delas emite. Supondo que o meio entre elas existente, por exemplo o ar, não interfira de forma significativa no processo de transferência de calor por radiação, poderemos afirmar que uma fração da taxa de energia emitida pela superfície A_1 chegará na A_2 e, similarmente, uma fração da taxa de energia emitida pela A_2 chegará na A_1, o que deve resultar em uma taxa líquida de calor entre as duas. A questão que se coloca é: como avaliar essa taxa de calor líquida?

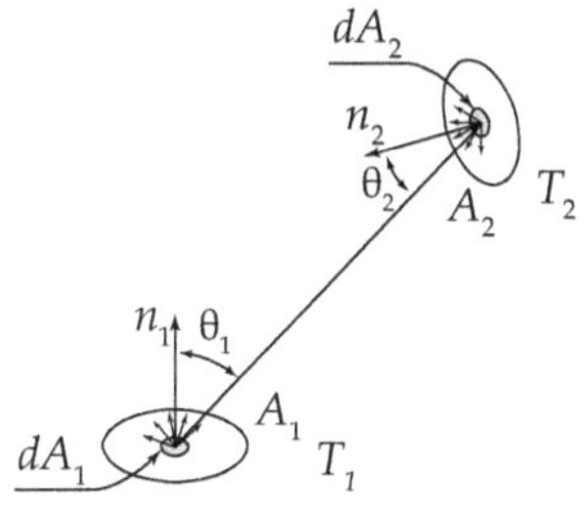

Figura 10.9 Troca radiante entre superfícies

Ao observar a Figura 10.9 notamos que, na medida em que os ângulos θ_1 e θ_2 forem alterados, essa taxa de calor líquida também variará, ou seja: essa taxa dependerá fortemente dos aspectos geométricos envolvidos. Dessa forma, para responder à questão colocada, devemos nos apoiar em uma grandeza que leva em consideração as características geométricas envolvidas e que denominamos *fator de forma,* a qual é definida como a fração de energia que deixa uma superfície e atinge a outra.

Seja:

- $\dot{Q}_1 = A_1 J_1$ a taxa de calor que deixa o corpo 1;
- $\dot{Q}_{12}$ a taxa de calor que deixa o corpo 1 e atinge o corpo 2;
- $\dot{Q}_2 = A_2 J_2$ a taxa de calor que deixa o corpo 2;
- $\dot{Q}_{21}$ a taxa de calor que deixa o corpo 2 e atinge o corpo 1.

Como o fator de forma é a fração da energia que deixa uma superfície e atinge a outra, obtemos:

$$F_{12} = \frac{\dot{Q}_{12}}{\dot{Q}_1} = \frac{\dot{Q}_{12}}{A_1 J_1} \qquad (10.15a)$$

e

$$F_{21} = \frac{\dot{Q}_{21}}{\dot{Q}_2} = \frac{\dot{Q}_{21}}{A_2 J_2} \qquad (10.15b)$$

Devido à sua própria natureza, partindo-se da pressuposição de que as superfícies 1 e 2 sejam isotérmicas, difusas e com radiosidade uniforme, verifica-se que os fatores de forma F_{12} e F_{21} correlacionam-se, de forma que:

$$A_1 F_{12} = A_2 F_{21} \qquad (10.16)$$

Essa expressão, denominada *relação de reciprocidade*, é frequentemente utilizada para determinação de um fator de forma a partir do conhecimento do segundo.

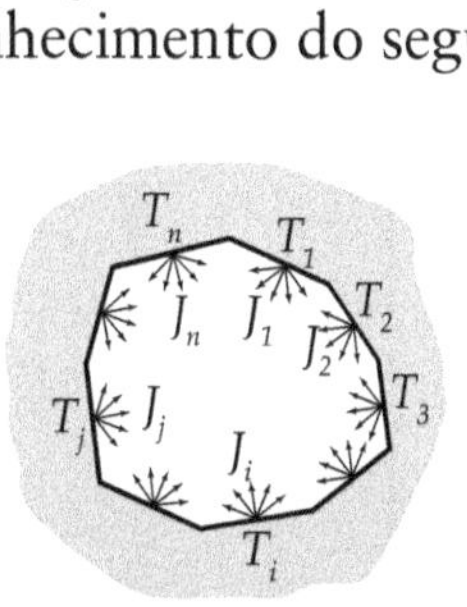

Figura 10.10 Cavidade fechada

Uma segunda relação se refere às superfícies que formam uma cavidade fechada, conforme ilustrado na Figura 10.10. Essa cavidade é formada por um número arbitrário n de superfícies, de forma que toda a energia radiante emitida por uma superfície atinge o conjunto formado pelas superfície que formam a cavidade. Assim sendo, podemos afirmar que:

$$\sum_{j=1}^{n} F_{ij} = 1 \qquad (10.17)$$

Essa expressão é conhecida por *regra do somatório*. Devemos observar que não estabelecemos nenhuma restrição quanto à planaridade das superfícies que formam a cavidade. Entretanto, devemos notar que, se ela for plana ou convexa, necessariamente $F_{ii} = 0$, já que nesse caso a radiação por ela emitida não poderá atingi-la diretamente. Entretanto, se ela for côncava, parte da radiação por ela emitida será interceptada por ela mesma e, então, teremos $F_{ii} \neq 0$.

Uma terceira regra consiste na *regra da simetria*: se duas superfícies são simétricas em relação a uma terceira, então seus fatores de forma em relação a essa superfície são iguais.

Tabela 10.1 Fatores de forma – configurações bidimensionais

Configuração	Diagrama	Fator de forma F_{12}
Método das linhas cruzadas	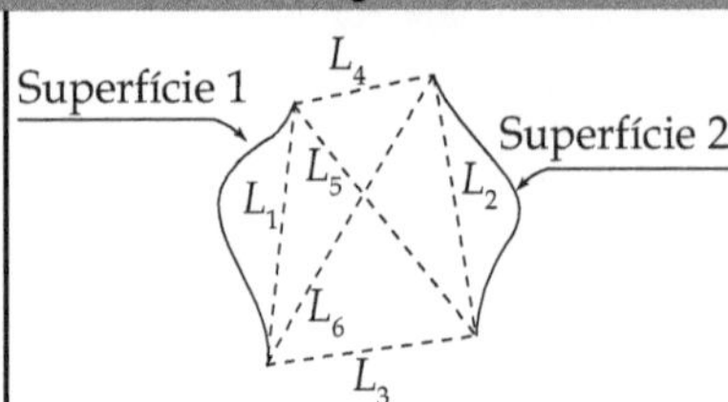	$F_{12} = \dfrac{(L_5 + L_6) - (L_3 + L_4)}{2L_1}$ (10.18)
Placas planas paralelas com comprimento infinito	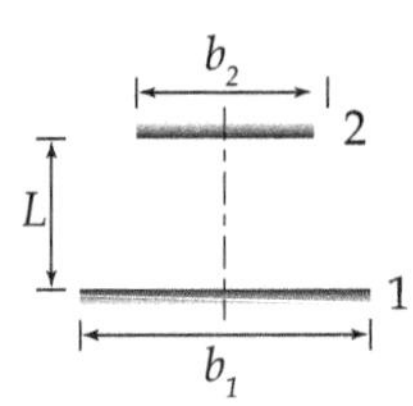	$B_1 = b_1/L \qquad B_2 = b_2/L$ $F_{12} = \dfrac{\left[(B_1 + B_2)^2 + 4\right]^{1/2} - \left[(B_2 - B_1)^2 + 4\right]^{1/2}}{2B_1}$ (10.19)
Placas planas com comprimento infinito e largura L com lado comum formando um ângulo θ	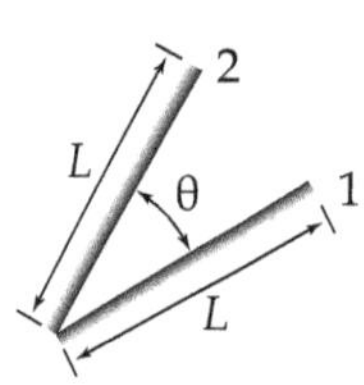	$F_{12} = 1 - sen\left(\dfrac{\theta}{2}\right)$ (10.20)
Placas planas, com comprimentos infinitos, larguras L_1 e L_2, perpendiculares entre si com lado comum	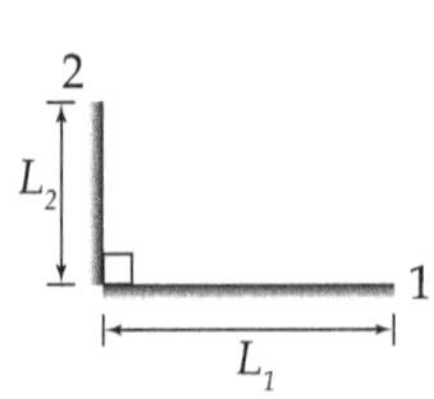	$F_{12} = \dfrac{1 + (L_2/L_1) - \left[1 + (L_2/L_1)^2\right]^{1/2}}{2}$ (10.21)
Cavidade com comprimento infinito e seção transversal triangular	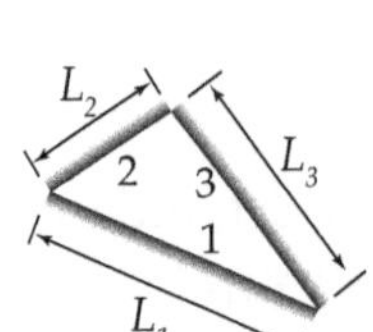	$F_{12} = \dfrac{L_1 + L_2 - L_3}{2L_1}$ (10.22)

Ou seja, se as superfícies 1 e 2 são simétricas em relação a uma superfície 3, podemos afirmar que $F_{13} = F_{23}$.

De maneira geral, quando uma configuração geométrica tem uma das suas dimensões muito maior do que as demais a tratamos como sendo bidimensional e nas demais situações as tratamos como sendo tridimensionais. Na literatura, dispõe-se de uma quantidade razoável de expressões resultantes de trabalho analítico para a determinação de fatores de forma. Nas Tabelas 10.1 e 10.2 apresentamos algumas soluções para fatores de forma para configurações bidimensionais e tridimensionais disponíveis na literatura.

Em particular, chamamos a atenção para o método das linhas cruzadas, sumariamente apresentado na primeira linha da Tabela 10.1. Esse método permite a fácil determinação de fator de forma entre duas superfícies com geometria tal que possam ser consideradas bidimensionais.

Além do apresentado na Tabela 10.1, observamos que há duas situações particulares interessantes.

Tabela 10.2 Fatores de forma – configurações tridimensionais

Área A_1 muito pequena frente à área do disco A_2	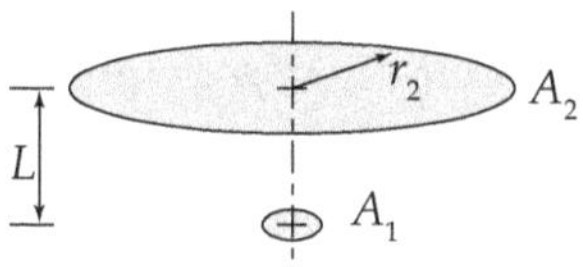	$F_{12} = \dfrac{r_2^2}{r_2^2 + L^2}$ (10.23)
Discos paralelos com centros coaxiais	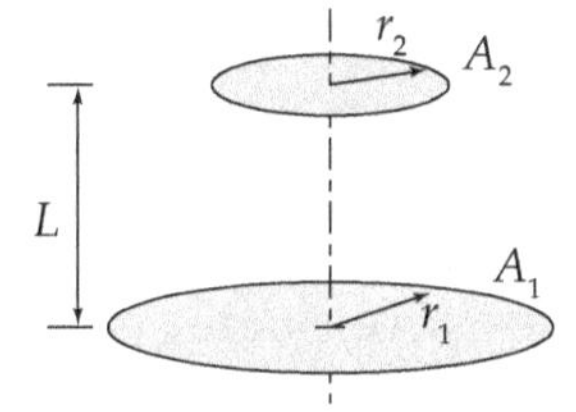	$M_1 = r_1/L \quad M_2 = r_2/L \quad S = 1 + \dfrac{1+M_2^2}{M_1^2}$ $F_{12} = \dfrac{1}{2}\left\{S - \left[S^2 - 4\left(\dfrac{r_2}{r_1}\right)^2\right]^{1/2}\right\}$ (10.24)
Retângulos paralelos alinhados	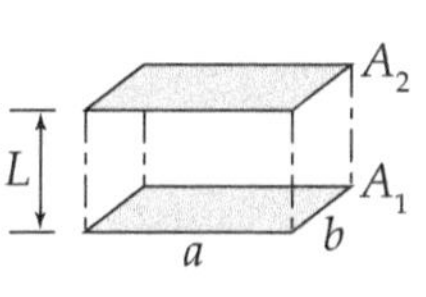 $x = a/L \qquad y = b/L$	$F_{12} = \dfrac{2}{\pi x y}\left\{ ln\left[(1+x^2)(1+y^2)/(1+x^2+y^2)\right]^{1/2} + x(1+y^2)^{1/2} tan^{-1}\left(x/(1+y^2)^{1/2}\right) + y(1+x^2)^{1/2} tan^{-1}\left(y/(1+x^2)^{1/2}\right) - x\, tan^{-1}x - y\, tan^{-1}y \right\}$ (10.25)
Retângulos perpendiculares	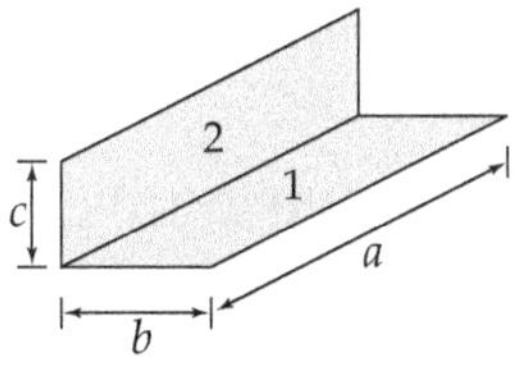	$H = c/a \quad L = b/a$ $F_{12} = \dfrac{1}{\pi L}\left(L tan^{-1}\dfrac{1}{L} + H tan^{-1}\dfrac{1}{H} - (H^2+L^2)^{1/2} tan^{-1}\dfrac{1}{(H^2+L^2)^{1/2}} + \dfrac{1}{4} ln\left\{ \dfrac{(1+L^2)(1+H^2)}{1+L^2+H^2}\left[\dfrac{L^2(1+L^2+H^2)}{(1+L^2)(L^2+H^2)}\right]^{L^2} \cdot \left[\dfrac{H^2(1+H^2+L^2)}{(1+H^2)(H^2+L^2)}\right]^{H^2}\right\}\right)$ (10.26)

A primeira consiste na configuração geométrica constituída por dois planos infinitos paralelos e, nesse caso, $F_{12} = F_{21} = 1$. A segunda consiste na configuração na qual um corpo 1 com forma tal que ele não pode ver nenhuma de suas partes, por exemplo, uma esfera, é totalmente envolvido pelo corpo 2, por exemplo, um cubo. Nesse caso, obtemos $F_{12} = 1$.

Embora tenhamos capacidade computacional adequada ao uso das equações para a determinação dos fatores de forma, pode ser muito interessante o uso de diagramas que permitam a avaliação gráfica de fatores de forma quando se deseja realizar cálculos rápidos. Assim, a partir das equações da Tabela 10.1 preparamos, com auxílio computacional, diagramas que são apresentados nas Figuras 10.20, 10.21 e 10.22, apresentadas no item 10.10.

10.5 TRANSFERÊNCIA DE CALOR POR RADIAÇÃO ENTRE DUAS SUPERFÍCIES NEGRAS

Consideremos, inicialmente, duas superfícies que possam ser tratadas como sendo negras, identificadas pelos índices 1 e 2, conforme ilustrado na Figura 10.11.

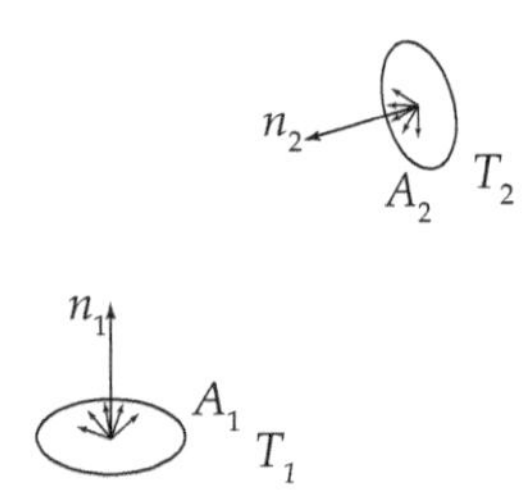

Figura 10.11 Troca radiante entre superfícies negras

Seja $\dot{Q}_{12}$ a taxa de energia emitida pela superfície 1 que atinge a 2 e, similarmente, $\dot{Q}_{21}$ a taxa de energia emitida pela superfície 2 que atinge a 1. Pelo fato de serem consideradas negras, as superfícies A_1 e A_2 não são refletoras, $\rho = 0$, e, por esse motivo, suas radiosidades serão iguais aos seus poderes emissivos, que são iguais aos do corpo negro. Logo:

$$\dot{Q}_{12} = A_1 J_1 F_{12} = A_1 E_{n1} F_{12} = A_1 \sigma T_1^4 F_{12} \quad (10.27)$$

$$\dot{Q}_{21} = A_2 J_2 F_{21} = A_2 E_{n2} F_{21} = A_2 \sigma T_2^4 F_{21} \quad (10.28)$$

Denominemos $\dot{Q}_1$ a taxa líquida de energia radiante transferida da superfície A_1 para a A_2. Essa taxa líquida é dada por:

$$\begin{aligned} \dot{Q}_1 &= \dot{Q}_{12} - \dot{Q}_{21} = \\ &= A_1 \sigma T_1^4 F_{12} - A_2 \sigma T_2^4 F_{21} \end{aligned} \quad (10.29)$$

Como $A_1 F_{12} = A_2 F_{21}$, podemos escrever:

$$\dot{Q}_1 = \dot{Q}_{12} - \dot{Q}_{21} = A_1 F_{12} \sigma \left(T_1^4 - T_2^4\right) \quad (10.30)$$

10.6 TRANSFERÊNCIA DE CALOR POR RADIAÇÃO EM CAVIDADE FORMADA POR SUPERFÍCIES NEGRAS

Vamos considerar que uma determinada superfície negra i esteja envolta por um conjunto de N superfícies negras que formam uma superfície envolvente, que chamaremos invólucro. Note que o invólucro e a superfície i formam uma cavidade. Veja a Figura 10.12.

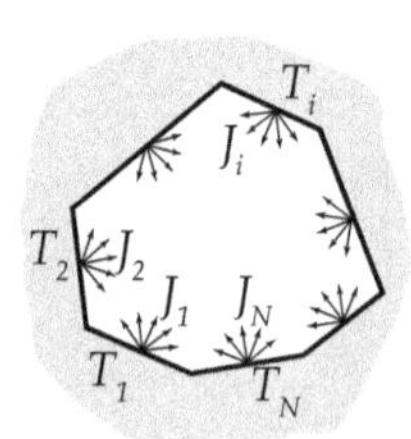

Figura 10.12 Cavidade formada por superfícies negras

A taxa líquida de transferência de energia radiante entre a superfície i e o invólucro é:

$$\dot{Q}_i = A_i \left(E_{ni} - G_i\right) \quad (10.31)$$

O termo $A_i G_i$ é igual à soma de todas as taxas de energia radiantes emitidas pelas superfícies que formam a cavidade e que atingem a superfície *i*.

$$A_i G_i = E_{n1} A_1 F_{1i} + E_{n2} A_2 F_{2i} + + E_{n3} A_3 F_{3i} + \cdots + E_{nN} A_N F_{Ni} \quad (10.32a)$$

Logo:

$$A_i G_i = \sum_{j=1}^{N} E_{nj} A_j F_{ji} = \sum_{j=1}^{N} E_{nj} A_i F_{ij} \quad (10.32b)$$

$$\dot{Q}_i = A_i \left(E_{n1} - \sum_{j=1}^{N} E_{nj} F_{ij} \right) \quad (10.33)$$

Observe que:

$$A_i E_{ni} = \sum_{j=1}^{N} E_{ni} A_i F_{ij} \quad (10.34)$$

Consequentemente:

$$\dot{Q}_i = A_i \left(\sum_{j=1}^{N} E_{ni} F_{ij} - \sum_{j=1}^{N} E_{nj} F_{ij} \right) = = \sum_{j=1}^{N} A_i F_{ij} \left(E_{ni} - E_{nj} \right) = = \sum_{j=1}^{N} A_i F_{ij} \sigma \left(T_i^4 - T_j^4 \right) \quad (10.35)$$

A partir da Equação (10.35), podemos concluir que a taxa de calor líquida transferida da superfície *i* para o invólucro consiste na soma das taxas líquidas de calor observadas entre a superfície *i* e cada uma das superfícies que constituem a cavidade.

10.7 TROCA POR RADIAÇÃO ENTRE DUAS SUPERFÍCIES OPACAS NÃO NEGRAS

Analisemos o processo de transferência de calor por radiação entre duas superfícies não negras, ilustradas na Figura 10.13, que formam uma cavidade.

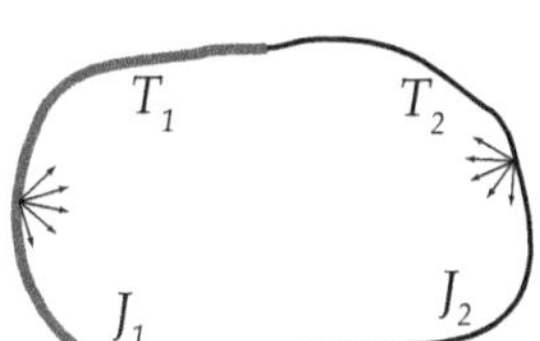

Figura 10.13 Troca radiante entre duas superfícies opacas

Consideremos, por hipótese, que as duas superfícies sejam opacas, isotérmicas, cinza, difusas e que as suas emissividades sejam iguais às suas absortividades, $\varepsilon_i = \alpha_i$.

Seja $\dot{Q}_{12}$ a taxa de energia emitida pela superfície 1 que atinge a 2 e, similarmente, $\dot{Q}_{21}$ a taxa de energia emitida pela superfície 2 que atinge a 1. Podemos, então, afirmar:

$$\dot{Q}_{12} = A_1 J_1 F_{12} \quad (10.36)$$

$$\dot{Q}_{21} = A_2 J_2 F_{21} \quad (10.37)$$

Em consequência, a taxa líquida de calor transferida da superfície 1 para a 2 é dada por:

$$\dot{Q}_1 = A_1 J_1 F_{12} - A_2 J_2 F_{21} \quad (10.38)$$

Como $A_1 F_1 = A_2 F_2$, podemos afirmar que:

$$\dot{Q}_1 = A_1 F_{12} \left(J_1 - J_2 \right) \quad (10.39)$$

Essa taxa de calor pode ser expressa como:

$$\dot{Q}_1 = \frac{\left(J_1 - J_2 \right)}{1/A_1 F_{12}} \quad (10.40)$$

A Equação (10.40) viabiliza a determinação da taxa líquida de calor desde que as radiosidades das superfícies 1 e 2 sejam conhecidas. É importante observar que essa equação nos permite considerar que a taxa de calor líquida transferida pela superfície 1 para a 2 pode ser interpretada como sendo causada por um diferencial de potencial dado por $J_1 - J_2$ quando é observada a *resistência radiante* à transferência de calor por radiação dada por $1/(A_1 F_{12})$.

Observando a superfície 1, notamos que a taxa de calor $\dot{Q}_1$ também pode ser entendida como sendo a taxa líquida total de calor que deixa essa superfície por radiação, a qual é interceptada pela superfície 2. Fazendo um balanço de energia na superfície 1, verificamos que:

$$\dot{Q}_1 = A_1\left(J_1 - G_1\right) \quad (10.41)$$

A parcela A_1J_1 é a taxa de calor radiante total que deixa a superfície 1, e o termo A_1G_1 é a taxa total de calor radiante que atinge a superfície 1, que, nesse caso, é proveniente apenas da superfície 2.

Sabemos que:

$$J_1 = E_1 - G_{refl,1} = E_1 + \rho_1 G_1 \quad (10.42)$$

Para uma superfície qualquer, $\alpha_1 + \rho_1 + \tau_1 = 1$. Como, por hipótese, a superfície é opaca, $\tau_1 = 0$, e, como ela também é cinza difusa e $\varepsilon_1 = \alpha_1$, obtemos:

$$\varepsilon_1 + \rho_1 = 1 \Rightarrow \rho_1 = 1 - \varepsilon_1$$

Substituindo esse resultado na Equação (10.42), vem:

$$J_1 = E_1 + \left(1 - \varepsilon_1\right)G_1 \quad (10.43)$$

Manipulando essa equação, obtemos:

$$G_1 = \frac{J_1 - \varepsilon_1 E_{n1}}{\left(1 - \varepsilon_1\right)} \quad (10.44)$$

Substituindo esse resultado na Equação (10.41), obtemos:

$$\dot{Q}_1 = A_1\left(J_1 - \frac{J_1 - \varepsilon_1 E_{n1}}{\left(1 - \varepsilon_1\right)}\right) \quad (10.45)$$

Rearranjando, obtemos:

$$\dot{Q}_1 = \frac{E_{n1} - J_1}{\left(1 - \varepsilon_1\right)/\varepsilon_1 A_1} \quad (10.46)$$

Essa equação nos permite considerar que a taxa de calor líquida transferida da superfície 1 para a 2 pode ser interpretada como sendo causada por um diferencial de potencial dado por $E_{n1} - J_1$ quando é observada a *resistência equivalente* da superfície 1 dada por $(1-\varepsilon_1)/(\varepsilon_1 A_1)$. Notemos que essa resistência é uma característica específica da superfície 1.

Por meio de raciocínio análogo, podemos concluir que a taxa líquida de calor radiante transferida da superfície 2 para a 1 é dada por:

$$\dot{Q}_2 = \frac{E_{n2} - J_2}{\left(1 - \varepsilon_2\right)/\varepsilon_2 A_2} \quad (10.47)$$

Como a cavidade é formada apenas pelas superfícies 1 e 2, temos: $\dot{Q}_1 = -\dot{Q}_2$, ou seja:

$$\dot{Q}_1 = \frac{J_2 - E_{n2}}{\left(1 - \varepsilon_2\right)/\varepsilon_2 A_2} \quad (10.48)$$

Analogamente ao já discutido anteriormente, podemos considerar que a taxa de calor líquida transferida pela superfície 1 para a 2 pode ser interpretada como sendo causada por um diferencial de potencial dado por $J_2 - E_{n2}$ quando é observada a *resistência equivalente* da superfície 2 dada por $(1-\varepsilon_2)/(\varepsilon_2 A_2)$. Ressaltamos que essa resistência é uma característica específica da superfície 2.

Reunindo as Equações (10.40), (10.46) e (10.48), obtemos:

$$\dot{Q}_1 = \frac{E_{n1} - J_1}{\left(1 - \varepsilon_1\right)/\varepsilon_1 A_1} = \frac{\left(J_1 - J_2\right)}{1/A_1 F_{12}} = \frac{J_2 - E_{n2}}{\left(1 - \varepsilon_2\right)/\varepsilon_2 A_2} \quad (10.48)$$

Aproveitando o fato de que identificamos resistências à transferência de calor por radiação, podemos fazer uma analogia desse processo de transferência de calor com a lei de Ohm. A partir dessa analogia, podemos afirmar que o processo de transferência de calor entre as superfícies 1 e 2 pode ser representado pelo circuito térmico equivalente apresentado na Figura 10.14, o qual é constituído por três resistências em série através das quais observamos a taxa líquida de calor transferida da superfície 1 para a 2, que é dada por:

$$\dot{Q}_1 = \frac{E_{n1} - E_{n2}}{\dfrac{1-\varepsilon_1}{\varepsilon_1 A_1} + \dfrac{1}{A_1 F_{12}} + \dfrac{1-\varepsilon_2}{\varepsilon_2 A_2}} = \frac{\sigma\left(T_1^4 - T_2^4\right)}{\dfrac{1-\varepsilon_1}{\varepsilon_1 A_1} + \dfrac{1}{A_1 F_{12}} + \dfrac{1-\varepsilon_2}{\varepsilon_2 A_2}} \quad (10.49)$$

Essa equação é particularmente interessante porque permite a determinação da taxa líquida de calor desconhecendo-se as radiosidades das superfícies 1 e 2. Como não podia deixar de ser, essa equação nos mostra que a taxa líquida de calor observada entre as superfícies 1 e 2 depende do fator de forma F_{12}, das áreas, das emissividades e das temperaturas dessas superfícies.

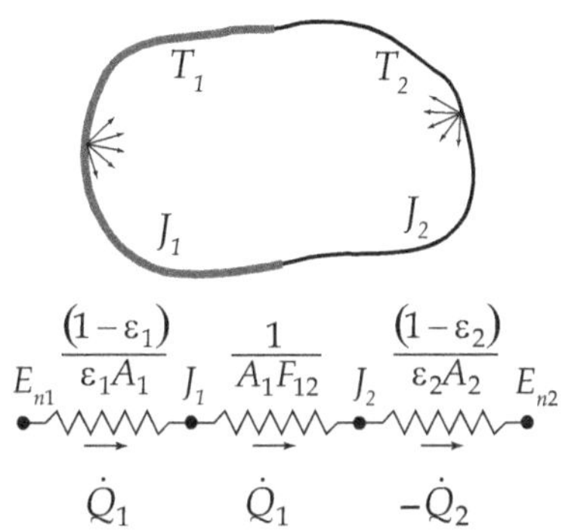

Figura 10.14 Circuito térmico equivalente

Complementarmente, verificamos que, a partir da determinação prévia da taxa líquida de calor, podemos determinar as radiosidades das superfícies 1 e 2 utilizando as equações:

$$\dot{Q}_1 = \frac{E_{n1} - J_1}{\dfrac{1-\varepsilon_1}{\varepsilon_1 A_1}} \qquad (10.50)$$

$$\dot{Q}_1 = \frac{J_2 - E_{n2}}{\dfrac{1-\varepsilon_2}{\varepsilon_2 A_2}} \qquad (10.51)$$

10.8 TROCA POR RADIAÇÃO EM CAVIDADES FORMADAS POR DIVERSAS SUPERFÍCIES

O propósito deste item é generalizar a análise realizada no item 10.7 para uma cavidade formada por um número finito de superfícies cinza, difusas, isotérmicas e opacas. Para tal, analisaremos o processo térmico em uma superfície i de uma cavidade composta por N superfícies que emitem energia radiante, conforme ilustrado na Figura 10.15.

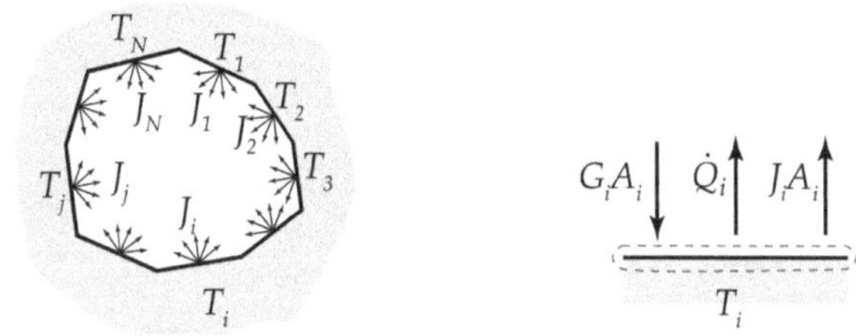

(a) (b)

Figura 10.15 Troca por radiação em cavidade

Consideremos, por hipótese, que cada uma das superfícies tenha a sua emissividade igual à sua absortividade, $\varepsilon = \alpha$. Seja: G_iA_i a taxa de calor incidente sobre a superfície devido à irradiação G_i, J_iA_i a taxa de calor emitida pela a superfície devido à radiosidade J_i e $\dot{Q}_i$ a taxa de calor líquida que deixa a superfície i. O balanço de energia radiante na superfície i nos dá:

$$\dot{Q}_i = A_i\left(J_i - G_i\right) \qquad (10.52)$$

De acordo com a Equação (10.8), temos:

$$J_i = E_i + G_{refl\,i} = E_i + \rho_i G_i \qquad (10.53)$$

Sabemos que, para uma superfície i, $\alpha_i + \rho_i + \tau_i = 1$ e, se ela for opaca, sua transmissividade será nula e, em consequência, teremos: $\alpha_i + \rho_i = 1 \Rightarrow \rho_i = 1 - \alpha_i$. Como, por hipótese, a superfície i é cinza e difusa e $\varepsilon_i = \alpha_i$, temos: $\rho_i = 1 - \alpha_i = 1 - \varepsilon_i$. Substituindo esse valor na Equação (10.53), obtemos:

$$J_i = E_i + \rho_i G_i = \varepsilon_i E_{ni} + \left(1 - \varepsilon_i\right) G_i \qquad (10.54)$$

Nessa equação, E_{ni} é o poder emissivo da superfície i supondo-a como uma superfície negra, ou seja: $E_{ni} = \sigma T_i^4$.

Manipulando a Equação (10.54), obtemos:

$$G_i = \frac{J_i - \varepsilon_i E_{ni}}{\left(1 - \varepsilon_i\right)} \qquad (10.55)$$

Substituindo esse resultado na Equação (10.52), resulta:

$$\dot{Q}_i = A_i\left(J_i - \frac{J_i - \varepsilon_i E_{ni}}{(1-\varepsilon_i)}\right) \quad (10.56)$$

ou na equação equivalente:

$$\dot{Q}_i = \frac{E_{ni} - J_i}{(1-\varepsilon_i)/\varepsilon_i A_i} \quad (10.57)$$

Essa equação nos permite considerar que a taxa de calor líquida transferida pela superfície i para as demais superfícies que constituem a cavidade pode ser interpretada como sendo causada por um diferencial de potencial dado por $E_{ni} - J_i$ quando é observada a *resistência radiante* da superfície i dada por $(1-\varepsilon_i)/(\varepsilon_i A_i)$.

Voltemos à Equação (10.36). A irradiação sobre a superfície i é igual à soma de todas as taxas de emissão radiante que a atingem que são provenientes das superfícies que formam a cavidade.

$$\dot{Q}_i = A_i(J_i - G_i) = A_i J_i - A_i G_i = \\ = A_i J_i - \sum_{j=1}^{N} A_j F_{ji} J_j \quad (10.58)$$

Sabendo que $A_i F_{ij} = A_j F_{ji}$, podemos afirmar que:

$$\dot{Q}_i = A_i J_i - \sum_{j=1}^{N} A_j F_{ji} J_j = \\ = A_i\left(J_i - \sum_{j=1}^{N} F_{ij} J_j\right) \quad (10.59)$$

Lembrando que $\sum_{j=1}^{N} F_{ij} = 1$, obtemos:

$$\dot{Q}_i = A_i\left(\sum_{j=1}^{N} F_{ij} J_i - \sum_{j=1}^{N} F_{ij} J_j\right) = \\ = A_i \sum_{j=1}^{N} F_{ij}(J_i - J_j) = \sum_{j=1}^{N} \frac{(J_i - J_j)}{(1/A_i F_{ij})} \quad (10.60)$$

Ou seja:

$$\dot{Q}_i = \dot{Q}_{i1} + \dot{Q}_{i2} + \dot{Q}_{i3} + \\ + \cdots + \dot{Q}_{ij} + \cdots + \dot{Q}_{iN} \quad (10.61)$$

sendo que:

$$\dot{Q}_{ij} = \frac{(J_i - J_j)}{(1/A_i F_{ij})} \quad (10.62)$$

A Equação (10.61) nos mostra que a taxa líquida de energia radiante transferida da superfície i para o conjunto de superfícies que formam a cavidade é igual à somatória das taxas líquidas de energia transferidas da superfície i para cada uma das superfícies que compõem a cavidade.

Combinando a Equação (10.60) com a (10.57), resulta:

$$\dot{Q}_i = \sum_{j=1}^{N} \frac{(J_i - J_j)}{(1/A_i F_{ij})} = \frac{E_{ni} - J_i}{(1-\varepsilon_i)/\varepsilon_i A_i} \quad (10.63)$$

Por fim, observamos que, dada uma cavidade, podemos equacionar o processo de transferência de energia radiante por meio da aplicação desse conjunto de equações.

10.8.1 Circuitos equivalentes

Similarmente ao já discutido no item 10.7, as Expressões (10.57) e (10.62) sugerem o estabelecimento de uma analogia entre o processo de transferência de calor radiante em uma cavidade e a lei de Ohm, na qual a taxa líquida de calor, $\dot{Q}_{ij}$, é equivalente a uma corrente, a diferença entre radiosidades, $(J_i - J_j)$, é equivalente a uma diferença de potencial e o termo $1/(A_i F_{ij})$ é equivalente a uma resistência elétrica. Semelhantemente, $E_{ni} - J_i$ seria equivalente a uma diferença de potencial e $(1 - \varepsilon_i)/(\varepsilon_i A_i)$ a uma resistência elétrica.

A partir dessa analogia, podemos criar circuitos térmicos equivalentes nos quais os nós são caracterizados por radiosidades ou por poderes emissivos, que são os potenciais motores das transferências líquidas de energia radiante.

Consideremos, por exemplo, o conjunto de quatro superfícies cinza, difusas e isotérmicas ilustrado na Figura 10.16. A partir da Equação (10.63), podemos equacionar a taxa líquida de energia radiante transferida da superfície 1 para as demais:

$$\dot{Q}_1 = \sum_{j=1}^{4} \frac{(J_1 - J_j)}{(1/A_1F_{1j})} = $$
$$= \dot{Q}_{11} + \dot{Q}_{12} + \dot{Q}_{13} + \dot{Q}_{14} = \qquad (10.64)$$
$$= \frac{E_{n1} - J_1}{(1-\varepsilon_1)/\varepsilon_1 A_1}$$

$$\dot{Q}_1 = \sum_{j=1}^{4} \frac{(J_1 - J_j)}{(1/A_1F_{1j})} = \frac{(J_1 - J_1)}{(1/A_1F_{11})} +$$
$$+ \frac{(J_1 - J_2)}{(1/A_1F_{12})} + \frac{(J_1 - J_3)}{(1/A_1F_{13})} + \frac{(J_1 - J_4)}{(1/A_1F_{14})} = \qquad (10.65)$$
$$= \frac{E_{n1} - J_1}{(1-\varepsilon_1)/\varepsilon_1 A_1}$$

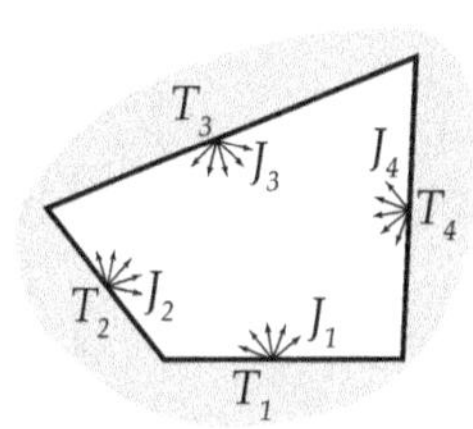

Figura 10.16 Cavidade formada por quatro superfícies

Esse equacionamento pode ser adequadamente visualizado por intermédio do circuito equivalente da Figura 10.17.

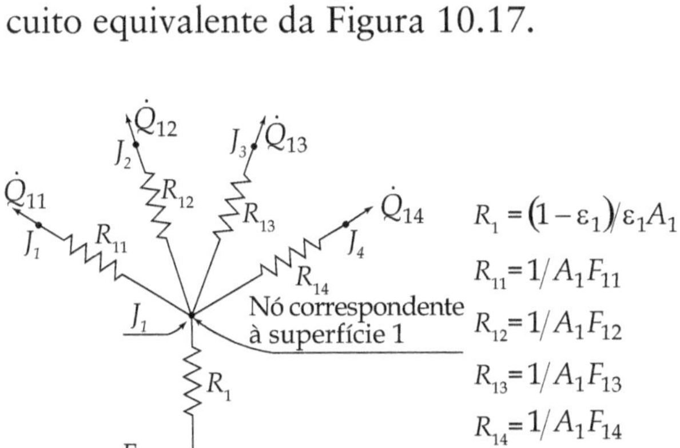

Figura 10.17 Circuito equivalente

Note que a taxa líquida de calor radiante da superfície *i* para ela mesma, independentemente da sua forma geométrica, é nula. A análise desse processo térmico utilizando analogia com circuito elétrico nos permite visualizar mais facilmente o fenômeno e estabelecer de forma direta as equações que os representam.

10.8.2 Análise de cavidades formadas por duas superfícies

Consideremos que uma cavidade seja formada por duas superfícies isotérmicas, cinza e difusas conforme ilustrado na Figura 10.18.

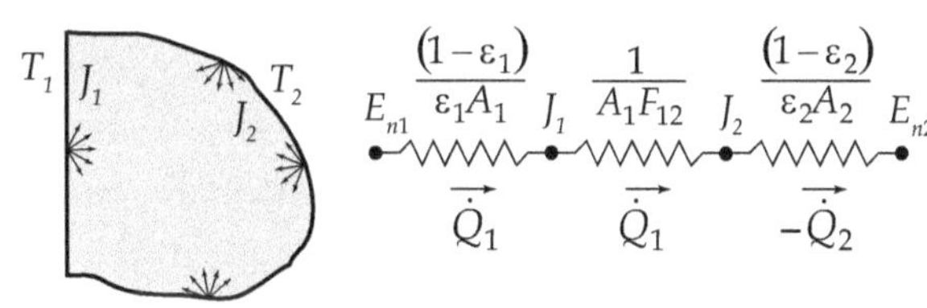

Figura 10.18 Taxa de calor radiante entre duas superfícies

Por inspeção, observamos que a taxa líquida de energia radiante emitida pela superfície 1 que denominamos $\dot{Q}_1$ deve ser igual à taxa líquida de energia transferida entre as superfícies 1 e 2 que denominamos $\dot{Q}_{12}$, a qual, por sua vez, tem que ser igual à taxa líquida de energia radiante recebida pela superfície 2, $-\dot{Q}_2$. Observe que o sinal negativo está associado ao sentido da transferência de energia, ou seja: $\dot{Q}_1$ e $-\dot{Q}_2$ têm o mesmo sentido. Temos então:

$$\dot{Q}_1 = \dot{Q}_{12} = -\dot{Q}_2 \qquad (10.66)$$

Note que, analisando o circuito equivalente, podemos observar que a taxa líquida de transferência de energia radiante de 1 para 2 depende de três resistências em série. A primeira, $(1 - \varepsilon_1)/(\varepsilon_1 A_1)$, é associada às características da própria superfície 1, a segunda, $1/(A_1F_{12})$, é uma resistência caracterizada pelos aspectos geométricos do conjunto formado pelas superfícies 1 e

2 e a terceira, $(1 - \varepsilon_2)/(\varepsilon_2 A_2)$, é associada às características da superfície 2.

Como as três resistências estão em série, obtemos:

$$\dot{Q}_1 = \dot{Q}_{12} = -\dot{Q}_2 = = \frac{\sigma\left(T_1^4 - T_2^4\right)}{\frac{1-\varepsilon_1}{\varepsilon_1 A_1} + \frac{1}{A_1 F_{12}} + \frac{1-\varepsilon_2}{\varepsilon_2 A_2}} \quad (10.67)$$

10.9 SUPERFÍCIE REIRRADIANTE

Uma superfície *reirradiante* é aquela que pode ser simulada como sendo perfeitamente isolada. Por esse motivo, se nela realizarmos um balanço de energia radiante, observaremos que ela apresenta transferência de calor líquida por radiação nula, ou seja: toda energia radiante que nela incide é refletida. Esse efeito é ilustrado na Figura 10.19. A taxa de calor observada no isolamento térmico, $\dot{Q}$, é nula e, assim, a taxa de calor radiante incidente, $\dot{Q}_e$, deve ser igual à taxa radiante rejeitada, $\dot{Q}_s$. Esse assunto é tratado no Exercício Er10.10.

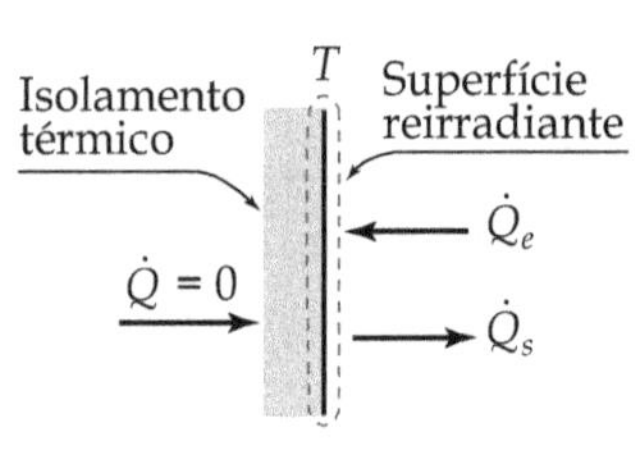

Figura 10.19 Superfície reirradiante

10.10 ESCUDO DE RADIAÇÃO

Em muitas situações do dia a dia, um engenheiro necessita reduzir a taxa de calor radiante entre duas superfícies planas. Uma forma de promover essa redução é inserir entre elas uma placa fina de material com alta refletividade, baixa emissividade, que denominamos *escudo de radiação* ou *blindagem de radiação*.

Observemos a Figura 10.20, na qual está esquematizada uma montagem composta por duas superfícies planas, havendo entre elas um escudo de radiação. Analisando o circuito equivalente, observamos que as resistências estão em série e a equivalente é dada por:

$$R_{eq} = \frac{1-\varepsilon_1}{\varepsilon_1 A_1} + \frac{1}{A_1 F_{13}} + \frac{1-\varepsilon_{3e}}{\varepsilon_{3e} A_3} + + \frac{1-\varepsilon_{3d}}{\varepsilon_{3d} A_3} + \frac{1}{A_3 F_{32}} + \frac{1-\varepsilon_2}{\varepsilon_2 A_2} \quad (10.68)$$

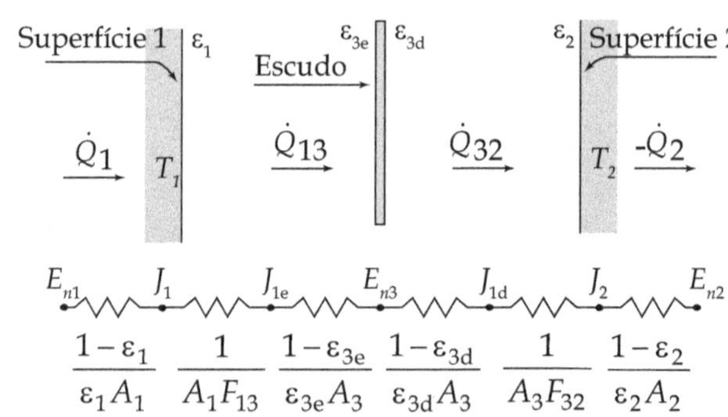

Figura 10.20 Escudo de radiação

Sabemos que $F_{13} = F_{32} = 1$ e que $A_1 = A_2 = A_3 = A$. Com algum trabalho algébrico, a Equação (10.68) pode ser simplificada, resultando:

$$R_{eq} = \frac{1}{A_1}\left(\frac{1}{\varepsilon_1} + \frac{1}{\varepsilon_2} + \frac{1-\varepsilon_{3e}}{\varepsilon_{3e}} + \frac{1-\varepsilon_{3d}}{\varepsilon_{3d}}\right) \quad (10.69)$$

O que resulta na seguinte taxa líquida de calor:

$$\dot{Q}_1 = \frac{\sigma\left(T_1^4 - T_2^4\right)}{R_{eq}} = = \frac{A_1 \sigma\left(T_1^4 - T_2^4\right)}{\frac{1}{\varepsilon_1} + \frac{1}{\varepsilon_2} + \frac{1-\varepsilon_{3e}}{\varepsilon_{3e}} + \frac{1-\varepsilon_{3d}}{\varepsilon_{3d}}} \quad (10.70)$$

Diante desse resultado, podemos afirmar que a eficácia do uso do escudo de radiação está relacionado com as suas emissividades. Na medida em que as emissividades se tornam pequenas, a resistência à transferência de calor por radiação aumenta, tornando a blindagem mais eficaz.

10.11 RADIAÇÃO COMBINADA COM CONVECÇÃO E CONDUÇÃO

De fato, os processos de transferência de calor ocorrem envolvendo simultaneamente efeitos de condução, convecção e radiação. Consideremos, por exemplo, a situação ilustrada na Figura 10.21. Nela observamos um tubo metálico, termicamente isolado, que transporta um fluido em alta temperatura, o qual está instalado, por exemplo, em um ambiente fabril. Internamente ao tubo observamos transferência de calor por convecção entre o fluido e o tubo. No tubo e em seu isolamento térmico, observamos transferência de calor por condução e, na interface isolamento térmico-ambiente fabril, observamos transferência de calor por convecção e por radiação. Nesses casos somos obrigados a aplicar conhecimentos envolvendo todos os modos de transmissão de calor, lembrando que eles ocorrem simultaneamente, para equacionar convenientemente a questão que nos for proposta.

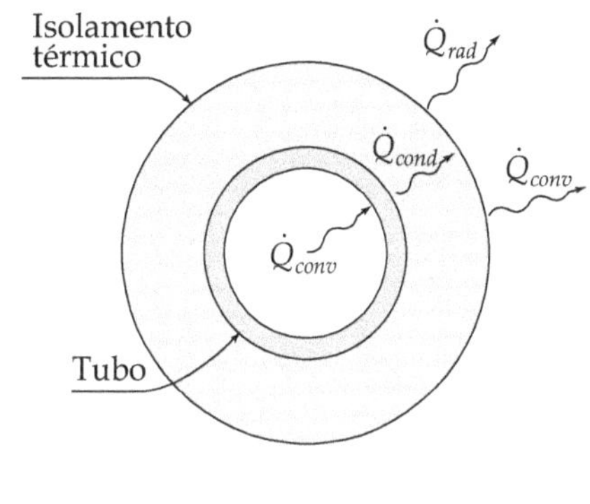

Figura 10.21 Convecção e radiação simultâneas

10.12 DIAGRAMAS PARA A DETERMINAÇÃO DE FATORES DE FORMA

Apresentamos a seguir três diagramas para a determinação de fatores de forma produzidos a partir das equações já apresentadas.

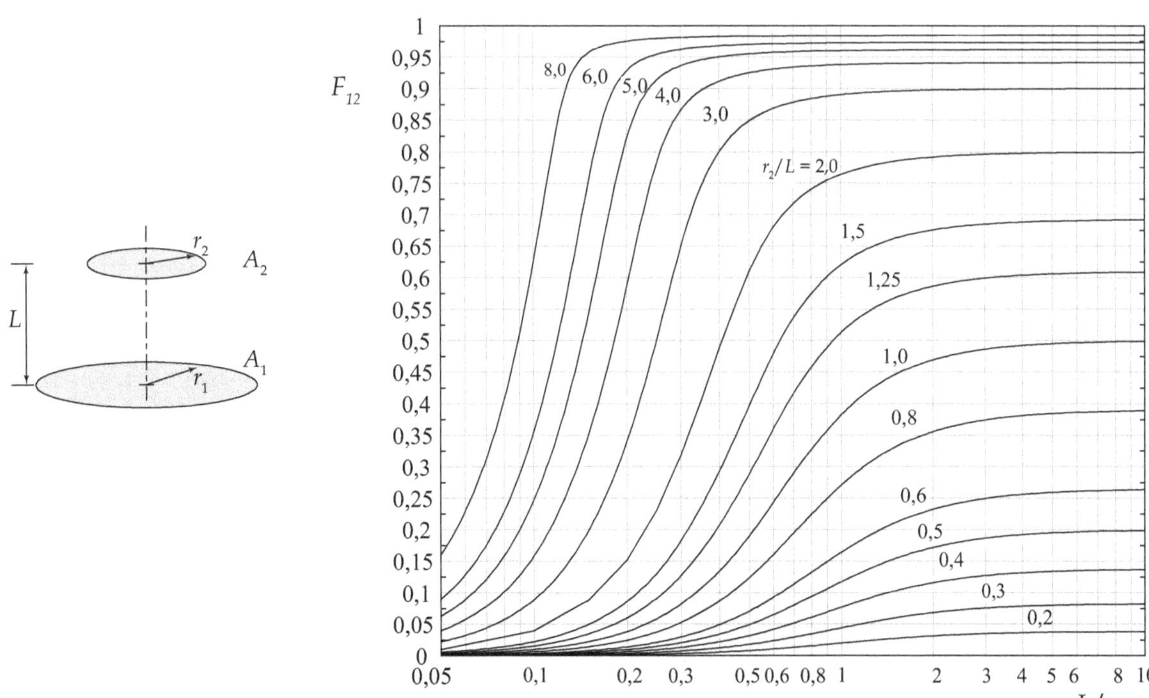

Figura 10.22 Fator de forma - discos paralelos coaxiais

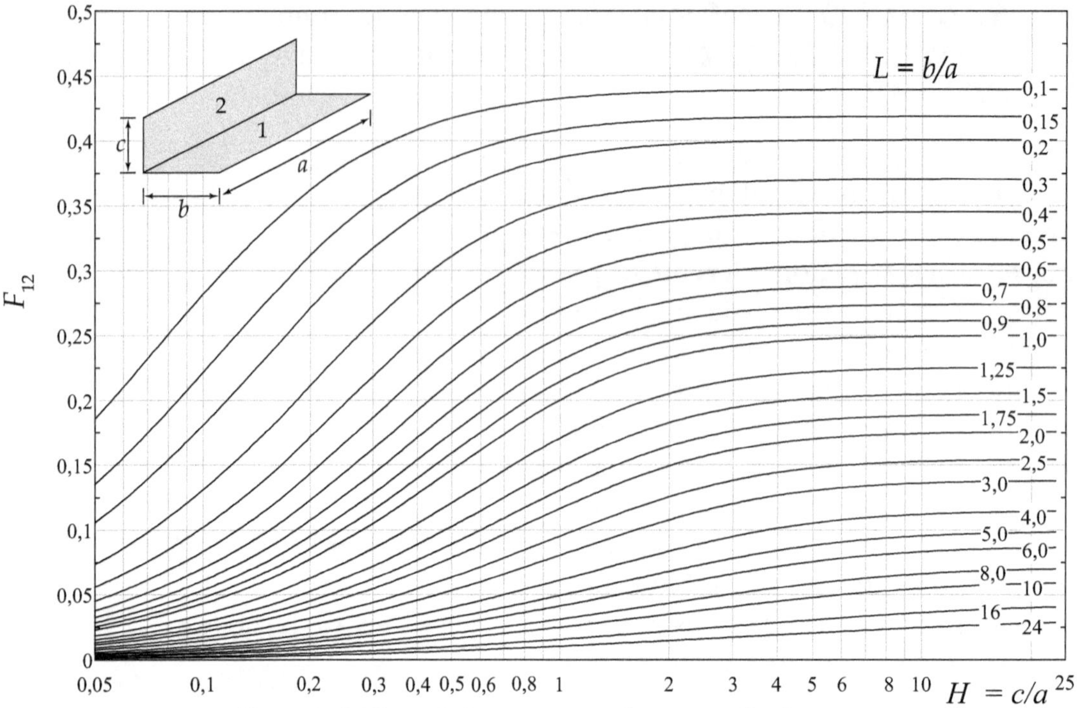

Figura 10.23 Fator de forma - retângulos perpendiculares

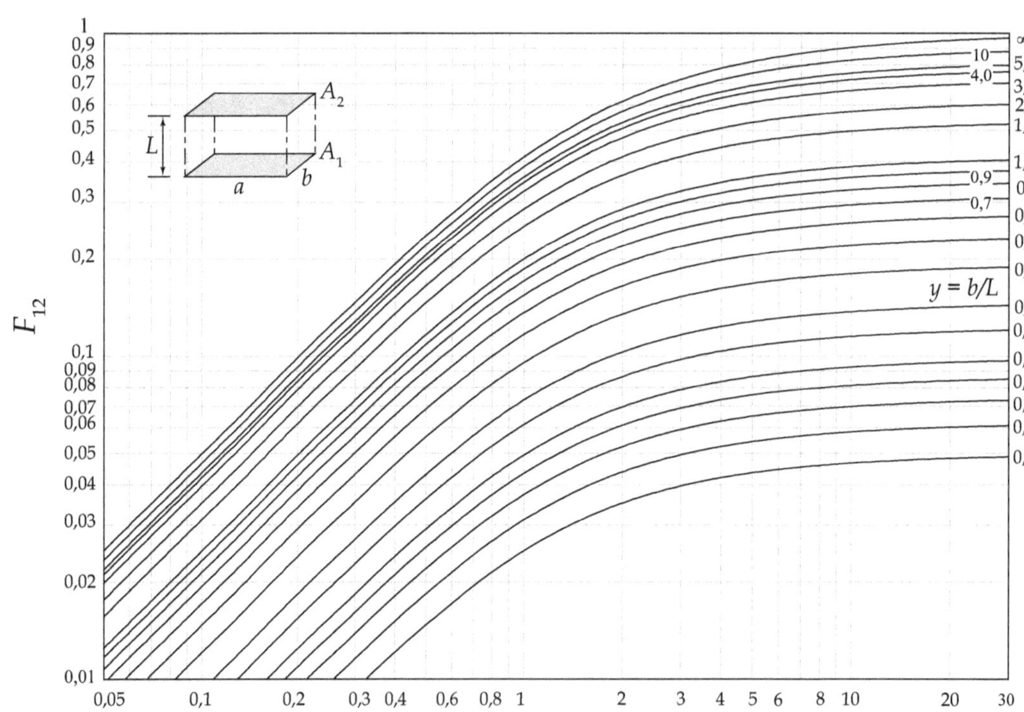

Figura 10.24 Fator de forma - retângulos paralelos alinhados de iguais dimensões

10.13 EXERCÍCIOS RESOLVIDOS

Er10.1 Determine o fator de forma F_{12} entre as superfícies 1 e 2 ilustradas na Figura Er10.1. São dados: a = 10 m; b = 50 cm; e c = 1 m.

Solução

a) Dados e considerações

- O croqui ilustrativo da questão é apresentado na Figura Er10.1.
- São dadas as dimensões: a = 10 m; b = 2 m; e c = 1 m.

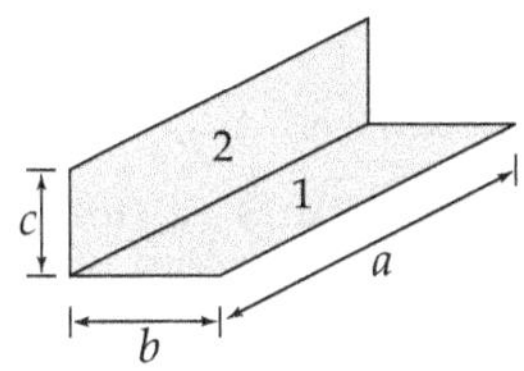

Figura Er10.1

b) Análise e cálculos

Para determinar o fator de forma desejado, podemos nos valer do diagrama da Figura 10.21.

Seja $H = c/a = 0{,}10$; $L = b/a = 0{,}20$. Realizando a leitura na figura, obtemos: $F_{12} = 0{,}18$.

Se optarmos pelo uso da Equação (10.26), obtemos: $F_{12} = 0{,}1811$.

Er10.2 Determine o fator de forma F_{21} de uma casca esférica com raio $r_2 = 30$ cm concêntrica a uma esfera com raio $r_1 = 20$ cm, conforme ilustrado na Figura Er10.2.

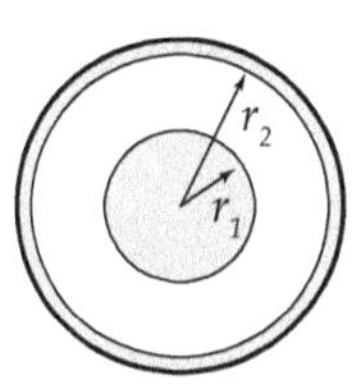

Figura Er10.2

Solução

a) Dados e considerações
- Deseja-se determinar $F_{21.}$
- Temos: $r_1 = 20$ cm; e $r_2 = 30$ cm.

b) Análise e cálculos

Toda energia radiante emitida pela esfera 1 atinge a casca esférica 2. Logo: $F_{12} = 1$.

Sabemos que:

$A_1F_{12} = A_2F_{21} \Rightarrow F_{21} = A_1F_{12}/A_2$.

Relação entre áreas:

$A_1/A_2 = (r_1/r_2)^2 \Rightarrow F_{21} = 0{,}444$.

Ou seja, apenas 44,4% da energia radiante emitida pela superfície interna da casca esférica 2 atinge a esfera 1.

Er10.3 Observe a Figura Er10.3. Utilizando o método das linhas cruzadas, determine o fator de forma F_{12}.

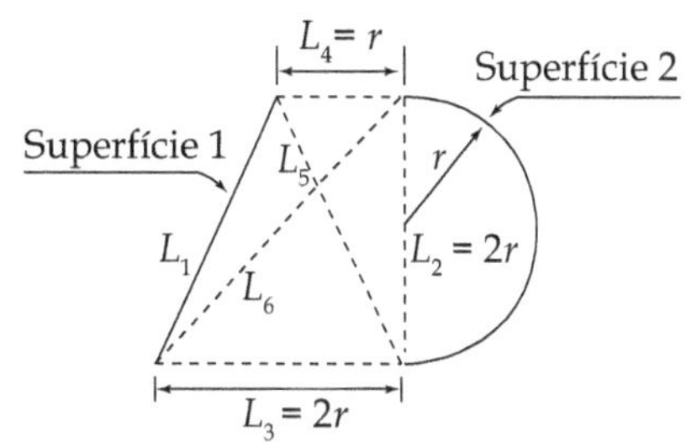

Figura Er10.3

Solução

a) Dados e considerações
- Deseja-se determinar $F_{21.}$
- As dimensões estão estabelecidas em função do raio r.

b) Análise e cálculos

Da Tabela 10.1, temos:

$$F_{12} = \frac{(L_5 + L_6) - (L_3 + L_4)}{2L_1}.$$

Avaliando as dimensões em função do raio r, obtemos:

$$L_1 = L_5 = r\sqrt{5}\ ;\ L_6 = 2r\sqrt{2}.$$

Substituindo os valores conhecidos, resulta: $F_{12} = 0{,}4616$.

Er10.4 Um forno cilíndrico vertical tem a temperatura da sua soleira T_1=500°C, a temperatura da sua parede vertical T_3 = 800°C e a temperatura do seu teto T_2 = 1100°C.

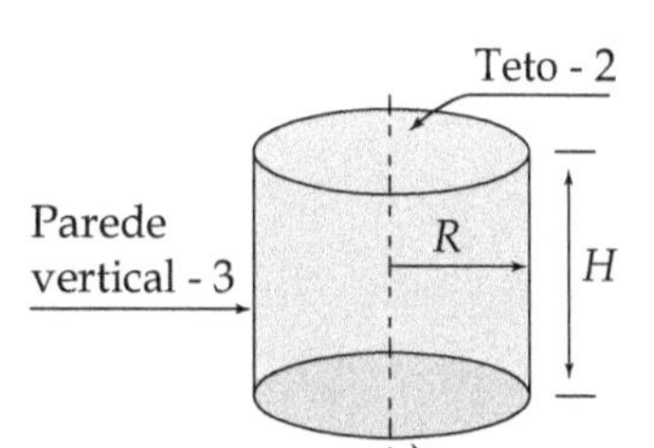

Figura Er10.4

Sabe-se que o diâmetro interno do forno é dado por D = 1,2 m e que a sua altura interna é H = 2,4 m. Supondo que as superfícies internas do forno podem ser tratadas como se fossem negras, determine a taxa líquida de calor transferida do teto para a soleira do forno e a taxa líquida de calor transferida do teto para a sua parede vertical.

Solução

a) Dados e considerações

- São dados: T_1 = 500°C; T_2 = 1100°C; T_3 = 800°C; D = 1,2 m; H = 2,4 m.
- Todas as superfícies são hipoteticamente negras.
- Deseja-se determinar a taxa líquida de calor transferida do teto para a soleira do forno $\dot{Q}_{21L}$ e a taxa líquida de calor transferida do teto para a parede vertical $\dot{Q}_{23L}$.
- σ = 5,67 E-8 W/(m².K⁴).

b) Análise e cálculos

- Avaliação dos fatores de forma

Usando a Expressão (10.24), determinamos F_{12} = 0,05573.

Sabemos que:

$A_1F_{12} = A_2F_{21} \Rightarrow F_{21} = A_1F_{12}/A_2$.

Então F_{21} = 0,05573.

Usando a regra do somatório:

$F_{21} + F_{22} + F_{23} = 1$.

Como a superfície 2 é plana:

$F_{22} = 0$, logo: F_{23} = 0,9443.

- Avaliação de $\dot{Q}_{21L}$

$$\dot{Q}_{21L} = \dot{Q}_{21} - \dot{Q}_{12} = A_2F_{21}\sigma\left(T_2^4 - T_1^4\right)$$

Substituindo-se os valores conhecidos, obtemos: $\dot{Q}_{21L}$ = 11,43 kW.

- Avaliação de $\dot{Q}_{23L}$

$$\dot{Q}_{23L} = \dot{Q}_{23} - \dot{Q}_{32} = A_2F_{23}\sigma\left(T_2^4 - T_3^4\right)$$

Substituindo-se os valores conhecidos, obtemos: $\dot{Q}_{23L}$ = 135 kW.

Er10.5 Considere duas superfícies entre as quais se observe apenas transferência de calor por radiação. Sabe-se que uma delas, que pode ser considerada muito pequena, tem emissividade igual a 0,8, área de 50 cm² e está à temperatura de 400 K. Sabe-se também que a outra, que pode ser considerada muito grande em relação à primeira, tem emissividade igual a 0,95, envolve completamente a primeira e está a 300 K. Determine a taxa de calor radiante transferida entre elas.

Solução

a) Dados e considerações

O croqui ilustrativo da questão é apresentado na Figura Er10.5 e é utilizado para o correto registro dos dados fornecidos no enunciado.

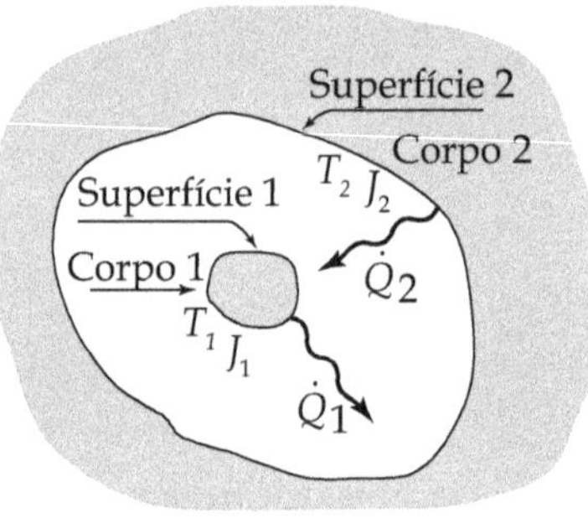

Figura Er10.5

Passamos, então, ao registro das considerações, hipóteses e dados:

- A_1 = 50 cm²; T_1 = 400 K; T_2 = 300 K; $A_1/A_2 \approx 0$.
- ε_1 = 0,8; ε_2 = 0,95; e σ = 5,67 E-8 W/(m².K⁴).
- Toda energia radiante emitida pelo corpo 1 atinge o corpo 2. Logo: F_{12} = 1.

b) Análise e cálculos

Devemos determinar a taxa de calor entre duas superfícies que formam uma cavidade. Essa questão foi analisada no item 10.6.2, tendo sido verificado que o circuito equivalente é aquele ilustrado na Figura Er10.5-a.

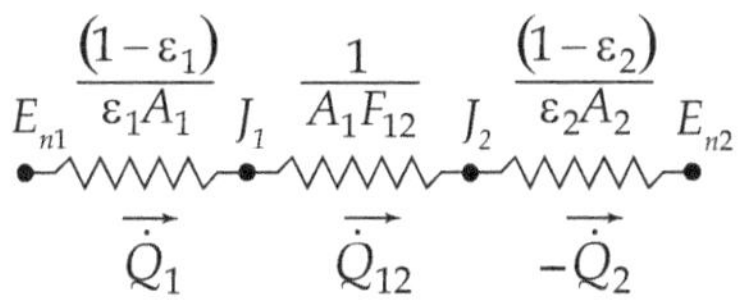

Figura Er10.5-a

Então:

$$\dot{Q}_1 = \dot{Q}_{12} = -\dot{Q}_2 = \frac{\sigma\left(T_1^4 - T_2^4\right)}{\frac{1-\varepsilon_1}{\varepsilon_1 A_1} + \frac{1}{A_1 F_{12}} + \frac{1-\varepsilon_2}{\varepsilon_2 A_2}}$$

Multiplicando e dividindo por A_1:

$$\dot{Q}_{12} = \frac{A_1\sigma\left(T_1^4 - T_2^4\right)}{\frac{(1-\varepsilon_1)A_1}{\varepsilon_1 A_1} + \frac{A_1}{A_1 F_{12}} + \frac{(1-\varepsilon_2)A_1}{\varepsilon_2 A_2}} \Rightarrow$$

$$\Rightarrow \dot{Q}_{12} = \frac{A_1\sigma\left(T_1^4 - T_2^4\right)}{\frac{(1-\varepsilon_1)}{\varepsilon_1} + \frac{1}{F_{12}} + \frac{(1-\varepsilon_2)A_1}{\varepsilon_2 A_2}}$$

Como $F_{12} = 1$ e $A_1/A_2 \approx 0$, obtemos:

$$\dot{Q}_{12} = \frac{A_1\sigma\left(T_1^4 - T_2^4\right)}{\frac{(1-\varepsilon_1)}{\varepsilon_1} + 1} \Rightarrow$$

$$\Rightarrow \dot{Q}_{12} = \varepsilon_1 A_1 \sigma\left(T_1^4 - T_2^4\right),$$

que é a Equação (27.8) já anteriormente apresentada.

Substituindo-se os valores conhecidos, obtemos: $\dot{Q}_{12}$ = 3,97 W.

Er10.6 Considere duas placas planas paralelas, com dimensões tais que possam ser simuladas como sendo infinitas, cujas superfícies possam ser consideradas cinzentas e difusas. Sabendo que uma delas, cuja emissividade é igual a 0,8, está à temperatura de 400 K e a outra, com emissividade 0,65, está a 300 K, determine o fluxo líquido de energia radiante transferida entre elas.

Solução

a) Dados e considerações

O croqui ilustrativo da questão é apresentado na Figura Er10.6.

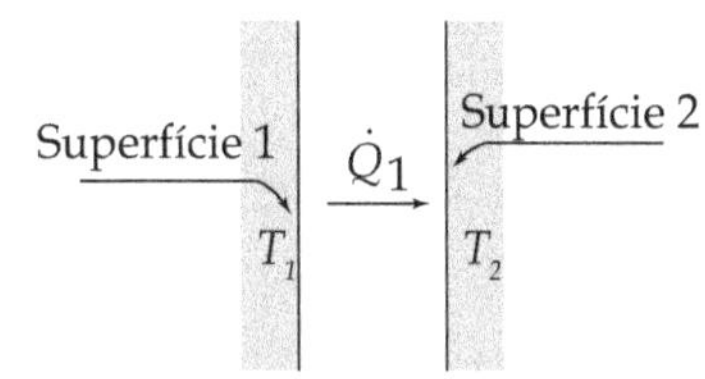

Figura Er10.6

Passamos, então, ao registro das considerações, hipóteses e dados:

- T_1 = 400 K; T_2 = 300 K; $A_1 = A_2 = A$.
- ε_1 = 0,8; ε_2 = 0,65; e σ = 5,67 E-8 W/(m².K⁴).
- Toda energia radiante emitida pelo corpo 1 atinge o corpo 2. Logo: F_{12} = 1 e, similarmente, F_{21} = 1.

b) Análise e cálculos

Devemos determinar a taxa de calor entre duas superfícies que formam uma cavidade. O circuito equivalente é aquele ilustrado na Figura Er10.6-a.

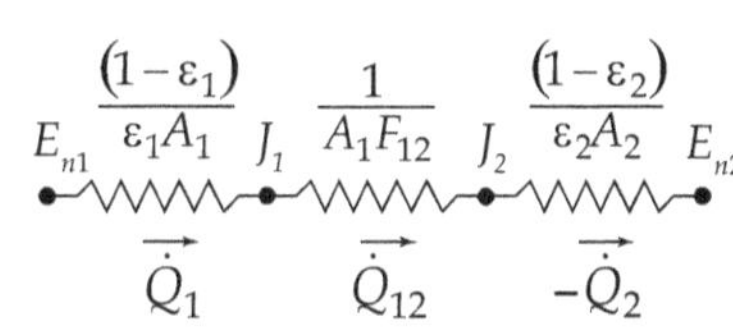

Figura Er10.6-a

Então:

$$\dot{Q}_1 = \dot{Q}_{12} = -\dot{Q}_2 = \frac{\sigma\left(T_1^4 - T_2^4\right)}{\frac{1-\varepsilon_1}{\varepsilon_1 A_1} + \frac{1}{A_1 F_{12}} + \frac{1-\varepsilon_2}{\varepsilon_2 A_2}}$$

Como A_1=A_2, 1 e F_{12} =F_{21} = 1, obtemos:

$$\dot{Q}_{12} = \frac{A\sigma\left(T_1^4 - T_2^4\right)}{\frac{1-\varepsilon_1}{\varepsilon_1} + 1 + \frac{1-\varepsilon_2}{\varepsilon_2}} = \frac{A\sigma\left(T_1^4 - T_2^4\right)}{\frac{1}{\varepsilon_1} + \frac{1}{\varepsilon_2} - 1}$$

O fluxo é dado por:

$$\dot{Q}''_{12} = \frac{\dot{Q}_1}{A} = \frac{\sigma\left(T_1^4 - T_2^4\right)}{\frac{1}{\varepsilon_1} + \frac{1}{\varepsilon_2} - 1}.$$

Substituindo-se os valores conhecidos, obtemos:

$$\dot{Q}''_{12} = 555 \text{ W/m}^2$$

Er10.7 Considere duas cascas cilíndricas concêntricas cujos comprimentos sejam muito maiores do que os seus diâmetros, de forma que possam ser modeladas como se seus comprimentos fossem infinitos. Sabendo que uma delas, com raio igual a 8 cm e emissividade igual a 0,8, está à temperatura de 400 K e que a outra, com raio de 4 cm e emissividade igual a 0,5, está a 300 K, determine a taxa líquida de calor radiante por unidade de comprimento transferida entre as cascas cilíndricas.

Solução

a) Dados e considerações

O croqui ilustrativo da questão é apresentado na Figura Er10.7.

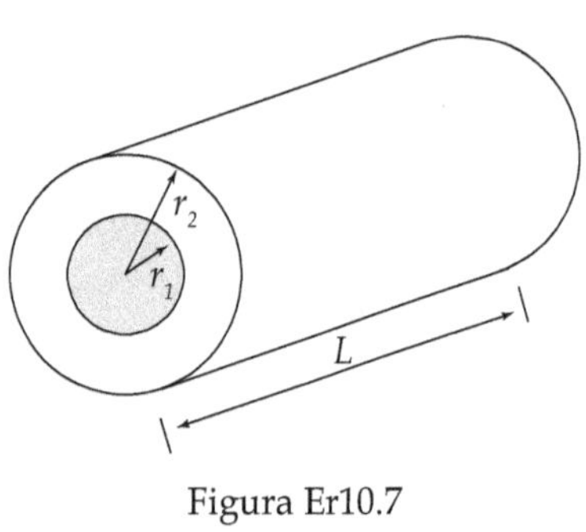

Figura Er10.7

Passamos, então, ao registro das considerações, hipóteses e dados:

- $T_1 = 400$ K; $T_2 = 300$ K; $r_1 = 4$ cm; $r_2 = 8$ cm.
- $\varepsilon_1 = 0{,}8$; $\varepsilon_2 = 0{,}5$; e $\sigma = 5{,}67$ E-8 W/(m².K⁴).
- Toda energia radiante emitida pelo corpo 1 atinge o corpo 2. Logo: $F_{12} = 1$.

b) Análise e cálculos

Sabendo que $F_{12} = 1$ e que $A_1/A_2 = r_1/r_2 = 0{,}5$, podemos determinar F_{21}:

$A_1F_{12} = A_2F_{21} \Rightarrow F_{21} = A_1F_{12}/A_2 \Rightarrow$
$\Rightarrow F_{21} = 0{,}5$

Devemos determinar a taxa de calor entre duas superfícies que formam uma cavidade. O circuito equivalente é aquele ilustrado na Figura Er10.7-a.

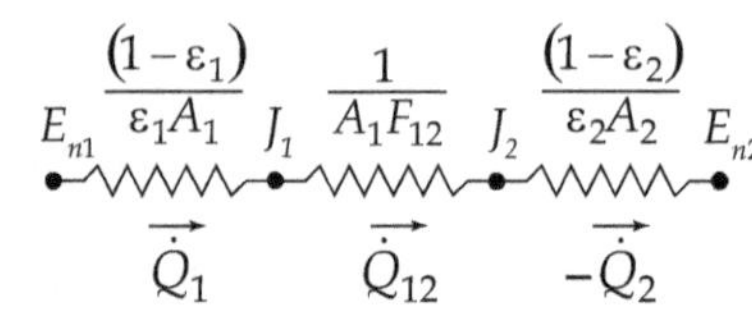

Figura Er10.7-a

Então:

$$\dot{Q}_1 = \dot{Q}_{12} = -\dot{Q}_2 = $$
$$= \frac{\sigma\left(T_1^4 - T_2^4\right)}{\frac{1-\varepsilon_1}{\varepsilon_1 A_1} + \frac{1}{A_1 F_{12}} + \frac{1-\varepsilon_2}{\varepsilon_2 A_2}}$$

Como $A_1/A_2 = r_1/r_2$, e $F_{12} = 1$, obtemos:

$$\dot{Q}_{12} = \frac{A_1\sigma\left(T_1^4 - T_2^4\right)}{\frac{1}{\varepsilon_1} + \frac{1-\varepsilon_2}{\varepsilon_2}\frac{r_1}{r_2}}$$

A taxa de calor por unidade de comprimento é dada por:

$$\dot{Q}'_{12} = \frac{\dot{Q}_{12}}{L} = \frac{2\pi r_1 \sigma\left(T_1^4 - T_2^4\right)}{\frac{1}{\varepsilon_1} + \frac{1-\varepsilon_2}{\varepsilon_2}\frac{r_1}{r_2}}$$

Substituindo-se os valores conhecidos, obtemos:

$$\dot{Q}'_{12} = 142{,}5 \text{ W/m}$$

Er10.8 Considere duas cascas esféricas concêntricas cujas superfícies possam ser consideradas cinza e difusas.

Sabendo que uma delas, com raio igual a 8 cm e emissividade igual a 0,5, está à temperatura de 400 K e que a outra, com raio de 4 cm e emissividade igual a 0,8, está a 600 K, determine a taxa de calor radiante observada entre essas cascas esféricas.

Solução

a) Dados e considerações
O croqui ilustrativo da questão é apresentado na Figura Er10.8.

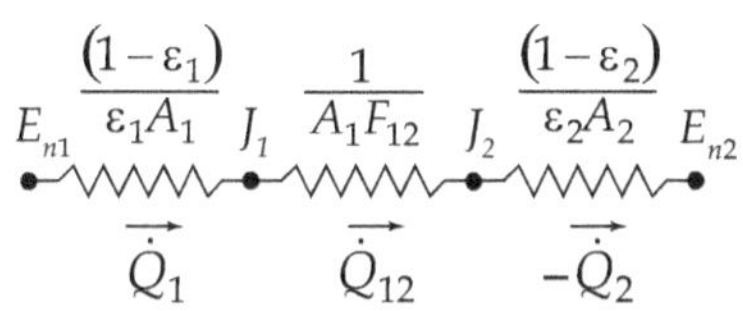

Figura Er10.8-a

Passamos, então, ao registro das considerações, hipóteses e dados:

- $T_1 = 600$ K; $T_2 = 400$ K; $r_1 = 4$ cm; $r_2 = 8$ cm.
- $\varepsilon_1 = 0{,}8$; $\varepsilon_2 = 0{,}5$; e $\sigma = 5{,}67$ E-8 W/(m².K⁴).
- Toda energia radiante emitida pelo corpo 1 atinge o corpo 2. Logo: $F_{12} = 1$.

b) Análise e cálculos
Sabendo que $F_{12} = 1$ e que

$A_1/A_2 = (r_1/r_2)^2 = 0{,}25$,

podemos determinar F_{21}:

$A_1F_{12} = A_2F_{21} \Rightarrow F_{21} = A_1F_{12}/A_2 \Rightarrow$

$\Rightarrow F_{21} = 0{,}25$

Devemos determinar a taxa de calor entre duas superfícies que formam uma cavidade. O circuito equivalente é aquele ilustrado na Figura Er10.8-a.

Então:

$$\dot{Q}_1 = \dot{Q}_{12} = -\dot{Q}_2 = \frac{\sigma\left(T_1^4 - T_2^4\right)}{\dfrac{1-\varepsilon_1}{\varepsilon_1 A_1} + \dfrac{1}{A_1F_{12}} + \dfrac{1-\varepsilon_2}{\varepsilon_2 A_2}}$$

Como $A_1/A_2 = (r_1/r_2)^2$ e $F_{12} = 1$, obtemos:

$$\dot{Q}_{12} = \frac{A_1\sigma\left(T_1^4 - T_2^4\right)}{\dfrac{1}{\varepsilon_1} + \dfrac{1-\varepsilon_2}{\varepsilon_2}\left(\dfrac{r_1}{r_2}\right)^2}$$

Substituindo-se os valores conhecidos, obtemos: $\dot{Q}_{12} = 79$ W.

Er10.9 Considere uma cavidade formada por três superfícies isotérmicas, cinza e difusas – veja a Figura Er10.9. Sabendo que $T_1 = 600$ K, $\varepsilon_1 = 0{,}75$, $T_2 = 400$ K, $\varepsilon_2 = 0{,}65$, $T_3 = 350$ K, $\varepsilon_3 = 0{,}60$, $a = 0{,}32$ m, $b = 0{,}45$ m e $c = 0{,}40$ m, determine a taxa líquida de calor radiante rejeitada pela superfície 1 por unidade de comprimento da cavidade.

Solução

a) Dados e considerações
O croqui ilustrativo da questão é apresentado na Figura Er10.9.

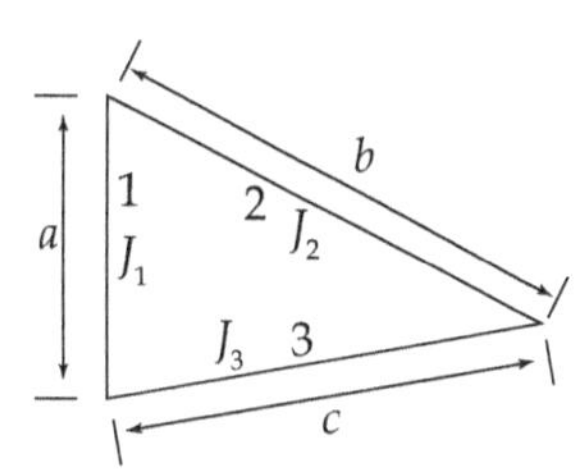

Figura Er10.9

Consideremos que L seja o comprimento da cavidade.

Passamos, então, ao registro das considerações, hipóteses e dados:

- $T_1 = 600$ K; $\varepsilon_1 = 0{,}75$; $T_2 = 400$ K; $\varepsilon_2 = 0{,}65$; $T_3 = 350$ K; $\varepsilon_3 = 0{,}60$.
- $a = 0{,}32$ m; $b = 0{,}45$ m; $c = 0{,}4$ m; e $\sigma = 5{,}67$ E-8 W/(m².K⁴).

b) Análise e cálculos
Devemos determinar a taxa de calor rejeitada pela superfície 1. O circuito equivalente é aquele ilustrado na

Figura Er10.9-a, no qual identificamos as seguintes resistências:

$R_1 = (1-\varepsilon_1)/\varepsilon_1 A_1;$
$R_2 = (1-\varepsilon_2)/\varepsilon_2 A_2;$

$R_3 = (1-\varepsilon_3)/\varepsilon_3 A_3;$

$R_{12} = 1/(A_1F_{12});\ R_{13} = 1/(A_1F_{13});$

$R_{23} = 1/(A_2F_{23})$

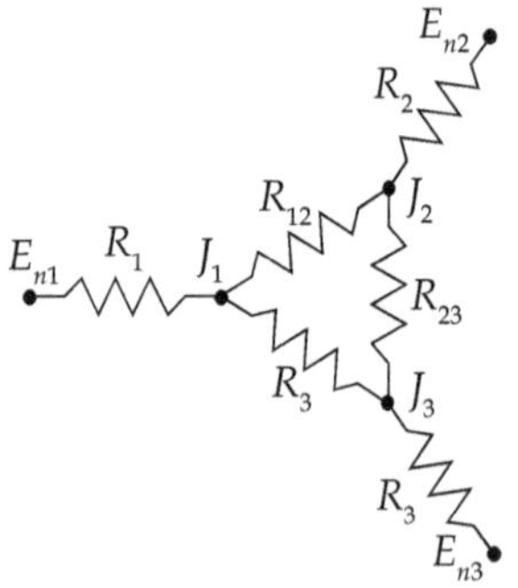

Figura Er10.9-a

Para avaliar as resistências, inicialmente, calcularemos os fatores de forma.

As superfícies são planas, logo

$F_{11} = F_{22} = F_{33} = 0.$

Aplicando a Expressão (10.20), obtemos:

$$F_{12} = \frac{a+b-c}{2a} = 0{,}5781$$

$$F_{23} = \frac{b+c-a}{2b} = 0{,}5889$$

$$F_{31} = \frac{c+a-b}{2c} = 0{,}3375$$

Usando a relação de reciprocidade:

$A_1F_{12} = A_2F_{21}$; logo: $F_{21} = 0{,}4111$
$A_2F_{23} = A_3F_{32}$; logo: $F_{32} = 0{,}6625$
$A_3F_{31} = A_1F_{13}$; logo: $F_{13} = 0{,}4219$

Para cada nó, temos:

$$\dot{Q}_1 = \dot{Q}_{11} + \dot{Q}_{12} + \dot{Q}_{13}$$

$$\dot{Q}_2 = \dot{Q}_{21} + \dot{Q}_{22} + \dot{Q}_{23}$$

$$\dot{Q}_3 = \dot{Q}_{31} + \dot{Q}_{32} + \dot{Q}_{33}$$

Como as superfícies são planas:

$$\dot{Q}_{11} = \dot{Q}_{22} = \dot{Q}_{33} = 0$$

Devemos observar também que:

$\dot{Q}_{12} = -\dot{Q}_{21}$; $\dot{Q}_{13} = -\dot{Q}_{31}$
e $\dot{Q}_{23} = -\dot{Q}_{32}$

As taxas de calor são dadas por:

$$\dot{Q}_1 = \frac{E_{n1} - J_1}{(1-\varepsilon_1)/\varepsilon_1 A_1};\ \dot{Q}_{12} = \frac{(J_1 - J_2)}{(1/A_1F_{12})};$$

$$\dot{Q}_{13} = \frac{(J_1 - J_3)}{(1/A_1F_{13})}$$

$$\dot{Q}_2 = \frac{E_{n2} - J_2}{(1-\varepsilon_2)/\varepsilon_2 A_2};\ \dot{Q}_{21} = -\dot{Q}_{12};$$

$$\dot{Q}_{23} = \frac{(J_2 - J_3)}{(1/A_2F_{13})}$$

$$\dot{Q}_3 = \frac{E_{n3} - J_3}{(1-\varepsilon_3)/\varepsilon_3 A_3};\ \dot{Q}_{32} = -\dot{Q}_{23};$$

$$\dot{Q}_{31} = -\dot{Q}_{13}$$

Os poderes emissivos são dados por:

$$E_{n1} = \sigma T_1^4;\ E_{n2} = \sigma T_2^4;\ E_{n3} = \sigma T_3^4$$

O conjunto de equações obtido pode ser resolvido, obtendo-se:

- Radiosidades: J_1 = 6031 W/m²; J_2 = 2205 W/m²; J_3 = 1909 W/m².
- Taxas de calor por unidade de comprimento de cavidade:

$\dot{Q}_1$ = 1264 W/m;

$\dot{Q}_2$ = –629,5 W/m;

$\dot{Q}_3$ = –634,9 W/m.

Logo, a taxa desejada é:

$\dot{Q}_1$ = 1264 W/m.

Er10.10 Considere uma cavidade formada por três superfícies cinza e difusas com comprimento suficientemente grande para ser tratado com se fosse infinito e com larguras iguais a a = 0,50 m, de modo que a seção transversal da cavidade seja triangular equilátera – veja a Figura Er10.10. Suponhamos que a superfície 3 seja muito bem isolada, de forma que um balanço de energia nessa superfície indique que a taxa de calor radiante recebida seja igual à taxa de calor radiante rejeitada. Uma superfície que pode ser modelada com base nessa hipótese é frequentemente denominada reirradiante. Sabendo que T_1 = 1000 K, T_2 = 600 K, $\varepsilon_1 = \varepsilon_2 = \varepsilon_3 = 0{,}8$, determine a taxa líquida de calor radiante observada entre as superfícies 1 e 2 por unidade de comprimento da cavidade e a radiosidade da superfície 1.

Solução

a) Dados e considerações

O croqui ilustrativo da questão é apresentado na Figura Er10.10.

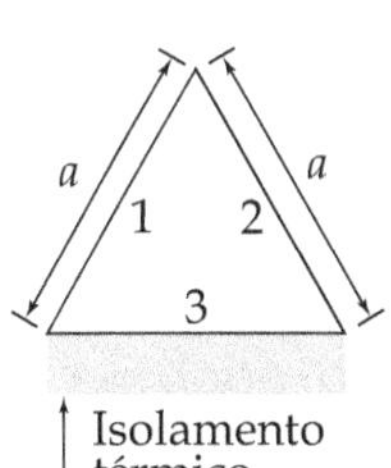

Figura Er10.10

Consideremos que L seja o comprimento da cavidade.

Passamos, então, ao registro das considerações, hipóteses e dados:

- T_1 = 1000 K; T_2 = 600 K; $\varepsilon_1 = \varepsilon_2 = \varepsilon_3 = 0{,}8$.
- a = 0,50 m; σ = 5,67 E-8 W/(m².K⁴).

b) Análise e cálculos

Devemos determinar a taxa líquida de calor observada entre as superfícies 1 e 2. O circuito equivalente é aquele ilustrado na Figura Er10.10-a, no qual identificamos as seguintes resistências:

$$R_1 = (1-\varepsilon_1)/\varepsilon_1 A_1;$$

$$R_2 = (1-\varepsilon_2)/\varepsilon_2 A_2;$$

$$R_3 = (1-\varepsilon_3)/\varepsilon_3 A_3;$$

$$R_{12} = 1/(A_1 F_{12});\ R_{13} = 1/(A_1 F_{13});$$

$$R_{32} = 1/(A_3 F_{32})$$

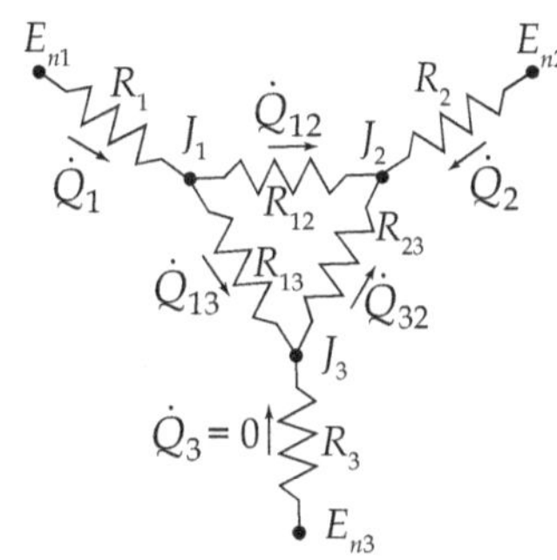

Figura Er10.10-a

Como a superfície 3 é reirradiante, observamos que $\dot{Q}_3 = 0$ e o circuito equivalente pode ser simplificado, tornando-se um simples circuito com resistências em série e em paralelo, como ilustrado na Figura Er10.10-b.

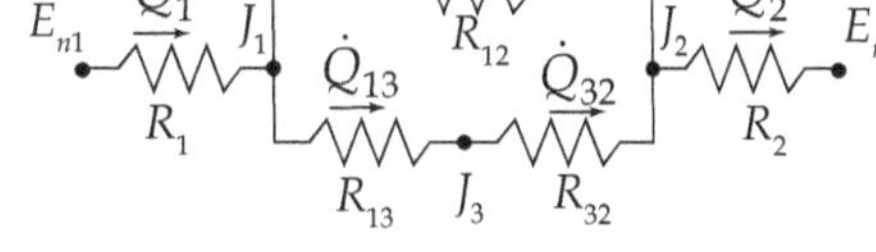

Figura Er10.10-b

Resolvendo o circuito, obtemos:

$$R_{equivalente} = R_1 + $$

$$+ \frac{1}{(1/R_{12}) + (1/(R_{13}+R_{32}))} + R_2$$

$$R_{equivalente} = \frac{1-\varepsilon_1}{\varepsilon_1 A_1} + \frac{1}{A_1F_{12} + \left[(1/A_1F_{13}) + (1/A_3F_{32})\right]^{-1}} + \frac{1-\varepsilon_2}{\varepsilon_2 A_2}$$

$$\dot{Q}_1 = -\dot{Q}_2 = \frac{E_{n1} - E_{n2}}{\frac{1-\varepsilon_1}{\varepsilon_1 A_1} + \frac{1}{A_1F_{12} + \left[1/(A_1F_{13}) + 1/(A_2F_{23})\right]^{-1}} + \frac{1-\varepsilon_2}{\varepsilon_2 A_2}}$$

$$\dot{Q}_1 = -\dot{Q}_2 = \frac{\sigma\left(T_1^4 - T_2^4\right)}{\frac{1-\varepsilon_1}{\varepsilon_1 A_1} + \frac{1}{A_1F_{12} + \left[1/(A_1F_{13}) + 1/(A_2F_{23})\right]^{-1}} + \frac{1-\varepsilon_2}{\varepsilon_2 A_2}}$$

As áreas são: $A_1 = A_2 = A_3 = aL$. Com alguma manipulação algébrica, obtemos:

$$\frac{\dot{Q}_1}{L} = \frac{a\sigma\left(T_1^4 - T_2^4\right)}{\frac{1-\varepsilon_1}{\varepsilon_1} + \frac{1}{F_{12} + \left[1/F_{13} + 1/F_{23}\right]^{-1}} + \frac{1-\varepsilon_2}{\varepsilon_2}}$$

Necessitamos, agora, determinar os fatores de forma. Usando a Equação (10.20), concluímos que:

$F_{13} = F_{12} = F_{23} = (a + a - a)/(2a) = 0,5$

Substituindo os valores conhecidos, resulta: $\frac{\dot{Q}_1}{L} = \dot{Q}' = 13,46$ kW/m.

Podemos, agora, determinar a radiosidade da superfície 1.

$$\dot{Q}_1 = \frac{E_{n1} - J_1}{(1-\varepsilon_1)/\varepsilon_1 A_1} \Rightarrow E_{n1} - J_1 = \dot{Q}_1 \frac{1-\varepsilon_1}{\varepsilon_1 A_1} \Rightarrow J_1 = E_{n1} - \frac{\dot{Q}_1}{L}\frac{1-\varepsilon_1}{\varepsilon_1 a} \Rightarrow J_1 = \sigma T_1^4 - \frac{\dot{Q}_1}{L}\frac{1-\varepsilon_1}{\varepsilon_1 a}$$

$J_1 = 49,97$ kW/m²

Er10.11 Uma empresa fabricante de equipamentos para panificação projetou um forno túnel elétrico para assar esfihas com resistências posicionadas no seu teto. Um cliente descontente declarou que a massa das esfihas ficava com a sua face inferior crua e com a superior queimada. O fabricante, querendo resolver o problema, declarou que a esfiha queimava devido ao efeito de radiação e instalou uma fina placa de material metálico entre o banco de resistências e as esfihas. Considere que o banco de resistências pode ser simulado como uma placa plana cinza difusa a 800 K com emissividade igual a 0,9 e que o conjunto de esfihas se movimentando através do forno pode ser simulado como uma placa plana paralela ao teto cinza difusa a 400 K com emissividade igual a 0,7. Nessa condição, determine o fluxo de calor radiante líquido entre as esfihas e o teto do forno antes da instalação da placa metálica e depois da instalação dessa placa. Considere que a emissividade do material metálico é igual a 0,4 e que a sua resistência térmica à condução pode ser desprezada.

Solução

a) Dados e considerações

O croqui ilustrativo da questão é apresentado na Figura Er10.11.

Registro das considerações, hipóteses e dados:

- $T_1 = 800$ K; $T_2 = 400$ K; $\varepsilon_1 = 0{,}9$; $\varepsilon_2 = 0{,}7$; $\varepsilon_3 = 0{,}4$.
- A resistência térmica do material metálico é desprezada.
- O fenômeno ocorre em regime permanente.
- $\sigma = 5{,}67$ E-8 W/(m².K⁴).

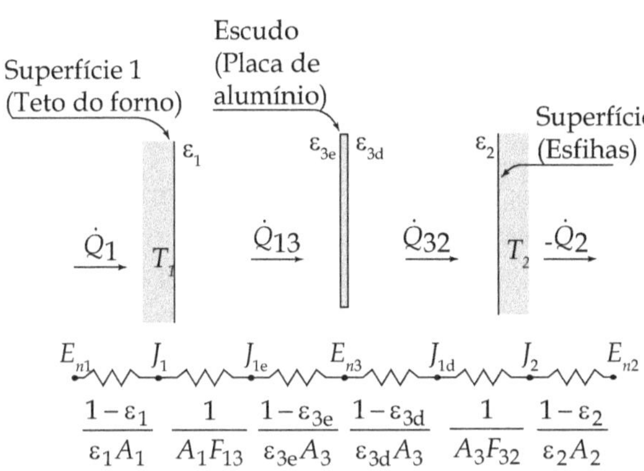

Figura Er10.11

b) Análise e cálculos – fluxo de calor resultante utilizando-se o escudo

O circuito equivalente considerando a existência da chapa metálica é apresentado na figura Er10.11.

Sabemos que $F_{13} = F_{32} = 1$ e que $A_1 = A_2 = A_3 = A$. Logo:

$$R_{eq} = \frac{1}{A_1}\left(\frac{1}{\varepsilon_1} + \frac{1}{\varepsilon_2} + \frac{1-\varepsilon_{3e}}{\varepsilon_{3e}} + \frac{1-\varepsilon_{3d}}{\varepsilon_{3d}}\right)$$

E o fluxo de calor será dado por:

$$\frac{\dot{Q}_1}{A_1} = \frac{\sigma\left(T_1^4 - T_2^4\right)}{A_1 R_{eq}} = \frac{\sigma\left(T_1^4 - T_2^4\right)}{\frac{1}{\varepsilon_1} + \frac{1}{\varepsilon_2} + \frac{1-\varepsilon_{3e}}{\varepsilon_{3e}} + \frac{1-\varepsilon_{3d}}{\varepsilon_{3d}}}$$

Substituindo-se os valores conhecidos, obtemos: $\dot{Q}'' = 3{,}93$ kW/m².

c) Análise e cálculos – fluxo de calor resultante sem a utilização do escudo

Na ausência do escudo, a resistência térmica equivalente é dada por:

$$R_{eq} = \frac{1}{A_1}\left(\frac{1}{\varepsilon_1} + \frac{1}{\varepsilon_2} - 1\right)$$

E o fluxo de calor será dado por:

$$\frac{\dot{Q}_1}{A_1} = \frac{\sigma\left(T_1^4 - T_2^4\right)}{A_1 R_{eq}} = \frac{\sigma\left(T_1^4 - T_2^4\right)}{\frac{1}{\varepsilon_1} + \frac{1}{\varepsilon_2} + 1}$$

Substituindo-se os valores conhecidos, obtemos: $\dot{Q}'' = 14{,}1$ kW/m².

10.14 EXERCÍCIOS PROPOSTOS

Ep10.1 Determine os fatores de forma F_{11}, F_{12} e F_{21} da configuração geométrica mostrada na Figura Ep10.1 em função do raio da calota esférica.

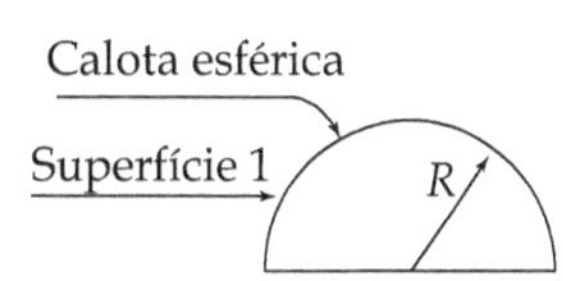

Figura Ep10.1

Resp.: 0,5; 0,5; 1.

Ep10.2 Determine os fatores de forma F_{12}, F_{13} e F_{23} da cavidade com seção triangular e comprimento infinito ilustrada na Figura Ep10.2, na qual $a = 5$ m, $b = 4$ m e $c = 3$ m.

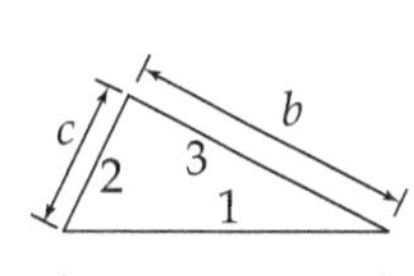

Figura Ep10.2

Resp.: 0,40; 0,60; 0,33.

Ep10.3 Determine o fator de forma F_{12} da configuração geométrica mostrada na Figura Ep10.3.

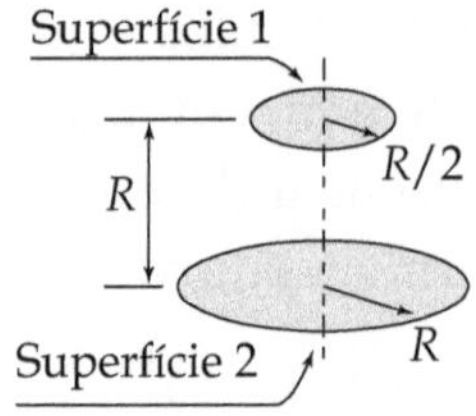

Figura Ep10.3

Resp.: 0,469.

Ep10.4 Determine os fatores de forma F_{12} e F_{21} da configuração geométrica constituída por uma casca esférica, superfície 1, posicionada no centro geométrico de um tetraedro, superfície 2. Considere que a aresta do tetraedro mede 12 cm e que o raio da esfera mede 2 cm.

Resp.: 1,0; 0,000202.

Ep10.5 Determine os fatores de forma F_{12} e F_{21} da configuração geométrica ilustrada na Figura Ep10.5.

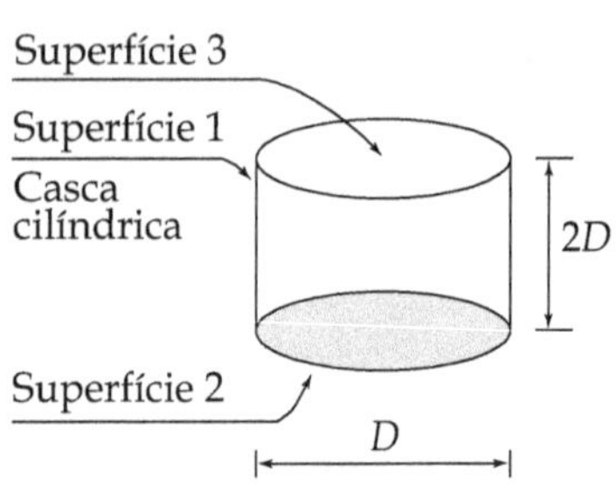

Figura Ep10.5

Resp.: 0,118; 0,944.

Ep10.6 Determine os fatores de forma F_{12} e F_{21} da configuração geométrica ilustrada na Figura Ep10.6.

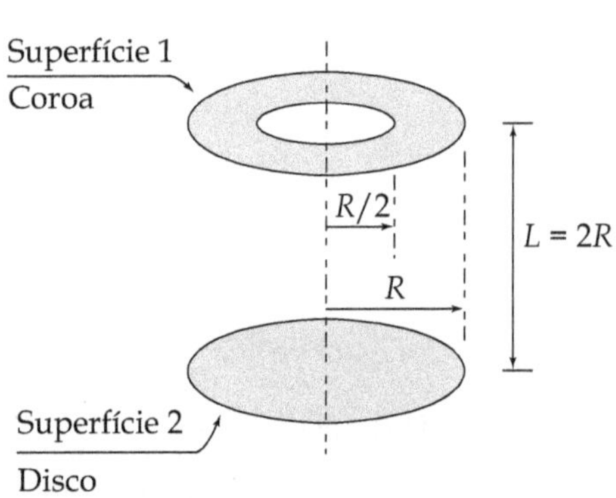

Figura Ep10.6

Resp.: 0,165; 0,124

Ep10.7 Determine o fator de forma F_{12} entre as superfícies 1 e 3 da Figura Ep10.7. São dados: a = 10 m; b = 50 cm; c = 1 m; e d = 50 cm.

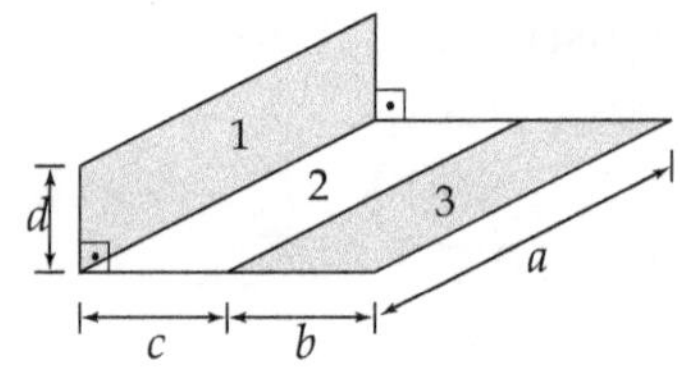

Figura Ep10.7

Resp.: 0,372.

Ep10.8 Determine o fator de forma F_{13} entre as superfícies 1 e 3 da Figura Ep10.7. São dados: a = 10 m; b = 50 cm; c = 1 m; e d = 50 cm.

Resp.: 0,0339.

Ep10.9 Determine o fator de forma F_{21} entre as superfícies 2 e 1 da Figura Ep10.9 que formam uma cavidade com comprimento infinito.

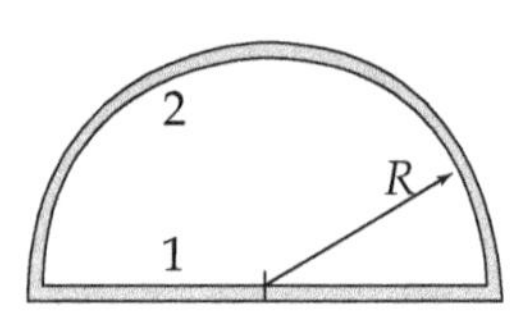

Figura Ep10.9

Resp.: 0,637.

Ep10.10 Determine os fatores de forma F_{12} e F_{21} para a configuração constituída por um tubo longo de raio R inserido em um tubo, também longo, de seção triangular equilátera, conforme esquematizado na Figura Ep10.10.

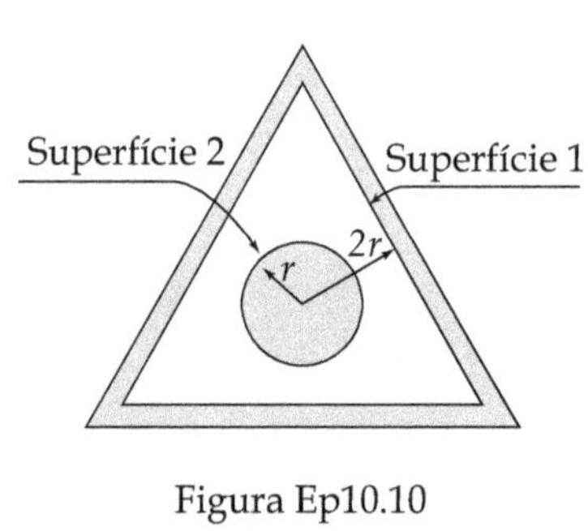

Figura Ep10.10

Resp.: 0,302; 1,0.

Ep10.11 Determine o fator de forma entre duas paredes verticais opostas de uma estufa cúbica com aresta interna $L = 0,5$ m.

Resp.: 0,20.

Ep10.12 Utilizando os dados da Figura Ep10.12, determine F_{13}.

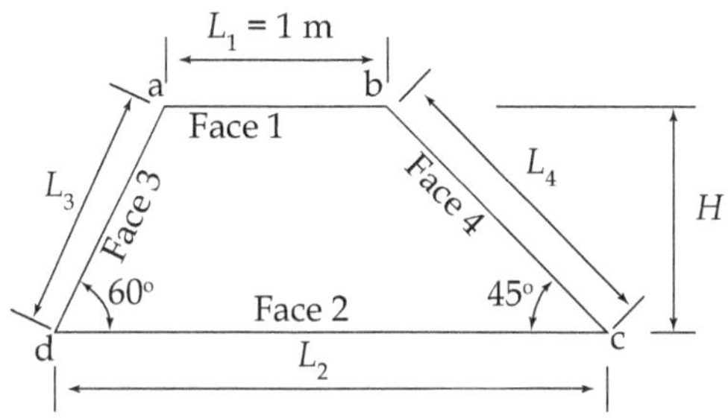

Figura Ep10.12

Resp.: 0,00743.

Ep10.13 Utilizando os dados da Figura Ep10.12, determine F_{23} e F_{21}.

Resp.: 0,343; 0,298.

Ep10.14 Utilizando os dados da Figura Ep10.12, determine F_{24} e F_{42}.

Resp.: 0,35; 0,655.

Ep10.15 Utilizando os dados da Figura Ep10.15, determine F_{21}.

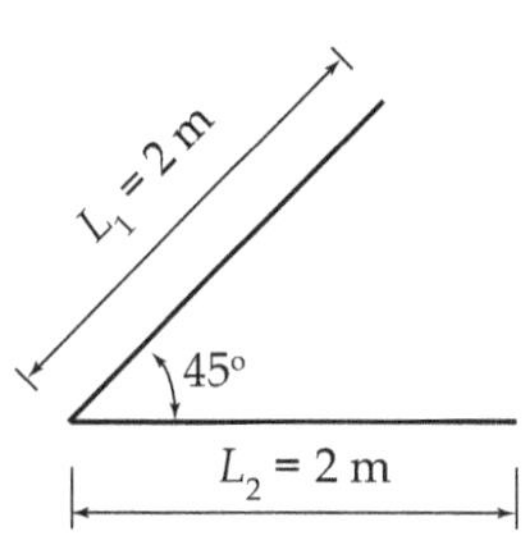

Figura Ep10.15

Resp.: 0,617.

Ep10.16 Dois discos coaxiais com raios iguais a 30 cm distam entre si 60 cm. Considere que os dois podem ser simulados como corpos negros, que um deles está a 300°C e que o outro está a 150°C. Determine a taxa de calor radiante líquida observada entre eles.

Resp.: 208,6 W.

Ep10.17 Uma cavidade cilíndrica que pode ser aproximada por um corpo negro tem a sua superfície interna a 500 K. Sabendo que o seu diâmetro é igual a 10 cm e que a sua profundidade é igual a 25 cm, pede-se para determinar a taxa de calor transferida da cavidade para o meio ambiente. Suponha que o meio ambiente esteja a 300 K e que possa ser tratado como uma superfície negra.

Resp.: 24,2 W.

Ep10.18 Determine o fluxo de calor entre duas placas paralelas de mesma geometria com altura e largura muito maior do que a distância de 5 cm que existe entre elas, de forma que possam ser consideradas infinitas. Considere que elas podem ser consideradas negras, que uma está a 600 K e que a outra está a 350 K.

Resp.: 6,50 kW/m^2.

Ep10.19 Dois discos coaxiais de mesmo diâmetro com raio igual a 30 cm distam entre si 50 cm. Considere que os dois podem ser simulados como tendo superfícies negras, que um deles está a 300°C e que o outro está a 150°C. Determine a taxa de calor radiante líquida observada entre eles.

Resp.: 266,8 W.

Ep10.20 Um forno cilíndrico vertical tem a temperatura da sua soleira T_1 = 600°C, a temperatura da sua parede vertical T_3 = 700°C e temperatura do seu teto T_2 = 1100°C. Sabe-se que o diâmetro interno do forno é dado por D = 1 m e que a sua altura interna é H = 1,2 m. Supondo que as superfícies internas do forno podem ser tratadas como se fossem negras, determine a taxa líquida de calor transferida do teto para a soleira do forno e a taxa líquida de calor transferida do teto para a sua parede vertical.

Resp.: 17,36 kW; 102,9 kW.

Ep10.21 Uma esfera com diâmetro igual a 10 cm que tem a sua superfície a 700 K encontra-se envolvida por uma casca esférica concêntrica com diâmetro de 20 cm cuja superfície está a 350 K. Sabe-se que a superfície da esfera e a da casca esférica podem ser consideradas negras. Pede-se para determinar a taxa de calor em condição de regime permanente entre esses dois corpos desprezando-se os efeitos de convecção no espaço existente entre essas superfícies.

Resp.: 401 W.

Ep10.22 Uma esfera com diâmetro igual a 10 cm que tem a sua superfície a 650 K encontra-se envolvida por uma casca esférica concêntrica com diâmetro interno de 20 cm cuja superfície está a 550 K. Sabe-se que:

a) a casca esférica é opaca com espessura igual a 2 cm;
b) tanto a superfície da esfera quanto a interna da casca esférica podem ser consideradas negras;
c) esse conjunto está montado em um ambiente a 300 K;
d) o processo ocorre em estado estacionário;
e) a condutibilidade térmica da casca esférica é igual a 0,12 W/(m.K);
f) a superfície externa da casca esférica pode ser considerada cinza difusa com emissividade igual a 0,7.

Pede-se para determinar a taxa de calor transferido da esfera para a casca esférica desprezando-se os efeitos de convecção no espaço existente entre essas superfícies. Pede-se também para determinar a taxa de calor transferida pela casca esférica para o meio ambiente por radiação, a taxa rejeitada por convecção e o coeficiente convectivo observado entre a casca esférica e o meio ambiente.

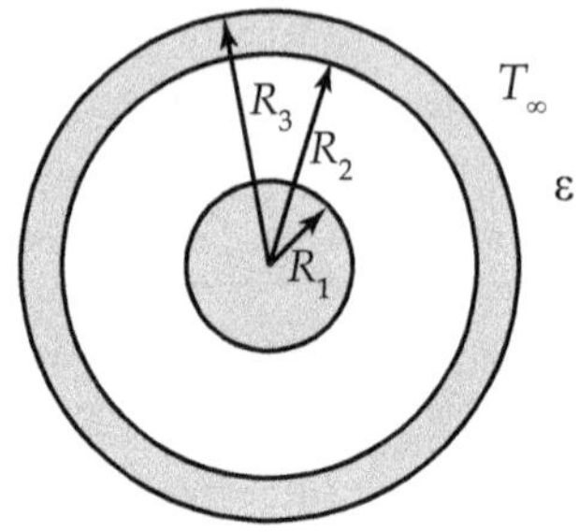

Figura Ep10.22

Ep10.23 Um forno cilíndrico destinado a receber cadinho de fundição tem forma cilíndrica vertical com raio R = 40 cm e altura H = 120 cm. Veja a Figura Ep10.23. Suponha que, imediatamente antes de receber o cadinho, o forno tenha sua superfície superior aberta para o meio ambiente a 300 K e que sua superfície interna, que pode ser considerada negra, está a 1400 K. Determine a taxa líquida de calor entre a superfície interna do forno e o meio ambiente considerando que este também pode ser tratado como tendo propriedades de um corpo negro.

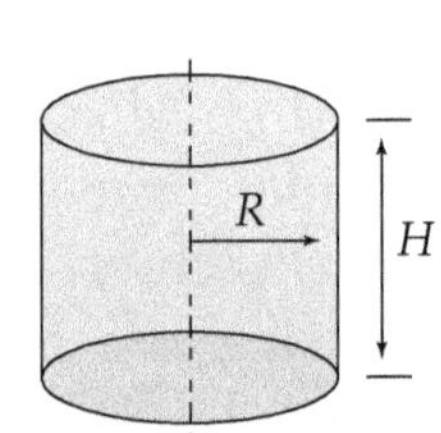

Figura Ep10.23

Resp.: 109,3 kW.

Ep10.24 Um forno cilíndrico vertical destinado a receber cadinho de fundição tem raio R = 50 cm e altura H = 140 cm. Veja a Figura Ep10.23. Suponha que, imediatamente antes de receber o cadinho, o forno tenha sua superfície superior aberta para o meio ambiente a 300 K e que sua superfície interna, que pode ser considerada negra, está a 1300 K. Determine a taxa líquida de calor transferido por radiação da superfície interna do forno para o meio ambiente supondo que este se comporta como se fosse uma superfície cinza difusa com emissividade igual a 0,9. Qual é o valor da radiosidade da superfície interna do forno?

Resp.: 114,1 kW; 161,9 kW/m².

Ep10.25 Um forno cúbico com aresta interna de 2 m tem suas superfícies internas verticais mantidas a 1300 K por resistências elétricas. Medições realizadas indicam que a temperatura da superfície interna do teto do forno é igual a 1100 K e que a soleira do forno está a 1000 K. Considerando que todas as superfícies do forno podem ser consideradas negras, pede-se para calcular a taxa de calor entre uma superfície vertical e o teto do forno e entre uma superfície vertical e a soleira do forno.

Resp.: 63,1 kW; 84,2 kW.

Ep10.26 Determine o fluxo de calor entre duas placas paralelas de mesma geometria com altura e largura muito maior do que a distância de 5 cm entre elas, de forma que possam ser consideradas infinitas. Considere que uma tem emissividade igual a 0,8 e está a 600 K e que a outra tem emissividade 0,6 e está a 350 K.

Ep10.27 Dois discos coaxiais de mesmo diâmetro com raio igual a 30 cm distam entre si 60 cm. Considere que os dois podem ser simulados como tendo superfícies cinza difusas, que um deles está a 300°C e tem emissividade igual a 0,8 e que o outro está a 150°C e tem emissividade igual a 0,6. Determine a taxa de calor radiante líquida observada entre eles.

Ep10.28 Um forno cilíndrico vertical destinado a receber cadinho de fundição tem raio R = 40 cm e altura H = 120 cm. Veja a Figura Ep10.23. Suponha que, imediatamente antes de receber o cadinho, o forno tenha sua superfície superior aberta para o meio ambiente a 300 K, que sua base seja uma superfície reirradiante e que a sua superfície lateral possa ser considerada negra a 1300 K. Determine a taxa líquida de calor entre a superfície lateral interna do forno e o meio ambiente supondo que a abertura do forno para o meio ambiente se comporta como se fosse uma superfície cinza difusa com emissividade 0,9 a 300 K.

Resp.: 72,5 kW.

Ep10.29 Um engenheiro, sem preocupação com o ambiente de trabalho e com custos energéticos, resolveu manter um banho de óleo aquecido a 180°C em um pequeno tanque cilíndrico bem isolado com diâmetro de 80 cm exposto ao meio ambiente que está a 20°C. Sabe-se que a emissividade da superfície do banho de óleo é igual a 0,85 e que ela está 20 cm abaixo da borda do tanque. Supondo que a superfície interna do tanque é reirradiante e que o meio ambiente pode ser tratado como uma superfície negra que tampa o forno, determine a taxa líquida de calor radiante transferida para o meio ambiente pela superfície do óleo e a rejeitada pela lateral interna exposta do forno.

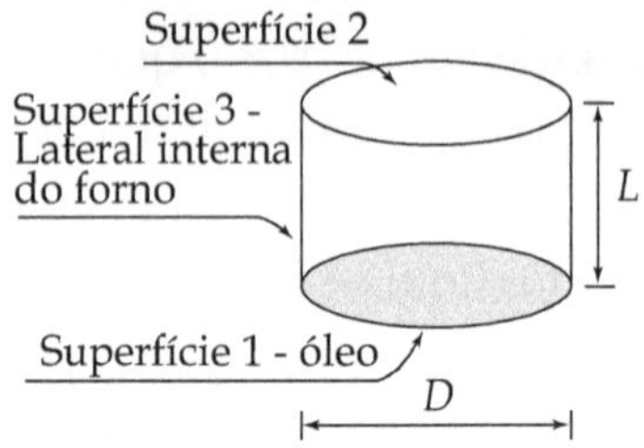

Figura Ep10.29

Resp.: 529 W; 169 W.

Ep10.30 Um engenheiro, sem preocupação com o ambiente de trabalho e com custos energéticos, resolveu manter uma banho de óleo aquecido em um pequeno tanque cilíndrico com diâmetro interno de 80 cm exposto ao meio ambiente que está a 30°C. Considere que as emissividades da superfície do banho de óleo e da superfície lateral do tanque são iguais a 0,85 e que elas estão a 180°C. Suponha também que a superfície livre do óleo está 50 cm abaixo da borda do tanque e que o meio ambiente pode ser tratado como sendo uma superfície cinza difusa com emissividade 0,95. Determine a taxa líquida de calor radiante rejeitada pela superfície constituída pela superfície do óleo e pela lateral exposta do forno para o meio ambiente.

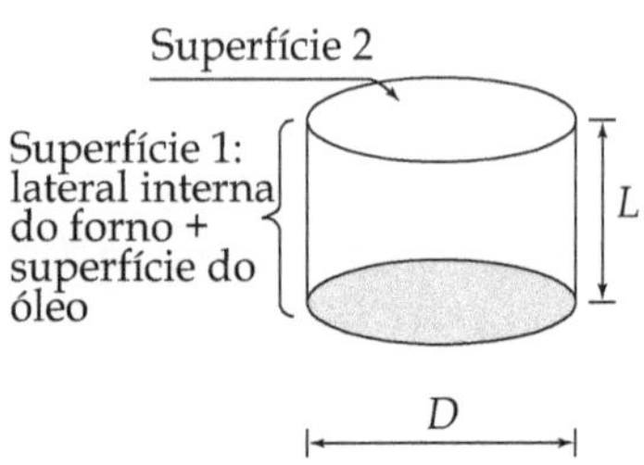

Figura Ep10.30

Resp.: 610 W.

Ep10.31 Uma esfera com diâmetro igual a 10 cm que tem a sua superfície a T_1 = 800 K encontra-se envolvida por uma casca esférica concêntrica com diâmetro interno de 20 cm cuja superfície está a T_2 = 700 K. Veja a Figura Ep10.31. Sabe-se que a superfície da esfera tem emissividade igual a 0,8, que as emissividades da superfície externa e da interna da casca esférica são iguais a 0,6 e que a espessura da casca esférica é igual a 5 cm. Sabendo-se que esse conjunto está montado em um ambiente a 300 K, que o processo ocorre em estado estacionário e que a condutibilidade térmica da casca esférica é k = 0,5 W/(m.K), pede-se para determinar a taxa de calor transferido da esfera para a casca esférica desprezando-se os efeitos de convecção no espaço existente entre essas superfícies.

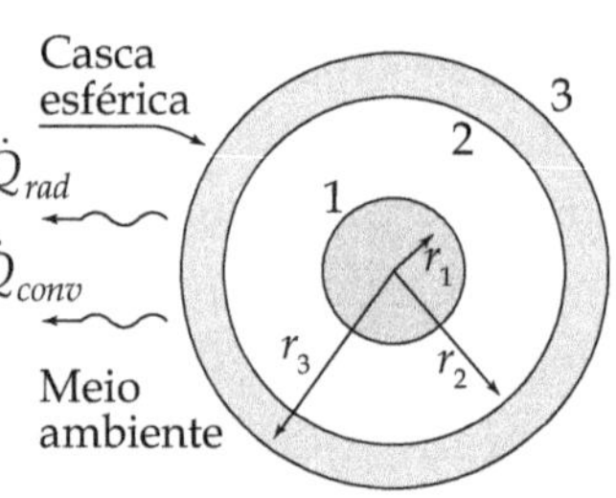

Figura Ep10.31

Pede-se também para determinar a taxa de calor transferida pela casca esférica para o meio ambiente por radiação e o coeficiente convectivo observado entre a superfície externa da casca esférica e o meio ambiente.

Resp.: 213,1 W; 85,1 W; 7,45 W/(m².K).

Ep10.32 Uma esfera com diâmetro igual a 10 cm que tem a sua superfície a 700 K encontra-se envolvida por uma casca esférica concêntrica com diâmetro de 20 cm cuja superfície está a 350 K. Veja a Figura Ep10.31. Sabe-se que a superfície da esfera tem emissividade igual a 0,8 e que e a emissividade da casca esférica é igual a 0,6. Pede-se para determinar o fator de forma F_{21} e a taxa de calor em condição de regime permanente entre esses dois corpos desprezando-se os efeitos de convecção no espaço existente entre essas superfícies.

Resp.: 0,25; 283 W.

Ep10.33 Um forno paralelepipédico tem as seguintes dimensões internas: largura de 1 m, profundidade 2,5 m e altura igual a 1,8 m. Estando o forno preliminarmente aquecido de forma que toda a sua superfície interna esteja na temperatura uniforme de 500 K, sua porta frontal também com largura de 1 m e altura de 1,8 m é totalmente aberta para o meio ambiente expondo toda a superfície interna do forno. Considerando que o meio ambiente possa ser tratado como um corpo com emissividade 0,95 a 300 K e que a superfície interna do forno tenha emissividade 0,85, pede-se para determinar a taxa líquida de calor entre a superfície interior do forno (exclusive a superfície da porta) e o meio ambiente.

Resp.: 5,18 kW.

Ep10.34 Um forno cilíndrico vertical com abóbada semiesférica tem diâmetro interno igual a 2,0 m e altura interna da sua parede lateral igual a 2 m. Veja a Figura Ep10.34. Suponha que a soleira do forno tenha emissividade igual a 0,7 e seja reirradiante, que a sua superfície lateral interna, que pode ser considerada cinza difusa com emissividade igual a 0,9, esteja a 1300 K e que a superfície interna da abóbada cuja emissividade é igual a 0,8 esteja a 1350 K. Pede-se para determinar:

a) a taxa líquida de calor observada entre as superfícies 1 e 2;
b) a radiosidade da superfície 1;
c) a radiosidade da superfície 2;
d) a radiosidade da superfície 3;
e) a temperatura da superfície 3.

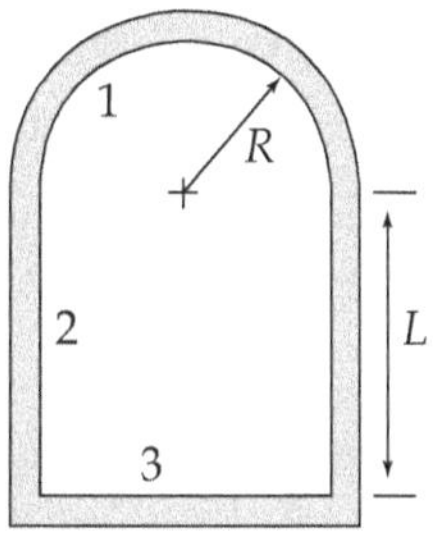

Figura Ep10.34

Ep10.35 Em uma unidade industrial, existe um forno mal dimensionado cujas paredes verticais têm temperatura externa de 77°C. Pretendendo obter condição de trabalho mais adequada para os seus funcionários, o engenheiro instala uma fina placa de um material de alta condutibilidade térmica, emissividade igual a 0,4 e com espessura de aproximadamente 1 mm paralelamente às superfícies verticais do forno. Supondo que o meio ambiente possa ser tratado como uma superfície plana a 27°C com emissividade igual a 0,95 também paralela ao forno, pede-se para determinar o fluxo de calor entre a parede do forno e o meio ambiente e a temperatura da placa.

Ep10.36 Uma empresa fabricante de pneus adquiriu um forno horizontal para a realização de ensaios laboratoriais de tratamento térmico de arames de aço a serem futuramente utilizados no seu processo produtivo. O forno tem seção transversal triangular equilátera com lado interno igual a 50 cm e comprimento de 15 m. Considere que a soleira desse forno (superfície 1) seja muito bem isolada, de forma que possa ser considerada reirradiante, e que, por um defeito do seu sistema de aquecimento, na região central do forno, a superfície 2 esteja a 900°C e a superfície 3 a 1000°C. Suponha que as emissividades das superfícies internas do forno sejam iguais a 0,75, que a transferência de calor por convecção possa ser desprezada e que o processo de transferência radiante de calor possa ser considerado bidimensional. Para um comprimento unitário da região central do forno:

a) calcule a resistência equivalente;
b) determine a taxa líquida de calor entre as superfícies 3 e 2; e
c) determine a radiosidade da superfície 3.

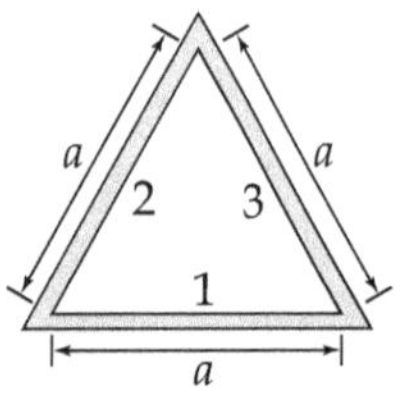

Figura Ep10.36

Resp.: 4 m^{-2}; 10,4 kW; 142 W/m^2.

Ep10.37 Uma empresa fabricante de equipamentos, pretendendo reduzir a taxa de transferência de calor por radiação entre duas superfícies paralelas, optou por instalar entre elas uma placa metálica com condutibilidade térmica muito elevada que deve funcionar como um escudo de radiação. Veja a Figura Ep10.37. Considere que a superfície 1 seja simulada como sendo cinza difusa a 800 K com emissividade igual a 0,9 e que a superfície 2 seja simulada como sendo cinza difusa a 400 K com emissividade igual a 0,7. Nessa condição, determine o fluxo de calor radiante líquido entre as superfícies 1 e 2 e o fluxo de calor líquido radiante depois da instalação do escudo de radiação. Considere que a emissividade do material metálico é igual a 0,4 e que a sua resistência térmica à condução pode ser desprezada.

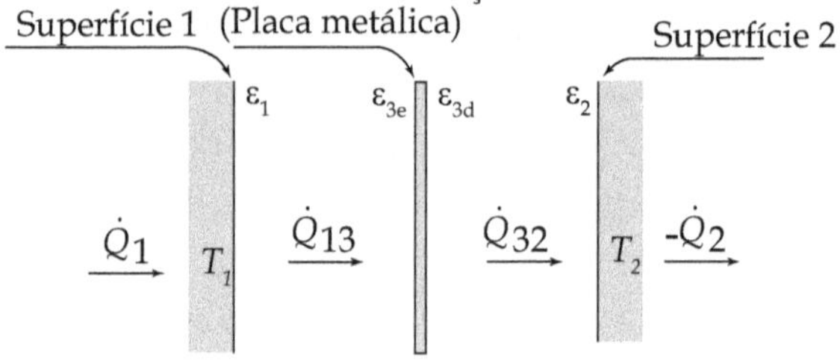

Figura Ep10.37

Resp.: 14,1 kW/m^2; 3,93 kW/m^2.

Ep10.38 Devido a uma solicitação de um cliente, uma empresa fabricante de equipamentos térmicos necessita reduzir a taxa de calor radiante entre duas superfícies paralelas suficientemente grandes para poderem ser consideradas infinitas. Considere que o processo de transferência de energia por calor entre essas superfícies ocorra apenas por radiação, que essas superfícies, denominadas 1 e 2, podem ser consideradas cinza difusas, que $T_1 = 600$ K, $T_2 = 300$ K e que $\varepsilon_1 = 0,6$ e $\varepsilon_2 = 0,8$.

a) Determine o fluxo de calor radiante entre essas duas superfícies.
b) Considerando que o fluxo de calor entre as superfícies 1 e 2 deve ser reduzido em 60%, o fabricante optou por inserir uma placa metálica de alta condutividade térmica entre as superfícies 1 e 3. Determine as emissivida-

des das duas faces dessa placa metálica, sabendo que elas são iguais e que causam a redução de fluxo de calor desejada.

Resp.: 3,59 kW/m²; 0,88.

Ep10.39 Em um equipamento industrial, observa-se a ocorrência de taxa de calor por radiação em estado estacionário entre duas superfícies planas paralelas que podem ser consideradas muito grandes quando comparadas com a distância existente entre elas. A primeira tem emissividade igual a 0,4 e está na temperatura de 850 K e a segunda tem emissividade igual a 0,7 e está a 400 K. Supondo que os efeitos dos demais modos de transferência de calor sejam desprezíveis frente à radiação, pede-se:

a) o fluxo líquido de calor entre as duas superfícies;

b) a emissividade de um escudo de radiação constituído por uma placa metálica com condutividade térmica muito elevada que, instalado entre essas placas, reduza o fluxo de calor originalmente observado entre elas a um décimo;

c) a temperatura do escudo.

Resp.: 9,61 kW/m²; 0,073; 717,3 K.

Ep10.40 Uma esfera com diâmetro igual a 20 cm encontra-se envolvida por uma casca esférica concêntrica com diâmetro interno de 30 cm cuja superfície externa está a T_3 = 400 K. Veja a Figura Ep10.31. Sabe-se que a superfície da esfera tem emissividade igual a 0,8, que as emissividades da superfície externa e da interna da casca esférica são iguais a 0,7 e que a espessura da casca esférica é igual a 6 cm. Sabe-se que esse conjunto está montado em uma ambiente a 300 K, que o processo ocorre em estado estacionário, que a condutibilidade térmica da casca esférica é k = 0,4 W/(m.K) e que o coeficiente convectivo observado entre a esfera e o meio ambiente é igual a 8 W/(m².K). Pede-se para determinar:

a) a taxa de calor transferida por convecção pela casca esférica para o meio ambiente;

b) a taxa de calor transferida por radiação pela casca esférica para o meio ambiente;

c) a temperatura da superfície da esfera.

Resp.: 443,3 W; 384,9 W; 994,8 K.

Ep10.41 Duas placas planas com largura L = 1,2 m, perpendiculares entre si, formam com uma terceira placa uma cavidade com comprimento muito grande. Sabe-se que a placa 1 – veja a Figura Ep10.41 – tem emissividade igual a 0,6 e está a 400°C, que a placa 2 tem emissividade igual a 0,8 e está a 200°C e que a placa 3 é negra. Determine:

a) a taxa de calor radiante observada entre as placas 1 e 2;

b) a temperatura da superfície negra;

c) as radiosidades das superfícies 1 e 2.

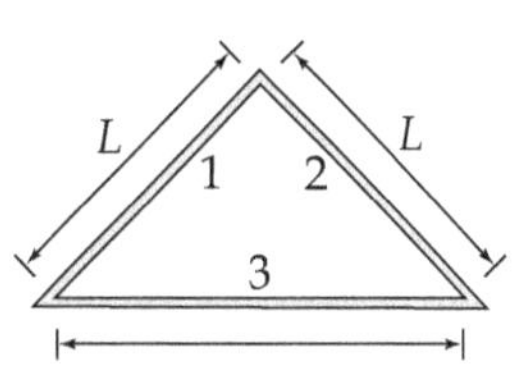

Figura Ep10.41

Resp.: 3,54 kW; 501,6 K; 10,9 kW/m²; 877 W/m².

Ep10.42 Um fabricante de fornos concebeu um forno contínuo com seção transversal constante, conforme ilustrado na Figura 10.42, na qual R = 0,6 m.

Considere que o forno é suficiente longo para que o processo de transferência de calor por radiação possa ser considerado bidimensional. Sabe-se que a temperatura da abóboda do forno é igual a 1000°C, que a da soleira é igual a 900°C e que as emissividades da soleira e da abóboda são iguais a, respectivamente, 0,9 e 0,8. Desconsiderando-se outros modos de transferência de calor, determine para um comprimento unitário de forno:

a) o fator de forma F_{21};

b) a taxa de calor observada entre a abóboda e a soleira do forno;

c) a radiosidade da superfície 1;

d) a radiosidade da superfície 2.

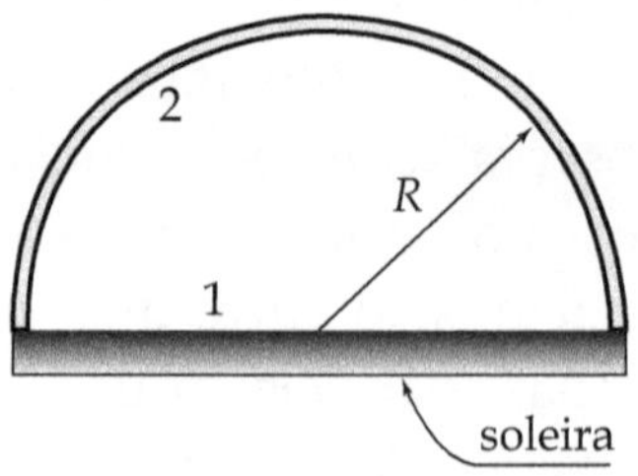

Figura Ep10.42

Resp.: 0,6366; 39,27 kW; 103,8 kW/m²; 143,8 kW/m².

APÊNDICE A

ALGUMAS PROPRIEDADES

A.1 PROPRIEDADES DE ALGUNS GASES IDEAIS A 25°C

Substância	Fórmula química	Massa molar (kJ/kmol)	R (kJ/(kg.K))	c_p (kJ/(kg.K))	c_v (kJ/(kg.K))
Água	H_2O	18,015	0,462	1,872	1,410
Amônia	NH_3	17,031	0,488	2,130	1,642
Ar seco	–	28,97	0,287	1,004	0,717
Argônio	Ar	39,948	0,208	0,521	0,313
Dióxido de carbono	CO_2	44,01	0,189	0,850	0,661
Hélio	He	4,003	2,077	6,897	4,141
Hidrogênio	H_2	2,016	4,124	14,32	10,20
Metano	CH_4	16,043	0,518	2,216	1,698
Neônio	Ne	20,183	0,412	1,031	0,619
Nitrogênio	N_2	28,013	0,297	1,037	0,740
Oxigênio	O_2	31,999	0,260	0,915	0,655

A.2 CALORES ESPECÍFICOS A PRESSÃO CONSTANTE DE ALGUNS GASES

Apresentamos a seguir um conjunto correlações destinadas ao cálculo de calores específicos a pressão constante para gases perfeitos, com base em Yaws [13]. Essas correlações apresentam a seguinte estrutura básica:

$$c_p = A + BT + CT^2 + DT^3$$

onde T é a temperatura em K e c_p é o calor específico a pressão constante em kJ/(kg.K). Essas expressões são válidas no intervalo de 298 K a 1500 K .

Calores específicos a pressão constante de gases						
Equação básica: $Cp = A + BT + CT^2 + DT^3$						
Cp obtido em kJ/(kg.K); intervalo de validade: 298 a 1500 K						
Substância	**Fórmula**	**A**	**B*10^3**	**C*10^6**	**D*10^9**	**Erro (%)**
Água	H_2O	33,9131	-3,0145	15,1981	-4,8567	0,438
Amônia	NH_3	25,4139	34,4574	-0,6699	-2,7633	0,189
Dióxido de carbono	CO_2	21,5202	64,4767	-41,6168	10,1321	0,155
Etano	C_2H_6	10,2995	151,1435	-29,3076	-1,9259	1,010
Hidrogênio	H_2	28,8052	-0,0921	0,8792	0,5443	0,454
Metano	CH_4	21,1015	39,0210	37,1369	-22,4831	1,635
Monóxido de nitrogênio	NO	29,0145	-0,2721	9,3366	-4,1031	0,339
Nitrogênio	N_2	29,6007	-5,5266	13,8583	-5,2754	0,167
Oxigênio	O_2	26,0419	11,3462	-1,5491	-0,9211	0,280

A.3 VISCOSIDADE DE ALGUNS GASES

Apresentamos abaixo um conjunto correlações destinadas ao cálculo de viscosidade de gases, com base em Yaws [15]. Essas correlações apresentam a seguinte estrutura básica:

$$\mu = A + BT + CT^2$$

onde T é a temperatura em K e $\propto$ é a viscosidade dinâmica obtida em 10^{-6} Pa.s.

Viscosidade de gases em função da temperatura						
Substância		**A**	**B x 10^3**	**C x 10^7**	**Validade °C**	**Viscosidade a 20°C (10^6 Pa.s)**
Monóxido de carbono	CO	3,278	47,47	-96,48	-200 a 1400	16,36
Dióxido de carbono	CO_2	2,545	45,49	-86,49	-100 a 1400	15,14
Dióxido de enxofre	SO_2	-0,3793	46,45	-72,76	-100 a 1400	12,61
Trióxido de enxofre	SO_3	0,4207	47,12	-68,34	-100 a 1400	13,65
Monóxido de nitrogênio	NO	5,677	48,14	-84,34	-150 a 1400	19,06
Hidrogênio	H_2	2,187	22,20	-37,51	-160 a 1200	8,37
Nitrogênio	N_2	3,043	49,89	-109,3	-160 a 1200	16,73
Oxigênio	O_2	1,811	66,32	-187,9	-160 a 1000	19,64
Água	H_2O	-3,189	41,45	-8,272	0 a 1000	8,89
Metano	CH_4	1,596	34,39	-81,40	-80 a 1000	10,98
Etano	C_2H_6	0,5576	30,64	-53,07	-80 a 1000	9,08

Viscosidade de gases em função da temperatura						
Substância		*A*	*B* x 10^3	*C* x 10^7	Validade °C	Viscosidade a 20°C (10^6 Pa.s)
Propano	C_3H_8	0,4912	27,12	–38,06	–80 a 1000	8,11
Hélio	He	5,416	50,14	–89,47	–160 a 1200	19,35
Neônio	Ne	8,779	78,60	–176,2	–160 a 1200	30,31
Argônio	Ar	4,387	63,99	–128	0 a 1200	22,05
Amônia	NH_3	–0,9372	38,99	–44,05	–200 a 1200	10,11

Exemplo de uso da tabela:

Determinação da viscosidade do nitrogênio a 20°C

T = 20 + 273,15 = 293,15 K

$$\mu = 3{,}043 + 49{,}89 \cdot \text{E-3} \cdot 293{,}15 + (-109{,}3) \cdot \text{E-7} \cdot 293{,}15^2 = 16{,}73\ \text{E-6 Pa.s}$$

A.4 VISCOSIDADE DE ALGUNS LÍQUIDOS

Apresentamos abaixo um conjunto correlações destinadas ao cálculo de viscosidade de líquidos, com base em Yaws [15]. Essas correlações apresentam a seguinte estrutura básica:

$$log\,\mu = A + \frac{B}{T} + CT + DT^2$$

onde: *T* é a temperatura em K e ∝ é a viscosidade obtida em 10^{-3} Pa.s.

Viscosidade de líquidos em função da temperatura							
Substância		*A*	*B*	*C**E+2	*D**E+6	Validade (°C)	μ a 20°C (Pa.s)
Água	H_2O	–11,73	1828	1,966	–14,66	0,0 a 374,2	0,100 E-3
Peróxido de hidrogênio	H_2O_2	–2,615	503,8	0,03501	–1,163	–0,43 a 455,0	0,128 E-3
Metanol	CH_3OH	–18,09	2096	4,738	–48,93	–40 a 239,4	0,056 E-3
Etanol	C_2H_5OH	–3,697	700,9	0,2682	–4,917	–105 a 243,1	0,114 E-3
n-Propanol	C_3H_7OH	–6,333	1158	0,8722	–9,699	–72 a 263,6	0,219 E-3
n-Butanol	C_4H_9OH	–5,222	1130	0,4137	–4,328	–60 a 289,8	0,298 E-3
Ácido clorídrico	HCl	–2,515	194,6	0,3067	–13,76	–114,2 a 51,5	0,007 E-3
Amônia	NH_3	–9,591	876,4	2,681	–36,12	–77,74 a 132,4	0,014 E-3

Viscosidade de líquidos em função da temperatura							
Substância		*A*	*B*	*C**E+2	*D**E+6	Validade (°C)	μ a 20°C (Pa.s)
Etano	C_2H_6	-5,444	290,1	1,905	-41,64	-183,2 a 32,3	0,0036 E-3
Propano	C_3H_8	-4,372	313,5	1,034	-20,26	-187,7 a 96,7	0,010 E-3
Benzeno	C_6H_6	1,003	64,66	-1,105	9,648	5,53 a 288,94	0,065 E-3
Tolueno	$C_6H_5CH_3$	-3,553	559,1	0,1987	-1,954	-40 a 318,8	0,059 E-3

Exemplo de uso da tabela:

Determinação da viscosidade da água a 20°C

$T = 20 + 273{,}15 = 293{,}15$ K

$$log\,\mu = (-11{,}73) + \frac{1828}{293{,}15} + 1{,}966\text{ E-2} \cdot 293{,}15 + (-14{,}66\text{ E-6}) \cdot 293{,}15^{\,2}$$

$$log\,\mu = -0{,}991$$

$\mu = 10^{-0{,}991} = 0{,}102$ micro Pa.s = 0,102 E-6 Pa.s

A.5 PROPRIEDADES DE SUBSTÂNCIAS A 20°C E 1 BAR

Substância	Massa específica (kg/m^3)	Viscosidade dinâmica (Pa.s)	Tensão superficial (N/m)
Água	998,2	1,00 E-3	7,27 E-2
Ar seco	1,189	1,83 E-5	
Etanol	789	1,19 E-3	
Glicerina	1260	1,49	6,33 E-2
Mercúrio	13550	1,56 E-3	4,84 E-1
Óleo SAE 30	891	0,29	3,5 E-2

B

APÊNDICE

PROPRIEDADES TERMOFÍSICAS

B.1 PROPRIEDADES TERMOFÍSICAS DO AR A 1 BAR

T	ρ	c_p	μ	k	α	Pr
°C	kg/m³	J/(kg.K)	Pa.s	W/(m.K)	m²/s	
0	1,275	1004	1,73E-05	0,02364	1,85E-05	0,7343
10	1,230	1004	1,78E-05	0,02439	1,97E-05	0,7318
20	1,189	1004	1,83E-05	0,02514	2,11E-05	0,7293
30	1,149	1005	1,87E-05	0,02588	2,24E-05	0,7268
40	1,113	1005	1,92E-05	0,02662	2,38E-05	0,7244
50	1,078	1006	1,96E-05	0,02735	2,52E-05	0,7221
60	1,046	1007	2,01E-05	0,02808	2,67E-05	0,7199
70	1,015	1007	2,05E-05	0,02881	2,82E-05	0,7177
80	0,9865	1008	2,10E-05	0,02953	2,97E-05	0,7157
90	0,9594	1009	2,14E-05	0,03024	3,12E-05	0,7137
100	0,9337	1010	2,18E-05	0,03095	3,28E-05	0,7118
110	0,9093	1011	2,22E-05	0,03165	3,44E-05	0,7101
120	0,8862	1012	2,26E-05	0,03235	3,61E-05	0,7084
130	0,8642	1014	2,31E-05	0,03305	3,77E-05	0,7068
140	0,8433	1015	2,35E-05	0,03374	3,94E-05	0,7054
150	0,8233	1016	2,39E-05	0,03443	4,11E-05	0,7040
160	0,8043	1018	2,42E-05	0,03511	4,29E-05	0,7027
170	0,7862	1019	2,46E-05	0,03579	4,47E-05	0,7016
180	0,7688	1021	2,50E-05	0,03646	4,65E-05	0,7005

T	ρ	c_p	μ	k	α	Pr
°C	kg/m³	J/(kg.K)	Pa.s	W/(m.K)	m²/s	
190	0,7522	1023	2,54E-05	0,03713	4,83E-05	0,6995
200	0,7363	1024	2,58E-05	0,03779	5,01E-05	0,6986
210	0,7211	1026	2,61E-05	0,03845	5,20E-05	0,6978
220	0,7065	1028	2,65E-05	0,03910	5,38E-05	0,6970
230	0,6924	1030	2,69E-05	0,03975	5,57E-05	0,6964
240	0,6789	1032	2,72E-05	0,04040	5,77E-05	0,6958
250	0,6660	1034	2,76E-05	0,04104	5,96E-05	0,6953
260	0,6535	1036	2,80E-05	0,04167	6,16E-05	0,6949
270	0,6414	1038	2,83E-05	0,04231	6,35E-05	0,6945
280	0,6298	1040	2,87E-05	0,04293	6,55E-05	0,6942
290	0,6187	1042	0,000029	0,04356	6,75E-05	0,6940
300	0,6079	1045	2,93E-05	0,04418	6,96E-05	0,6938

B.2 PROPRIEDADES TERMOFÍSICAS DA ÁGUA SATURADA

T	ρ_L	ρ_V	μ_L	μ_V	k_L	k_V	c_{pL}	c_{pV}	β_L	β_V	Pr_L	Pr_V
°C	kg/m³	kg/m³	Pa.s	Pa.s	W/(m.K)	W/(m.K)	J/(kg.K)	J/(kg.K)	1/K	1/K		
0,01	999,8	0,0049	1,79E-03	9,22E-06	0,5610	0,01707	4220	1884	–6,82E-05	3,681E-03	13,480	1,017
10	999,6	0,0094	1,31E-03	9,46E-06	0,5800	0,01762	4196	1895	8,768E-05	3,559E-03	9,4470	1,017
20	998,2	0,0173	1,00E-03	9,73E-06	0,5984	0,01823	4184	1906	2,066E-04	3,447E-03	7,0040	1,017
30	995,7	0,0304	7,97E-04	1,00E-05	0,6155	0,01889	4180	1918	3,033E-04	3,345E-03	5,4160	1,017
40	992,3	0,0512	6,53E-04	1,03E-05	0,6306	0,01960	4180	1931	3,854E-04	3,253E-03	4,3280	1,016
50	988,0	0,0831	5,47E-04	1,06E-05	0,6435	0,02036	4182	1947	4,578E-04	3,170E-03	3,5530	1,015
60	983,1	0,1304	4,66E-04	1,09E-05	0,6543	0,02119	4185	1965	5,233E-04	3,096E-03	2,9830	1,014
70	977,7	0,1983	4,04E-04	1,13E-05	0,6631	0,02207	4190	1986	5,840E-04	3,033E-03	2,5520	1,013
80	971,7	0,2935	3,54E-04	1,16E-05	0,6700	0,02301	4197	2012	6,414E-04	2,979E-03	2,2200	1,014
90	965,3	0,4235	3,14E-04	1,19E-05	0,6752	0,02402	4205	2043	6,967E-04	2,935E-03	1,9580	1,015
100	958,3	0,5977	2,82E-04	1,23E-05	0,6791	0,02510	4216	2080	7,506E-04	2,902E-03	1,7490	1,017
110	950,9	0,8264	2,55E-04	1,26E-05	0,6817	0,02624	4228	2124	8,041E-04	2,881E-03	1,5800	1,021
120	943,1	1,1212	2,32E-04	1,30E-05	0,6832	0,02747	4244	2177	8,578E-04	2,872E-03	1,4410	1,027
130	934,8	1,4959	2,13E-04	1,33E-05	0,6837	0,02876	4261	2239	9,123E-04	2,876E-03	1,3270	1,035
140	926,2	1,9650	1,97E-04	1,36E-05	0,6833	0,03014	4283	2311	9,683E-04	2,894E-03	1,2320	1,046
150	917,0	2,5458	1,82E-04	1,40E-05	0,6820	0,03160	4307	2394	1,027E-03	2,926E-03	1,1520	1,060
160	907,4	3,2563	1,70E-04	1,43E-05	0,6800	0,03313	4335	2488	1,088E-03	2,973E-03	1,0850	1,077
170	897,4	4,1186	1,60E-04	1,47E-05	0,6771	0,03475	4368	2594	1,153E-03	3,036E-03	1,0290	1,096
180	887,0	5,1520	1,50E-04	1,50E-05	0,6733	0,03645	4405	2713	1,222E-03	3,116E-03	0,9822	1,118
190	876,1	6,3898	1,42E-04	1,54E-05	0,6688	0,03824	4447	2844	1,297E-03	3,215E-03	0,9429	1,143
200	864,7	7,8493	1,34E-04	1,57E-05	0,6633	0,04011	4496	2990	1,379E-03	3,334E-03	0,9104	1,171

B.3 PROPRIEDADES TERMOFÍSICAS DO ÓLEO LUBRIFICANTE NOVO

T	ρ	c_p	μ	k	β	Pr
(°C)	(kg/m³)	(J/(kg.K))	(kg/(m.s))	(W/(m.K))	(1/K)	
10	893,6	1840	1,801	0,1443	0,0007	22963
20	888,1	1881	0,8374	0,1450	0,0007	10863
30	882,1	1922	0,4126	0,1450	0,0007	5470
40	876,0	1964	0,2177	0,1444	0,0007	2962
50	869,9	2006	0,1229	0,1424	0,0007	1732
60	863,9	2048	0,07399	0,1404	0,0007	1080
70	858,0	2089	0,04759	0,1387	0,0007	716,9
80	852,0	2132	0,03232	0,1380	0,0007	499,3
90	845,9	2175	0,02312	0,1377	0,0007	365,3
100	840,0	2220	0,01718	0,1367	0,0007	279,1

REFERÊNCIAS BIBLIOGRÁFICAS

[01] CHURCHILL, S.W.; CHU, H. H. S. Correlating Equations for Laminar and Turbulent Free Convection from a Vertical Plate. *Int. J. Heat and Mass Transfer*, v. 18, p. 1323, 1975.

[02] COLEBROOK, C. F. Turbulent Flow in Pipes with Particular Reference to the Transition Region between the Smooth and Rough Pipe Laws. *Journal of the Institution of Civil Engineers*, London, v. 11, p. 133-156, 1938-39.

[03] CRANE CO. *Flow of Fluids through Valves, Fittings, and Pipe – Technical Paper 410*, 1988.

[04] HOLMAN, J. P. *Transferencia de calor*. 8. ed., 1. ed. en español. Madrid: McGraw Hill/ Interamericana de España, S.A.U., 1998. 484 p.

[05] INCROPERA, F. P. et al. *Fundamentos de transferência de calor e massa*. 6· ed. Rio de Janeiro: LTC, 2008. 644 p.

[06] KREITH, F.; BOHN, M. S. *Princípios de transferência de calor.* 1. ed. São Paulo: Pioneira Thomson Learning, 2003. 623 p.

[07] MILLS, A. F. *Heat Transfer*. 2· ed. Upper Saddle River, NJ: Prentice Hall, 1999. 954 p.

[08] MORAN, M. J. et al. *Introdução à engenharia de sistemas térmicos: termodinâmica, mecânica dos fluidos e transferência de calor*. Rio de Janeiro: LTC, 2005. 604 p.

[09] ÖZIŞIC, M. N. *Transferência de calor – um texto básico*. Rio de Janeiro: Guanabara Koogan, 1990. 661 p.

[10] SCHMIDT, F. W.; HENDERSON R. E.; WOLGEMUTH, C. H. *Introdução às ciências térmicas – termodinâmica, mecânica dos fluidos e transferência de calor.* São Paulo: Edgard Blücher, 1996. 466 p.

[11] SONNTAG, R. E.; BORGNAKKE, C.; VAN WYLEN, G. J.; *Fundamentos da termodinâmica*. 6. ed. São Paulo: Edgard Blücher, 2003. 577 p.

[12] WHITE, FRANK M. *Mecânica dos fluidos*. 4. ed. Rio de Janeiro: McGraw Hill Interamericana do Brasil, 2002. 570 p.

[13] YAWS, C. L. et al. Correlation Constants for Chemical Compounds – Procedures to Speed Calculations for: Heat Capacities, Heats of Formation, Free Energies of Formation, Heats of Vaporization. *Chemical Engineering*, p. 76-87, August 16, 1976.

[14] YAWS, C. L. et al. Correlation Constants for Chemical Compounds – Procedures to Speed Calculations for: Surface Tensions, Liquid Densities, Heat Capacities, Thermal Conductivities. *Chemical Engineering*, p. 127-135, October 25, 1976.

[15] YAWS, C. L. et al. Correlation Constants for Chemical Compounds – Procedures to Speed Calculations for: Gas Thermal Conductivity, Gas Viscosity, Liquid Viscosity, Vapor Pressure. *Chemical Engineering*, p. 153-162, November 22, 1976.

[16] WARRING, R. H. *Handbook of Valves, Piping and Pipelines*. Houston: Gulf Publishing Company, 1982.

[17] ZUKAUSKAS, A. A. Heat Transfer from Tubes in Cross flow. *Advances in Heat Transfer*, Academic Press, v. 8, p. 93-106, 1972.

[18] JAKOB, M. *Heat Transfer*. New York: Wiley, 1949. v. 1.

[19] SCHLICHTING, H. *Boundary-Layer Theory*. 6. ed. New York: McGraw-Hill, 1968. 748 p.

[20] SHAH, R. W.; LONDON, A. L. *Laminar flow: Forced Convection in Ducts*. New York: Academic Press, 1978.

[21] PETUKHOV, B. S. Heat Transfer and Friction in Turbulent Pipe Flow with Variable Physical Properties. In: HARTNETT, J. P.; IRVINE, T. F. (editors). *Advances in Heat Transfer*. New York: Academic Press, 1970. p. 504-564.

[22] CHURCHILL, S. W.; BERNSTEIN, M. A Correlating Equation for Forced Convection from Gases and Liquids to a Circular Cylinder in Cross Flow. *International Journal of Heat and Mass Transfer*, v. 18, p. 387, 1975.

[23] WHITAKER, S. Forced Convection Heat Transfer Calculations for flow in Pipes, past Flat Plates, Single Cylinders, Single Spheres and Flow in Packed Beds and Tube Bundles. *AIChEJ*, v. 18, p. 361-371, 1972.

[24] GRIMISON, E. D. Correlation and Utilization of New Data on Flow Resistance and Heat Transfer for Cross Flow of Gases over Tube Banks. *Transactions of the ASME*, v. 59, p. 583-594, 1937.

[25] KAYS, W. M.; LONDON, A. L.; LO, R. K. Heat Transfer and Friction Characteristics for Gas Flow Normal to Tube Banks – Use of a Transient Test Technique; *Transactions of the ASME*, v. 76, p. 387, 1954.

[26] ZUKAUSKAS, A. Heat Transfer from Tubes in Cross Flow. *Advances in Heat Transfer*, v. 8, p. 93-160, 1972.

[27] KAYS, W. M. Numerical Solutions for Laminar Flow Heat Transfer in Circular Tubes. *Transactions of the ASME*, v. 77, p. 1265, 1955.

[28] HAMILTON, D. C.; MORGAN, W. R. Radiant Interchange Configuration Factors. *National Advisory Committee for Aeronautics*, Technical Note 2836, 1952.

[29] BEJAN, A.; KRAUS, A. D. *Heat Transfer Handbook*. Hoboken: John Wiley & Sons, 2003. 1480 p.

[30] KAYS, W. M.; LONDON, A. L. *Compact Heat Exchangers*. 3 ed. New York: McGraw-Hill, 1998. 335 p.

[31] GOLDSTEIN, J. R.; SPARROW, E. M.; JONES, D. C. Natural Convection Mass Transfer Adjacent to Horizontal Plates. *International Journal of Heat and Mass Transfer*, v. 16, p. 1025, 1973.

[32] LLOYD, J. R.; MORAN, W. R. Natural Convection Adjacent to Horizontal Surface of Various Platforms. *Proceedings of the ASME Annual Meeting*, Paper 74-WA/HT-66.

[33] TEMA – Tubular Exchanger Manufacturers Association. *Standards of the Tubular Exchanger Manufacturers Association*.

[34] BOWMAN, R. A.; MULLER, A. C.; NAGLE, W. M. Mean Temperature Difference in Design. *Transactions of the ASME*, v. 62, p. 283-294, 1940.

[35] SERTH, R. W. *Process Heat Transfer – Principles and Applications*. Amsterdam: Elsevier Science & Technology Books, 2007. 756 p.

[36] GUPTA, R. K.; KATZ, D. L. Flow Patterns for Predicting Shell-Side Heat Transfer Coefficients for Baffled Shell-and-Tube Exchangers. *Ind. Eng. Chem.*, v. *49*, n. 6, p. 998-999, **1957**.

[37] LINDSEY, W. F. Drag of Cylinders of Simple Shapes. *NACA Report*, v. 619, 1938.

[38] MILLER, R. W. Flow Measurement Engineering Handbook. 3. ed. New York: McGraw Hill, 1996.

[39] SUNDERLAND, J. E.; JOHNSON, K. R. Shape Factors for Heat Conduction Through Bodies with Isothermal or Convective Boundary Conditions. *Transactions of The American Society of Heating, Refrigerating and Air-Conditioning Engineers*, v. 10, 1964.

[40] ANDREWS, R. V. Solving Conductive Heat Transfer Problems with Electrical-Analogue Shape Factors. *Chemical Engineering Progress*, v. 51, n. 2, 1955.